Altenburg

Embedded Systems Engineering

Jens Altenburg

Embedded Systems Engineering

Grundlagen – Technik – Anwendungen

Der Autor:
Prof. Dr.-Ing. Jens Altenburg vertritt die Fachgebiete Mikroprozessortechnik und Eingebettete Systeme an der TH Bingen.

Bibliografische Information der Deutschen Nationalbibliothek:
Die Deutsche Nationalbibliothek verzeichnet diese Publikation in der Deutschen Nationalbibliografie; detaillierte bibliografische Daten sind im Internet über http://dnb.d-nb.de abrufbar.

Lektorat: Julia Stepp
Herstellung: Björn Gallinge
Coverkonzept: Marc Müller-Bremer, www.rebranding.de, München
Titelmotiv: © Technische Hochschule Bingen
Coverrealisation: Max Kostopoulos
Satz: Eberl & Kœsel Studio GmbH, Krugzell
Druck und Bindung: CPI books GmbH, Leck
Printed in Germany

Print-ISBN: 978-3-446-46735-4
E-Book-ISBN: 978-3-446-46842-9

Inhalt

Danksagung

Für manche Inhalte dieses Fachbuches bin ich einigen meiner ehemaligen bzw. derzeitigen Studenten und Mitarbeiter zu Dank verpflichtet. Stellvertretend seien Christopher Hilgert, Johannes von Eichel-Streiber, Christoph Weber und Andreas Gross genannt.

Für die Bereitstellung von externem Bildmaterial konnte ich auf internationale Unterstützung zurückgreifen: Ich danke Jussi Kilpeläinen (Finnland), Simon Singh (Großbritannien) und Bert Ulrich (NASA).

Einige Firmen bzw. Personen haben der Überlassung von ihren Daten- und Bildmaterialien zugestimmt bzw. haben das Projekt durch Muster oder die Bereitstellung von Software unterstützt. Dafür richte ich meinen Dank an ARM Limited, Carl Burch, LTSpice, Rowley Crossworks, Richard Man, STMicroelectronics und an Würth Elektronik (in alphabetischer Reihenfolge).

Über den Autor

Nach dem Abitur und einem kurzen Ausflug in die Verteidigung des Vaterlandes, habe ich von 1985 bis 1990 Informationstechnik an der damaligen Technischen Hochschule Ilmenau studiert. Mit dem Abschluss als Diplomingenieur begann die berufliche Karriere im VEB Robotron Büromaschinenwerk Sömmerda als Entwicklungsingenieur. Frisch verheiratet, ein kleines Kind zu Hause und sich dann dem Niedergang eines Kombinates entgegenzustemmen, das war eine herausfordernde Zeit.

Viel lieber hätte ich ein Sabbatical in Neuseeland absolviert, bedauerlicherweise wusste ich nicht, wo man das dafür notwendige Formular findet und wie es auszufüllen ist. Den Untergang von Robotron konnte ich leider nicht verhindern, wahrscheinlich hätte ich auch die Titanic nicht retten können. Zumindest gelang es mir, meinen damaligen Chef von meinen Fähigkeiten so zu überzeugen, dass ich die Chance erhielt, in der Ausgründung der Entwicklungsabteilung mittun zu dürfen.

Meine hochgeschätzte Frau behauptet, nach ein paar Jahren Tätigkeit in einer Firma sticht mich der Hafer, und sie macht dazu eine eindeutige Bewegung mit dem Zeigefinger an den Kopf. Tatsächlich habe ich nach fast zehn Jahren Hardwareentwicklung meinen Tätigkeitsschwerpunkt in die Software verlagert, und zwar in die Entwicklung eingebetteter Systeme für die Automobilindustrie. Trotz vieler reicher Erfahrungen habe ich es da nicht lange ausgehalten. Als Kodierknecht wollte ich nicht mein ganzes Berufsleben verbringen. Ein Gutes hatte die Zeit jedoch. Neben meiner beruflichen Tätigkeit habe ich an der TU Ilmenau promoviert. Auf die Bitte um Unterstützung durch den damaligen Arbeitgeber erhielt ich die Auskunft: „Was Sie in Ihrer Freizeit treiben, ist mir egal!“. Das war eindeutig, deswegen habe ich 2003 mein Ränzchen geschnürt und mein Glück in einem interessanteren Unternehmen versucht. Eigentlich sollte nur eine kleinere Idee in einer begrenzten Entwicklungszeit umgesetzt werden. Daraus sind dann ebenfalls wieder fast zehn Jahre Berufstätigkeit geworden. Ich denke immer noch mit großer Hochachtung an die damalige Geschäftsführung zurück, die sich mit so einem illustren Charakter wie dem meinen abgab.

Zur letzten Änderung meiner Karriere gab ein Kollege anlässlich eines Treffens auf einer Messe Anlass. Er wollte mir unbedingt seine neue Visitenkarte zeigen. „Gerald, wir kennen uns seit Jahren, was interessiert mich dein neuer Arbeitgeber?“ Als ich das Kärtchen dann doch in Empfang nahm, hat es mich beinahe umgehauen: „Prof. Dr.-Ing. – Wahnsinn! Wie hast du das denn gemacht?“ Zwei Jahre später stand ich selbst vor der Entscheidung, eine Professur nebenan oder eine andere ziemlich weit weg anzutreten. 2012 nahm ich die andere. Sie erinnern sich noch an die typische Bewegung meiner Frau, die mit dem Finger und dem Kopf? Fernpendeln, nachdem ich viele Jahre mit dem Fahrrad zur Arbeit fuhr; zudem auch noch ziemlich weit weg. Dennoch, den Übergang in die akademische Welt habe ich bislang noch nicht bereut, aber es fehlen ja noch zwei Jahre bis zum Ablauf der zehnjährigen Wechselfrist.

Von den packenden und schwierigen Aufgaben eines Ingenieurs handelt dieses Buch. Ich schrieb es in recht bewegten Zeiten. Zuerst als Handreichung zum Selbststudium für meine Studenten gedacht, hat sich das Ganze dann doch zu einem größeren Projekt gemausert. Innerhalb weniger Monate sind mehr als zwanzig Jahre Berufserfahrung und die eine oder andere Anekdote aus der Lehre destilliert und zu einem, ich hoffe, interessanten und lesenswerten Vademecum konzentriert worden.

1 Einführung

Die Idee zu diesem Lehrbuch entstand aus den Nachfragen vieler Studenten nach Begleitliteratur zu den Kursen „Grundlagen digitaler Schaltungstechnik (DIGI)“, „Mikroprozessortechnik (MPRO)“ sowie „hardwarenahe Programmierung (HAPO)“, die für den Erwerb des Bachelorabschlusses in Elektrotechnik an der TH Bingen absolviert werden müssen. Die vorhandene Fachliteratur [1, 2] wurde von den Studenten teilweise als inhaltlich zu umfangreich und gelegentlich auch als zu unspezifisch eingestuft, oder die Werke sind bereits vergriffen [3]. Obgleich ich diese Kritik nicht in allen Fällen nachvollziehen konnte, stellte sie doch einen Teil der Motivation zum Schreiben dieses Buches dar.

In den Grundlagenvorlesungen wird anfangs viel abstrakte Theorie vermittelt. Der Verweis auf die späteren Anwendungen soll die Studenten über das gelegentlich trockene Material „hinwegtrösten“. Deswegen besteht das vorliegende Buch aus zwei eng miteinander verflochtenen Einheiten.

Zunächst werden die wichtigsten Grundlagen für das Verständnis digitaler Schaltungen und deren Anwendung im Kontext hardwarenaher Programmierung in „Eingebetteten Systemen“ dargelegt. Die Grundlagenkapitel (Kapitel 2 bis 5) beginnen mit zum Teil sehr populärwissenschaftlichen Erklärungen und starken Vereinfachungen. Doch lassen Sie sich nicht täuschen. Der Gradient der Steigerung der Komplexität der Inhalte könnte einer Exponentialfunktion ähneln.

In den späteren Kapiteln (Kapitel 6 bis 8) geht es um typische Anwendungen leistungsfähiger eingebetteter Systeme im Umfeld autonomer Miniaturroboter und unbemannter Luftfahrzeuge (unmanned aerial vehicles, UAV). Damit rechtfertigt sich auch der Titel des Buches. Es empfiehlt sich deswegen auch für die Lehre des Moduls „Embedded Systems (EMSY)“ im Masterstudiengang der TH Bingen und in vergleichbaren Studiengängen an anderen Hochschulen.

Dieser zweite Teil des Buches bildet beinahe eine Art Fortsetzung meiner Darlegungen aus dem Buch *Mobile Roboter* [4], welches vor mehr als 20 Jahren erstmals publiziert wurde. Es erscheint nahezu unglaublich, in welchem Maße die Steigerung der Leistungsfähigkeit der Mikrocontrollertechnik sowie der Sensortechnologie in den inzwischen vergangenen Jahren vorangeschritten ist. Hin und wieder nehme ich mir deswegen die Freiheit, technikhistorische Reminiszenzen in die fachlichen Erläuterungen einfließen zu lassen. Nicht alle diese Bezüge verstehen sich als trockene technische Prosa, ganz im Gegenteil, mit diesen persönlichen Anmerkungen soll der Inhalt des Buches aufgelockert und auch für Fachlaien interessant und lesbar werden.

Diese teils nostalgischen Rückblicke sind dennoch nicht nur eine Art verklärte Vision, sondern sie dienen vorrangig der Sensibilisierung der jetzigen Schüler, Studenten und aller anderen Enthusiasten hinsichtlich des Ursprungs und der möglichen zukünftigen technischen Prozesse. Denn nur wenn wir untersuchen und verstehen, woher Dinge stammen, werden wir erkennen, wie sie sich entwickeln könnten, und nur daraus lassen sich einigermaßen belastbare Voraussagen für die Zukunft treffen.

Diese Rückblicke sind ausdrücklich nicht als Warnungen vor einer vermeintlichen Übertechnisierung zu verstehen. Ich persönlich vertraue vollständig der Ratio kommender Ingenieure als wichtige Gestalter einer auch in Zukunft leistungsfähigen Industrie sowie deren verantwortungsvollen Nutzung aller natürlich vorkommenden Ressourcen. Aus langer Berufserfahrung kann ich nur immer wieder bekräftigen: Am Ende gewinnt stets die Realität.

Alle geschilderten fachlichen Inhalte basieren auf sorgfältiger Recherche, eigenen Erfahrungen und Überprüfungen durch Nachrechnung bzw. Simulation. Sollten dennoch Fehler enthalten sein, gehen diese alle auf meine Kappe, und ich bin für entsprechende Hinweise dankbar.

Über die grundsätzliche fachliche Beschreibung hinaus sollen viele Beispiele das Gebiet der eingebetteten autonomen Systeme illustrieren. Vielfach sind Stromlaufpläne und Programmteile sehr detailliert angegeben. Diese Angaben sind alle erprobt und sollten auch erfahrenen Technikern und Ingenieuren den einen oder anderen interessanten Hinweis liefern.

Sämtliche Quellcodes und Simulationsbeispiele aus dem Buch stehen unter *plus.hanser-fachbuch.de* in ungekürzter Form bereit und lassen sich mit kostenlos im Internet verfügbaren Werkzeugen nutzen.

Darüber hinaus finden Sie einige der Programmbeispiele zum Thema MPRO als sofort nutzbare Projekte auf der Mbed-Webseite (*os.mbed.com*). Über das Suchfeld der Webseite können Sie nach den Stichwörtern „Hanser“ und „Altenburg“ suchen. Die Programme werden Ihnen dann zusammen mit einer kurzen Beschreibung angezeigt und können mit dem IMPORT-Button sofort in den eigenen Workspace übernommen werden.

In Kapitel 8 und 9 beziehe ich mich ausdrücklich auf Zuarbeiten früherer Studenten und späterer Mitarbeiter meiner Forschungsgruppe UAV an der Technischen Hochschule Bingen. Explizit seien hier Christopher Hilgert, Sarah Armbrüster,

Johannes von Eichel-Streiber, Christoph Weber und Andreas Gross (in chronologischer Abfolge) genannt.

Der Einsatz und die Anwendung der besprochenen Beispiele erstrecken sich über einen Zeitraum von circa 30 Jahren. Doch selbst bei kritischer Sicht auf die Historie sollte offenbar werden, dass sich zwar die eine oder andere Äußerlichkeit geändert hat, die wirklich relevanten Interna eingebetteter Systeme sind indes fast unverändert geblieben. Lediglich die Leistungsfähigkeit heutiger microcontroller units (MCUs) ist praktisch unbeschreiblich.

Ein kleines Detail am Rande: Mit Ausnahme von drei Abbildungen sind alle Fotos eigene Aufnahmen. Mir lag jedoch keine Abbildung eines Ringkernspeichers und kein rechtefreies Foto der Verschlüsselungsmaschine ENIGMA vor. Außerdem wollte ich gern eine Aufnahme des Mars-Rovers Sojourner im Buch unterbringen. Im Netz wurde ich fündig und so haben Jussi Kilpeläinen (Finnland), Simon Singh (Großbritannien) und Bert Ulrich (USA) dieses Buch durch die Bereitstellung von Abbildungen unterstützt. Das ist wirkliche kollegiale internationale Zusammenarbeit. Dafür meinen herzlichsten Dank.

In diesem Sinne wünsche ich allen pfiffigen Studenten und Schülern beim Selbststudium der Grundlagen moderner Digitaltechnik und beim Erwerb von Kenntnissen über Mikrocontroller viel Erfolg sowie allen anderen Lesern gutes Gelingen bei der Entwicklung eingebetteter Systeme.

Jens Altenburg, im August 2020

2 Schaltungstechnische Grundlagen

2.1 Passive Bauteile – R, L und C

Widerstände

Für den Aufbau elektrischer Schaltungen werden geeignete Komponenten benötigt. Zur klaren Kennzeichnung werden diese Komponenten im Folgenden als Bauelemente bezeichnet. Es wird zwischen aktiven und passiven Bauelementen unterschieden. Passive Komponenten sind diejenigen Bauelemente beziehungsweise Kombinationen aus Bauelementen, welche über keine Spannungs- oder Stromquelle verfügen. Das einfachste passive Bauteil ist der Widerstand ***R***. Jeder elektrische Leiter setzt abhängig von Länge und Querschnitt dem Stromfluss ein „Hemmnis“ entgegen.

$$R = \rho \cdot \frac{l}{A} \left(\rho - spezifischer\, Widerstand \right) \quad (2.1)$$

Beim Stromfluss entstehen Verluste, die sich in Form einer mehr oder weniger starken Erwärmung äußern. Damit entsteht als einfachster Widerstand ein Metalldraht mit definierter Länge und einem bestimmten Querschnitt aus einem ausgewählten Material. Diese Bauteile werden als Drahtwiderstand bezeichnet. Der Widerstandsdraht ist auf einem isolierenden Trägerkörper aufgewickelt und gegen Umwelteinflüsse geschützt. Andere Bauformen nutzen Kohle- oder Metallschichten anstelle von Drahtwindungen.

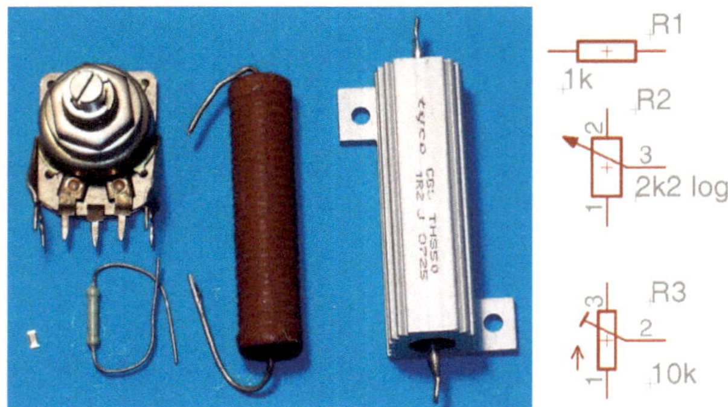

Bild 2.1 Unterschiedliche Ausführungsformen für Widerstände: links unten ein SMD-Widerstand der Bauform 1206, oben links ein Potentiometer, in der Mitte bedrahtete Komponenten und ganz rechts die Schaltzeichen für feste beziehungsweise veränderliche Widerstände

Das Formelzeichen ***R*** leitet sich aus dem lateinischen *resistere* für „widerstehen" her. Die Einheit des Widerstands wird in Ohm Ω angegeben. Mit einem Widerstand wird der grundsätzliche Zusammenhang zwischen der angelegten Spannung ***U*** und dem daraus resultierenden Strom ***I*** durch den Widerstand ***R*** beschrieben. Die sich daraus ergebende Gleichung ist als Ohm´sches Gesetz von zentraler Bedeutung für die Elektrotechnik. Dieser Zusammenhang wurde erstmals von Georg Simon Ohm beschrieben.

In Formel 2.2 wird die angelegte Spannung mit ***U*** und der daraus resultierende Strom mit ***I*** gekennzeichnet. Laut dieser einfachen Gleichung wird der Widerstand als eine Konstante (const) angesehen.

$$R = Z_R = \frac{U}{I} = const \tag{2.2}$$

Diese Annahme trifft in der Praxis allerdings nicht sehr oft zu. In aller Regel sind die technisch produzierbaren Widerstände mit Abweichungen behaftet. In den meisten Fällen ist diese Änderung von der Temperatur abhängig. Beim Einsatz von Widerständen ist diese Temperaturabhängigkeit gegebenenfalls zu berücksichtigen. Entweder werden Schaltungskonzepte mit hoher Toleranz gewählt, oder es ist der Temperaturgang der eingesetzten Bauelemente zu kompensieren. Die Industrie stellt diesbezüglich Bauteile mit positiven beziehungsweise negativen Widerstandskoeffizienten bereit.

Bei den meisten industriell hergestellten Widerständen ist der Temperaturgang hinreichend klein, um unter typischen kommerziellen Einsatzbedingungen (0 bis 70 °C) auf aufwendige Schaltungsmaßnahmen zu verzichten. An dieser Stelle gibt es jedoch einen typischen Stolperstein. Das Buch macht sich unter anderem zur Aufgabe, möglichst viele solcher Steine oder Steinchen zu erwähnen und passende Abhilfe zu bieten.

Werden in einer Schaltung klassische Glühlampen eingesetzt, ist von einer sehr starken Widerstandsänderung des Glühfadens der Lampe beim Einschalten auszugehen. Mit anderen Worten: Der Einschaltstrom einer Glühlampe übersteigt den Betriebsstrom deutlich. Dies ist bei der Dimensionierung der Ansteuerschaltung in jedem Fall zu berücksichtigen.

Neben der temperaturabhängigen Änderung des Widerstands gibt es weitere Beeinflussungen. Ohne an dieser Stelle stärker in die Tiefe zu gehen, ist dies hauptsächlich die Frequenz des den Widerstand durchfließenden Stroms. Das Stichwort dazu lautet „konzentriertes Bauelement". Je nach Einsatzfrequenz ist ein industriell gefertigter Widerstand jedoch nur bei Gleichstrom (Frequenz $f = 0$ Hz) ein konzentriertes Bauteil. Je größer die Einsatzfrequenz, desto stärker treten die sogenannten Blindwerte, also kapazitive beziehungsweise induktive Anteile, zutage.

Kondensatoren

Während es sich bei Widerständen um lineare Bauelemente handelt, ist dies bei Kondensatoren nicht der Fall. Der Kondensator ***C*** speichert Energie in Form eines elektrischen Felds in einem Dielektrikum zwischen den zwei unterschiedlich geladenen leitfähigen Elektroden. Die Einheit des Ladungsvolumens, der Kapazität des Kondensators, ist das Farad.

$$W = \frac{1}{2} \cdot C \cdot U^2 \tag{2.3}$$

Die gespeicherte Energie ***W*** ist damit von der Kapazität ***C*** und dem Quadrat der anliegenden Spannung ***U*** abhängig. Die Höhe der zulässigen Spannung ***U*** hängt vom technischen Aufbau des Kondensators ab. Wird die zulässige Höchstspannung überschritten, kommt es zum Durchschlag des Dielektrikums, d. h., die unterschiedlichen Ladungen der Kondensatorplatten gleichen sich aus. Dies kann durchaus spektakuläre Ausmaße annehmen.

In der Gleichstromtechnik hat der Kondensator praktisch keine Aufgabe. Aus der Sicht eines eingeschwungenen Gleichstromkreises ist der ideale Kondensator ein Bauteil mit unendlich hohem Innenwiderstand. Bei der gleichspannungsmäßigen Analyse gegebener Schaltungen werden eingezeichnete Kondensatoren deswegen einfach entfernt ($Z_C = \infty$).

Ganz anders stellt sich sein Verhalten in Wechselstromnetzen dar. Der Spannungsverlauf $u(t)$ über einen Kondensator ist als Integral des Stroms $i(t)$ über die Zeit anzusehen.

$$u(t) = \frac{1}{C} \cdot \int i(t)\,dt \tag{2.4}$$

Infolge der damit verbundenen Ausgleichsvorgänge im Wechselstromkreis fließen nun Blindströme innerhalb des Netzwerks.

$$Z_C = \frac{U_0 e^{j\omega t}}{C U_0 j\omega e^{j\omega t}} = -\frac{j}{\omega C} \tag{2.5}$$

Der Kondensator erhält eine Impedanz **Z**. Dieser Wert, oft auch als Scheinwiderstand bezeichnet, ist frequenzabhängig. Die Frequenz steckt im Parameter ω - der Kreisfrequenz $\omega = 2\pi f$.

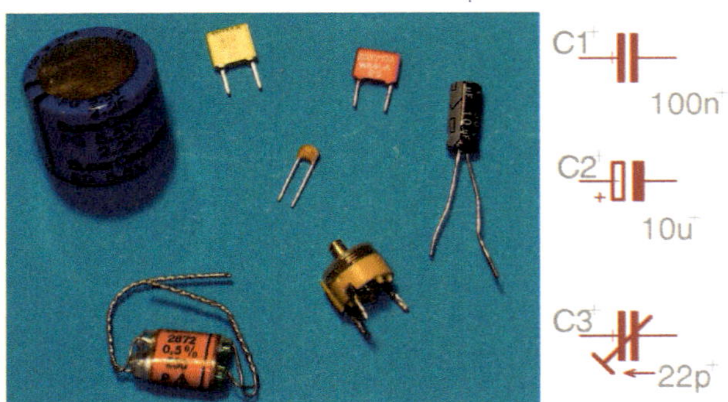

Bild 2.2 Super-CAPs, Wickelkondensatoren, Trimm-, Tantal- und Elektrolytausführungen

Die Einheit Farad, Formelzeichen ***F***, ist für den praktischen Gebrauch viel zu groß. Gebräuchlich sind pF, nF und µF. In vielen Schaltungen wird bei der Bezeichnung der Kapazität eines Kondensators der Buchstabe F weggelassen. Bezeichnungen wie C_1 = 10 n sind ein Kürzel für einen Kondensator mit 10 nF Kapazität.

Induktivitäten

Beim Stromfluss durch einen Leiter entsteht ein magnetisches Feld um den Leiter. In diesem Feld ist Energie gespeichert. Zur Konzentration des magnetischen Felds wird die technische Induktivität als Spule ausgeführt. Die Einheit zur Bestimmung der Induktivität ist das Henry. Spulen als Induktivitäten werden ohne beziehungsweise mit einem magnetischen Kern ausgeführt. Das Kernmaterial innerhalb der Spulenwicklung besitzt eine Permeabilität. Über die Auswahl des Kernmaterials sind die Eigenschaften der hergestellten Bauteile sehr gut einstellbar.

$$u(t) = L \cdot \frac{di(t)}{dt} \tag{2.6}$$

Der Spannungsverlauf $u(t)$ im Wechselstromkreis entspricht der Differentiation des Stroms $i(t)$ nach der Zeit. Gleichzeitig entsteht ein Wechselstromwiderstand Z_L.

$$Z_L = j\omega L \tag{2.7}$$

Die Impedanz ist frequenzabhängig. Zur Gleichstromanalyse können Induktivitäten durch einen Kurzschluss (Z_L = 0) ersetzt werden.

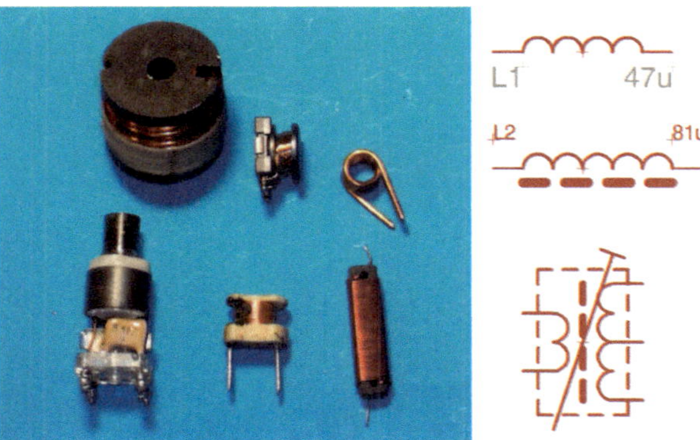

Bild 2.3 Induktivitäten und Schwingkreise für Leistungsanwendungen (oben links und Mitte), als frequenzselektives Bauteil (unten links) sowie als Drosseln mit und ohne Kern

Diese Kurzübersicht dient lediglich zur Einführung und Vermittlung eines Grundverständnisses zu passiven Bauteilen. In den meisten der in diesem Buch angegebenen Schaltungen wird auf besondere Präzisionsbauteile verzichtet, und die Einsatzfrequenzen sind hinreichend niedrig, um von konzentrierten Bauelementen auszugehen. Von Fall zu Fall werden, z. B. bei Schaltvorgängen, die Besonderheiten der verwendeten Komponenten erläutert.

2.2 Aktive Komponenten

Spannungs- und Stromquellen

Zu den einfachen aktiven Bauelementen zählen Spannungs- beziehungsweise Stromquellen. Diese Quellen erfüllen unterschiedliche Aufgaben. Mit einer Spannungsquelle werden Verbraucher mit elektrischer Energie versorgt, d. h., es wird elektrische Leistung für den gewählten Anwendungsfall bereitgestellt. In anderen Anwendungen werden definierte Signale von einer Quelle zur weiteren Verarbeitung geliefert.

Für die rechentechnische Handhabung werden Spannungs- beziehungsweise Stromquellen als ideale Zweipole (siehe Abschnitt 2.3) angesehen. Ideal bedeutet, dass diese Quellen keinen Innenwiderstand R_i aufweisen.

Halbleiter

Für die tatsächliche Realisierung von elektronischen Schaltungen spielen Halbleiter eine herausragende Rolle. Wie aus dem Namen ersichtlich, handelt es sich um Bauelemente, deren Leitungseigenschaften zwischen den klassischen Leitern beziehungsweise Isolationsmaterialien liegen [5].

In Bild 2.4 sind einige typische Halbleiter dargestellt. Die Beschreibung halbleitender Effekte ist seit der Frühzeit der Elektrotechnik bekannt. Aus diesem eher technischen Kuriosum wurde dann zu Beginn des 20. Jahrhunderts die erste nutzbare Halbleiterdiode zur Demodulation von Rundfunksignalen entwickelt.

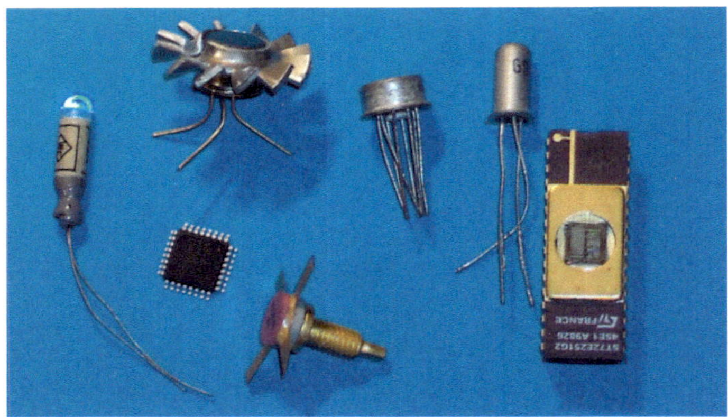

Bild 2.4 Unterschiedliche Halbleiter: Fotodiode, Transistoren, Hochfrequenzbauteile, integrierte Schaltkreise (bedrahtet und als SMD)

Häufig wurde dazu Bleisulfid in kristalliner Form verwendet. Mit einer Drahtspitze musste der Kristall auf eine empfindliche Region hin vorsichtig abgetastet werden. Mit diesen relativ simplen und preiswerten Detektordioden konnte der Rundfunk in den Zwanzigerjahren in die Breite getragen werden.

Das eigentliche Funktionsprinzip der Gleichrichtung schwacher Signale wurde erst durch die Arbeiten des deutschen Physikers Walter Schottky erkannt. Im Wesentlichen beruht die Wirkungsweise von Halbleitern auf den Grenzeffekten unterschiedlich dotierter Gebiete gleichen Materials beziehungsweise auf zum Teil quantenphysikalischen Effekten an atomaren Schichten von Metall-Halbleiter-Kombinationen.

Dennoch konnte sich die Halbleitertechnik erst nach der Erfindung des Spitzentransistors durch Bardeen, Shockley und Brattain in den Bell Laboratories, USA, im Jahre 1947 etablieren. Der industrielle Durchbruch erfolgte dann mit der Möglichkeit der Integration mehrerer Transistoren auf einem Siliziumkristall.

Die Entwicklung der Halbleiter vom immer weiter miniaturisierten Einzelbauelement zur gedruckten Schaltung und damit letztlich zum technologischen Durchbruch in der Produktion von Festkörperschaltung mit Milliarden logischer Funktionen in Dimensionen weniger Kubikmillimeter bildet das Fundament der modernen Technik und somit der Weltwirtschaft.

Historische Anmerkung 1

Moderne Bauelemente waren schon immer eine Spielwiese ambitionierter Bastler beziehungsweise Maker wie sie heute neudeutsch heißen. Mit Transistoren in den 1970er-Jahren ein eigenes Radio zu bauen, das war schon eine Nummer. Später wurde ein NF-Leistungsverstärker benötigt, natürlich mit „eisenloser Endstufe" und mindestens 10 Watt Sinusleistung. Ich würde viel dafür geben, ein Bild des Gesichts des freundlichen Verkäufers aus dem goldenen Westen zu haben, der meiner Großmutter seinerzeit zwei Transistoren 2N3055 verkaufte, damit ich es endlich so richtig krachen lassen konnte. Noch interessanter waren Versuche mit „kybernetischen Tieren". Wenn Sie nicht wissen, was das ist, suchen Sie einfach in den unendlichen Weiten des Internets danach. Für die Beschäftigung mit diesen Experimenten brauchte man unbedingt lichtempfindliche Sensoren. In der damaligen DDR gab es die, wenn überhaupt, nur für Universitäten und Forschungseinrichtungen und keinesfalls für Bastelfritzen. Für meinen optischen Zielsuchroboter brauchte ich aber einen Fototransistor oder eine Fotodiode. Was tut man, wenn man nichts hat? Man baut selbst. Es hat zwar Überwindung gekostet, das Gehäuse eines der kostbaren Transistoren zu öffnen, aber Not kennt kein Gebot. Der Erfolg war durchschlagend. Mit meinem Exponat kam ich zur „Messe der Meister von Morgen" im Jahre 1978. Die originale Teilnahmeurkunde existiert noch heute, der Roboter ist leider längst recycelt.

Warum ich das erwähne? Laut dem Buch *Mobile Roboter* von Jones/Flynn [94] beschäftigte sich das MIT in den frühen 1980er-Jahren ebenfalls mit solchen Experimenten. Jungs, so weit war ich schon 1978, ich hätte euch aber gern beraten.

Rechts in Bild 2.5 ist ein Nachbau eines Fototransistors - im Vergleich zu einer kommerziell hergestellten Germaniumfotodiode - zu sehen. Die Fotodiode (links in Bild 2.5) ist circa 50 Jahre alt. In den 1960er- und 1970er-Jahren war es unglaublich schwer, an solche Komponenten zu gelangen. Fotowiderstände waren ebenfalls kaum erhältlich. Die einzige Möglichkeit, lichtempfindliche Bauelemente zu bekommen, bestand im „Umbau" von Transistoren. Wer einen Transistor im Glasgehäuse sein Eigen nannte, konnte sich glücklich schätzen. Man musste einfach nur mit Aceton den Lack abwischen - und schon tat er es. Aufsägen, wie in Bild 2.5 dargestellt, war eher etwas für Sadisten.

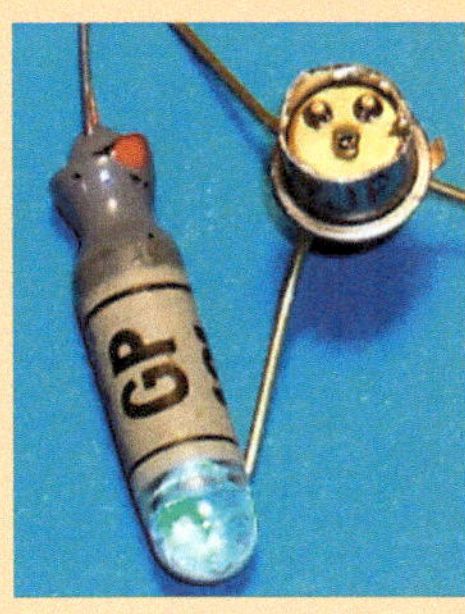

Bild 2.5
Fotodiode GP101 aus der ehemaligen DDR (links) und modifizierter Siliziumtransistor zum behelfsmäßigen Nachweis von Photonen (rechts)

2.3 Schaltungsberechnung und Simulation

Jede elektronische Baugruppe besteht aus vielen aktiven und passiven Bauelementen. Eine der einfachsten Anordnungen besteht aus einer (aktiven) Spannungsquelle und einem (passiven) Widerstand.

Entsprechend Formel 2.2 fließt in diesem Stromkreis ein Strom von 5 A (Bild 2.6). Zur Berechnung wird das Konzept des Zweipols eingeführt. Alle verwendeten Bauelemente sind als „Blackbox" mit zwei Anschlüssen aufzufassen. Die Spannungsquelle V1 erhält die Klemmen [+] und [–], die Anschlüsse des Widerstands R1 werden durchnummeriert. Das GND-Symbol (ground potential, Massepotenzial beziehungsweise Bezugspunkt) ist in dieser einfachen Schaltung optional, in komplizierteren Schaltungen wird es in der Regel anstelle einer durchgehenden Masseleitung verschaltet. Damit sind auch umfangreiche Schaltungen leichter lesbar.

Zur Bestimmung des Stromflusses wird die technische Stromrichtung von Plus [+] nach Minus [–] eingeführt. Achtung: Dies ist der elektrischen Stromrichtung genau entgegengesetzt. Dennoch funktioniert diese Vorgabe hervorragend. Sie muss nur konsequent angewandt werden.

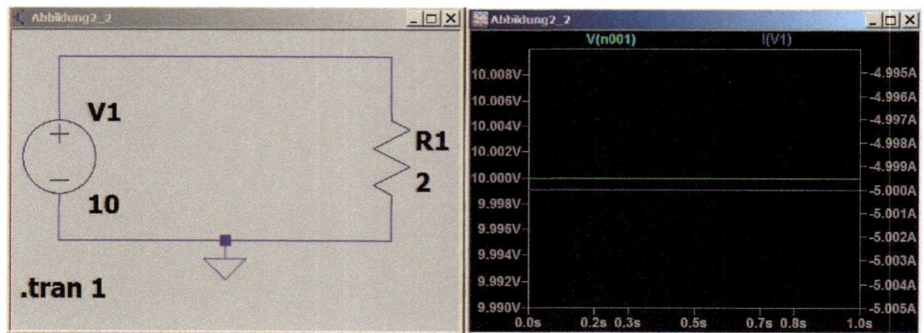

Bild 2.6 Einfacher Stromkreis aus Quelle und Last: Die Quellspannung V1 beträgt 10 V. Der Lastwiderstand hat einen Wert von 2 Ω. Das Schaltzeichen R1 entspricht der US-Norm.

Neben dem Zweipol wird das Prinzip der Strommasche eingeführt. Zum besseren Verständnis wird dazu ein zweiter Widerstand in den Stromkreis eingefügt. Streng genommen entsteht dadurch ein neuer Strom durch den Widerstand R2. Nach Formel 2.2 treibt die Quelle V1 einen Strom von 1 A durch den Widerstand R2. Nach wie vor fließt durch R1 der Strom von 5 A. In Summe muss nun die Quelle einen Gesamtstrom von 6 A liefern. In Bild 2.7 sind die Lastströme positiv und der Quellstrom negativ in der Simulation eingetragen. Rechentechnisch entspricht dies dem 1. Kirchhoff'schen Gesetz (Knotenregel).

$$\sum_{k=1}^{n} I_k = 0 \qquad (2.8)$$

Die Knotenregel besagt, dass die Summe aller Ströme in einen Knoten gleich 0 ist. Als Knoten wird die Verbindung der oberen Anschlüsse von R1 und R2 angesehen.

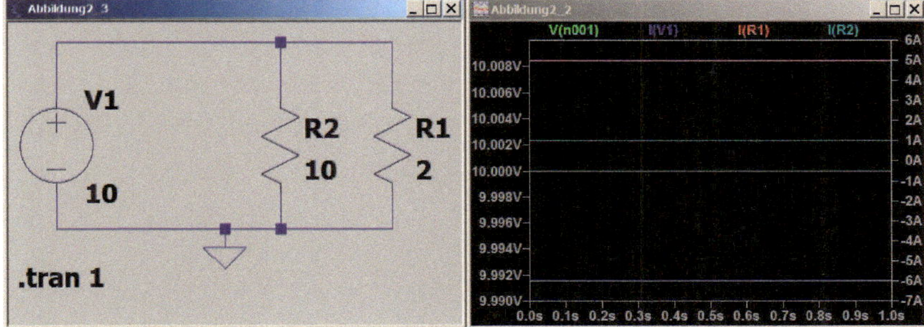

Bild 2.7 Erweiterter Stromkreis mit einer Quelle und zwei Lastwiderständen

Es ist offensichtlich, dass man die Widerstände R1 und R2 auch als eine Parallelschaltung auffassen und zu einem einzigen Widerstand hätte zusammenführen können. Ganz bewusst ist dies hier nicht erfolgt. Die getrennte unabhängige Berechnung wird als Superposition bezeichnet.

$$\sum_{k=1}^{n} U_k = 0 \tag{2.9}$$

Sie erlaubt die linear unabhängige Berechnung in unterschiedlichen Maschen, die durch Knoten miteinander verbunden sind. Damit erhält man das 2. Kirchhoff'sche Gesetz, die Maschenregel.

Damit kann die Aufgabe, die Bestimmung der Ströme im Netzwerk, aus Bild 2.8 gelöst werden. Während im vorherigen Beispiel, mit den beiden parallel liegenden Widerständen, die Lösung praktisch auf der Hand lag, sieht es nun etwas anders aus.

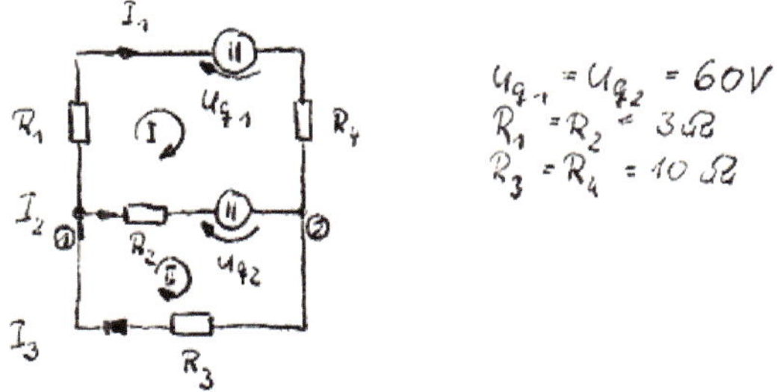

Bild 2.8 Gleichstromnetzwerk aus zwei Maschen und einem Knoten (Vorlesungsmitschrift vom November 1985; die Vorlesung wurde von Prof. Seidel an der TU Ilmenau gehalten)

Zunächst werden deswegen die Maschen I (I - römisch 1) und II definiert. Hinsichtlich der daraus resultierenden Stromrichtungen werden die Polaritäten der Quellspannungen U_{q1} und U_{q2} festgelegt. Die gewählte Richtung ist in diesem Fall willkürlich, da keine Polaritäten im Stromlaufplan angegeben sind. Im nächsten Schritt werden die Ströme I_1, I_2 und I_3 eingezeichnet. Mit zwei Maschen, bei gesuchten drei Unbekannten, benötigt man noch einen Knoten zur Lösung des Gleichungssystems. Die Entscheidung fällt auf Knoten 1. Nun werden die Maschen- beziehungsweise Knotengleichungen aufgestellt:

Knoten 1: $0 = I_3 - I_2 - I_1$

Masche 1: $0 = U_{q1} + R_4 I_1 + R_1 I_1 - U_{q2} - R_2 I_2$

Masche 2: $0 = U_{q2} + R_2 I_2 + R_3 I_3$

Damit ist das lineare Gleichungssystem zur Lösung der Aufgabenstellung fertig. Das Ergebnis ist mehr oder weniger ein Klacks für einen mäßig umfangreich ausgestatteten wissenschaftlich-technischen Taschenrechner. Im Jahre 1985, dem Zeitpunkt der Aufgabenstellung, gab es keine derartigen Geräte für Studenten in Ilmenau.

Nach der Methode des „scharfen Hinsehens"[1] wird das Gleichungssystem durch Einsetzen der Knotengleichung in die Masche 2 vereinfacht:

Masche 1: $0 = U_{q1} + R_4 I_1 + R_1 I_1 - U_{q2} - R_2 I_2$

Masche 2: $0 = U_{q2} + R_2 I_2 + R_3 (I_1 + I_2)$

In die jetzt nur noch zwei Gleichungen werden die gegebenen Werte eingesetzt:

$$0 = 60 + 10 I_1 + 3 I_1 - 60 - 3 I_2$$

$$0 = 60 + 3 I_2 + 10 (I_1 + I_2)$$

Nach der Zusammenfassung und dem Ausrechnen ergeben sich folgende Werte:

$$0 = 13 I_1 - 3 I_2 \qquad | \cdot 13$$

$$-60 = 10 I_1 + 13 I_2 \qquad | \cdot 3$$

$$-180 = 199 I_1 \qquad | \cdot 3$$

[1] Die Ersterwähnung dieses bahnbrechenden Lösungsverfahrens erfolgte mir gegenüber im Oktober 1985 durch den nunmehr hochgeschätzten Kollegen Prof. Seidel.

$$I_1 = -0{,}904$$

$$I_2 = -3{,}917$$

$$I_3 = 4{,}825$$

Für die Bestimmung dieses Ergebnisses reicht die Verwendung eines Rechenstabs vollständig aus. Drei Nachkommastellen sind in den allermeisten Fällen innerhalb der praktischen Genauigkeit der Resultate ausreichend. Der einzige Grund, genauer zu arbeiten, besteht dann, wenn die Ergebnisse in weitere Berechnungen einfließen. Hier muss man sich immer (!) Gedanken um die Fehlerfortsetzung machen.

Unabhängig vom vorgerechneten „akademischen" Beispiel bestehen typische elektronische Schaltungen aus Tausenden Maschen und Knoten. Darüber hinaus sind diese Schaltungen in der Regel keine reinen Gleichstromnetzwerke. Das bedeutet zum einen, dass dann Tausende Gleichungen gelöst werden müssen, und zum anderen sind diese Lösungen keine Ergebnisse linearer Gleichungen mehr.

Zunächst wird deswegen die „symbolische Methode der Wechselstromtechnik" als Verallgemeinerung der komplexen Wechselstromrechnung eingeführt. In der Theorie sind dann die Spannungs- beziehungsweise Stromverläufe innerhalb beliebiger Netzwerke auf die Berechnung mittels sinusförmiger Zeitabhängigkeiten zurückführbar.

Das bedeutet, dass die linearen Gleichungen durch Differentialgleichungssysteme ersetzt werden müssen. Weiterhin werden Real- und Imaginäranteile für die Beschreibung der Augenblickswerte von Strom beziehungsweise Spannung benötigt. Nach wie vor gilt jedoch das Superpositionsprinzip für lineare zeitinvariante Systeme.

Die notwendige Mathematik ist in [6] zu finden. Es gibt auch ein lesenswertes Lösungsbuch [7] dazu. Die wahrscheinlich kürzestmögliche Erklärung der Grundlagen der symbolischen Methode ist in Bild 2.9 zu finden.

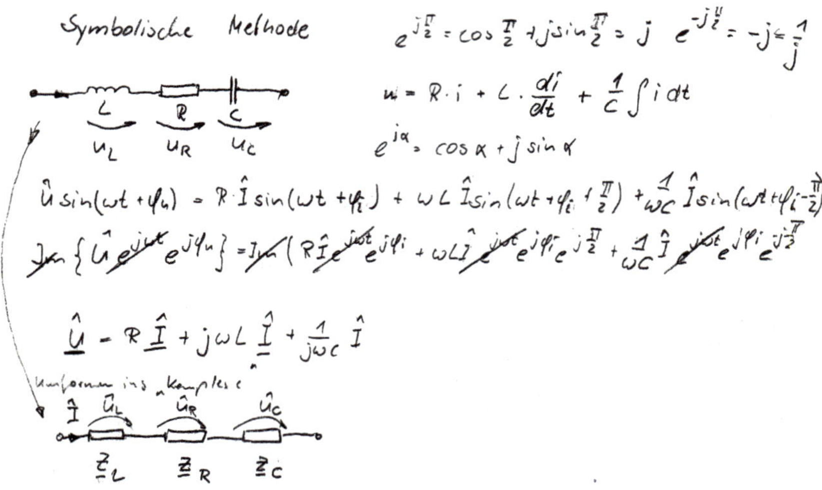

Bild 2.9 Herleitung der symbolischen Methode als Berechnung der komplexen Spannungsverläufe eines RLC-Netzwerks (gemäß der Vorlesung von Prof. Seidel aus dem Jahr 1986[2])

Im Ergebnis der vorangegangenen Umformungen entsteht ein System zur Überführung von Differentialgleichungen in gewöhnliche lineare Gleichungen. Deren Lösung erfolgt mit den bekannten Verfahren.

Zur Überführung der Aufstellung der Knoten- und Maschengleichungen in ein durch Computer lösbares numerisches Verfahren wird die Notation in einer sogenannten Netzliste eingeführt.

```
* C:\FH_Bingen\Fachbuch\Schematics\Abbildung2_4_LTspice.asc
V1 N001 0 60
V2 N004 N003 60
R1 0 N002 3
R2 N003 N002 3
R3 N004 N002 10
R4 N004 N001 10
.backanno
.end
```

Als Beispiel dient das Netzwerk aus Bild 2.8. In der Netzliste werden die verwendeten Bauelemente und die notwendigen Verbindungen zwischen ihnen in formaler Form eingetragen. Die Spannungsquellen aus dem Beispiel werden als V1 und V2 bezeichnet, die Widerstände als R1 bis R4. Die Verbindungen N sind ebenfalls durchnummeriert. Im konkreten Fall verbindet N001 V1 mit R1, an N002 sind R2

[2] Hierbei handelt es sich um eine Kopie aus den persönlichen Aufzeichnungen eines seinerzeit an der TU Ilmenau eingeschriebenen Studenten. Man bedenke: Es gab damals keine Folien, keine Skripte aus dem Copy-Shop und kein Internet – dafür nur 5% Studentinnen! Kein Wunder, dass die meisten angehenden Ingenieure ihren Abschluss in Regelstudienzeit schafften (Regelstudienzeit: neun Semester zum Dipl.-Ing.). In der volkseigenen Industrie waren die meist gut aussehenden Männer hoch begehrte Objekte weiblichen Interesses [85].

und R3 angeschlossen, N003 kontaktiert V2 und R2, und zu guter Letzt stellt N004 die Verbindung zwischen V2, R3 und R4 her. Die Zahlenangaben hinter den Einträgen benennen sowohl den Bauteilwert als auch einen nummerischen Operator zur Kennzeichnung des gewählten Anschlusses des Bauteils. Die Netzliste ist damit ein Textfile, welches als Eingabe zu einer Simulation dient.

Jetzt stellt sich natürlich die Frage zum Vorgehen der eigentlichen Berechnungen. Diese Aufgabenstellung wurde zu Beginn der 1970er-Jahre an der University of California, Berkeley, untersucht und gelöst. Herausgekommen ist das Simulation Program with Integrated Circuit Emphasis, kurz SPICE.

SPICE selbst ist ein Programmpaket, welches die Netzlisten im Quelltextformat einliest, die notwendigen Gleichungen daraus generiert, das Gleichungssystem nach den gewünschten Parametern auflöst und die Resultate in ein Ausgabefile schreibt.[3] Für die Anwendung am Arbeitsplatz ist dies natürlich extrem unhandlich.

Unter dem Oberbegriff PSPICE wird die Handhabung dieser Simulationstools deutlich vereinfacht. Eine Unzahl von Fachliteratur [8, 9, 10] beschreibt und erläutert die Thematik. Empfehlenswert ist auch [11], hauptsächlich wegen des direkten Bezugs auf die kostenlos erhältliche Software LTspice der Firma Analog Devices [12].

In Bild 2.10 sind die Resultate der Simulation zu sehen. Eine kurze Kontrolle ergibt als $I_1 = -0.904$, $I_2 = -3.919$ und $I_3 = 4.824$ Ampere, in der Summe sind diese Wert 0 (exakt 1 mA, aber das ist im Rahmen der dreistelligen Auflösung akzeptabel). Die Knotengleichung $I_1 + I_2 + I_3 = 0$ ist demnach erfüllt.

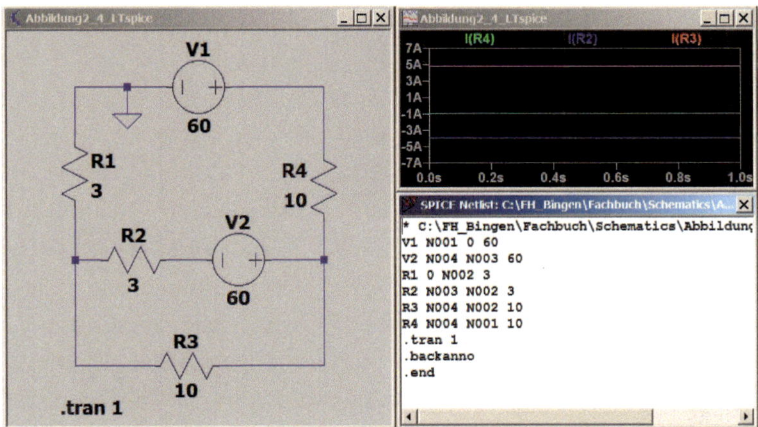

Bild 2.10 Simulation und Simulationsergebnisse der Aufgabenstellung aus Bild 2.8 mit dem interaktiven SPICE-Tool LTspice XVII

[3] Das entspricht dem allgemeinen Vorgehen der damaligen Supercomputer. So verrückt das klingt, genauso arbeiten die PCs heute noch – nur dass es keiner mehr sieht.

Auf diese Art und Weise sind praktisch alle vorkommenden Netzwerke aus passiven RLC sowie Strom- beziehungsweise Spannungsquellen berechenbar. Einzig die aktiven Bauteile entziehen sich dieser Art der Betrachtung. Die Lösung dieses Problems liegt in der Einführung von Ersatzschaltbildern aus rein passiven und gesteuerten aktiven Elementen. Am Beispiel des Transistors soll dies veranschaulicht werden (Bild 2.11).

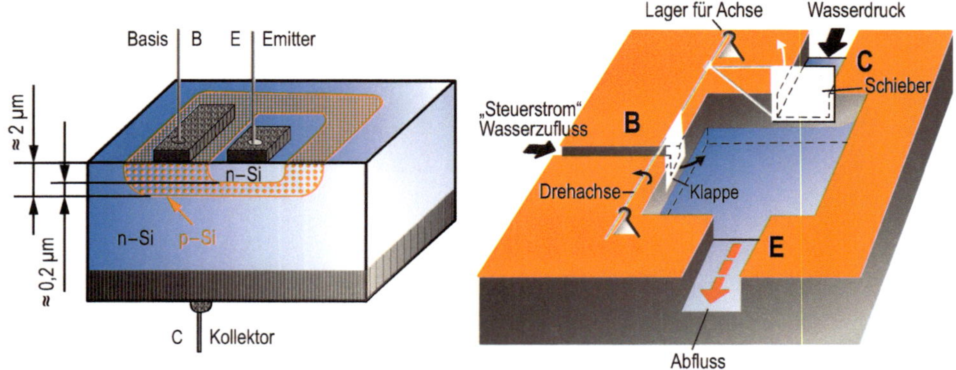

Bild 2.11 Vereinfachtes Schnittbild des Aufbaus eines NPN-Bipolartransistors und intuitive Darstellung der Funktionsweise (angelehnt an [13] und [14] – beachte auch die Fußnote[4])

Zunächst gebe ich hierzu eine kurze und möglichst intuitive Erklärung zum Aufbau und zur Funktion eines Transistors. Der klassische Bipolartransistor besteht aus einem hochreinen Silizium- oder Germaniumkristall. Das verwendete Material Silizium oder Germanium ist praktisch ohne Fremdatome (99,9999999 % Reinheit) zu einem fehlerlosen Kristallgitter geformt worden. Über das gezielte Einbringen von Fremdatomen wird das Reinstmaterial dotiert. Es entstehen Grenzschichten mit unterschiedlichen Leitungsvorgängen. Man spricht von positiv beziehungsweise negativ dotierten Bereichen. In den negativen Gebieten übernehmen Elektronen den Stromtransport, in den positiven Bereichen sogenannte Defektelektronen, quasi eine Art negatives Elektron als positiver Ladungsträger. In [15] ist zur genauen Erklärung dieser Vorgänge und der Herstellung von Halbleiterbauelementen ausführliches Material zu finden.

Für das Verständnis der Funktion scheint der Vergleich mit strömendem Wasser sehr gewagt, ist aber einfach schlagend intuitiv. Mit einem schwachen Wasserzufluss wird eine Steuerklappe bewegt, die ihrerseits einen viel größeren Schieber

[4] Die beiden angegebenen Literaturquellen spielten eine enorme Rolle in der Aneignung meines autodidaktischen Wissens. Während mich Hagen Jakubaschk in seinen Büchern gelegentlich in den Wahnsinn trieb, kryptische Aussagen wie: R_1 ausmessen und T_{10} mit min. $\beta > 50$ einsetzen (Wie denn? Übrigens, was zur H … bedeutet β?), war Dr. Lothar König in seiner didaktisch präzisen Darlegung unerreicht. Seine Bücher sind für mich immer noch ein leuchtendes Vorbild.

bewegen kann. Dieser Mechanismus soll, im Gegensatz zu anderen Gedankenexperimenten, nicht einmal reibungslos arbeiten. Ganz im Gegenteil, ein Minimum an zufließendem Wasser wird zum Bewegen der Schleuse benötigt.[5]

Auf die Elektronik bezogen, lautet der Analogieschluss wie folgt: Ein geringer Steuerstrom in die Basiselektrode hat einen um den Stromverstärkungsfaktor β größeren Strom durch den Kollektor- beziehungsweise Emitteranschluss zur Folge. Damit wird gleichzeitig offensichtlich, warum der Transistor eine Steuerleistung benötigt.

Um dieses Verhalten rechentechnisch zu erfassen, werden aktive Bauelemente als Vierpol angesehen. Über zwei Eingangsklemmen erfolgt ein Stimulus, dessen Resultat an zwei Ausgangsklemmen abgenommen werden kann.

Das stark vereinfachte Ersatzschaltbild für einen Transistor ist in Bild 2.12 zu sehen. Die Eingangsspannung V1 erzeugt einen Strom von 10 µA im Widerstand R1. Dieser Wert entspricht in der Größenordnung dem Eingangswiderstand des Transistors in der Basisschaltung (siehe dazu Abschnitt 3.1). Im gewählten Simulationsmodell entspricht dann dieser Strom dem Basisstrom I_B des Transistors.

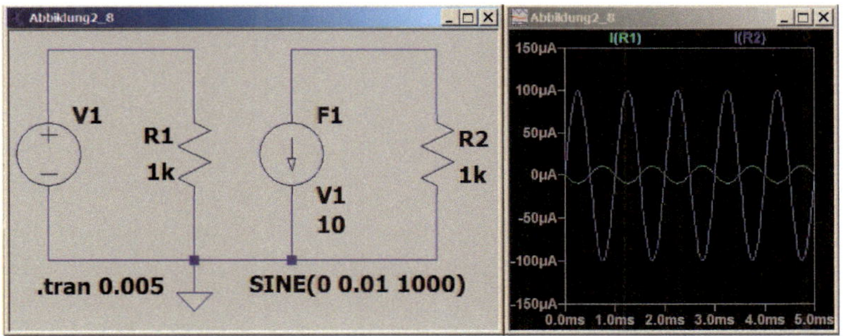

Bild 2.12 Ersatzschaltbild eines Bipolartransistors für kleine Signale in Vierpoldarstellung (Kleinsignalverstärkungsfaktor β = 10)

Die in diesem Modell gewählte Stromverstärkung I_{R2}/I_{R1} beträgt 10. Im üblichen Sprachgebrauch wird dies als Stromverstärkungsfaktor β = 10 bezeichnet. Diesem Wert entspricht in der hybriden Vierpolmatrix der Faktor $\mathbf{h}_{21E}$.

Diese Modellierung ist nur im Bereich der Kleinsignalverstärkung gültig, d. h., die Aussteuerung der Transistorkennlinie ist annähernd linear. Beim gewählten einfachen Modell sind auch keinerlei Frequenzabhängigkeiten in das Ersatzschaltbild eingeflossen. Im Wechselstrombetrieb kann dies nur bei sehr niederfrequenten Signalen akzeptiert werden.

[5] Das angegebene Beispiel für die Funktion des Transistors hat mich seinerzeit sofort überzeugt, und auch viel später bin ich von dieser augenscheinlichen Darstellung nie wirklich losgekommen – Halbleiterphysik hin oder her.

Auf der Basis weiterer Ersatzschaltungen kann nun mithilfe von Simulationen jedes beliebige aktive Element berechnet werden. Die modernen PSpice-Simulationen verfügen aus diesem Grund über entsprechende Tools, um Dioden, Bipolarbeziehungsweise Feldeffekttransistoren sowie weitere zusammengesetzte Bauteile zu entwerfen. Zur weiteren Erhöhung der Leistungsfähigkeit der Entwurfswerkzeuge stehen auch komplette integrierte Bausteine als Komponenten zum Schaltungsdesign zur Verfügung. Beim Simulationstool LTspice ist es nicht nötig, Dioden, Transistoren oder integrierte Bausteine selbst zu entwerfen. Viele nützliche Bauelemente sind in Bibliotheken gespeichert. Es gibt eine gewisse Bevorzugung von Bausteinen der Firmen Analog Devices und Linear Technology, deswegen ist das Tool gratis.

Nichtdestotrotz ist immer zu berücksichtigen, dass Simulationen wichtige Hilfen im Vorfeld des Schaltungsaufbaus darstellen, aber letzten Endes lediglich die Qualität der Modelle nachbilden. Ohne korrekte Vorüberlegungen und detailliertes Expertenwissen können auch die besten Entwurfs- und Simulationstools die potenzielle Idiotie des Bearbeiters nicht abfangen.

3 Schaltungstechnik

3.1 Analoge Schaltungen

In der Überzahl werden in diesem Buch digitale Schaltungen beschrieben und eingesetzt. Dennoch sind Grundkenntnisse der analogen Schaltungstechnik unabdingbar. Unter analogen Schaltungen werden Anordnungen von Bauteilen in Signalverarbeitungssystemen bezeichnet, deren Pegelaussteuerung sich als exakt definierbare Funktion $f(t)$ beschreiben lässt.

Der Ursprung der analogen Schaltungen liegt in der Sprachübertragung in Telefonnetzen. Vor der Verbreitung des Fernsprechers wurde mittels eines Telegramms, bestehend aus Morsezeichen, digital kommuniziert. Entweder floss ein definierter Signalstrom oder eben nicht. Die Übertragung von Zwischenwerten war nicht erforderlich. Der Datenaustausch mittels Digitalimpulsen ist dennoch ein nicht zu unterschätzendes Problem.

Um Sprache leitungsgebunden (oder drahtlos) zu übermitteln, erfordert es ein lineares Leitungssystem. Über kurze Strecken kann dies eine Telefonleitung sein, im einfachsten Fall ein verdrilltes Leitungspaar. Leitungen sind jedoch nicht verlustfrei. In bestimmten Abständen muss dem Telefonsignal wieder Energie zugeführt werden, ein Verstärker ist notwendig. Aus den Untersuchungen zum Ersatzschaltbild eines Transistors wurde offenbar, dass ein derartiges aktives Element zu diesem Zweck verwendet werden kann. Die Frage ist nun, wie funktioniert der Transistor als Verstärker?

Mit der Simulation der statischen Übertragungskennlinie wird das Verhalten eines npn-Bipolartransistors vom Typ BC547 untersucht. Dazu wird ein konstanter Strom von 50 µA in die Basis eingespeist. Eine Spannungsquelle mit einem linearen Spannungsverlauf von 0 bis 12 V wird an den Kollektor angeschlossen. Der Emitter ist mit GND verbunden. Aus Bild 3.1 ergibt sich ein zunächst gekrümmter, dann aber relativ linear verlaufender Stromfluss durch die Kollektor-Emitter-Strecke des Transistors. In der Variation der Basisströme ergeben sich unterschiedliche Kurven für den Kollektorstrom.

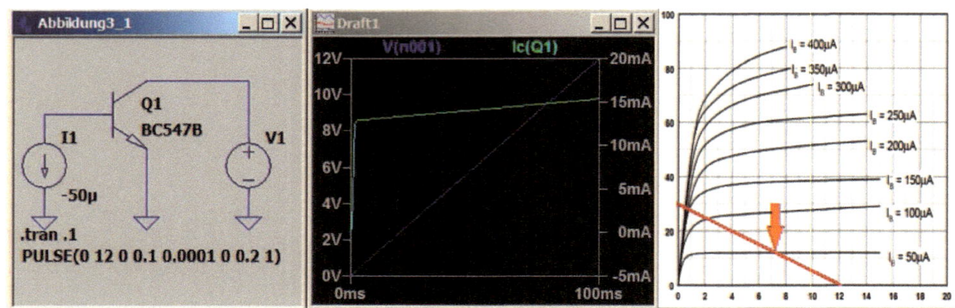

Bild 3.1 Stromverlauf durch den Kollektor von Q1 beim Durchlaufen der Spannung U_{ce} von 0 bis 12 V: Die Kennlinienschar für unterschiedliche Basisströme (rechts im Bild) ist dem Datenblatt des Herstellers entnommen.

Im nächsten Schritt wird eine Arbeitsgerade, im Beispiel für I_B = 50 µ, eingezeichnet. Der Pfeil definiert den Arbeitspunkt bei U_{CE} = 7 V. Wenn nun der Basisstrom um relativ geringe Werte im µA-Bereich um den Arbeitspunkt variiert, ergeben sich verhältnismäßig große Variationen der Spannung U_{CE}. Der Anstieg der Arbeitsgeraden und die Wahl des Arbeitspunkts gestatten somit die Anpassung der Verstärkung eines Transistors. Die maximale Leistungsverstärkung kann die bauteileigene Stromverstärkung (Stromübersetzungsverhältnis) h_{21e} nicht übersteigen. Der Parameter h_{21E} der Vierpolmatrix entspricht also dem β des Transistors in Emitterschaltung.

Dieses Prinzip wird nun in einen brauchbaren Wechselspannungsverstärker umgesetzt. Für die in Bild 3.1 eingezeichnete Arbeitsgerade fließt im Arbeitspunkt laut Datenblatt ein Strom von I_C = 14 mA. Der Arbeitswiderstand R2 beträgt damit 500 Ω. Aus der von den Widerstandsherstellern produzierten E-Reihe wird R2 mit 470 Ω bemessen.

Zum Einstellen des Basisstroms dient der Widerstand R1. Für einen Strom I_B = 50 µA ist ein Widerstand von R1 = (12 V - 0.7 V)/50 µA = 226 kΩ notwendig. Gewählt wird der nächste E-Wert (220 kΩ). Der Spannungsabfall von 0.7 V in der Berechnung resultiert aus der Basis-Emitter-Diode des Transistors.

Den Schaltungsaufbau zeigt Bild 3.2. Die beiden Kondensatoren C1 und C2 dienen zur Gleichspannungsentkopplung. Mit V1 wird ein Testsignal von 10 mV eingespeist. Am Lastwiderstand R3 wird eine Ausgangsamplitude von V_{pp} = 1.8 V „gemessen“. Dies ergibt eine Verstärkung von ca. 180. Das ist für diese einfache Schaltung ein recht ordentlicher Wert.

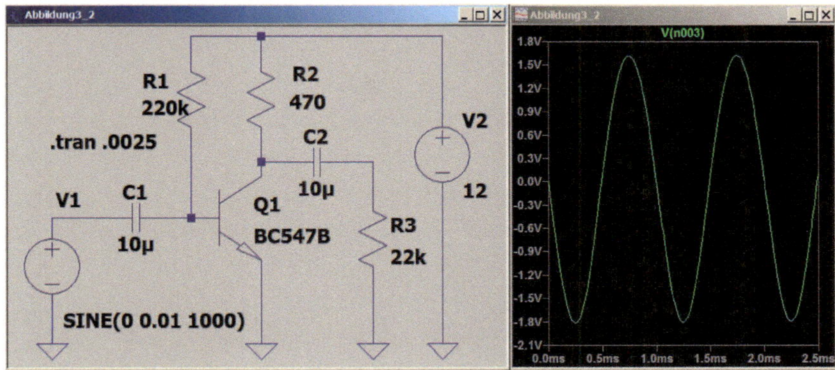

Bild 3.2 Verstärker in Emitterschaltung mit Transistor BC547: Das Eingangssignal ist ein Sinus mit einer Amplitude von 10 mV (rechts das verstärkte Signal am Widerstand R3).

3.2 Der Transistor als Schalter

Betrachtet man das Kennlinienfeld in Bild 3.1 rechts genauer, wird offensichtlich, dass sich mit ansteigendem Basisstrom der über den Stromverstärkungsfaktor mögliche maximale Kollektorstrom ebenfalls erhöht. Bleibt der Arbeitswiderstand konstant, z. B. 470 Ω wie in der Schaltung aus Bild 3.2, wird die an der Kollektor-Emitter-Strecke abfallende Spannung U_{CE} immer kleiner.

Bei einem Basisstrom von I_B = 400 µA ergibt sich ein möglicher Kollektorstrom I_C von ca. 90 mA. Dieser Strom würde im Kollektorwiderstand R2 aber einen Spannungsabfall von mehr als 42 V hervorrufen. Da die Betriebsspannung aber nur 12 V beträgt, ist dieser Spannungsabfall nicht möglich. Selbst wenn der Transistor vollständig durchgesteuert wäre, können nur maximal 25 mA fließen. Dies bedeutet, die Spannung über der Kollektor-Emitter-Strecke liegt in der Größe von 0.8 V. Man sagt, der Transistor ist gesättigt.

Eine Erhöhung des Basisstroms über 150 µA bei einem Arbeitswiderstand von R2 = 470 Ω führt zu keiner weiteren Verringerung der Ausgangsspannung am Kollektor. Entfällt der Basisstrom hingegen vollständig, so fließt auch kein Strom durch den Arbeitswiderstand mehr, die Ausgangsspannung am Kollektor entspricht nun der Betriebsspannung der Transistorstufe. Mit diesen Grenzwerten des Basisstroms arbeitet der Transistor nun im Schaltbetrieb.

3.3 Digitale Grundfunktionen

Am Anfang des globalen Informationszeitalters bestand die weltweite Kommunikation aus Morsezeichen. Kommunikation ist ein wichtiges Grundbedürfnis der modernen Zivilisationen. Ursprünglich mehrheitlich für militärische Zwecke entwickelt und eingesetzt, stand spätestens mit dem Beginn der industriellen Revolution der Informationsaustausch an der Spitze der Agenda. Gelegentlich wird sogar darüber diskutiert, ob nicht die großräumige Informationsverteilung eher die Ursache und nicht die Folge der industriellen Revolution sein könnte.

Zu Beginn stand die Frage der technologischen Basis der Datenkommunikation. Anschaulich wird dies in der Verlegung des ersten interkontinentalen Telegrafenkabels zwischen Europa und Nordamerika 1858 illustriert (siehe dazu [16]). Seinerzeit beinahe als ein Weltwunder angesehen, beschleunigte sich doch damit der Austausch schriftlicher Dokumente von bis dahin einigen Wochen Seereise auf eine praktisch sofortige Kommunikation. Mit diesen technologischen Großtaten erreichte die Elektrotechnik den ersten Gipfel ihres Leistungsvermögens.

Um die Wende zum 20. Jahrhundert gelang auch die Überbrückung großer Distanzen mittels drahtloser Telegrafie. Mit großen Wellenlängen, riesigen Antennen und geradezu gewaltigen Leistungen konnte man nun durch „Großfunkstellen" weltweit kommunizieren. Das Militär, insbesondere die Marine, hatte selbstverständlich von Anfang an sehr großes Interesse an dieser neuzeitlichen Technik. Nur mithilfe der Funkentelegrafie war die Koordinierung von Hochseeschiffen möglich.

Doch immer das Militär als Technologietreiber vorzuschieben, ist eine einseitige Sichtweise. Wie bereits erwähnt, ist die Wirtschaft ein großer Gewinner schneller Kommunikation. Vergleichsweise preiswerter Datenaustausch stärkt die Wirtschaftskraft und verleiht Wettbewerbsvorteile gegenüber der Konkurrenz ohne diese leistungsfähige Infrastruktur. Nicht zuletzt erlaubt die drahtlose Telegrafie auch den Austausch von Wetterdaten. Die international üblichen Wetter(kurz)symbole stammen aus jener Zeit.

Am Rande soll aber auch auf die mögliche Verwundbarkeit moderner Infrastrukturen hingewiesen werden. Neben menschlichem Versagen, z. B. Blackout der Energieversorgung durch verfehlte strategische Planung, sind immer noch natürliche Ereignisse mit potenziell katastrophalen Folgen, zumindest gedanklich, zu berücksichtigen. Wenn das derzeitige weltweite Kommunikationsnetz mit einem ähnlichen Phänomen wie dem „Carrington-Ereignis" [17] konfrontiert würde, wären die negativen Folgen kaum abschätzbar.

Mit der Erfindung der Elektronenröhre gelang der Massendurchbruch im Kommunikationsbereich. Endlich war nicht nur die digitale Informationsübertragung in Form der Morsetelegrafie möglich, sondern der direkte Sprechkontakt zwischen

Menschen überall auf der Erde wurde Realität. Die große Zeit der analogen Nachrichtenübertragung hatte begonnen.

Historische Anmerkung 2

Mein erster Detektorempfänger ist leider längst im Schrott gelandet. Glücklicherweise fand sich an der TH Bingen noch ein Originalgerät mit Detektorkristall (Bild 3.3 Mitte) zusammen mit einem Kopfhörer, also Hightech aus den 1920ern.

Bild 3.3 Historische Messinstrumente und Gerätschaften

Das links in Bild 3.3 befindliche Bauteil ist ein Telegrafenklopfer, der Vorläufer des Kopfhörers. Dieses Teil habe ich in einem Antiquitätengeschäft in Verona entdeckt. Der Verkäufer erzählte mir Wunderdinge über dieses angeblich aus den 1940ern stammende „Relais". Ein bisschen haben wir über den Preis verhandelt, dann habe ich das Teil gekauft, ohne den Händler über seinen Irrtum aufzuklären. Der Klopfer ist deutlich älter als angegeben und für Sammler definitiv mehr wert als der gezahlte Kaufpreis. Damit ist ein singuläres Ereignis eingetreten: Ein Ingenieur führt einen ausgebufften (aber sehr sympathischen) Verkäufer hinter die Fichte! In dieser historischen Einmaligkeit ist dies praktisch vergleichbar mit dem Urknall in der Astronomie.

Mit der Einführung des Rundfunks, also dem Empfang drahtloser Sendungen für jedermann, wurde die Informationstechnik endgültig zum Massenphänomen. Digital war vorgestern – das neue Zeitalter war das Jahrhundert der Elektronenröhre, dessen war man sich bis in die 1950er-Jahre sicher. Das Aufkommen der Halbleitertechnik wurde vielerorts nicht als Konkurrenz zur Röhre wahrgenommen. Lediglich Spezialanwendungen wie Taschenradios für Halbstarke wurde ein Markt zugemessen.

Von diesen Prognosen völlig unbeeindruckt, forschten einige Ingenieure, von einigen der damaligen Stimmen eher als bessere „Bastler" bezeichnet, an den Einsatzmöglichkeiten der Festkörperphysik der Halbleiter. Diese Bastelfritzen (einige davon spätere Nobelpreisträger) präsentierten dann in den frühen 1960ern die ersten Serien funktionsfähiger „integrierter Schaltkreise“.

Auf einem Stück Germanium, später Silizium, wurden einige wenige Transistoren kombiniert; dass daraus in Zukunft Milliarden werden sollten, ahnte niemand. Im Gegensatz zur Elektronenröhre ist das Übertragungsverhalten eines Transistors deutlich nichtlinearer als die quadratische Kennlinie einer Triode. Diese zunächst scheinbar unwichtige und in der Verwendung in Verstärkern sogar nachteilige Eigenschaft wird beim Einsatz in der Digitaltechnik zum fundamentalen Vorteil.

Digitalrechner sind keine Erfindung der Gegenwart, die ersten brauchbaren Rechenmaschinen arbeiten mit mechanischen Zählelementen im digitalen Zehner-Zahlensystem [18]. Mit dem Aufkommen der Elektrotechnik fanden Relais und Dioden, später auch Röhren ihren Weg in den Digitalrechner.

Der Einsatz der Elektronenröhre in logischen Grundschaltungen blieb jedoch problematisch. Zwar half die Entwicklung spezieller Schaltröhren, die Eigenschaften der Logikbausteine zu verbessern. Das Problem der schlechten Schalteigenschaften, eine Elektronenröhre ist eben einfach besser für lineare Übertragungen geeignet als für extrem nichtlineare Sprungvorgänge[1], verblieb jedoch weiterhin.

Es klingt beinahe wie eine Ironie der Technikgeschichte, dass die anfangs eher belächelten Transistoren zügig für Logikeinheiten eingesetzt wurden. Die relativ großen Volumina von Röhrenrechnern störten eher weniger[2], die erhebliche Heizleistung war in Zeiten vor der Klimakrise unwichtig, aber die Schalteigenschaften und später die Zuverlässigkeit der Halbleiter wurden zu unschlagbaren Argumenten.

3.3.1 Negation

Die einfachste logische Funktion ist die Invertierung des logischen Eingangszustands. Aus logisch „0“ wird logisch „1“ und umgekehrt. Wie die Logikpotenziale im konkreten Fall technisch realisiert werden, ist zunächst unwichtig. Im Folgen-

1 Die (fast ideal) quadratische Übertragungskennlinie von Elektronenröhren ist deswegen einer der Hauptgründe für hochqualitative Leistungsverstärker im Audiobereich. Richtige „Fledermausohren“ können wahrscheinlich tatsächlich den „warmen“ Röhrenklang vom „kalten“ Sound des Transistorverstärkers unterscheiden. Ich persönlich tendiere eher zu großen eisenhaltigen Netztransformatoren und MOSFETs in der Endstufe. Ein guter Tipp: Hochwertige Endstufen für den verwöhnten Audiophilen kauft man nach Gewicht – je schwerer, desto besser! Eine gute Lautsprecherbox sollte nicht unter 500 € pro Stück (Stand 2020) kosten. Alternativ versucht man, Monitorboxen des Typs BR25 von RFT Geithein zu ergattern. Diese sind aber auch mehr als 30 Jahre nach Produktionseinstellung nicht billiger. Das Geld für sauerstofffreie Kupferlitze ist, genauso wie für Atomstromfilter in der Netzzuleitung, zum Fenster hinausgeworfen.

2 Solange der Röhrenrechner ENIAC bei einer Aufstellfläche von 10 × 17 Metern 27 Tonnen wiegt, kommt es auf 50 cm^3 und 100 g pro Flip-Flop wirklich nicht an.

den wird dann von logisch „1“ gesprochen, wenn eine definierte Spannung anliegt bzw. bei logisch „0“ kein Potenzial messbar ist.

Die technische Umsetzung zeigt Bild 3.4. Der Transistor arbeitet in der Sättigung. Ein Basisstrom im Eingangskreis führt zum vollständigen Durchsteuern der Kollektor-Emitter-Strecke. Der Basisstrom als Folge der logischen „1“ am Eingang resultiert in einer logischen „0“ am Ausgang. Die Schaltung fungiert damit als Inverter.

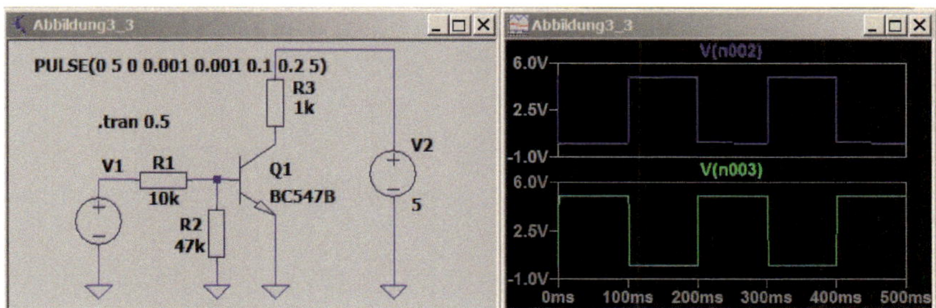

Bild 3.4 Inverter in Emitterschaltung: V(n002) und V(n003) zeigen das invertierende Verhalten der Logikschaltung. Der Transistor Q1 arbeitet als Schalter in der Sättigung.

Noch eine Ergänzung zu den Logiksignalen: In der Technik wird die „1“ häufig als „HIGH“ und die „0“ als „LOW“ bezeichnet. Dahinter verbergen sich je nach Herstellungstechnologie konkrete Spannungslevel. Weitere Informationen hierzu finden Sie in Abschnitt 3.3.4.

3.3.2 UND-Verknüpfung

In vielen technischen Anwendungen müssen mehrere Eingangssignale miteinander verknüpft werden. Als einfaches Beispiel soll die Bedienung einer Blechpresse für Karosserieteile genannt werden. In diesem Fall wird eine hydraulische Presse mit einem Blechrohling bestückt und dann in die gewünschte Form gebracht. In [19] ist ein Beispiel dafür zu sehen. Die Bedienung dieser Anlage erfolgt manuell. Beim Start des Pressvorgangs muss der Arbeitsraum frei sein. Ab Minute 1:16 im Video kann man erkennen, dass deswegen der Bediener zwei Tasten betätigen muss. Erst wenn Taste 1 UND Taste 2 betätigt werden, fährt der Pressstempel nach unten.

Elektrisch ist dies zunächst recht einfach durch eine Reihenschaltung beider Tasten realisierbar. In der schaltungstechnischen Umsetzung wird es etwas komplizierter. Laut Definition ergeben „1“ UND „1“ am Eingang eine „1“ am Ausgang.

In Bild 3.5 ist eine sogenannte Wired-AND-Schaltung dargestellt. Die beiden Eingangssignale werden mit den Spannungsquellen V1 und V2 generiert. Zwecks möglichst einfacher Darstellung erzeugen die Spannungsquellen ein phasenverschobenes Rechtecksignal. Dann, und nur dann, wenn beide Eingänge ein HIGH-Level aufweisen, ist auch am Ausgang ein HIGH-Potenzial zu sehen. Die beiden Dioden verknüpfen demnach V1 UND V3 zum gewünschten Logiksignal. Damit entsteht die benötigte Verknüpfung als Verschaltung von Halbleiterbauelementen.

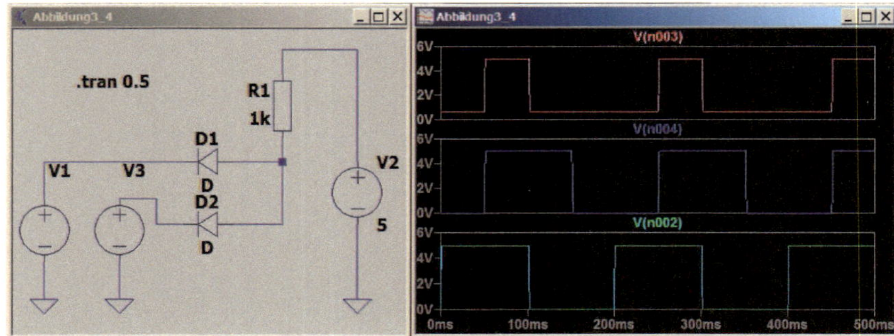

Bild 3.5 UND-Verknüpfung mit zwei Dioden und Spannungsverlauf am Eingang (V1, V3) und am Summationspunkt D1, D2 und R1

3.3.3 ODER-Verknüpfung

Als weitere logische Grundschaltung fungiert die ODER-Verknüpfung. Als klassisches Beispiel hierfür sei die Treppenhausbeleuchtung in einem mehrstöckigen Gebäude genannt. Von jeder Etage aus soll das Auslösen des Treppenlichtautomaten erfolgen können.

Der Unterschied der Spannungsverläufe zu Bild 3.6 ist offensichtlich. Das Ausgangssignal V(n002) ist nur dann logisch „0“ (LOW-Level), wenn beide Eingangssignale (V1/V2) ebenfalls „0“ sind. Solange V1 ODER V2 logisch „1“ sind, ist auch der Ausgang logisch „1“.

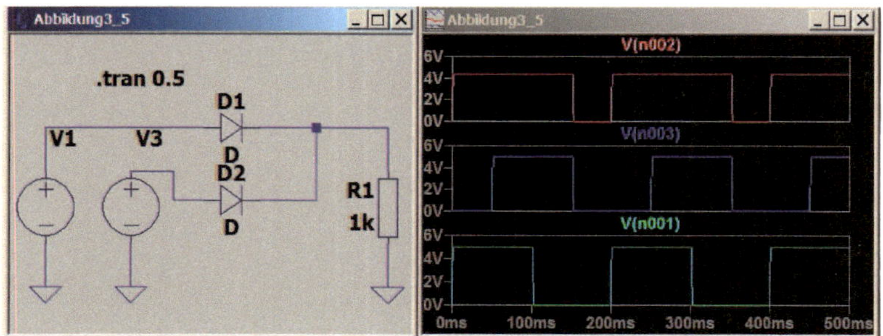

Bild 3.6 ODER-Verknüpfung mit zwei Dioden und Spannungsverlauf am Eingang (V1, V3) und am Summationspunkt D1, D2 und R1

Auf das Beispiel Treppenlichtsteuerung bezogen, wird klar, dass von jeder Etage aus das Startsignal für die Lichtsteuerung erzeugt werden kann.

Im Übrigen müssen die geschilderten logischen Verknüpfungen nicht zwangsläufig aus zwei Eingängen bestehen. Sehr leicht kann durch Hinzufügen von weiteren Dioden die Anzahl der Eingänge (nahezu) beliebig erweitert werden. In allen Fällen wirken die Eingangssignale auf den gemeinsamen Ausgang.

3.3.4 TTL-Bausteine als industrielle Lösung

In den genannten Beispielen sind die schaltungstechnischen Effekte der einfachen Diodennetzwerke stark vereinfacht worden. Eine Weiterverarbeitung der Signale war zunächst nicht vorgesehen. Aus der Simulation war aber schon nach der ersten Stufe eine leichte Verfälschung der Spannungspegel ersichtlich.

Von den angenommenen Idealwerten der Spannungen für HIGH = 5 V und LOW = 0 V kann bereits nach der ersten UND-Verknüpfung nicht mehr gesprochen werden. Der Blick in die Spannungslage von V(n003) in Bild 3.5 zeigt die Erhöhung des LOW-Levels um die Flussspannung der Eingangsdiode. Ähnliches zeigt sich in Bild 3.6. Hier verringert sich die HIGH-Spannung im Ausgang der ODER-Verknüpfung ebenfalls um die Flussspannung der Diode.

Da in der technischen Anwendung komplizierter Logikschaltungen mit einer Kaskade logischer Verknüpfungen zu rechnen ist, müssen die Signalpegel nach dem Durchlaufen der entsprechenden Verknüpfungen wieder regeneriert werden.

Mit dem Inverter existiert bereits eine Schaltung, die als „Digitalverstärker“ verwendet werden kann. Entsprechend der Dimensionierung des Basisvorwiderstands kann das Maß der Sättigung des Schalttransistors in weiten Grenzen eingestellt werden. Eine Variation des Basisstroms innerhalb dieser Grenzwerte hat keine Spannungsänderung am Ausgang des Inverters zur Folge. Der Inverter bzw. die Negation im logischen Sinne ist deswegen ein idealer Signalrestaurator. Einen nachteiligen Aspekt hat dieses Verfahren. Infolge der Sättigung mit Ladungsträgern zwischen den Grenzschichten im Transistor verlängert sich die Schaltzeit gegenüber einer Verstärkerstufe ohne Sättigung. Das zweite Resultat, die zusätzliche Negation der logischen Verknüpfung, ist nur auf den ersten Blick nachteilig.

Die Erweiterung der UND-Funktion mit dem Inverter zeigt das Schaltbild in Bild 3.7. Die Ausgangsspannung V(n003) in Bild 3.5 ist um den Betrag der Flussspannung der Schaltdioden angestiegen. Die Ausgangsspannung V(n002) in Bild 3.7 weist diesen Spannungsoffset nicht mehr auf. Lediglich die Spannungswerte sind zueinander invertiert. Aus dem UND wird ein Nicht-UND. Im internationalen Sprachgebrauch wird anstelle des Inverters von einem Negator gesprochen. Das ODER wird zu OR und das UND zu AND. Die Kombination UND + Negation wird jetzt als NAND bezeichnet.

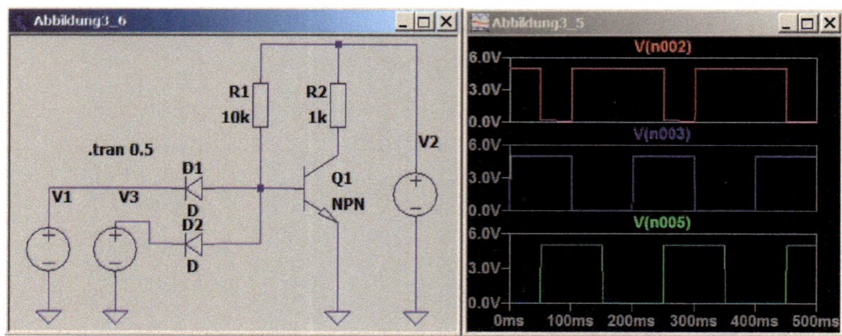

Bild 3.7 UND-Verknüpfung aus zwei Dioden und nachfolgender Negation zur Signalkonditionierung

Der Hauptunterschied zwischen analoger und digitaler Schaltungstechnik liegt in der Reduktion des analogen Kontinuums aller möglichen Spannungswerte in einem definierten Bereich und damit in einer diskreten Abbildung der Signale mit einer definierten Anzahl von Werten.

Da alle praktisch realisierbaren Systeme toleranzbehaftet sind, ist es für die technische Umsetzung von digitalen Schaltungen erforderlich, die Grenzbereiche der Erkennung von logisch HIGH bzw. LOW klar zu definieren.

Im Verlaufe der Entwicklung integrierter Bausteine ist eine Reihe von Technologiestufen durchlaufen worden. Es führt zu weit, an dieser Stelle ins Detail zu gehen, als wesentlichste Schritte sind vom schaltungstechnischen Ansatz her die RTL- bzw. DTL- und die TTL-Technologie zu werten. Des Weiteren spricht man von unipolaren bzw. bipolaren integrierten Schaltkreisen (integrated circuit, IC).

Die Abkürzung RTL steht für resistor transistor logic, das bedeutet, zur Realisierung eines derartigen IC sind Widerstände und Transistoren auf dem Silizium zu integrieren. Die ersten in Stückzahlen produzierten und für zivile Zwecke eingesetzten Bausteine waren Dreifach-NOR-Gatter der Firma Fairchild für das Apollo-Mondlandeprojekt. Pro Schaltkreis waren jeweils zwei Dreifach-NOR-Gatter integriert. Ein einzelner Baustein kostete nach [20] etwa 150 $ nach heutiger Kaufkraft.

Nur staatlich geförderte Prestigeprojekte, z. B. der Apollo Guidance Computer, konnten sich solche Kosten leisten. Bei geschätzten 2800 IC [21] wären dies ca. 420 000 $ pro Apollo-Computer[3].

Aus dem Stromlaufplan werden einige Ähnlichkeiten zu den bereits angegebenen Logikbaustufen ersichtlich (Bild 3.8). Anstelle der Diodenverknüpfung der ODER-Funktion wird jedoch gleich auf die Transistorstufen gegangen. Damit entfällt die

[3] Zum Vergleich: Ein 32-Bit-ARM Cortex-M0, die leistungsschwächste ARM-CPU, benötigt etwa 12.000 Gatter-Äquivalente, also rund 6000 Dreifach-NOR. Das wären glatt 900 000 $ für eine einzige CPU. Eine CPU der STM32F0-Serie ist in Einzelstücken für ca. 1,50 € erhältlich. Auf Serienstückzahlen hochgerechnet fällt der Preis deutlich unter einen Euro. Mit anderen Worten, eine CPU, vergleichbar der des Apolloprojekts, kostet etwa ein Millionstel dessen, was 1966 zu berappen war. Das nenne ich einmal Fortschritt!

Notwendigkeit, drei unterschiedliche Bauteiltypen zu integrieren. In [23] und [24] werden dazu einige ergänzende Informationen gegeben, in [23] erhält man einen Blick auf den Chip des NOR-Gatters und in [24], einem kurzen Videoclip, erfährt man interessante Zusammenhänge zur Funktion und zum Aufbau des Bausteins. Für tiefergehende Einblicke in den Apollo-Computer selbst sei auf [25] verwiesen.

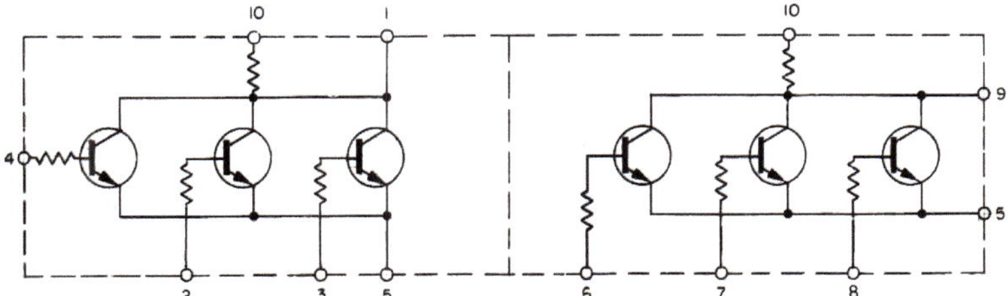

Bild 3.8 Stromlaufplan des 2 × Dreifach-NOR-IC für den Apollo Guidance Computer; Quelle: [22]

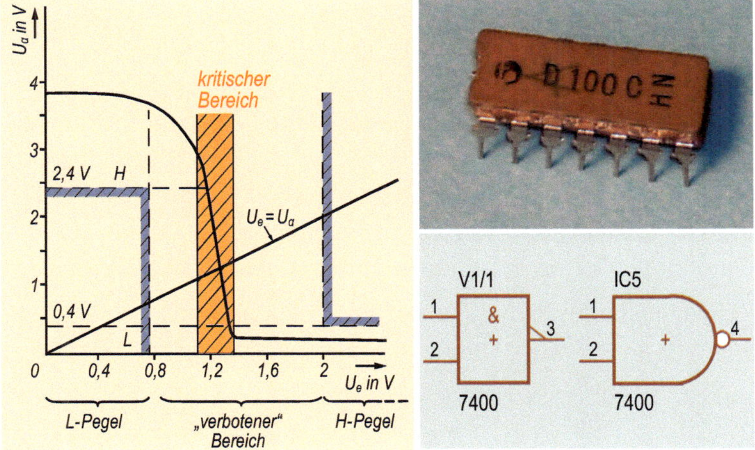

Bild 3.9 Übertragungskennlinie eines NAND-Gatters, Package und Logiksymbole; angelehnt an [26]

Mit dem Hinzufügen von Dioden erweitert sich die RTL- zur DTL-Logik. Einige Nachteile, wie z. B. die relativ hohe Verlustleistung der RTL-Bausteine, wurden ausgemerzt. Gleichzeitig stieg die Verarbeitungsgeschwindigkeit an, d. h., die Durchlaufverzögerung wurde kleiner (Bild 3.10).

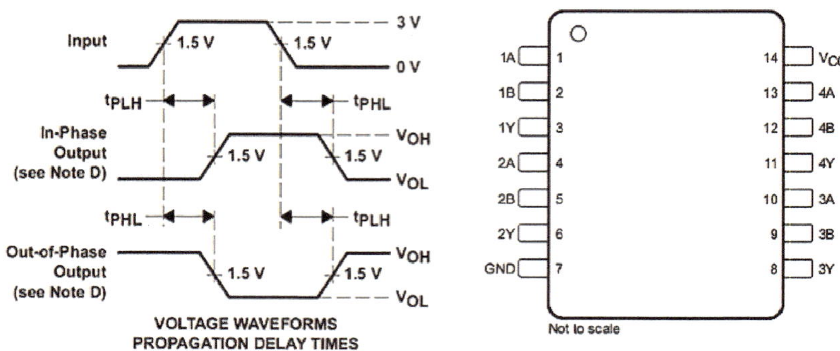

V_{CC} = 5 V, T_A = 25°C, and over operating free-air temperature range (unless otherwise noted). See Figure 2.

PARAMETER	FROM (INPUT)	TO (OUTPUT)	TEST CONDITIONS	MIN	TYP	MAX	UNIT
t_{PLH}	A or B	Y	R_L = 400 Ω and C_L = 15 pF		11	22	ns
t_{PHL}					7	15	

Bild 3.10 Zeitverlauf zwischen Eingangs- und Ausgangspegel an einem TTL-Gatter: Rechts im Bild ist das Package des Bausteins mit der Zuordnung der Pins zu den Gattern zu sehen.

Der Ersatz der Dioden durch einen Multi-Emitter-Transistor führte zur TTL-Logik (transistor-transistor logic) und wurde zum Durchbruch in der Anwendung digitaler integrierter Schaltungen. Als Betriebsspannung wurde 5 V festgelegt. Die Übertragungskennlinie eines TTL-NAND-Gatters zeigt Bild 3.9.

In Bild 3.10 sind ein TTL-Baustein[4] sowie die international üblichen Schaltzeichen zu sehen. Das linke Symbol entspricht der DIN, rechts ist das US-amerikanische Symbol angegeben.[5]

Spannungen zwischen 0 und 0.8 V werden als LOW-Signal und Pegel ab 2.4 V als HIGH-Signal erkannt. Damit sind technisch akzeptable Toleranzen vorgegeben. Der Spannungsbereich zwischen 0.8 und 2.0 V wird als „Verboten" gekennzeichnet. Sämtliche Übergänge zwischen HIGH und LOW bzw. umgekehrt müssen diesen Bereich so schnell wie möglich durchlaufen. Dies ist durch geeignete Schaltungsmaßnahmen sicherzustellen. Für die Praxis bedeutet dies, dass in TTL-Schaltungen ausschließlich mit diskreten Pegeln und schnellen Impulsübergängen gearbeitet wird.

---

4 Für ein neuzeitliches Fachbuch gehört es zum guten Stil, auf originales Material zurückzugreifen. Für die Abbildung eines TTL-Schaltkreises stand leider kein Baustein der Firma Texas Instruments aus der Zeit der Serieneinführung (1964) zur Verfügung. Es wurde deswegen auf ein sorgfältig kopiertes Modell aus einheimischer Produktion zurückgegriffen. Der abgebildete D100C aus dem VEB Halbleiterwerk Frankfurt Oder (ehemals DDR) ist praktisch fabrikneu und wurde von mir persönlich während eines Industriepraktikums 1988 aus einer Schachtel für zukünftige Anwendungen entnommen, z. B. als Fotomodell für ein Fachbuch. Laut [72] entspricht das codierte Herstellungsdatum „HN" dem November 1976. Also ist dies ein klarer Fall für die wohlverdiente Pension im nächsten Jahr.

5 Beide Symbole werden in einer kunterbunten Mischung in den unterschiedlichen Stromlaufplänen verwendet. Dies mag etwas unstrukturiert aussehen, aber solange die Amis sich nicht nach DIN (Deutschen Industrie Norm) richten, halte ich mich auch nicht daran.

Der Blick ins Datenblatt eines „7400“ [27] ist für die Verwendung des Bausteins unerlässlich. Ganz wichtig sind die zeitlichen Zusammenhänge der logischen Verknüpfungen. Zwischen dem tatsächlichen Umschalten des logischen Eingangszustands und der Änderung des Ausgangspegels verstreicht die sogenannte Verzögerungszeit, auch als Gatterlaufzeit bezeichnet. Im Datenblatt wird zwischen t_{PLH} = 11 ns und t_{PHL} = 7 ns unterschieden.

Die erste Zeit bezeichnet den Übergang von LOW zu HIGH, die zweite Angabe ist der Wechsel von HIGH zu LOW. Es sind die typischen Zeiten angegeben. Für den Schaltungstechniker ist sehr genau zwischen den „typischen“ und den „maximalen“ Werten zu unterscheiden. Für Aufbauten ohne besondere Anforderungen bezüglich des Temperaturbereichs und bei exakt definierten Versorgungsspannungen ist der typische Wert meist brauchbar.

Sobald aber ein Einsatz über den gesamten Temperaturbereich ansteht, der SN7400 ist von −55 bis 125 °C spezifiziert, d.h. MIL für militärische Anwendungen, oder über den zulässigen Spannungsbereich (5 V ± 10 %) geplant ist, sind immer die Grenzwerte zu berücksichtigen. Gerne wird beim Testaufbau des Bausteins im Labor oder auf dem Steckbrett der Anschluss der Stromversorgung vergessen. Zudem befinden sich vier Zweifach-NAND in einem Package.

4 Digitale Schaltungssynthese

Bei den bisher angeführten Beispielen (Metallpresse, Treppenlicht) war der logische Zusammenhang unmittelbar ersichtlich. Leider lässt sich ohne große Schwierigkeiten feststellen, dass es deutlich komplexere logische Funktionalitäten gibt. Dies soll anhand eines weiteren Beispiels illustriert werden.

Gegeben sei eine Maschine, die Teile zu einem Mechanismus zusammenfügen soll. Was die Maschine tatsächlich macht, ist uninteressant. Damit der Automat ununterbrochen tätig sein kann, wird er aus drei Magazinen mit Einzelteilen versorgt. Eine Signallampe soll genau dann aufleuchten, wenn zwei oder mehr der Magazine geleert sind. Ein Operator oder ein weiterer Automat/Roboter ersetzt dann die geleerten Magazine durch volle Behälter.

Beim ersten Blick auf die Aufgabe scheint das Problem nicht allzu schwierig zu sein. Irgendwie läuft es sicher auf eine Verknüpfung von AND- und OR-Funktionen hinaus. Mit der Methode des scharfen Hinsehens könnte man beginnen, eine Lösung zu finden. Offenbar gibt es mehrere Möglichkeiten, wie sich die Vorratsbehälter leeren können: (1 <u>und</u> 2) <u>oder</u> (2 <u>und</u> 3) <u>oder</u> (1 <u>und</u> 3) <u>oder</u> (1 <u>und</u> 2 <u>und</u> 3) sind leer. Die eingeklammerten Varianten lassen sich nun fast ohne weiteres Nachdenken logisch funktional beschreiben.

4.1 Aufstellen der logischen Schaltfunktionen

Das eben geschilderte Vorgehen liefert zwar eine Lösung der Aufgabe, aber es ist zum Ersten kein besonders cleverer Ansatz, zum Zweiten ist unklar, ob es die einzige Lösung ist, und zum Dritten erinnert die Sache etwas an Grundschulmathematik, bei der mit den Fingern gerechnet wird.

Zunächst werden deswegen einige Formalisierungen und eine geeignete Notation eingeführt. Die logischen Eingangssignale werden mit lateinischen Buchstaben bezeichnet. Aus Eingang 1 wird A und Eingang 2 erhält die Bezeichnung B. Der Ausgang wird mit Y gekennzeichnet.

Bei zwei möglichen Eingangssignalen (A, B) ergeben sich vier Kombinationen, die zum Ausgangssignal Y verknüpft werden. Die vier möglichen Kombinationen werden in einer Tabelle zusammengefasst. Diese Tabelle wird im Folgenden als Wahrheitstafel bzw. Wahrheitstabelle bezeichnet. Der Inhalt der Wahrheitstafel wird in einem zweiten Schritt zu einer Schaltfunktion zusammengefasst.

Zur Notation der Schaltfunktion gibt es in der Literatur unterschiedliche Vorgaben. Die Schreibweise wie in Bild 4.1 rechts oben wird in der deutschsprachigen Fachliteratur [28] bevorzugt. In der internationalen Schreibweise wird die Konjunktion (UND-Operator) oft durch einen Punkt ersetzt. Obwohl dies gelegentlich zu Missverständnissen mit der Multiplikation führen könnte, wird diese Schreibweise im Folgenden angewandt.[1]

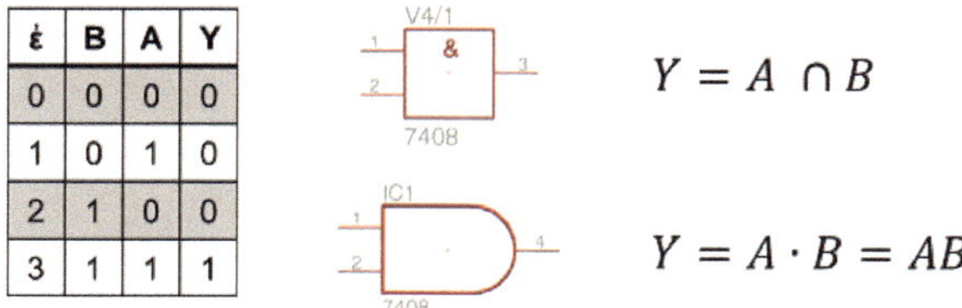

ε	B	A	Y
0	0	0	0
1	0	1	0
2	1	0	0
3	1	1	1

Bild 4.1 Wahrheitstafeln für AND mit dazugehöriger Schaltfunktion

Der Bezeichner Epsilon ε[2] zählt die möglichen Eingangskombinationen, in diesem Falle zwei, einfach auf. Je größer die Anzahl der Eingangsvariablen ist, desto mehr Kombinationen sind erforderlich. In der Regel ist die Anzahl der Eingänge ein Ergebnis von 2^n, wobei n die Zahl der Eingänge ist.

Aus der Wahrheitstafel für die AND-Funktion können ohne Weiteres die Tafeln für OR bzw. Negation erstellt werden. In der technischen Anwendung haben sich die logischen Funktionen NAND, NOR und XOR als äußerst brauchbar erwiesen, d. h., man kombiniert ein AND bzw. ein OR jeweils mit einer Negation (Bild 4.2).

---

[1] Es wäre tatsächlich unglaublich hilfreich, wenn man sich diesbezüglich weltweit einigen könnte. Wobei mir zum Teil unverständlich ist, warum man sich nicht demjenigen, der hier die Pionierarbeit leistete, d. h. der US-Industrie, einfach anschließt. Wer einen Berg, einen Hügel, ein Schlammloch oder was auch immer zuerst entdeckt hat, besitzt doch ebenfalls das Recht der Namensvergabe.

[2] Epsilon hätte man auch weglassen können, doch mit ε sieht es doch gleich viel wissenschaftlicher aus, nicht wahr?

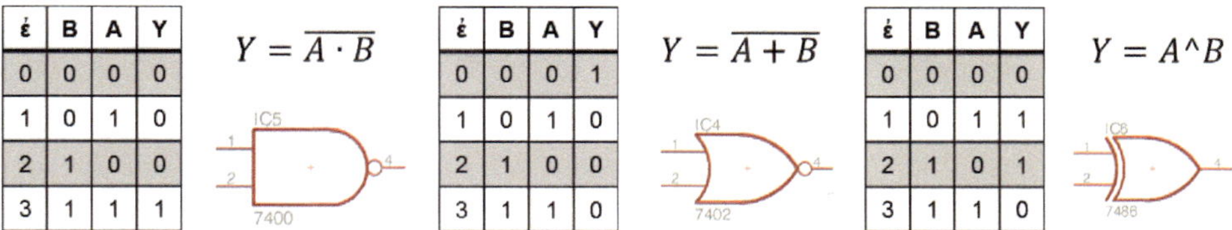

ε	B	A	Y
0	0	0	0
1	0	1	0
2	1	0	0
3	1	1	1

ε	B	A	Y
0	0	0	1
1	0	1	0
2	1	0	0
3	1	1	0

ε	B	A	Y
0	0	0	0
1	0	1	1
2	1	0	1
3	1	1	0

Bild 4.2 Wahrheitstafeln für NAND, NOR und XOR

Es lässt sich zeigen, dass sich aus einer negierten Grundfunktion, z. B. NAND, sämtliche anderen Grundelemente entwickeln lassen.

Die XOR-Funktion nimmt eine gewisse Sonderrolle ein. XOR ist keine Grundfunktion, sondern wird aus Grundfunktionen zusammengesetzt. Die XOR-Verknüpfung ist für weitere zusammengesetzte Logikfunktionen eine wichtige „Zutat".[3] XOR wird in der Literatur häufig auch als Exklusiv-OR bezeichnet.

4.2 Schaltungssynthese mittels kanonischer Normalform

Bei der Betrachtung der Wahrheitstafel der AND-Funktion in Bild 4.1 wird die zugehörige Schaltfunktion als $Y = AB$ abgelesen. Wird die Anzahl der Eingangsvariablen erhöht, z. B. auf drei Signale, stellt sich die Frage, ob dieser intuitive Lösungsansatz weiterhin brauchbar ist oder ob eine generelle Definition dieses Verfahrens besser auf eine mathematische Grundlage setzt.

Dazu werden jedem Eintrag in der Wahrheitstafel disjunktive bzw. konjunktive Normalformen zugeordnet. Für die Vollkonjunktion wird das Resultat $Y = 1$ lauten, bei der Volldisjunktion ergibt sich $Y = 0$. In Bild 4.3 sind keine Resultate Y vorhanden, die dort aufgeführten Min- bzw. Maxterme sind nur der theoretische Ansatz. Erst die OR-Verknüpfung aller DNF (disjunktive Normalform) bildet die Wahrheitstafel zu einer logischen Schaltfunktion ab. Da man AND- bzw. OR-Verknüpfungen ineinander überführen kann, existiert für eine identische Wahrheitstafel auch eine KNF (konjunktive Normalform). In diesem Falle werden die Terme über AND zur Schaltfunktion verbunden.

[3] Die Wichtigkeit von UND, OR, Negation und XOR wird auch durch die Implementierung jeweils eines eigenen Operators in der Programmiersprache C dokumentiert.

ε	C	B	A	Vollkonjunktion (Y=1)	Volldisjunktion (Y=0)
0	0	0	0	$m_0 = \bar{C} \cdot \bar{B} \cdot \bar{A}$	$M_0 = C + B + A$
1	0	0	1	$m_1 = \bar{C} \cdot \bar{B} \cdot A$	$M_1 = C + B + \bar{A}$
2	0	1	0	$m_2 = \bar{C} \cdot B \cdot \bar{A}$	$M_2 = C + \bar{B} + A$
3	0	1	1	$m_3 = \bar{C} \cdot B \cdot A$	$M_3 = C + \bar{B} + \bar{A}$
4	1	0	0	$m_4 = C \cdot \bar{B} \cdot \bar{A}$	$M_4 = \bar{C} + B + A$
5	1	0	1	$m_5 = C \cdot \bar{B} \cdot A$	$M_5 = \bar{C} + B + \bar{A}$
6	1	1	0	$m_6 = C \cdot B \cdot \bar{A}$	$M_6 = \bar{C} + \bar{B} + A$
7	1	1	1	$m_7 = C \cdot B \cdot A$	$M_7 = \bar{C} + \bar{B} + \bar{A}$

DNF Minterme (Y=1)

$$Y = \sum_{i=0}^{2^n-1} m_i$$

KNF Maxterme (Y=0)

$$Y = \prod_{i=0}^{2^n-1} M_i$$

Bild 4.3 Disjunktive und konjunktive kanonische Normalformen

Nach so vielen theoretischen Vorüberlegungen ist das eingangs benannte Beispiel zur Versorgung des Automaten mit stets gefüllten Magazinen bzw. das Signalisieren geleerter Vorräte immer noch ungelöst. Für den allgemeinen Lösungsansatz wird deswegen ein formalisiertes Vorgehen nötig. Mit diesem Vorgehen entwickelt man dann beliebige logische Schaltungen. Dazu wird das Verfahren wie folgt präzisiert:

1. widerspruchsfreie und vollständige Formulierung der Aufgabe
2. Definition der Ein- und Ausgangsvariablen und der Bedingungen, nach denen diese Variablen eine logische „0" bzw. „1" annehmen
3. Aufstellen der Wahrheitstafel mit eindeutiger Beschreibung der Arbeitsweise der zu synthetisierenden Schaltung
4. Erstellung der logischen Schaltfunktionen entsprechend der Wahrheitstafel
5. Vereinfachung bzw. Umformen der Funktionen (Minimierung der Schaltterme) mit dem Ziel einer (optimal sparsamen) Realisierung mit den zur Verfügung stehenden Logikelementen

Der erste Schritt ist durch die präzise Aufgabenstellung bereits erfüllt. Im zweiten Schritt werden die Eingangsvariablen formal definiert:

- Magazin voll = 1, leer = 0; Magazinbezeichner *A*, *B*, *C*
- Signallampe eingeschaltet bei logisch 1; Lampe → *Y*

Mit diesen Vorgaben ist die Wahrheitstafel leicht aufzustellen. Das Ergebnis zeigt Bild 4.4 (Schritt 3) des formalen Vorgehens.

Für die Aufstellung der KDNF sind die Minterme für $Y = 1$ relevant. Der erste zu berücksichtigende Term ist der für $\varepsilon = 0$. Bei einer AND-Verknüpfung von drei Eingängen *A*, *B*, *C* wird der Ausgang *Y* genau dann logisch 1, wenn $A = B = C = 1$ sind. Aus der Tabelle der Normalformen (Bild 4.3) trifft dies für die negierten Eingangspegel zu. Für die weiteren Terme wird analog verfahren.

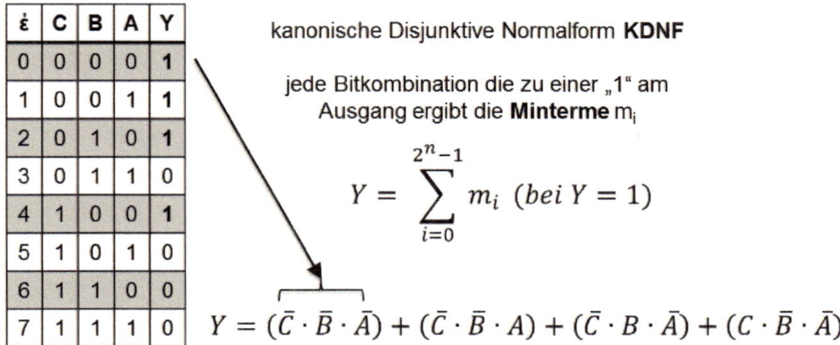

ε	C	B	A	Y
0	0	0	0	**1**
1	0	0	1	**1**
2	0	1	0	**1**
3	0	1	1	0
4	1	0	0	**1**
5	1	0	1	0
6	1	1	0	0
7	1	1	1	0

Bild 4.4 Erstellung der kanonischen disjunktiven Normalform KDNF

In Bild 4.5 werden die Minterme für den Ausgang $Y = 1$ einzeln aufgeführt. Jeder dieser Terme ist als AND-Verknüpfung der Eingänge A, B, C aufzufassen. Die Überführung in eine elektronische Schaltung ist nun trivial. Die Ergebnisse von Y_0, Y_1, Y_2 und Y_4 für $\varepsilon \in (0, 1, 2, 4)$ werden mit einem OR-Gatter zu Y verknüpft.

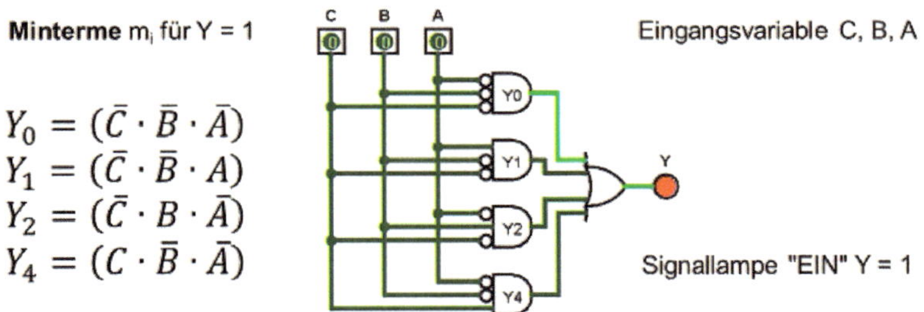

Bild 4.5 Erstellung der kanonischen disjunktiven Normalform KDNF

4.3 Simulation digitaler Schaltungen mit Logisim

Damit ist der Schritt 4 ebenfalls abgeschlossen, und dem Aufbau der Schaltfunktion mit realen Bauelementen steht nichts mehr im Wege. Problematisch wäre allenfalls eine relativ aufwendige Fehlersuche. Bei der im Beispiel sehr einfachen Funktion wäre ein vorheriger Test mit Papier und Bleistift durchaus möglich. Zu diesem Zweck würde jedes Y_i mit den drei Eingangsvariablen durchgespielt. Die gefundene AND-Verknüpfung dürfte nur ein einziges Mal mit $Y_i = 1$ antworten. Besser wäre jedoch eine passende Simulationssoftware auf dem PC. Mit etwas Mühe kann man auch mit LTspice digitale Schaltungen simulieren. Dies ist allerdings mit steigender Komplexität der Schaltfunktionen und damit der Anzahl der zu lösenden Gleichungssysteme immer weniger zielführend.

Erforderlich wird eine logische Simulation und keine schaltungstechnische Überprüfung. Die Hersteller integrierter digitaler Bausteine haben in ihren Entwicklungslaboren bereits die Abstraktion der Spannungsverläufe von den Logikpegeln vorgenommen. Das klassische 7400-NAND-Gatter ist als Blackbox im schaltungstechnischen Sinne anzusehen. Solange die Spannungswerte innerhalb der spezifizierten Grenzen liegen, ist die genaue Simulation überflüssig. Je nach Anforderungen und vorhandenem Geldbeutel stellt die Industrie passende Logiksimulationen bereit. Häufig sind die Simulationsprogramme mit Schaltplan-Entwicklungssystemen verbunden (Bild 4.6). Sehr schnell werden hier Kosten in vier- bis fünfstelliger Höhe fällig.

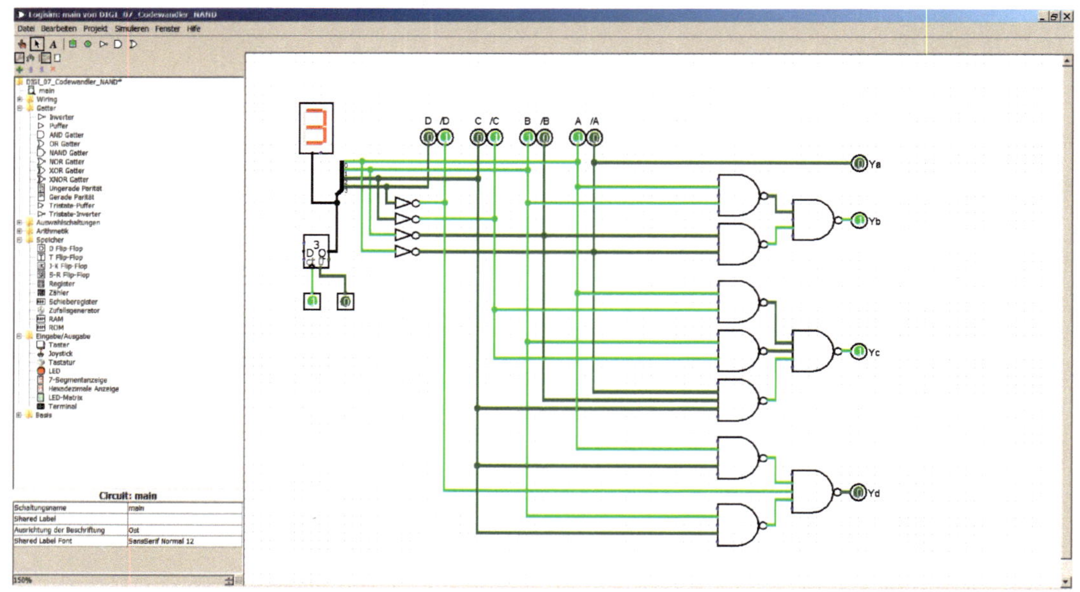

Bild 4.6 Screenshot des Simulationsprogramms Logisim (dargestellt ist ein Codewandler)

Für den Gebrauch im Ausbildungsbereich oder bei Verwendung durch den Privatmann empfiehlt sich das Programm Logisim. Diese Software ist unter [29] zu finden. Der Download und die Benutzung sind kostenlos. Die Anwendung erfolgt intuitiv. Grundsymbole wie AND, OR, NAND usw. werden auf der Arbeitsfläche platziert und mit Leitungen verbunden. Eingänge können in der Simulation manuell oder automatisch mit logischen Pegeln beaufschlagt werden. Die Ergebnisse werden unmittelbar angezeigt. Eingänge können per Mausklick manuell oder über Impulsfolgen beaufschlagt werden. Die Ausgabe ist über Lampen, 7-Segment-Anzeigen oder Terminalfenster realisiert. Es gibt auch genügend Tutorials im Internet. In den Abschnitten zur Digitaltechnik wird deswegen ausführlich von dieser Software Gebrauch gemacht.

4.4 Boolesche Algebra

Der theoretische Unterbau der logischen Schaltfunktionen wird mit den Axiomen der booleschen Algebra[4] begründet. Als Axiom werden Grundsätze bezeichnet, die sich nicht weiter beweisen lassen. In der digitalen Schaltungstechnik greift man hauptsächlich auf folgende Aussagen zurück:

- doppelte Negation

$$\overline{\overline{X}} = X \tag{4.1}$$

- Kommutativgesetz

$$A \cdot B = B \cdot A \tag{4.2}$$

- Assoziativgesetz

$$(A \cdot B) \cdot C = A \cdot (B \cdot C) \tag{4.3}$$

- Distributivgesetz

$$A \cdot (B + C) = (A \cdot B) + (A \cdot C) \tag{4.4}$$

- Absorptionsgesetz

$$B \cdot (A + B) = B \tag{4.5}$$

$$B + (A \cdot B) = B$$

- De Morgansche Gesetze

$$\left(\overline{A \cdot B}\right) = \overline{A} + \overline{B} \tag{4.6}$$

$$\left(\overline{A + B}\right) = \overline{A} \cdot \overline{B}$$

[4] Benannt sind diese Gesetzmäßigkeiten logischerweise nach George Boole, da sie auf sein 1847 formuliertes Logikkalkül zurückgehen. Wer also immer noch der Meinung ist, dass die Digitaltechnik etwas Ultramodernes ist, unterliegt einem Trugschluss. „Dicebat Bernardus Carnotensis nos esse quasi nanos gigantum umeris insidentes, ut possimus plura eis et remotiora videre, non utique proprii visus acumine, aut eminentia corporis, sed quia in altum subvehimur et extollimur magnitudine gigantea." Dieses Gleichnis wird Bernhard von Chartres um 1120 zugeschrieben.

Mit diesen Hilfsmitteln lassen sich nun alle Schaltfunktionen, ähnlich einer gewöhnlichen mathematischen Gleichung, bearbeiten. Sehr wichtig sind die De Morganschen Regeln. Dies wird anhand eines Beispiels verdeutlicht - der Erzeugung einer Zweifach-NAND-Funktion ausschließlich aus Zweifach-NOR-Gattern (Bild 4.7). Zur Anwendung kommt das zweite De Morgansche Gesetz. Eine NOR-Funktion ist einer AND-Funktion mit zwei negierten Eingängen äquivalent.

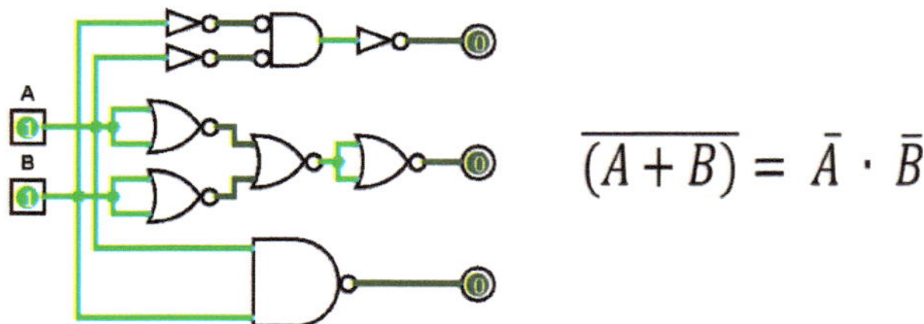

Bild 4.7 Unterschiedliche Realisierungen einer NAND-Funktion

4.5 Minimierung nach Karnaugh-Veitch

Aus den Ausführungen in Abschnitt 4.4 werden potenzielle Optimierungen gefundener Schaltfunktionen offensichtlich. Die Vereinfachung der Schaltfunktionen mittels boolescher Algebra ist jedoch nicht ohne Tücke.[5]

Ein scharfer Blick[6] auf die Wahrheitstafel der AND-Verknüpfung hilft (Bild 4.8). Bei zwei Eingängen existieren vier Vollkonjunktionen (1. Schritt). Anstelle der Tabellendarstellung wird nun eine grafische Transformation vorgenommen. Die Zuordnung der Konjunktionen zu den Feldern der Grafik ist von entscheidender Bedeutung. Die beiden Konjunktionen, bei denen die Variable A in nichtnegierter Form auftritt, werden senkrecht übereinandergeschrieben, die nichtnegierte Variable B wird horizontal einsortiert. Oben links bleibt die Konjunktion, bei der beide Variablen negiert auftreten (2. Schritt).

[5] Für die algebraischen Umformungen ist ein äußerst flexibler Geist notwendig, über den die wenigsten Ingenieure verfügen - weniger, weil sie zu dumm sind, sondern hauptsächlich infolge systemimmanenter Faulheit. Was der Ingenieur nicht lösen kann, wird so lange vereinfacht, bis jeder Idiot das Ergebnis erkennt.

[6] Vereinfachung der „Methode des scharfen Hinsehens" zum „scharfen Blick" (zwei anstelle von vier Wörtern).

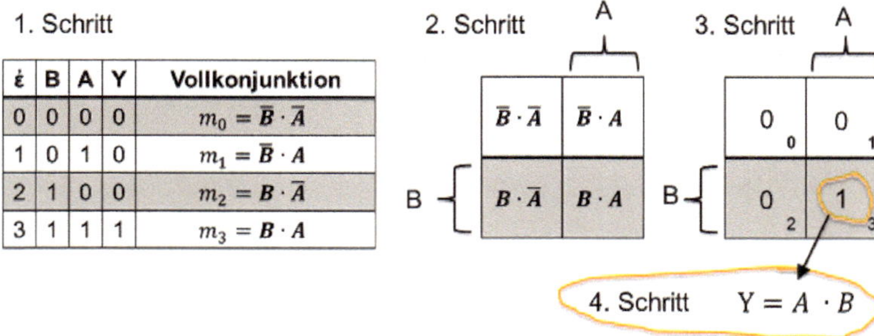

1. Schritt

ε	B	A	Y	Vollkonjunktion
0	0	0	0	$m_0 = \bar{B} \cdot \bar{A}$
1	0	1	0	$m_1 = \bar{B} \cdot A$
2	1	0	0	$m_2 = B \cdot \bar{A}$
3	1	1	1	$m_3 = B \cdot A$

Bild 4.8 Transformation der Wahrheitstafel in eine Grafik und Ablesen der Schaltfunktion

Für die Schaltfunktion relevant sind bei der disjunktiven Normalform (DNF) diejenigen Schaltfunktionen, bei denen $Y = 1$ wird. Anstelle der Vollkonjunktionen werden die Felder nun mit der Position des Auftretens in der Wahrheitstafel durchnummeriert. Der Zustand aller Ausgangsvariablen wird dann in die zugehörigen Felder eingetragen (3. Schritt).

Im vierten Schritt wird die Schaltfunktion abgelesen. Zur besseren Erkennung werden die logischen „1"-en mit einer Schleife zusammengefasst. Im geschilderten akademischen Fall existiert nur eine logische 1 im Feld 4. Entsprechend der Tabelle ist dies die Funktion $Y = AB$, also die AND-Grundfunktion selbst.

Für die Ermittlung der AND-Funktion ist dieses Verfahren ebenso trivial wie übertrieben. Wird allerdings dieses Vorgehen auf eine Wahrheitstafel mit drei Eingangsvariablen erweitert, treten die Vorzüge deutlicher zutage.

In Bild 4.9 wird das Karnaugh-Veitch-Diagramm von vier auf acht Felder erweitert. Das Vorgehen entspricht der Aufstellung des einfachen KV-Diagramms mit vier Feldern. Die (nichtnegierte) Variable A ist in den Feldern 1, 3, 5 und 7, B steht in 2, 3, 7 und 8 sowie die neue Variable C in 4, 5, 6 und 7.

Die Ausgangsvariable Y wird bezugnehmend auf die Magazinierung des Automaten für zwei oder mehr leere Magazine auf logisch 1 gesetzt. Die Übertragung dieser Werte ist rechts in Bild 4.9 dargestellt.

ε	C	B	A	Y	Vollkonjunktion
0	0	0	0	1	$m_0 = \bar{C} \cdot \bar{B} \cdot \bar{A}$
1	0	0	1	1	$m_1 = \bar{C} \cdot \bar{B} \cdot A$
2	0	1	0	1	$m_2 = \bar{C} \cdot B \cdot \bar{A}$
3	0	1	1	0	$m_3 = \bar{C} \cdot B \cdot A$
4	1	0	0	1	$m_4 = C \cdot \bar{B} \cdot \bar{A}$
5	1	0	1	0	$m_5 = C \cdot \bar{B} \cdot A$
6	1	1	0	0	$m_6 = C \cdot B \cdot \bar{A}$
7	1	1	1	0	$m_7 = C \cdot B \cdot A$

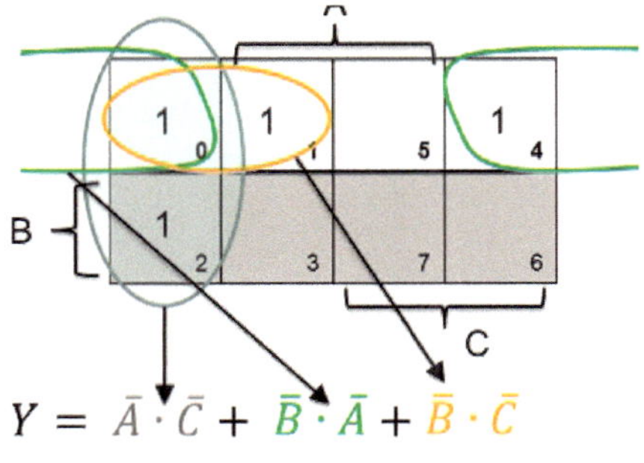

Bild 4.9 Transformation der Wahrheitstafel auf KV-Diagramme mit drei Variablen

Zur Minimierung der Schaltfunktion werden nun logische „1"-en in Gruppen zusammengefasst. Die Gruppen bestehen aus vertikal oder horizontal nebeneinander bzw. übereinander stehenden „1"-en. Die erste Gruppe besteht aus den Feldern 0 und 2. Die dazugehörigen Vollkonjunktionen lauten $m_0 = \overline{C} \cdot \overline{B} \cdot \overline{A}$ und $m_2 = \overline{C} \cdot B \cdot \overline{A}$. In der Funktion ist B negiert, in der zweiten nichtnegiert. Das bedeutet für Y, dass es egal ist, welchen logischen Zustand die Variable B einnimmt. Deswegen kann man sie einfach weglassen. Beim Durchsuchen des zweiten Terms auf den Feldern 0 und 4 trifft dieser Umstand auf die Variable C zu, deswegen wird diese ebenfalls entfernt. Zu guter Letzt verbleibt noch die Untersuchung der Felder 0 und 1, bei der die Variable A entfernt werden kann.

Stellt sich nun noch die Frage, warum die Felder 0 und 4 miteinander verbunden werden dürfen. Das zweidimensionale KV-Diagramm im Beispiel kann man als ein Band auffassen, welches zu einem Ring zusammengeklebt werden darf. Damit ist die linke Kante unmittelbar mit der rechten Kante verknüpft, und die Felder 0 und 4 sind Nachbarn (Stichwort: „Hyperraumwürfel").

Es gibt einige Regeln, die sich aus der Verteilung der Felder ergeben:

- Benachbarte Felder in der Größe 2 n (n = 0, 1, 2, 3, ...) werden gruppiert.
- Innerhalb eines Felds darf keine logische „0" auftreten.
- Es sind ausschließlich rechteckige Felder zulässig.
- Diagonale Zusammenfassungen sind unzulässig.
- Felder dürfen sich überlappen.
- Es ist eine minimale Anzahl von Feldern zu bilden.

Die Minimierung nach Karnaugh-Veitch ist nur eine Variante zur Generierung möglichst weniger Terme einer Schaltfunktion. Eine andere Variante ist das Vorgehen nach Quine-McCluskey [2]. Der Nachteil des KV-Diagramms, die schlechte Umsetzbarkeit in einen Algorithmus, entfällt hier.

Für den praktischen Gebrauch mit maximal fünf Eingangsvariablen erscheint das KV-Diagramm eine sehr hilfreiche Sache zu sein. Sobald die Variablenzahlen größer werden, wird die grafische Minimierung unübersichtlich.[7]

Eine letzte technische Optimierung soll noch erfolgen. Mittels KV-Minimierung ist die Anzahl der benötigten Gatter kleiner geworden, doch es werden immer noch AND- und OR-Verknüpfungen benötigt. Es wäre sehr viel ökonomischer, wenn nur ein Gatter-Typ eingesetzt werden würde.

[7] Einer meiner Kommilitonen konnte (einfache) Differentialgleichungen im Kopf ausrechnen. Auf die drängende Nachfrage seiner unterbelichteten Leidensgenossen antwortete er, auf die Lösung angesprochen, regelmäßig: „Das sieht man doch". Ich habe außer Krickelkrakel nie etwas gesehen und konnte mir nichts vorstellen. Bezüglich der Lösung eines KV-Diagramms habe ich irgendwann einer verzweifelten Kommilitonin entgegnet: „Na, das sieht man doch". Das war nicht so nett. Also wer's nicht sieht, sollte seine Fähigkeiten im Lösen von DGLs untersuchen lassen oder ansonsten die Aufgaben im Anhang durchrechnen – bis **es** zu sehen ist!

$$Y=\left(\bar{A}\cdot\bar{C}\right)+\left(\bar{B}\cdot\bar{A}\right)+\left(\bar{B}\cdot\bar{C}\right) \tag{4.7}$$

Aus den booleschen Axiomen ist bekannt, dass die doppelte Negation keine Änderung der Aussage vornimmt.

$$Y=\overline{\overline{\left(\bar{A}\cdot\bar{C}\right)+\left(\bar{B}\cdot\bar{A}\right)+\left(\bar{B}\cdot\bar{C}\right)}} \tag{4.8}$$

Damit sind Formel 4.7 und Formel 4.8 identisch. Unter Hinzunahme der De Morganschen Regel wird die OR-Verknüpfung der drei AND-Terme eliminiert.

$$Y=\overline{\overline{\left(\bar{A}\cdot\bar{C}\right)}\cdot\overline{\left(\bar{B}\cdot\bar{A}\right)}\cdot\overline{\left(\bar{B}\cdot\bar{C}\right)}} \tag{4.9}$$

Die OR-Verknüpfungen sind damit durch AND-Gatter ersetzt geworden.

In Bild 4.10 sind beide Lösungsvarianten dargestellt. Es ist offensichtlich, dass mithilfe grafischer Minimierung und der Anwendung der booleschen Axiome eine deutlich ökonomischere Lösung machbar ist. Logisch sind beide Schaltungen identisch. Es empfiehlt sich eine Gegenüberstellung der Varianten in Logisim.

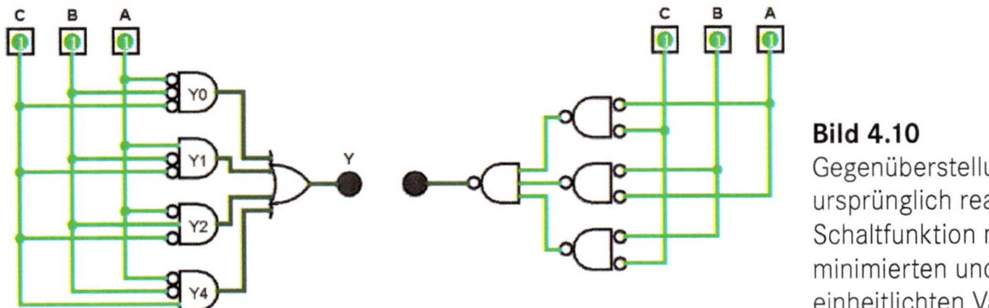

Bild 4.10 Gegenüberstellung der ursprünglich realisierten Schaltfunktion mit der minimierten und vereinheitlichten Variante

■ 4.6 Zahlensysteme und deren Darstellung

Die wahrscheinlich ursprünglichste Form der Zahlendarstellung stellt die Abzählschreibweise dar. Sie erlaubt die Aufzählung ganzzahliger Mengen in einfacher Form. Zwei Beispiele dafür werden in Bild 4.11 angegeben. Links wird die abgezählte Mengeneinheit durch Striche markiert. Für kleine Mengen mag dies hilfreich sein, aber bereits bei der Menge von 25 Strichen wird das Veranschlagen der exakten Menge schnell unübersichtlich.

I II III IIII ~~IIII~~ ~~IIII~~ ~~IIII~~ MMXIII = 2013

Bild 4.11 Beispiele für Zahlendarstellung in Abzählschreibweise

Mit der römischen Schreibweise von Mengen lässt sich ein Teil der Nachteile der Abzählschreibweise ausmerzen. Mithilfe unterschiedlicher Symbole und der Bewertung der Position der Zeichen ergibt sich der Zahlenwert.

Aus Bild 4.12 ist nun leicht der Zahlenwert[8] der römischen Ziffer aus Bild 4.11 mit berechenbar.

5 x I wird mit V dargestellt (=5)
2 x V wird mit X dargestellt (=10)
5 x X wird mit L dargestellt (=50)
2 x L wird mit C dargestellt (=100)
5 x C wird mit D dargestellt (=500)
2 x D wird mit M dargestellt (=1000)

Bild 4.12 Römische Zahlenwerte und deren Vielfache

$$2013 = 2 \cdot 1000(MM) + 1 \cdot 10(X) + 3 \cdot 1(I)$$

Nach wie vor sind jedoch diese Zahlen[9] in mathematischen Operationen schlecht zu handhaben. Hilfsmittel wie Abakus [2] oder Rechensteine verschleiern nur das Problem anstelle eine Lösung anzubieten.

Gleichzeitig sind mit dieser Notation nur ganze Zahlen behandelbar. Bruchteile einer Mengeneinheit müssen über „Sonderfälle" behandelt werden. Lange Zeit war das verwendete Münzsystem ein Beispiel für die Handhabung dieser Aufgabe. Viele Münzsysteme basieren auf einer Gewichtseinheit für ein Edelmetall, meist Gold oder Silber.

Dem Währungssystem in Großbritannien ist dies zum Teil heute noch anzusehen. Das britische Pfund £ wurde bis 1971 in 20 Schilling zu 12 Pence unterteilt. Auch die Bezeichnung Mark ist ursprünglich das Münzgewicht eines Edelmetalls. Man kann sich gut vorstellen, welches Durcheinander seinerzeit bei der Umrechnung der verschiedenen Edelmetallwerte geherrscht haben musste.

Der Übergang zur Stellenschreibweise erfolgte dennoch relativ spät. Diese Schreibung verwendet die sogenannten arabischen Ziffern. Tatsächlich stammen die Ursprünge aus Indien. Die Vorbehalte, insbesondere die vermeintlich leichte Fälschbarkeit, ließen nur eine schleppende Einführung zu. Noch im Mittelalter gab es

[8] Die Zahl 2013 entspricht dem Jahr, in dem ich die Skripte zur DIGI-Vorlesung zum ersten Mal erstellt habe. Die 25 in der Abzählmenge (Striche in Bild 4.11) entspricht der damaligen Tageslänge = 25 Stunden. Wieso 25? Ganz einfach, seinerzeit habe ich 24 Stunden am Tag gearbeitet und eine Stunde Pause gemacht. Nach der Umkehrung dieses Verhältnisses bin ich seit jener Zeit auf der Suche.

[9] Dennoch erscheinen die römischen Zahlen unausrottbar. Der Grund liegt auf der Hand. Wenn irgendeine Berühmtheit eine verdienstvolle Berücksichtigung in Form einer Statue erhält, soll die Jahreszahl auf dem Postament nicht jeder Krethi und Plethi gleich erkennen. MCMLXIV – eine wichtige Jahreszahl im Leben eines Supernerds – sieht doch viel besser aus als 1964, nicht wahr?

Rechenwettbewerbe [30], bei denen römische gegen arabische Schreibweisen antraten.

Drei wesentliche Eigenschaften kennzeichnen die Stellenschreibweise. Zum Ersten werden die Ziffernsymbole in Form der gewünschten Unterteilung gewählt. Das (heute) vorherrschende Dezimalsystem benötigt zehn Ziffern. Zum Zweiten wird über die Position des Symbols sein tatsächlicher Wert bestimmt. Zum Dritten benötigt man eine Null für diese Art der Darstellung. Das Bildungsgesetz des polyadischen Zahlensystems für Ganzzahlen zeigt die Gleichung:

$$N = \sum_{i=0}^{J-1} n_i \cdot B^i$$

Der Zahlenwert ***N*** berechnet sich aus dem Basiswert ***B*** multipliziert mit der Stellenzahl als Exponent.

$$2013 = 2 \cdot 10^3 + 0 \cdot 10^2 + 1 \cdot 10^1 + 3 \cdot 10^0$$

Dieses Resultat ist für den praktischen Gebrauch deutlich besser zu gebrauchen. Wenn nun auch das Vorzeichen und negative Exponenten eingeführt werden, lassen sich auf diese Weise neben den natürlichen Zahlen (1, 2, 3, 4, ...), negative Zahlen (-1, -2, -3, ...) und rationale Zahlen einfach darstellen.

Die Zahlenbasis 10 erscheint intuitiv, und man ist geneigt, sie als die Ultima Ratio der Zahlendarstellung anzunehmen. Dies ist jedoch keineswegs der Fall. Bei der Angabe von Uhrzeiten wird das Sexagesimalsystem verwendet, bei Winkeln und bei geografischen Angaben (Länge bzw. Breite) wird es noch verrückter. Hier kommen neben dem Sexagesimalformat in den Nachkommastellen der Geokoordinaten wieder dezimale Darstellungen vor.[10]

In der Schulmathematik hat sich die Zahlbasis 10 etabliert, oft gern mit der Anzahl der Finger zum besseren Nachrechnen begründet. Wie jedoch eben kurz angerissen, ist die Wahl der Zahlenbasis keinesfalls intuitiv, sondern in aller Regel praktischen Erfordernissen geschuldet. Beim Sexagesimalsystem spielt die Anzahl der ganzzahligen Teiler innerhalb der Zahlenbasis eine wichtige Rolle. Solange man keinen Taschenrechner hat, ist dies offensichtlich. Die 60 kann durch 2, 3, 4, 5, 6, 10, 12, 20 und 30 ohne Rest dividiert werden. Bei der 10 ist dies nur durch 2 und 5 möglich.

In den vorangegangenen Abschnitten ist mit der Zahlenbasis 2, also den Werten logisch „0" und logisch „1" hantiert worden. Aus technischer Sicht erscheint das völlig einsichtig und zielführend. Es gibt in der Schaltungstechnik eben nur die zwei Zustände „Ein" oder „Aus", deswegen erscheint es geradezu zwingend, dass man mit diesen Werten arbeitet.

---

[10] Früher in der Schule hieß es oft: „Ausnahmen bestätigen die Regel". Das habe ich nie verstanden, geschweige denn akzeptiert. Wie kann eine Ausnahme eine Regel bestimmen? Das ist doch ein logischer Kurzschluss!

Das ist jedoch beim näheren Hinsehen keinesfalls so deutlich. Die ersten mechanischen Rechenmaschinen arbeiteten auf der Zahlenbasis 10 bzw. sogar mit mehreren unterschiedlichen Zahlenbasen [31]. Erst im 17. Jahrhundert beschäftigte sich Gottfried Wilhelm Leibnitz mit dem Zweier-System, von ihm als „dyadisches Zahlensystem“ bezeichnet. Von Konrad Zuse, dem deutschen Computerpionier, ist folgendes Zitat überliefert:

„Der Übergang zum konsequenten Denken in Ja-Nein-Werten war um 1934 keinesfalls selbstverständlich.“

Konrad Zuse, 1970 [31]

Der erste von ihm gebaute, frei programmierbare Computer [32] Zuse Z3 machte vom Binärsystem, wie das Zweier-Zahlensystem oft bezeichnet wird, vollständigen Gebrauch. Bevor die Rechenoperationen im Binärsystem (oft auch Dualsystem) besprochen werden, erfolgt die Klärung der Frage nach der optimalen Zahlenbasis. Optimal heißt in diesem Fall, welche Anzahl von Ziffernsymbolen zur Informationsübertragung zu wählen ist. Zur Abschätzung: Weniger als zwei ist offensichtlich unmöglich, die Maximalzahl entspricht der Anzahl der zu übermittelnden Informationseinheiten, ergo wäre sie unter Umständen sehr groß.

Die Anzahl der J-stelligen Worte mit B-möglichen Zeichen berechnet sich nach

$$N=\left(\sum_{i=0}^{J-1} n_i \cdot B^i\right)=\left(\sum_{i=0}^{J-1}(B-1)\cdot B^i\right)=(B-1)\sum_{i=0}^{J-1} B^i=(B-1)\frac{B^i-1}{b-1}=B^i-1$$

Das vereinfacht man zu

$$N=B^i \text{ mit } i\cdot lnB=lnN=K\,(k=const) \text{ und } P\sim i\cdot B$$

Nach i umgestellt erhält man dann Folgendes:

$$i=\frac{K}{lnB}\text{ , daraus } i\cdot B=\frac{K\cdot B}{lnB}\text{ , abgeleitet[11] }\frac{dK}{dB}=\frac{K}{lnB}-\frac{K\cdot B}{(lnB)^2\cdot B}=K\cdot\frac{lnB-1}{lnB^2}$$

Die Ableitung wird nun gleich Null gesetzt:

$$K\cdot\frac{lnB-1}{lnB^2}=0\rightarrow K\cdot(lnB-1)=0$$

Damit die vorangegangene Gleichung für jedes K gleich Null wird, muss der Ausdruck ***lnB = 1*** gelten. Für die Zahl ***B = e = 2.71...*** ist dies der Fall.

Welche Konsequenz hatte dieses Ergebnis in der Praxis? Zunächst erst einmal keines. Nach genauerer Überlegung kristallisiert sich allerdings der folgende Sachverhalt heraus. Bei einer Zahlenbasis e = 2.71 ... (e für eulersche Zahl) wäre ein „wirtschaftliches“ Optimum in der Informationsverarbeitung gefunden. Welches

[11] Für die Mathematiker unter uns Pastorentöchtern: $f(x)=\frac{x}{lnx}$ wird zu $f'=\frac{1}{lnx}-\frac{1}{(lnx)^2}$ Wer's nicht glaubt, befragt Casio CP2. Was diese modernen Taschencomputer vermögen, ist schier unglaublich. Sie ermöglichen die symbolische Differentiation.

Übertragungssystem kommt diesem Optimum recht nahe? Das Morsealphabet. Punkt, Strich und Pause entsprechen einer Zahlenbasis von drei Symbolen.

Jetzt sind nur noch die grundlegenden Rechenverfahren im Binärsystem zu definieren. Es lässt sich zeigen, dass in der modernen Rechentechnik alle, und damit sind wirklich alle Rechenoperationen gemeint, auf Addition und Multiplikation[12] zurückzuführen sind. Die eigentlichen Rechenregeln sind einfach. Für die Addition gilt:

$$0+0=0$$

$$0+1=1$$

$$1+0=1$$

$$1+1=1,\ \mathit{Carry}\,1$$

Die Bezeichnung Carry steht für den Übertrag einer Addition. Dieser Wert wird in die nächsthöhere Stelle übernommen. Für die Multiplikation gilt:

$$0\cdot 0=0$$

$$0\cdot 1=0$$

$$1\cdot 0=0$$

$$1\cdot 1=1$$

Bei der Multiplikation mehrstelliger Binärzahlen werden die Stellen einzeln multipliziert und die Ergebnisse anschließend addiert. Dabei ist auf die jeweilige Position der Stellen zu achten.

4.7 Codierung und Fehlerkorrektur

Zur Datengewinnung und -übertragung werden die binären Informationen zu geeigneten Codes zusammengefasst. Der einfachste Fall ist die binäre Aufzählung. Bei der Wahrheitstafel ist davon Gebrauch gemacht worden. In der Spalte für den Parameter ε ist die Anzahl der notwendigen Einträge angegeben. Daneben erfolgt die „Durchnummerierung“ der jeweils notwendigen Eingangszustände.

Allgemein ist eine Kodierung als Zuordnung zweier Mengen nach einer eineindeutigen Vorschrift zu bezeichnen (Bild 4.13).

[12] Da sich die Multiplikation auf eine fortgesetzte Addition abbilden lässt, ist die einzige Rechenoperation von fundamentaler Bedeutung für alles in diesem Universum (Tata ...) die Addition. Hinzu kommt noch die wirklich wichtige Zahl 42, und die Suche nach der Weltformel ist beendet. Woher ich das weiß? Das stand unter einem Bierfilz in der Bierstube der TH Ilmenau irgendwann zwischen 1985 und 1990. Definition Bierstube: „Ein Ort, an dem nach sechs halben SchmiPi™ (Schmiedefelder Pils, über jedes andere Bier erhaben, wenn's kein anderes gibt) jeder Weltschmerz verschwand und eine endlose Glückseligkeit eintrat, welche sich am folgenden Morgen durch entsetzliche Kopfschmerzen in Erinnerung brachte.“

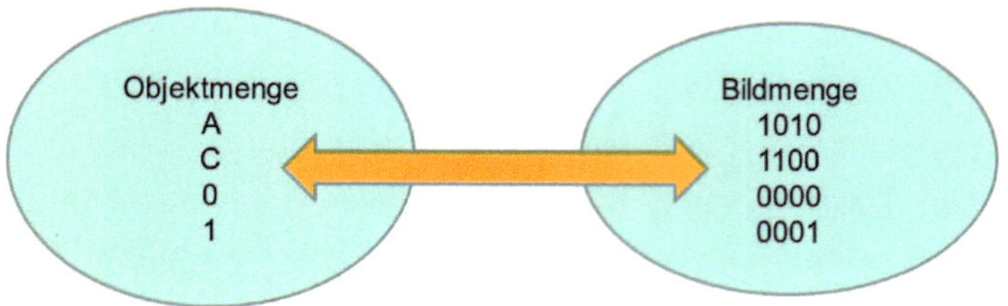

Bild 4.13 Zuordnung von Kodierungen als Objektmenge und Bildmenge

Obwohl sich die Darstellung von Informationen im Dual-/Binärsystem (Zahlenbasis 2) in der schaltungstechnischen Realisierung der Großrechner ab den 1940er-Jahren durchgesetzt hatte, blieb für die Berechnungen lange Zeit das Dezimalsystem vorherrschend. Deswegen bilden Kodierungen aus einer Anordnung von vier binären Zeichen eine Art „kleinster Einheit“. Mit vier Dualzahlen lassen sich 16 Kombinationen bilden. Für Berechnungen im Dezimalsystem werden davon nur zehn Kombinationen benötigt. Laut [33] ergibt sich daraus folgende Kodeanzahl:

$$Kodeanzahl = \frac{16!}{6!} \approx 2.9 \cdot 10^{10}$$

Die weiteren Unterteilungen der Kodierungen von Binärcodes ist in Bild 4.14 dargestellt.

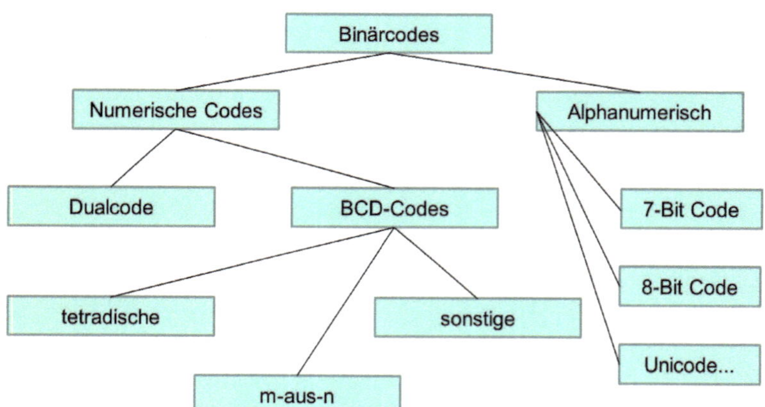

Bild 4.14 Einteilung der Binärcodes und Unterteilung nach den wichtigsten technischen Einsatzgebieten

Im Weiteren werden vorrangig BCD (binary coded decimal)-Kodierungen näher untersucht und erläutert. Der einfachste Dualcode, d. h. die Aufzählung der Dualzahlen nach $0_D = 0000_B$, $1_D = 0001_B$, $2_D = 0010_B$, $3_D = 0011_B$, $4_D = 0100_B$ etc., wird in diesem Abschnitt nicht weiter erläutert. Seine wichtige Bedeutung für die Synthese von logischen Schaltnetzen bzw. Schaltwerken bleibt davon unberührt.

Gleichfalls unerwähnt sind die alphanumerischen Kodierungen. Dazu sind in Kapitel 7 weitere Informationen zu finden. Zu den wesentlichen Eigenschaften der Kodierungen zählen:

- Wichtung bzw. Stellenbewertung
  - ungewichtet, d.h., eine Vorschrift bzw. eine Tabelle zu Beschreibung wäre nötig
  - gewichtet, die Position innerhalb der Kodierung wird bewertet
- Schrittweite - Anzahl der Stellenunterschiede zwischen zwei Codes
- Stetigkeit - Varianz der Stellenunterschiede
- Komplementierbarkeit
- Fehlererkennung bzw. Fehlerkorrektur

Gewichtete Kodierungen werden nach dem polyadischen Zahlensystem gebildet. Die einfachste gewichtete Kodierung ist der Dualcode (Zahlenbasis 2).

$$N = \sum_{i=0}^{J-1} n_i \cdot 2^i \text{ Beispiel } 9_D = 1 \cdot 2^3 + 0 \cdot 2^2 + 0 \cdot 2^1 + 1 \cdot 2^0 = 1001_B$$

Die „Gewichte“ bei dieser Kodierung sind $8 = 2^3$, $4 = 2^2$, $2 = 2^1$, $1 = 2^0$. Allgemein lassen sich gewichtete Kodierungen nach der folgenden Formel berechnen:

$$Z_{10} = \sum_{i=1}^{n} (w_i \cdot x_i) + C$$

Die Berechnungsvorschrift entspricht dem polyadischen Zahlensystem zuzüglich einer Konstanten *C*. Zum besseren Verständnis werden die Gewichte einer Oktalzahl (Wertebereich 0 bis 7) anhand eines Beispiels ermittelt.

Die Kodierung der zu untersuchenden Oktalzahl ist in Bild 4.15 zu finden. Um die Gewichte zu bestimmen, werden die Zeilen 2, 0, 1 und 6 ausgewählt, um damit ein lineares Gleichungssystem aufzustellen. In den bezeichneten Zeilen sind jeweils nur eine oder zwei unbekannte Variablen enthalten.

	ἑ	Binär		
		w_3	w_2	w_1
⇨	0	0	0	1
⇨	1	0	1	1
⇨	2	0	0	0
	3	0	1	0
	4	1	0	1
	5	1	1	1
⇨	6	1	0	0
	7	1	1	0

Beispiel:
Codekombination der Zeilen 2,0,1,6

$x_3 \cdot w_3 + x_2 \cdot w_2 + x_1 \cdot w_1 + C = ἑ$

$0 \cdot w_3 + 0 \cdot w_2 + 0 \cdot w_1 + C = 2$ (1.)

$0 \cdot w_3 + 0 \cdot w_2 + 1 \cdot w_1 + C = 0$ (2.)

$0 \cdot w_3 + 1 \cdot w_2 + 1 \cdot w_1 + C = 1$ (3.)

$1 \cdot w_3 + 0 \cdot w_2 + 0 \cdot w_1 + C = 6$ (4.)

$C = 2$; $w_1 = -2$; $w_2 = 1$; $w_3 = 4$

Bild 4.15 Bestimmung der Gewichtung einer Oktalzahl

Im ersten Schritt (1.) wird die Konstante C bestimmt. Da alle Gewichte null sind ($w_1 = w_2 = w_3 = 0$), wird das Resultat $C = 2$ einfach abgelesen. Der Schritt besteht aus dem Einsetzen der Konstanten und der Umstellung der Gleichung nach w_1. Nach dieser Art und Weise werden auch w_2 und w_3 bestimmt.

Oktalzahlen wurden früher hauptsächlich in Großrechnern[13] verwendet. Die Geräte hatten nach heutigem Verständnis riesige Ausmaße und waren unglaublich kostspielig. Die Kosten wurden im großen Maße durch die extrem aufwendige Schaltungstechnik verursacht. Integrierte Schaltungen gab es erst ab Ende der 1960er-Jahre. Vorher waren Röhren bzw. diskrete Transistorschaltungen das Mittel der Wahl. Dem sehr hohen Schaltungsaufwand zum Aufbau, z.B. der Steuerwerke, versuchte man durch eine möglichst effiziente Zahlendarstellung zu begegnen. Die Zahlendarstellung im Oktalsystem umfasst die Zahlenwerte von 0 bis 7 und benötigt deswegen exakt drei Bit zur Umsetzung.[14] Im Gegensatz zu den BCD-Zahlen weisen Oktalzahlen keine Redundanz auf.

Als Beispiel für ungewichtete Kodierungen wird der Gray-Code gewählt. Die Besonderheit des Gray-Codes besteht darin, dass sich die jeweiligen Kodierungen um jeweils genau ein Bit unterscheiden. Man sagt, der Gray-Code hat eine Hamming-Distanz (Schrittweite) von eins. Diese Eigenschaft macht den Gray-Code robust gegenüber Laufzeiteffekten oder Abtastfehlern bei der Signalübertragung bzw. Signalerfassung mehrkanaliger Daten.

Mit der in Bild 4.16 angegebenen Bildungsvorschrift kann der Gray-Code aus einem Binärcode generiert werden. Von rechts beginnend werden je zwei Binärstellen mit XOR verknüpft. Die farbige Markierung zeigt das Ergebnis für die niederwertigste Bitposition.

$$g_i = b_i xor\ b_{i+1}\ 0 \leq i \leq n-1$$
$$g_n = b_n$$

	7	6	5	4	3	2	1	0
Binär	1	0	1	1	0	1	1	1
Gray	1	1	1	0	1	1	0	0

Bild 4.16 Gray-Code mittels Bildungsvorschrift erzeugen

Eine weitere wichtige Eigenschaft von Kodierungen besteht in der Fähigkeit, das Komplement eines Codes zu erzeugen, bzw. die gewählte Codierung weist überhaupt die Fähigkeit zur Komplementbildung auf. Entsprechend der Mengendefini-

[13] Über [89] bin ich auf Stellenanzeigen zu COBOL-Programmieren gestoßen. Mir sind beinahe die Augen aus dem Kopf getreten. COBOL war offiziell zu meiner Studienzeit (1985 bis 1990) schon aus der Zeit gefallen. Wäre ich nicht gerade mit einem Buchprojekt beschäftigt, könnte ich fast versucht sein, mich zu bewerben. COBOL kann ich zwar nicht, dafür aber PL/1 - und die Sprache ist fast genauso alt. Übrigens, der Abschluss in „Informationselektronische Geräte" war leider nur „befriedigend", aber das lag definitiv alleine daran, dass Großrechner mich einfach nicht leiden können.

[14] Der Apollo Guidance Computer (AGC) arbeitet ebenfalls im Oktalsystem. Die Astronauten mussten die Kommandos an den AGC mittels „Noun" und „Verb" in oktaler Notation eingeben. Zur Bewerbung als Astronaut reicht die Note „genügend" in MPRO der TH Bingen. Für die Auswahl als Kosmonaut ist ein „Достаточно" nötig.

tionen ist die Teilmenge M aus einer Menge E, so ist die Differenzmenge $E \setminus M$ das Komplement von M bezüglich E [34].

$$\bar{M}_E = \{x \mid x \in E \cdot x \in M\} \tag{4.10}$$

Diese eher theoretische Fragestellung soll anhand des Dualcodes genauer untersucht werden. Man verbindet mit der Komplementbildung in der binären Zahlendarstellung zum einen die Frage der negativen Zahlen und zum anderen die mathematische Verknüpfung zwecks Addition von Binärwerten.

Zur Bildung des „Einerkomplements" wird die positionslängenbegrenzte Zahl bitweise negiert (Bild 4.17). Aus Null 000_B wird Null 111_B, was im Beispiel gut zu sehen ist. Die Längenbegrenzung ist wegen des nun entstehenden Vorzeichens zwingend nötig. Typische Codelängen sind 8, 16 und 32 Bit (siehe dazu auch Kapitel 6).

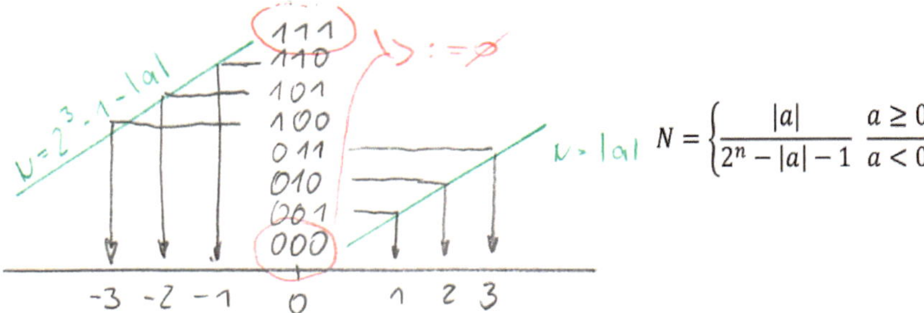

Bild 4.17 Erzeugen des „Einerkomplements" von 3-Bit-Zahlen mittels Bildungsvorschrift[15]

In der Konsequenz des Einerkomplements entstehen zwei Werte für die Null, eine sogenannte positive (000_B) und eine negative (111_B) Null. Damit wird die dazu notwendige Software[16] zum Handling der Berechnungen etwas komplizierter, die Erzeugung des Einerkomplements ist aber unschlagbar simpel.

Eine kurze Prüfung der komplementierten Werte zeigt die Richtigkeit. Das Einerkomplement von $-1_D = 110_B$. Die Berechnung von $-1 + 1 = 0$; $110_B + 110_B = 111_B$. Unter Berücksichtigung der negativen Null ist das Ergebnis richtig.

---

[15] Die Handskizze stammt aus einer meiner ersten Vorlesungen an der TH Bingen im November 2012. Seinerzeit war ich den Studenten circa eine Vorlesung voraus, d. h., gegen 02.00 Uhr war die Vorbereitung fertig, um 08.00 Uhr begann die Vorlesung.

[16] Auf die Gefahr, dass Sie es nicht mehr hören können: Der AGC verwendet in seiner Recheneinheit auch das Einerkomplement. Die Programmierer jener Zeit waren wahre Masochisten.

Mit steigender Leistung der Hardware wird später auf die umständliche Rechnung mit dem Einerkomplement verzichtet. Die Erweiterung

$$N = \begin{cases} |x| & x \geq 0 \\ 2^i - |x| & x < 0 \end{cases} \tag{4.11}$$

führt zum Zweierkomplement. Das Zweierkomplement ist das Einerkomplement +1.

Mittels der Zahlenkomplemente wird damit die Subtraktion auf eine Addition zurückgeführt. Anstelle der Integration von zwei Rechenwerken (Addition und Subtraktion) benötigt ein Mikroprozessor in der Minimalausführung nur einen ADD-Befehl, um die gesamte Mathematik abzubilden.[17] Die allgemeine mathematische Mengenaussage ist damit auf ein praktisch relevantes Tool überführt worden.[18]

Bei der Einführung des Gray-Codes wurde bereits kurz auf Fehler bzw. deren Vermeidung hingewiesen. Innerhalb der praktischen Anwendung der Digitaltechnik sind fehlerhafte Übertragungen von Daten eher die Regel denn die Ausnahme. Mit anderen Worten: Die Frage der Fehlererkennung bzw. Fehlerkorrektur ist zentral.

Man könnte zur Fehlervermeidung wichtige Daten mehrfach übertragen. Das ist insofern aber nachteilig, da fehlerfreie Daten bei einem solchen Verfahren das Volumen der zu übermittelnden Datenmenge in (sinnloser Weise) aufblähen. Es werden Ressourcen benötigt, die anderswo möglicherweise besser eingesetzt wären.

Es muss also eine Möglichkeit geschaffen werden, die Richtigkeit bzw. genauer die Integrität von Daten zu testen. Das Mittel der Wahl dazu ist die Verwendung von Prüfzeichen. Je nach Aufwand kann es ein einzelnes Bit oder eine komplexe Prüfsumme sein. Prüfsummen, sogenannte CRC-(cyclic redundancy check-)Verfahren sind eher der softwaretechnischen Umsetzung vorbehalten. Auf der digitalen Grundebene ist das Einführen eines Prüfbits die bessere Alternative. Anstelle der Mehrfachübertragung von Datenblöcken wird jeder Datenblock mit einem Prüfbit gesichert.

Eine einfache Methode zur Sicherung der Datenintegrität ist die Parität. Ganz simpel gesprochen bezeichnet die Parität in diesem Fall die Anzahl der gesetzten Bits einer vereinbarten Bitmenge respektive eines Datenblocks. Man unterscheidet gerade und ungerade Parität.

Zwischen Sender und Empfänger wird zunächst eine Vereinbarung bezüglich gerader oder ungerader Parität getroffen. Auf der Senderseite wird dann jedem Datenblock ein Paritätsbit zugeordnet. In Bild 4.18 ist die Prinzipschaltung zu se-

---

[17] Verraten Sie das niemals einem Mathematiker. Die werden sonst trübsinnig, und dann beweisen die Ihnen, dass Sie keine Ahnung von Mathematik haben. Denn nichts heitert einen Mathematiker mehr auf, als einem Nichtmathematiker dessen mathematisches Unvermögen aufzuzeigen.

[18] Mathematik ist also keine brotlose Kunst, sondern etwas wirklich Brauchbares. Man muss es nur vorher sinnvoll umformen – und das können Ingenieure richtig gut.

hen. In Bild 4.18 links wird die gerade Parität erzeugt. In den drei Datenleitungen A, B und C ist ein Bit A = 1. Alle anderen sind gelöscht. Durch Hinzufügen einer vierten Leitung P wird das Paritätsbit übertragen. Auf der Empfangsseite wird mit den drei XOR-Gattern die Parität berechnet. Da das Paritätsbit gesetzt wurde, ist die gerade Anzahl von Bits gewährleistet. Die Prüfung per XOR-Verknüpfung ergibt 0, also kein Paritätsfehler.

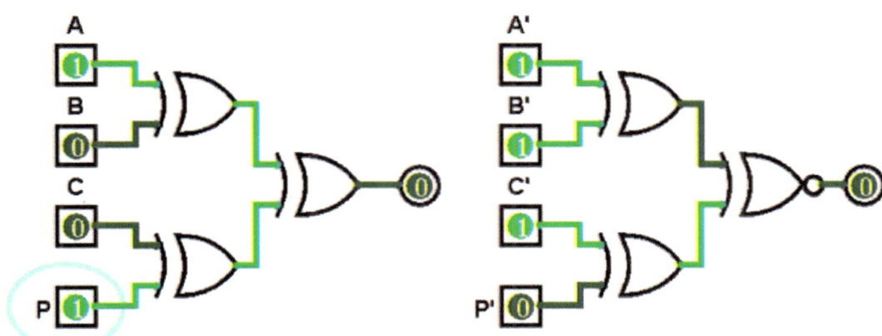

Bild 4.18 XOR- bzw. XNOR-Schaltungen zum Erzeugen gerader und ungerader Parität

In Bild 4.18 rechts wird mit ungerader Parität gearbeitet. Anstelle des XOR-Gatters kommt ein XNOR zum Einsatz. Solange die Anzahl der gesetzten Bits ungerade ist, bleibt das Fehlersignal aus.

Anstelle einer Mehrfachübertragung mit entsprechend großem Datenvolumen reicht nun das Hinzufügen eines einzigen Bits, um Einzelbitfehler zu erkennen. Einzelbit deswegen, wenn auf der Übertragungsstrecke nicht nur ein Bit, sondern zwei Bits fehlerhaft sind, signalisiert die Paritätsprüfung in dieser einfachen Anwendung keinen Fehler. Solche Falschübertragungen zu erkennen, ist die Aufgabe von CRC-Prüfsummen.

Es stellt sich nun noch die Frage, ob mithilfe von Prüfbits Fehler nicht nur erkannt, sondern auch behoben werden können. Mit anderen Worten, ist es möglich, eine fehlererkennende und korrigierende Codierung zu finden?

Tatsächlich werden in der Literatur dazu einige Methoden angegeben, die mit unterschiedlichem Aufwand Lösungen für die aufgeworfene Problematik bieten. Eine der einfachsten Möglichkeiten dazu offeriert der Hamming-Code. Je nach Quelle wird dieses Verfahren unterschiedlich gut verständlich erklärt.[19]

[19] Wem es bis jetzt noch nicht aufgefallen ist, ich verwende in diesem Fachbuch keine Wikipedia-Einträge. Dafür gibt es unterschiedliche Gründe. Bei den naturwissenschaftlichen Einträgen ist die Webenzyklopädie noch relativ neutral, in anderen Bereichen nach meiner Auffassung deutlich parteilich. Hin und wieder schießt aber die Wiki-Erklärung derartig übers Ziel hinaus, sodass ich immer öfter gegenüber manchen der dortigen Erklärungen misstrauisch wurde und mittlerweile nur noch die Originalquellen rezipiere und auf Vereinfachung von anonymen Personen verzichte. Ein Beispiel für besonders unverständliche Erläuterungen bietet der Artikel zum Hamming-Code [73]. Vergleichen Sie meine Erklärung mit derjenigen im Internet. Senden Sie Ihre Erfahrung damit an *j.altenburg@th-bingen.de*.

Der Fama zufolge soll besagter Richard W. Hamming während einer langweiligen Autofahrt auf die Idee zu dieser Art der Codierung gekommen sein.[20]

Ausgehend von der Nutzung der Paritätsbits ist die geschickte Anordnung der Daten- und Prüfbits innerhalb einer Botschaft der Schlüssel zum Verständnis des Hamming-Verfahrens. Nach der Theorie gilt der Hamming-Code für Stellenzahlen von $N = 2^K - 1$. Das heißt übersetzt, mit vier Prüfstellen (K = 4) können 11 Datenbits gesichert werden (11 Datenbit + 4 Prüfbit = $15 = 2^4 - 1$). In der Literatur gibt es zur Anordnung von Daten- und Prüfinformationen sehr ausführliche und langatmige Erklärungen. Ordnet man aber die Botschaft wie in Bild 4.19 dargestellt, sollte mit einigen zusätzlichen Erklärungen das Prinzip offensichtlich werden.[21]

1	2	3	4	5	6	7	8	9	10	11	12	13	14	15
k_1	k_2	m_1	k_3	m_2	m_3	m_4	k_4	m_5	m_6	m_7	m_8	m_9	m_{10}	m_{11}

Bild 4.19 Klassische Anordnung von Daten- und Prüfbits innerhalb eines 15-stelligen Hamming-Codes

In einem 15-stelligen Hamming-Code befinden sich 11 Datenbits und 4 Prüfbits. Die Prüfbits sind mit k_i (k = Kontrollbit) und die Daten mit m_i (m = Message) bezeichnet. Nach der Theorie kann bei Datenverlust oder Datenfehler der Erstere erkannt und die Position des Zweiteren lokalisiert werden.

Nun schaut man genau auf die alternative Darstellung in Bild 4.20. In der untersten Zeile sind die Messagebits m_5 bis m_{11} mit dem Kontrollbit k_4 gesichert (Positionen 8 bis 16). Stimmt die Parität in diesem Block, muss ein eventueller Fehler in den Positionen 1 bis 7 liegen. Man geht eine Zeile höher. Dort sind m_2 bis m_4 mit k_3 verbunden. Hier ist wiederum eine Entscheidung zur Parität fällig. Angenommen, die Paritätsprüfung schlägt fehl, so muss in der darüber stehenden Zeile entschieden werden, ob der Fehler bei k_3 im Zusammenhang mit k_2 oder k_1 steht. Die Fehler werden also stufenweise immer weiter eingegrenzt, so dass am Ende des Verfahrens eine Aussage zu einem Fehler und zu seiner exakten Position eindeutig getroffen werden kann.[22]

[20] Da ich selbst häufig lange Strecken mit dem Auto unterwegs bin, hat mich dieses Gerücht nicht mehr losgelassen. Wie kann jemand so klug sein, sich so etwas wie die Hamming-Codierung während der Autofahrt einfallen zu lassen? Eine Zeit lang habe ich das auf amerikanische Autos geschoben, die sollen ja nur für ausgemachte Todeskandidaten schneller als 60 Meilen pro Stunde unterwegs sein. Doch irgendwann ist auch bei mir der Groschen gefallen. Seitdem bin ich der Meinung, sollte ich in einem amerikanischen Automobil unterwegs sein, wäre ich spätestens nach 1000 Meilen reif für den Nobelpreis oder (wahrscheinlich eher) den Chiropraktiker.

[21] Genau das kann man sich tatsächlich während einer Autofahrt überlegen.

[22] Ich hoffe sehr stark, dass nun die Genialität von Mr. Hamming offensichtlich wird – und natürlich auch die Art und Weise der Erklärung, warum. Sie ist in jedem Fall besser als die im Internet.

1	2	3	4	5	6	7	8	9	10	11	12	13	14	15
k_1		m_1		m_2		m_4		m_5		m_7		m_9		m_{11}
	k_2	m_1			m_3	m_4			m_6	m_7			m_{10}	m_{11}
			k_3	m_2	m_3	m_4					m_8	m_9	m_{10}	m_{11}
							k_4	m_5	m_6	m_7	m_8	m_9	m_{10}	m_{11}

Bild 4.20 Alternative Darstellung der Anordnung aus Bild 4.19

4.8 Schaltnetze

Schaltnetze sind grundlegende Funktionseinheiten zur Definition logischer Schaltungen. Ein Schaltnetz beinhaltet keine Speicherfunktionalität, d.h., der Ausgangszustand folgt damit immer dem Eingangszustand und der realisierten Logikfunktion. In der praktischen Realisierung ist immer die Laufzeit, also die Schaltverzögerung der verwendeten Logikgatter zu berücksichtigen.

Stark vereinfacht zeigt Bild 4.21 die Grundstruktur eines Schaltnetzes. Aus dem Eingangsvektor $\vec{E}$ wird über eine Logikfunktion der Ausgangsvektor $\vec{A}$ gebildet. Die Logikfunktion kann vorgegeben sein, bzw. es existiert eine Wahrheitstafel, aus der die Logikfunktion bestimmt werden kann, oder eine Beschreibung der Übergänge vom Eingangs- zum Ausgangsvektor $\vec{E} \rightarrow \vec{A}$ bildet die Basis zur Bestimmung der Logikfunktion. Für die technische Realisierung kommen dafür Logikgatter oder programmierbare Bausteine zur Anwendung.

Bild 4.21
Formalisierte Darstellung eines Schaltnetzes

4.8.1 Codeumsetzer

Eine typische Anwendung für ein Schaltnetz ist der Codeumsetzer. In der Literatur werden gern Codeumsetzungen mit gleicher Stellenzahl, z.B. BCD nach Exzess-3 Code [2], angegeben. Im genannten Exempel sind beide Codes vierstellig. Eine gleiche Stellenanzahl ist jedoch keineswegs zwingend nötig, lediglich die Zuordnung der Codierungen von Objektmenge und Bildmenge müssen zueinander äquivalent sein.

Mit der Umcodierung einer BCD-Zahl in eine Darstellung mittels 7-Segment-Anzeige soll dieses Vorgehen illustriert werden. Zahlen und einige Sonderzeichen lassen sich sehr einfach mit sieben Balken oder Segmenten anzeigen. Die ursprüngliche Anzeige basierte auf Leuchtdioden, mittlerweile existieren auch stromsparende Varianten mit LCD-Displays.

Die Einteilung der Segmente erfolgt durch Zuweisung eines Bezeichners. In den meisten Fällen wählt man dazu Buchstaben. In Bild 4.22 ist neben den schaltungstechnischen Bedingungen die Zuordnung angegeben. Die ausgewählte Anzeige hat eine gemeinsame Anode, d. h., diese Elektrode wird an V_{CC} angeschlossen. Zum Aufleuchten des ausgewählten Segments muss die jeweilige Kathode mit a bis g bezeichnet auf GND-Potenzial gelegt werden. Dazu wird der an jeder einzelnen Kathode angeschlossene Transistor durchgesteuert.

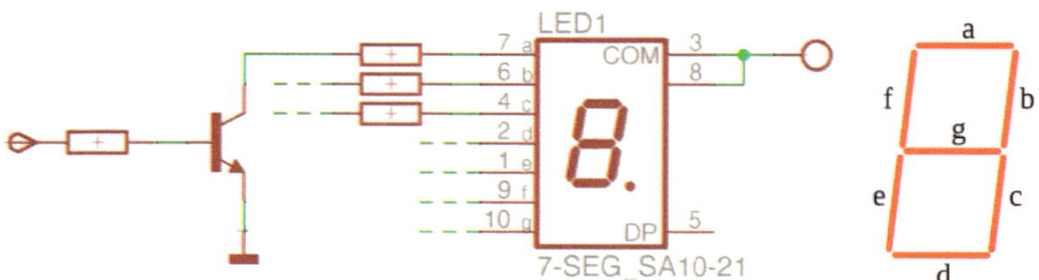

Bild 4.22 Ansteuerung einer 7-Segment-Anzeige mit gemeinsamer Anode

Für die Anzeige der Ziffer 1 wird dies exemplarisch erläutert. Die markierte Zeile 1 der Wahrheitstafel ergibt für die 7-Segment-Anzeige das Aufleuchten der Segmente b und c, alle anderen Segmente bleiben aus. Diese Tafel muss nun für alle zehn Ziffern komplett erstellt werden. Zur besseren Unterscheidung sind die BCD-Eingänge mit „0" und „1" bezeichnet, die 7-Segment-Ausgänge mit • und – für LED on bzw. off (Bild 4.23).

ε	D	C	B	A	a	b	c	d	e	f	g
0	0	0	0	0	•	•	•	•	•	•	–
1	0	0	0	1	–	•	•	–	–	–	–
2	0	0	1	0	•	•	–	•	•	–	•
3	0	0	1	1	•	•	•	•	–	–	•
4	0	1	0	0	–	•	•	–	–	•	•
5	0	1	0	1	•	–	•	•	–	•	•
6	0	1	1	0	•	–	•	•	•	•	•
7	0	1	1	1	•	•	•	–	–	–	–
8	1	0	0	0	•	•	•	•	•	•	•
9	1	0	0	1	•	•	•	•	–	•	•

b → •
c → •

a, d, e, f, g → –
• → Segment ON
– → Segment OFF

Bild 4.23 Wahrheitstafel zur Umcodierung des BCD-Codes in 7-Segment-Darstellung

Eine Wahrheitstafel mit vier Eingangsvariablen und sieben Ausgangssignalen zu vereinfachen scheint auf den ersten Blick kompliziert zu sein, ist es aber nicht. Die Ausgänge sind unabhängig voneinander, sodass jeweils eine Wahrheitstafel für jeden Ausgang entstanden ist. Deren Vereinfachung erfolgt wie in Abschnitt 4.5 erklärt.

Die Besonderheit dieses Vorgehens besteht in der Einführung von Don't-care-Zuständen. Dieser Zustand tritt beim BCD-Code nicht auf; die Zahlenwerte ε χ (10 bis 15) existieren im BCD-Code nicht. Deswegen darf man diese Werte als „0" oder „1" ansehen und damit größere Schleifen im KV-Diagramm bilden. Es ist lediglich unzulässig, die Werte unterschiedlich zu setzen. Wenn in einer Schleife Don't-care = „1" gesetzt wird, darf es in einer anderen Schleife nicht „0" sein.

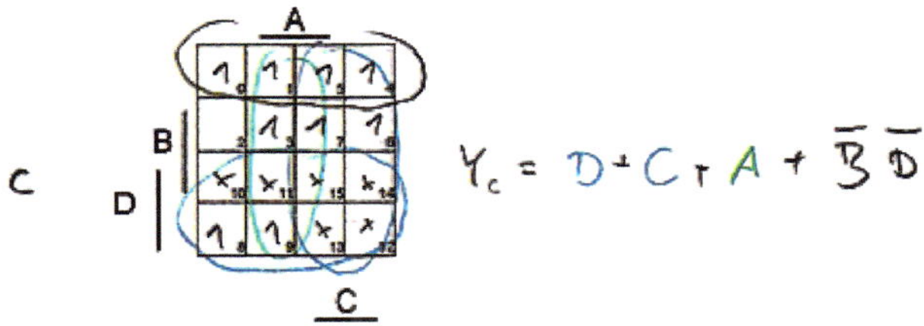

Bild 4.24 KV-Diagramm der Logikfunktion für Segment Y_c aus der Wahrheitstafel in Bild 4.23

Diese Minimierung wird für alle Y_a bis Y_f durchgeführt. Die entsprechenden Schaltfunktionen lauten dann wie folgt:

$$Y_a = D + B + (A \cdot C) + (\bar{A} \cdot \bar{C})$$ Segment a

$$Y_b = \bar{C} + (A \cdot B) + (\bar{A} \cdot \bar{B} \cdot \bar{D})$$ Segment b

$$Y_c = D + A + (\bar{B} \cdot \bar{D}) + (C \cdot \bar{D})$$ Segment c

$$Y_d = D + (B \cdot \bar{C}) + (\bar{A} \cdot \bar{C}) + (\bar{D} \cdot B \cdot \bar{A}) + (C \cdot \bar{B} \cdot A)$$ Segment d

$$Y_e = (\bar{A} \cdot \bar{C}) + (\bar{D} \cdot B \cdot \bar{A})$$ Segment e

$$Y_f = D + (C \cdot \bar{A}) + (\bar{D} \cdot \bar{B} \cdot C) + (\bar{D} \cdot \bar{B} \cdot \bar{A})$$ Segment f

$$Y_g = D + (B \cdot \bar{C}) + (\bar{A} \cdot C) + (\bar{D} \cdot \bar{B} \cdot C)$$ Segment g

Diese Logikfunktionen werden in Logisim aus den passenden Grundgattern aufgebaut und simuliert (Bild 4.25).

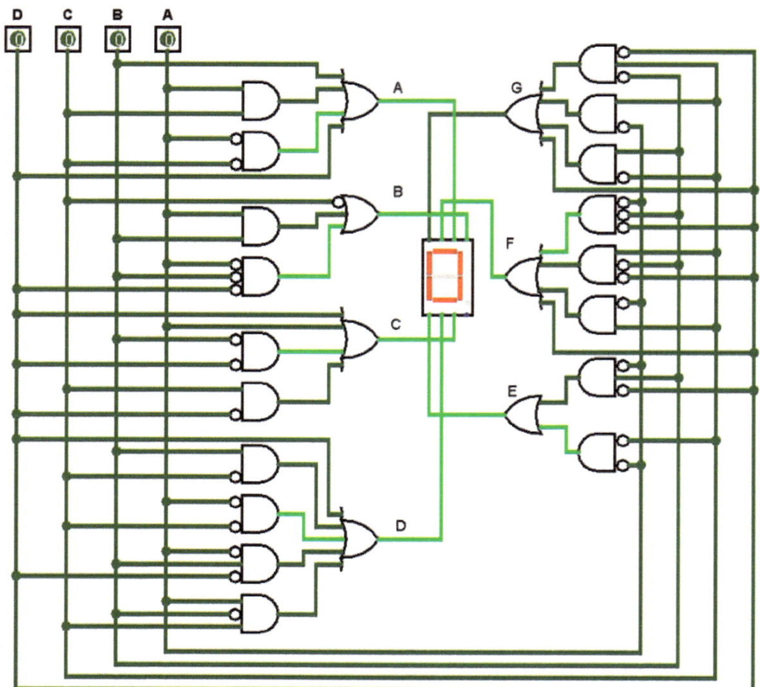

Bild 4.25 Aufbau des BCD zu 7-Segment-Decoders mit Logisim

4.8.2 Multiplexer und Demultiplexer

Eine Datenübertragung innerhalb logischer Systeme ist mit entsprechenden Kabelverbindungen verknüpft. Am einfachsten ist die direkte Verbindung zwischen Datenquelle und Datensenke. Dies ist aber auch die teuerste Variante. Insbesondere bei der Verbindung von mehreren Rechnern kann die Anzahl der erforderlichen Datenleitungen schnell recht groß (siehe Abschnitt 5.5) werden.

Recht häufig werden aber Datenleitungen nicht ständig verwendet. Dies ist der Benutzung eines Telefonnetzes vergleichbar. Zwar kann jeder Teilnehmer mit jedem anderen Teilnehmer sprechen, aber nicht gleichzeitig und nicht ohne vorherigen Verbindungsaufbau. Somit ist die Fragestellung zu untersuchen, kann man Datenleitungen mehreren Sendern bzw. Empfängern zugänglich machen, und wenn dies so wäre, wie ist der Leitungszugriff zu koordinieren?

Die einfachste Lösung wäre eine Verteilung einer Datenleitung zu mehreren Teilnehmern über Schalter. Ein Auswahlmechanismus bestimmt die miteinander zu verbindenden Sender bzw. Empfänger. Stark vereinfacht ist dies in Bild 4.26 unten zu sehen. Zwei synchron zueinander bewegliche Schalter mit mehreren Schaltpositionen verbinden die links bzw. rechts angeschlossenen Teilnehmer.

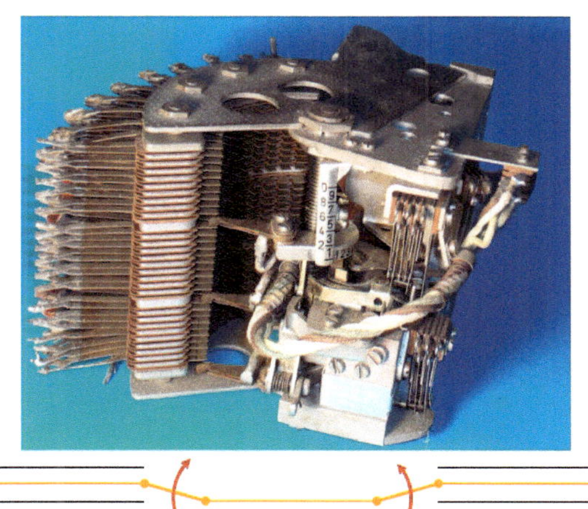

Bild 4.26
Leitungsverteilung durch Schalter: Hebdrehwähler in historischen Telefonnetzen

Die zu wählende Schaltposition erhält eine Nummer. Bei fünf möglichen Stellungen sind das die Zahlen 0 bis 4.[23] Anstelle der Nummer der Schaltposition wird die Schalterstellung allgemein als Adresse bezeichnet.

Bild 4.26 oben zeigt eine praktische Ausführung dieser Idee. Bei diesem mechanischen Ungetüm handelt es sich um einen Hebdrehwähler aus der Zeit vor dem Internet.[24] Diese Konstruktion dient der Vermittlung von Telefongesprächen, also der Verbindung von Teilnehmern durch Adressen. Mit diesem Wähler sind 10 × 10 Positionen auswählbar.

Zuerst werden die Schaltkontakte aus der Ruhestellung um N Schritte angehoben, anschließend um weitere M Schritte nach innen verdreht. Dies ist dem Wählvorgang eines klassischen Telefons mit Wählscheibe geschuldet. Insgesamt können damit 100 Adressen (Positionen) selektiert werden.[25]

Aus den Eigenschaften eines Zweifach-AND-Gatters ist bekannt, dass einer der Eingänge des Gatters auch als „Freigabe-Signal" angesehen werden kann. Nur so-

[23] In der Digitaltechnik und der Programmierung beginnt man die Aufzählung von Entitäten mit der Ziffer 0. Wenn man also fünf Dinge (Ding = Entität; kommt aus dem Latein) abzählt, erhält das 5. Ding die Nummer 4. Ist doch logisch, nicht wahr? Gelegentlich verfängt man sich selbst in diesen Fallstricken, wenn's die Studenten merken, ist das dann der „digitale Restfehler". Mit diesem Spruch und ein wenig Latein zähmt man auch den aufsässigsten Widerborstel bis zum Masterstudium zuverlässig.

[24] Ohne Internet zu leben ist praktisch unmöglich. Wer davon nicht so recht überzeugt sein sollte, sucht auf „Deine Röhre" nach „Barney Geröllheimer". Klar, die hatten kein Internet, deswegen gibt's keine Videos aus der Zeit, sondern nur „nach der Erinnerung" gezeichnete Bilder.

[25] Mit diesen elektromechanischen Schaltern ist ein automatisierter Verbindungsaufbau mit dem historischen Impulswahlverfahren möglich. Ertönt beim Abnehmen des Telefonhörers das Freizeichen, befindet sich der Wähler in Grundstellung. Die Wählscheibe wird aufgezogen und losgelassen. Nun sendet das Telefon die „aufgezogene Anzahl" von Impulsen. Je nach Länge der Telefonnummer werden unter Umständen sehr viele Wähler aktiviert. Ist die Nummer gültig, stellt die letzte Ziffer die Verbindung her, und der angewählte Apparat klingelt. Dazu braucht man exakt 0 Computer.

lange diese Enable-Leitung auf logisch „1“ liegt, wird der logische Zustand des anderen Eingangs zum Ausgang Y durchgeschaltet.

Diese Eigenschaft macht sich die Schaltung in Bild 4.27 zunutze. Zwei AND-Gatter werden mit einem Selektorsignal verknüpft. Beim unteren AND ist ein Eingang invertiert, das Selektorsignal gibt also entweder das obere AND (in Bild 4.27 aktiv) oder das unter AND (in Bild 4.27 inaktiv) frei. Die gewählte Schalterstellung, respektive Adresse oder Enable-Signal, schaltet den Kanal A durch. Das logische Potenzial von Sender A wird an den Empfänger A‘ geleitet. Schaltet die Leistung S auf logisch „0“, ist der Kanal B→B‘ aktiv.

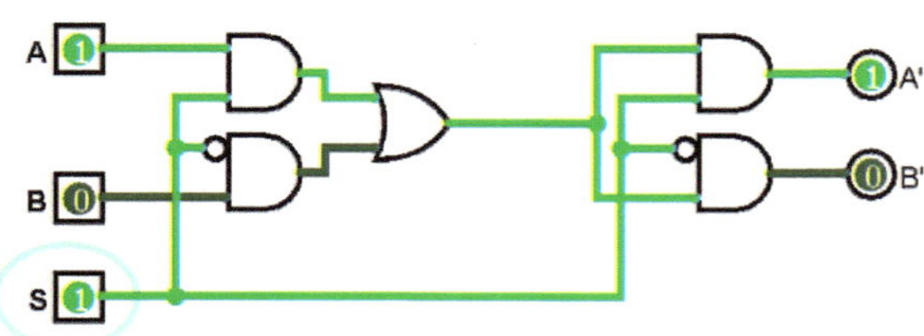

Bild 4.27
Multiplexer bzw. Demultiplexer mit zwei Eingängen und einem Selektor

Der linke Schaltungsteil wird als Multiplexer, der rechte Teil als Demultiplexer bezeichnet. Mit dem Multiplexer werden mehrere Eingangsleitungen auf einen Ausgang geschaltet. Der Demultiplexer macht diesen Vorgang wieder rückgängig. Mit diesem einfachen akademischen Beispiel werden die potenziellen Vorzüge des Leitungs-Multiplexing noch nicht so recht deutlich. Wenn zwei Signale über eine Leitung + Adresse übermittelt werden, ist das doch das Gleiche, als wenn die beiden Teilnehmer ohne Zusatzaufwand verbunden wären.

Richtig interessant wird es erst, wenn viele Signale auf eine Leitung aufgeschaltet werden können. Dazu wird das Freischalten der AND-Gatter etwas genauer untersucht. Auf der Multiplexer-Seite bildet das Selektorsignal einen Codewandler, exakt formuliert einen 1-aus-2-Decoder. Es gibt die Ausgänge Y_0 und Y_1. Nur eine der beiden Leitungen ist logisch „1“. Dies entspricht dem Verhalten eines Negators. Genau diese Negation steckt in einem der Eingänge der AND-Gatter.

Diese Idee wird nun verallgemeinert. Mit dem in Abschnitt 4.8.1 beschriebenen Verfahren lassen sich beliebige 1-aus-N-Decoder aufbauen. Zwei typische Wahrheitstafeln für einen 1-aus-4- bzw. einen 1-aus-8-Decoder zeigt Bild 4.28.

In Bild 4.29 werden nun die beiden Ideen kombiniert. Ein 1-aus-8-Decoder erzeugt aus den Eingangssignalen A, B und C das entsprechende Selektorsignal. Diese Eingangsleitungen kann man auch als Adressauswahl ansehen. Es gibt acht adressierbare Leitungen von 0 bis 7, die auf den Ausgang Y durchgeschaltet werden können. Das Selektorsignal aus dem Decoder ist damit die Adressleitung für das Freigabesignal der AND-Gatter nach den Eingängen 0 bis 7. Es kann immer nur eine gültige Adressleitung geben. Damit wird sichergestellt, dass nur ein Eingang auf den Ausgang führt. Der Aufbau eines Demultiplexers erfolgt analog.

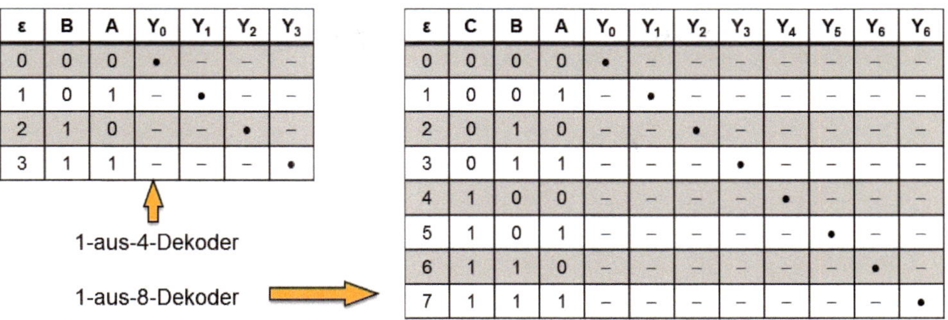

ε	B	A	Y_0	Y_1	Y_2	Y_3
0	0	0	•	–	–	–
1	0	1	–	•	–	–
2	1	0	–	–	•	–
3	1	1	–	–	–	•

ε	C	B	A	Y_0	Y_1	Y_2	Y_3	Y_4	Y_5	Y_6	Y_6
0	0	0	0	•	–	–	–	–	–	–	–
1	0	0	1	–	•	–	–	–	–	–	–
2	0	1	0	–	–	•	–	–	–	–	–
3	0	1	1	–	–	–	•	–	–	–	–
4	1	0	0	–	–	–	–	•	–	–	–
5	1	0	1	–	–	–	–	–	•	–	–
6	1	1	0	–	–	–	–	–	–	•	–
7	1	1	1	–	–	–	–	–	–	–	•

Bild 4.28 Zwei Beispiele für Decoder nach dem Prinzip 1-aus-N-Signalen

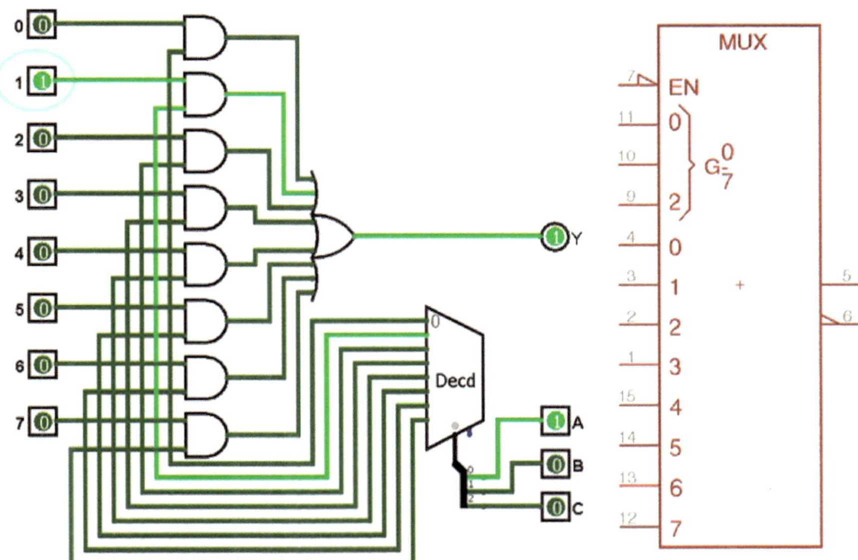

Bild 4.29 8-auf-1-Multiplexer in diskreter Schaltung mit Logisim bzw. als TTL-IC 74151

Neben dem Datenswitch lassen sich Multiplexer auch hervorragend zur Realisierung von Wahrheitstafeln einsetzen. In der Tafel aus Bild 4.4 sind drei Eingangsvariablen und ein gewünschter Ausgangszustand angegeben. Schaut man sich diese Tafel unter einem anderen Blickwinkel an, so kann man feststellen, dass die Eingangsvariablen den Adressen eines 1-aus-N-Decoders entsprechen.

Legt man diese Variablen auf die Adressleitungen eines Multiplexers, so schalten die Eingangszustände A, B und C die Eingangssignale 0 bis 7 auf den Ausgang des Multiplexers. Anstelle einer mehr oder weniger aufwendigen Aufstellung der logischen Funktionen mit anschließender Schaltungsminimierung nach KV oder Ähnlichem kann man die geforderten Zustände Y_i der Wahrheitstafel nach Bild 4.4 einfach als Eingangszustände des Multiplexers ansetzen, und schon ist die Wahrheitstafel ohne den Umweg über die Schaltfunktion realisiert.

Bei vier Eingangsparametern A, D, C und D wäre dafür allerdings bereits ein 16-auf-1-Multiplexer nötig. Es stellt sich die Frage, ob dies auch mit einem Multiplexer mit kleinerer Eingangszahl möglich wäre.

Hierzu betrachtet man die Wahrheitstafel in Bild 4.30 aus einer neuen Perspektive. In der Tafel sind genau sieben Terme logisch „1“. Das ist die KDNF, die rechts neben der Tafel aufgestellt wird. Die Terme werden absichtlich exakt untereinandergeschrieben. Auf den zweiten Blick erkennt man in der Tafel, dass sich die unteren drei Eingangssignale zweimal wiederholen. Beim ersten Mal ist die Variable $D = 0$, beim zweiten Mal ist $D = 1$. Die niederwertigen Bits (Eingangsvariablen) werden nun als Adresse bezeichnet und durchnummeriert. Bei der Adresse 3 und 4 hängt der Ausgang Y von $\overline{D}$ ab, bei Adresse 3 und 5 von D. Bei Adresse 3&7 bzw. 3^*&7^* ist Y immer „1“. Bei den restlichen Adressen 0, 1 und 6 ist Y immer „0“. Diese Zustände werden nun an den Multiplexer verdrahtet.[26] Es ist sicher einsichtig, dass dieses Verfahren bei sorgfältigem Vorgehen geradezu narrensicher ist. Man muss nicht denken, sondern nur schön nach Rezept vorgehen.

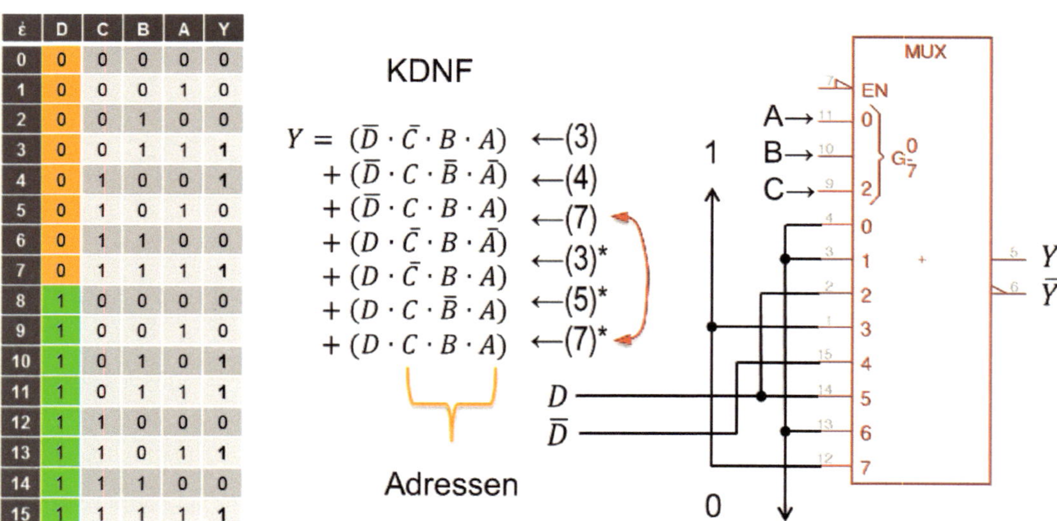

ε	D	C	B	A	Y
0	0	0	0	0	0
1	0	0	0	1	0
2	0	0	1	0	0
3	0	0	1	1	1
4	0	1	0	0	1
5	0	1	0	1	0
6	0	1	1	0	0
7	0	1	1	1	1
8	1	0	0	0	0
9	1	0	0	1	0
10	1	0	1	0	1
11	1	0	1	1	1
12	1	1	0	0	0
13	1	1	0	1	1
14	1	1	1	0	0
15	1	1	1	1	1

Bild 4.30 Umsetzung einer Wahrheitstafel mit vier Eingängen auf einem 8-auf-1-Multiplexer

Die ganze Sache funktioniert prächtig, solange maximal sieben Minterme ($Y = 1$) in der Wahrheitstafel existieren. Werden es mehr, scheitert das System. Wirklich? Nein, natürlich nicht. In diesem Fall wird die KKNF aufgestellt und der Multiplexer nach den Maxtermen ($Y = 0$) verdrahtet.

[26] Strebsame Leser dieses Buches prüfen dieses Ergebnis natürlich mit Logisim nach. Testen Sie nach Möglichkeit alle meine Beispiele. Selbstverständlich verrechne ich mich niemals, weder früher noch in der Zukunft. Woher ich das weiß? Das kommt von meinen wunderschönen blauen Augen, ich schwör!

4.8.3 Arithmetische Grundfunktionen

Zu Beginn des Buches wurde die These aufgestellt, dass einzig die Addition für alle mathematischen Berechnungen mit Digitalcomputern ausreichen würde. Dies ist prinzipiell richtig, bedarf aber einer Ergänzung. Für die effektive Programmierung ist noch die Signalisierung einer Bedingung erforderlich. Die einfachste Bedingungserkennung besteht in der Erkennung, ob eine logische Variable gleich Null ist. Dies wäre mit einer OR-Verknüpfung aller Bitpositionen der Variablen möglich. Richtig effizient wäre aber ein Vergleich hinsichtlich der Größe von Bitvariablen. Zu guter Letzt ist bei der technischen Umsetzung von logischen Funktionen aller Art auch die Frage nach der Ausführungszeit der entsprechenden Operation zu stellen.

Aus den genannten Gründen werden in diesem Abschnitt die Addition, die Multiplikation und der Vergleich von Dualzahlen besprochen und beispielhaft erklärt.

Addition

Die Addition zweier einstelliger Binärzahlen ist in Abschnitt 4.6 zu den dualen Rechenverfahren eingeführt worden. Die Realisierung dieser Operation mittels logischer Grundfunktionen steht noch aus. Bild 4.31 fasst diese Operation zusammen. In der Wahrheitstafel sind die logischen Zustände ausgeführt. In bekannter Art und Weise werden für die Variablen Summe S (sum) und Übertrag C (carry) die Schaltfunktionen ermittelt.[27]

$$0+0=0$$
$$0+1=1$$
$$1+0=1$$
$$1+1=1, Carry\ 1$$

ε	B	A	S	C
0	0	0	0	0
1	0	1	1	0
2	1	0	1	0
3	1	1	0	1

$$S = A\bar{B} + \bar{A}B$$
$$C = A \cdot B$$

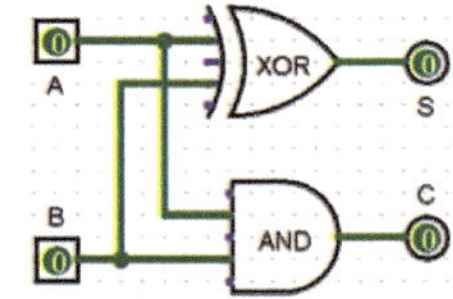

Bild 4.31 Halbaddition zweier einstelliger Binärzahlen und deren Schaltungstechnik

Die schaltungstechnische Umsetzung liegt auf der Hand. Die Summe wird mit einem XOR-Gatter gebildet, und ein AND-Gatter erzeugt den Übertrag. Diese Operation ist jedoch nur für einstellige Binärzahlen geeignet, bei mehrstelligen Additionen ist schrittweise mit der niederwertigsten Stelle zu beginnen und in der jeweils nächsten höherwertigen Position der Übertrag gegebenenfalls mit einzubeziehen.

Der erste Ansatz, der Halbaddierer, muss deswegen zum Volladdierer erweitert werden (Bild 4.32). Zu diesem Zweck wird die Wahrheitstafel um einen Eingang

---

[27] Mit der Methode des „scharfen Blicks“ können Sie das mittlerweile, indem Sie einfach in die Wahrheitstafel sehen und die Funktion „ablesen“. Wer's noch nicht sieht, hat entweder das Buch zum ersten Mal auf dieser Seite aufgeschlagen oder bisher die Erklärungen nur unvollständig, mit Papier und Bleistift oder Logisim, nachvollzogen. Der erste Fall sei Ihnen nachgesehen, im zweiten Falle sage ich nur eines: Faulpelz!

ergänzt. In der Funktion des Volladdierers wird der vorherige (niederwertige) Übertrag $C_{i\text{-}1}$ als zusätzliche Variable betrachtet.

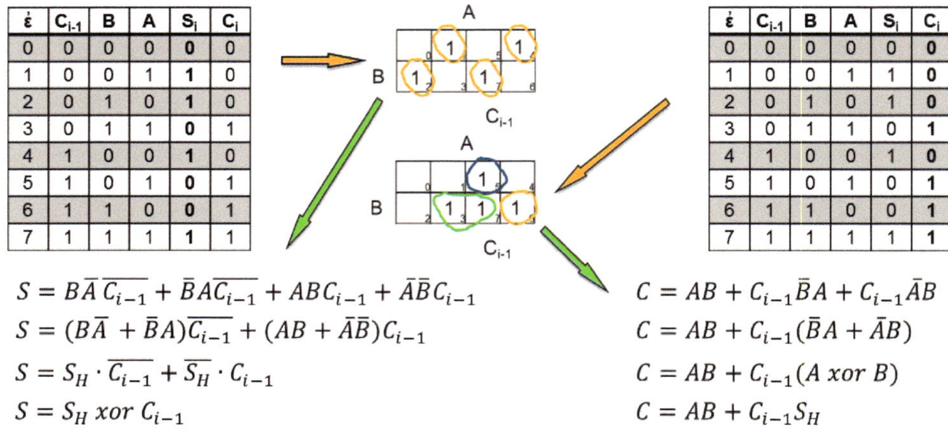

ε	C_{i-1}	B	A	S_i	C_i
0	0	0	0	**0**	0
1	0	0	1	**1**	0
2	0	1	0	**1**	0
3	0	1	1	**0**	1
4	1	0	0	**1**	0
5	1	0	1	**0**	1
6	1	1	0	**0**	1
7	1	1	1	**1**	1

ε	C_{i-1}	B	A	S_i	C_i
0	0	0	0	0	**0**
1	0	0	1	1	**0**
2	0	1	0	1	**0**
3	0	1	1	0	**1**
4	1	0	0	1	**0**
5	1	0	1	0	**1**
6	1	1	0	0	**1**
7	1	1	1	1	**1**

$$S = B\bar{A}\,\overline{C_{i-1}} + \bar{B}A\overline{C_{i-1}} + ABC_{i-1} + \bar{A}\bar{B}C_{i-1}$$
$$S = (B\bar{A} + \bar{B}A)\overline{C_{i-1}} + (AB + \bar{A}\bar{B})C_{i-1}$$
$$S = S_H \cdot \overline{C_{i-1}} + \overline{S_H} \cdot C_{i-1}$$
$$S = S_H \; xor \; C_{i-1}$$

$$C = AB + C_{i-1}\bar{B}A + C_{i-1}\bar{A}B$$
$$C = AB + C_{i-1}(\bar{B}A + \bar{A}B)$$
$$C = AB + C_{i-1}(A \; xor \; B)$$
$$C = AB + C_{i-1}S_H$$

Bild 4.32 Erweiterung des „Halbaddierers“ zum „Volladdierer“

Zunächst wird aus der erweiterten Wahrheitstafel die Schaltfunktion der Summe S ermittelt. Bedauerlicherweise bringt das KV-Diagramm keine Minimierung der Terme zustande. Deswegen wird eine schärfere Waffe[28] benötigt. Mithilfe der Rechengesetze der booleschen Algebra wird die Schaltfunktion der Summe umgeformt. Der Term $\left(B\overline{A}+\overline{B}A\right)$ ist eine XOR-Verknüpfung, und der Term $\left(AB+\overline{A}\overline{B}\right)$ bildet ein XNOR. Mit Sicht auf den Halbaddierer entspricht dies der Summe des Halbaddierers bzw. der negierten Summe. Damit entsteht eine weitere XOR-Verknüpfung. Dieses Vorgehen wird auch auf den Übertrag angewendet.

Daraus entsteht nun der Volladdierer (Bild 4.33). Zwei Eingangsvariablen und der Übertrag der vorherigen Stelle bilden die Summe und den Übertrag der nächsten Position.

Für die Addition mehrstelliger Binärzahlen werden die Volladdierer kaskadiert (Bild 4.34). In der niederwertigsten Stufe genügt ein Halbaddierer für die Berechnung. Bei der praktischen Umsetzung ist dies oft wenig sinnvoll. Addierer gibt es als voll integrierte TTL-ICs in unterschiedlichen Bitbreiten, z. B. als 4-Bit-Addierer 7483 oder gleich als 4-Bit-ALU (arithmetic logic unit, ALU) mit immerhin 32 arithmetischen und logischen Befehlen.

[28] Ich bezeichne dies als die Methode des „schärfsten Blicks“. Dabei handelt es sich um die vorletzte Waffe aus dem Werkzeugkasten des Ingenieurs. Wenn diese Methode versagt, kann man nur noch den „Kataklyst“ aus dem Inventar des Avatars der Sechser klauen, um den Untergang der Oasis aufzuhalten. Alternativ genügt auch ein Vierteldollar [77]. Wer die angegebene Literaturquelle kennt, braucht dieses Fachbuch eigentlich nicht zu lesen. Der weiß alles Wichtige im Leben bereits. Wer die Quelle nicht kennt, unterbricht an dieser Stelle die Fachlektüre, nimmt [77] zur Hand und liest. Anschließend, also circa zwei Tage später, ist dieses Buch wieder dran.

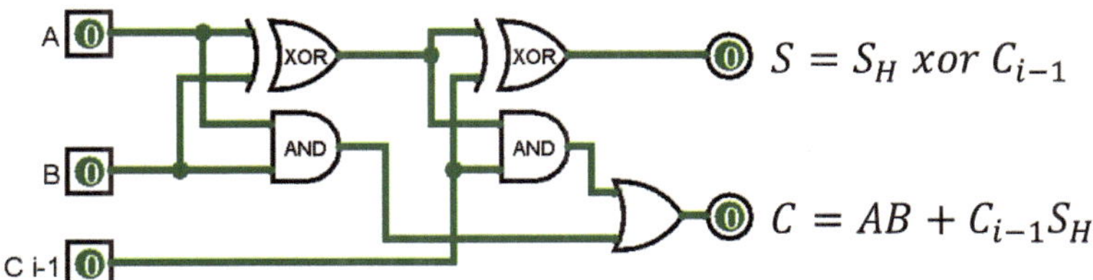

Bild 4.33 Schaltungstechnik eines Volladdierers

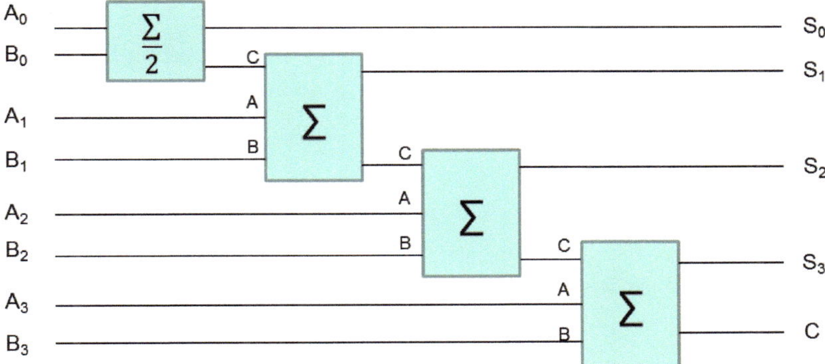

Bild 4.34 Kaskadierung von Halb- und Volladdierern für die mehrstellige Addition

Mit dieser 4-Bit-ALU lässt sich bei überschaubarem Aufwand ein Modellcomputer konzipieren. Genauere Information zu diesem Projekt findet man in [35].[29]

Ein wichtiger Punkt beim Aufbau eines Addierers verdient ebenfalls Beachtung. Infolge der Kaskadierung entstehen unterschiedlich lange Laufzeiten innerhalb der einzelnen Bitpositionen. Bei den Erläuterungen zur TTL-Technik ist auch der Begriff der Gatterlaufzeit gefallen. Änderungen am Eingang benötigen eine bestimmte Zeit, um am Ausgang wirksam zu werden. Dieses Einschwingverhalten kann zu temporär falschen Ergebnissen führen. Dazu erfahren Sie später noch mehr.

[29] Es ist immer wieder erstaunlich, welche Schätze man bei der richtigen Suche im Internet findet. In der oben erwähnten Quelle entwirft und beschreibt der engagierte Gymnasiallehrer Wolfgang Zimmer das Prinzip eines Computers. Offenbar wird dabei ein Programm namens LoCAD [78] verwendet. Ein Blick auf diese Software dürfte lohnen. Doch zurück zum Modellcomputer. Ich kenne Herrn Zimmer nicht persönlich, aber ich habe einige Zeit mit dem Schmökern in seiner Dokumentation des Computersystems zugebracht. Aus seiner Beschreibung wird nicht ersichtlich, ob der Entwurf auch tatsächlich in Hardware umgesetzt wurde. Ich denke aber, es müsste funktionieren. Ich weiß nicht, wie dieses Projekt bei den Schülern angekommen ist. Wenn ich in seiner Klasse gewesen wäre, wäre ich begeistert gewesen. Ein paar Streber braucht man eben immer.

Multiplikation

Aus der Sicht des Programmierers ist die Multiplikation von zwei Zahlenwerten auf die fortgesetzte Addition zurückführbar. Deswegen wäre eine Hardware als logische Funktion zur Multiplikation entbehrlich.

Eben wurde bereits konstatiert, dass die Addition „Rechenzeit" benötigt. Um sich dies vorzustellen, wird ein kleines Rechenbeispiel herangezogen. Der 4-Bit-Addierer 7483 hat eine typische Durchlaufverzögerung von 22 ns. Das klingt zunächst recht unbedeutend und ist bei einer einmaligen Addition auch sicher verschmerzbar. Bei der Multiplikation einer Zahl mit 16 wären aber bereits 16 Additionen nötig. Die Rechenzeit würde sich auf 352 ns verlängern. Für einen einfachen 8-Bit-Rechner ist dann bei 8-Bit-Zahlen im Extremfall mit einer Rechenzeit im Bereich von mehreren µs auszugehen. So stellt sich nun doch die Frage nach einem Hardware-Multiplizierer.

Das Vorgehen zur Lösung dieser Aufgabe ist nun mittlerweile gut bekannt (Wahrheitstafel, KV-Diagramm → Schaltfunktionen). In Bild 4.35 werden deswegen nur die wesentlichsten Schritte kurz skizziert.

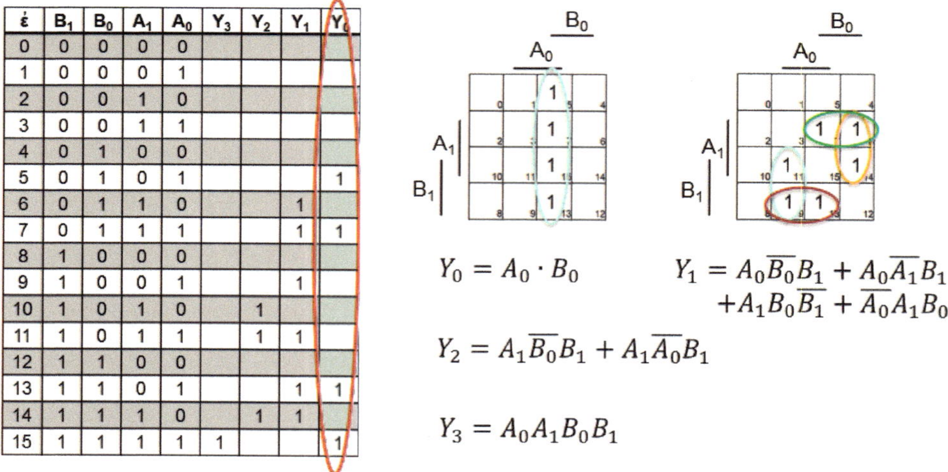

ε	B_1	B_0	A_1	A_0	Y_3	Y_2	Y_1	Y_0
0	0	0	0	0				
1	0	0	0	1				
2	0	0	1	0				
3	0	0	1	1				
4	0	1	0	0				
5	0	1	0	1				1
6	0	1	1	0			1	
7	0	1	1	1			1	1
8	1	0	0	0				
9	1	0	0	1			1	
10	1	0	1	0		1		
11	1	0	1	1		1	1	
12	1	1	0	0				
13	1	1	0	1			1	1
14	1	1	1	0		1	1	
15	1	1	1	1	1			1

$$Y_0 = A_0 \cdot B_0$$

$$Y_1 = A_0\overline{B_0}B_1 + A_0\overline{A_1}B_1 + A_1B_0\overline{B_1} + \overline{A_0}A_1B_0$$

$$Y_2 = A_1\overline{B_0}B_1 + A_1\overline{A_0}B_1$$

$$Y_3 = A_0A_1B_0B_1$$

Bild 4.35 Herleitung der Schaltfunktionen für einen 2 × 2-Bit-Multiplizierer

Das Ergebnis der Herleitung wird in Logisim übertragen und getestet (Bild 4.36). Die theoretischen Überlegungen sind korrekt, die Hardware stellt einen zweistelligen Multiplizierer dar. Ein Blick auf den Schaltungsaufwand eröffnet das Dilemma. Im Vergleich zum Addierer steigt dieser stark an. Ein zweistelliger Addierer benötigt lediglich einen Halb- und einen Volladdierer zur Realisierung. Vier Eingangsvariablen erzeugen drei Ausgangsvariablen (2-Bit-Ergebnis + Carry). Der 4-Bit-Addierer 7483 erzeugt fünf Ausgangsvariablen (4-Bit-Ergebnis + Carry). Ein

4-Bit-Multiplizierer benötigt 8 Bit + Overflow. Mit anderen Worten, der Schaltungsaufwand geht sehr schnell in die Höhe. Schaltungsaufwand ist bei der Integration immer mit Flächenverbrauch auf der Siliziumscheibe verbunden.[30]

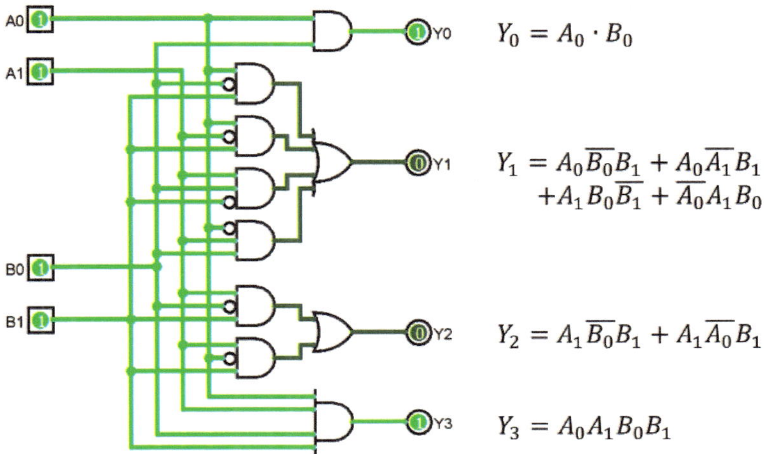

Bild 4.36 Umsetzung des 2 × 2-Multiplizierers mit Logisim

Vergleicher – Comparator

Für viele Anwendungen in der Technik müssen Werte in ihren Größen miteinander verglichen werden. Drei Kategorien sind zu unterscheiden: gleich, kleiner bzw. größer als ein Vergleichswert. Zwei Eingangsvariablen erzeugen somit drei Zustände:

	X	Y	Z
▪ **A < B** → A kleiner B	1	0	0
▪ **A = B** → A gleich B	0	1	0
▪ **A > B** → A größer B	0	0	1

Aus diesen Aussagen wird die Wahrheitstabelle aufgestellt. Die Schaltfunktionen werden daraus abgelesen und die Schaltung dazu entworfen (Bild 4.37).[31]

---

[30] Der geringe Flächenverbrauch der ARM-CPU ist deswegen einer der Gründe, warum sich das eigentlich recht simple Design des Rechenwerks gegen deutlich leistungsfähigere Prozessoren durchsetzen konnte. Die geringe Rechenleistung wurde durch brutale Gewalt, hier also hohe Taktfrequenz, kompensiert. Für die Hersteller blieb mehr Platz für Peripherie und Speicherausbau – alles Dinge, die Ingenieure sehr zu schätzen wissen.

[31] Fragt sich gerade jemand, wie der Schaltungsteil für die Ausgangsvariable *Y* zustande gekommen ist? Nein? Ich erkläre es trotzdem. Die Funktion $Y = \overline{A} \cdot \overline{B} + A \cdot B$ ist ja klar ersichtlich. Es gilt: $Y = \overline{A} \cdot \overline{B} + A \cdot B = \overline{B\overline{A} + A\overline{B}}$. Warum? Tja, $Y = \overline{A} \cdot \overline{B} + A \cdot B$ ist die Äquivalenzverknüpfung (XNOR), und die entspricht der invertierten Antivalenz (XOR). Für den Term $B\overline{A}$ schreiben wir *X* und für $A\overline{B}$ setzen wir *Z*. Damit gilt $Y = \overline{X + Z}$. War doch gar nicht schwer, ging doch ohne Bohren und hat auch nicht wehgetan.

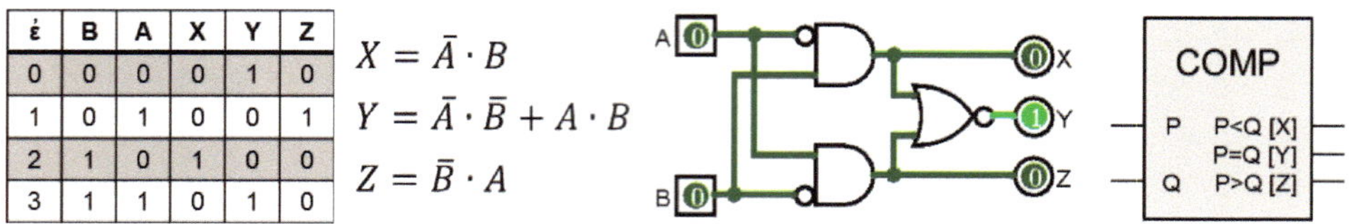

ε	B	A	X	Y	Z
0	0	0	0	1	0
1	0	1	0	0	1
2	1	0	1	0	0
3	1	1	0	1	0

$$X = \bar{A} \cdot B$$
$$Y = \bar{A} \cdot \bar{B} + A \cdot B$$
$$Z = \bar{B} \cdot A$$

Bild 4.37 Schaltungstechnische Realisierung eines 1-Bit-Komparators

Häufig benötigt man Vergleicher mit mehr als einer Bitposition. Für mehrere Stellen ist die Erweiterung des Komparators durch einen Enable-Eingang notwendig.

Rechts in Bild 4.38 „disabled" der Eingang E den Komparator. Solange E = 0 ist, werden keine Vergleiche zugelassen. Enable erlaubt damit die Kaskadierung von Komparatoren und damit den Vergleich von Werten mit mehreren Bitpositionen. In Bild 4.39 ist die Schaltung eines 3-Bit-Komparators dargestellt.

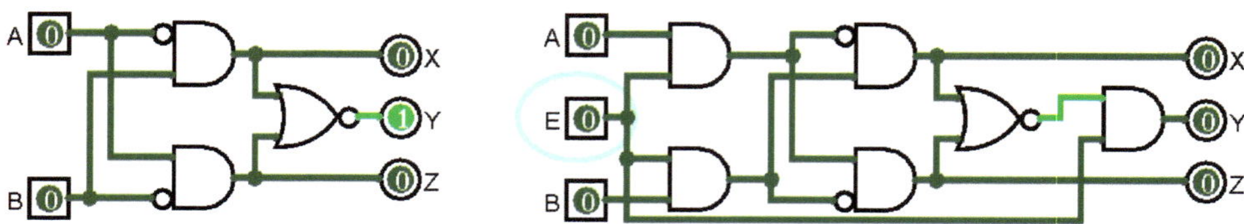

Bild 4.38 Schaltungstechnische Realisierung eines 1-Bit-Komparators; rechts im Bild mit Ergänzung einer Freigabeleitung (Enable)

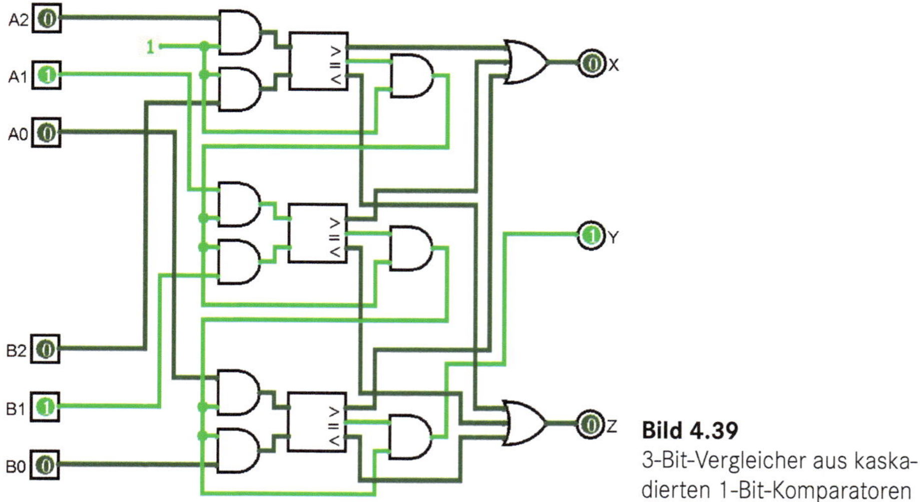

Bild 4.39 3-Bit-Vergleicher aus kaskadierten 1-Bit-Komparatoren

Das Prinzip der Kaskadierung beruht darauf, einen bitweisen Vergleich zu ermöglichen und das Resultat von der höchstwertigen Position abwärts zu verriegeln. Die Enable-Leitung dient also dazu, überflüssige Vergleiche zu unterdrücken. Das jeweils „höchste Ungleich" disabled alle nachgeordneten Komparatoren.

4.9 Schaltwerke

Schaltwerke bestehen aus zusammengesetzten Gatterschaltungen mit sogenannten Rückführungen. Ganz wichtig ist die Unterscheidung dieser digitalen Rückführung von der analogen Rückkopplung. Während Rückkopplungen zur Schwingungserzeugung dienen können, stabilisieren digitale Rückführungen das System, das somit nur unter exakt definierten Bedingungen seinen Zustand ändern kann. Eine derartige Rückführung ist als Speicher anzusehen.

Zur Zustandsänderung von Schaltwerken ist ein Taktsignal erforderlich. Ohne Takt bleiben wechselnde Eingangsvariablen ohne Auswirkungen auf den Ausgang des Schaltwerks. Grob vereinfacht lässt sich sagen, dass mittels Takt der Zustand eines Schaltwerks weitergeschaltet wird. Damit hängt der Ausgangszustand des Schaltwerks sowohl vom Eingangszustand als auch vom Inhalt des Speichers, also der Vergangenheit der vorausgegangenen Eingangswerte, ab. Die Anzahl der Speicherzellen bestimmt dabei die Komplexität des Schaltwerks.

Zur Erinnerung: Eine Rückkopplung in analogen Systemen kann als Mitkopplung, d. h. je nach Phasenlage des zurückgeführten Signals, zur Schwingungserzeugung in Oszillatoren verwendet werden. Ein einfaches Beispiel ist das (Rückkopplungs-) Pfeifen bei schlecht entkoppelten Mikrofonanlagen.

Anders verhält es sich bei der Gegenkopplung: Sie erhöht im Allgemeinen die Stabilität analoger Systeme, da sie aufkommende Schwingungen wirkungsvoll unterdrückt. Gegen- bzw. Mitkopplung setzen mehr oder weniger zeitkontinuierliche Systeme voraus.

Für das Verständnis des Speicherverhaltens digitaler Systeme mit Rückführungen sind Kenntnisse, im Zusammenhang mit Verzögerungen von Schaltzuständen bzw. deren Änderung im Kontext der „Gatterlaufzeiten“, zwingend nötig.

Bevor in diesem Abschnitt auf den letzten wesentlichen Teil der Digitaltechnik, die Schaltwerke, eingegangen wird, muss Klarheit zu diesem Phänomen hergestellt werden. Der Vergleich hinkt ein wenig, aber mit der endlichen Schaltgeschwindigkeit von Logikgattern ist es fast so wie mit der Reibung von mechanischen Einzelteilen untereinander. Für einige Erklärungen lässt man die Reibung häufig „unter den Tisch“ fallen, in anderen Zusammenhängen wird sie kurzerhand als störend deklariert, aber letztlich würde der gesamte Maschinenbau ohne Reibung nicht funktionieren. In der digitalen Schaltungstechnik erfolgt dies analog. Im theoretischen Ansatz der schaltungstechnischen Umsetzung gibt es keine Verzögerungen, die Ausgangssignale folgen den Eingangsvariablen unmittelbar.

In der Praxis hat man es jedoch mit realen Systemen zu tun. Unendlich oder Null, das sind auch in der Digitaltechnik, wie in der Mathematik, Kategorien, denen man sich mit höchster Vorsicht zu nähern hat. Flankenanstiegszeiten von null

Sekunden würden unendliche Energien erfordern, und da dies praktisch ausgeschlossen ist, ist die Gatterverzögerung immer größer als Null und die Rechengeschwindigkeit aller denkbaren Computer abzählbar lang.[32]

Zum Verständnis der Funktionsweise von Speicherschaltungen (Flip-Flops) ist deswegen das Verständnis der Funktionsweise realer Schaltungen von höchster Bedeutung. Zu diesem Zweck wird eine Testschaltung aus vier NAND-Gattern aufgebaut. An den Eingängen von NAND-Gatter A4 liegen das negierte und das nichtnegierte Signal V1 an. Die dreifache Negation mit A1, A2 und A3 erscheint zunächst sinnlos, eine einfache Negation hätte doch den gleichen Effekt erzielt. Das stimmt, aber für die bessere messtechnische Erfassung, d. h. zur Vergrößerung der Laufzeiten, werden drei Gatter hintereinandergeschaltet.

Bei einer idealisierten theoretischen Betrachtung würden die logischen Pegel an den Eingängen vom NAND-Gatter A4 immer zueinander invers sein. Der Ausgangspegel an A4 müsste demzufolge immer logisch „1" sein.

Rechts in Bild 4.40 sind die zeitlichen Abläufe zu sehen. Das Signal V(n002) ist der Stimulus von V1. Das Signal V(n001) zeigt den Spannungsverlauf am Ausgang von Gatter A3. Das NAND-Gatter A4 verknüpft die beiden Signale und erzeugt daraus einen kurzen logischen „0"-Impuls bei jeder steigenden Flanke des Stimulus. Wie ist das zu erklären?

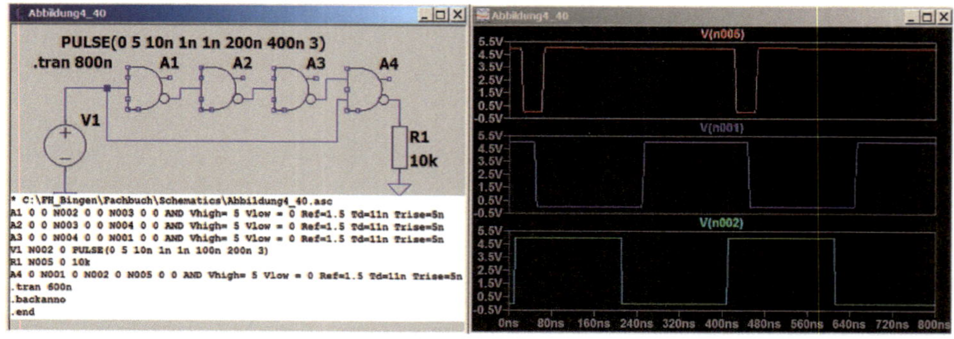

Bild 4.40 Simulation von Laufzeiten innerhalb logischer Schaltungen

Die idealen NAND-Gatter in LTspice werden mit den realen Verzögerungszeiten eines Standard-TTL-Bausteines modifiziert. Laut Angabe in Bild 3.10 beträgt die typische Verzögerungszeit 11 ns. Dieser Wert wird als Td = 11 ns an LTspice übergeben. Die notwendigen Änderungen sind in der Netzliste (Bild 4.40) zu erkennen.

[32] In diesem Zusammenhang stellt sich noch eine ganz andere Frage: Welche Energie wird für eine Rechenoperation benötigt? Damit ist nicht die Versorgungsleistung der „Rechenhardware" gemeint, sondern der Energiebedarf der eigentlichen mathematischen Operation. In einem zweiten Schritt wäre dann zu klären, ob unterschiedliche Operationen auch unterschiedliche Energiemengen benötigen, mit anderen Worten, „kostet" eine Multiplikation mehr als eine Addition und braucht diese wiederum mehr Energie als eine OR-Verknüpfung?

In der Simulation wird das Signal von V1 nach 10 ns von logisch „0“ auf logisch „1“ geändert. Das NAND-Gatter A1 benötigt aber 11 ns, um diese Zustandsänderung vom Eingang auf den Ausgang durchzuschalten. Diese Schaltverzögerung wiederholt sich noch zweimal, bei Gatter A2 und A3. Am Ausgang von NAND A3 wird demzufolge eine deutlich messbare Impulsverzögerung sichtbar. Erst mehr als 30 ns nach der Zustandsänderung von V1 kommt diese Signaländerung dann am Eingang von NAND A4 an. Am Ausgang von A4 entsteht demzufolge bei jeder steigenden Flanke von V1 der beobachtete Low-Impuls.

Mithilfe von Simulationen kann man ja praktisch alles wissenschaftlich untersuchen und nahezu jedes gewünschte Ergebnis erzeugen.[33] Deswegen ist es immer wieder wichtig, modellhafte Annahmen im praktischen Versuch zu validieren. Bild 4.41 zeigt die prinzipielle Übereinstimmung von Simulation und Versuchsaufbau. Interessant ist die recht starke Verschleifung der Flanken des Low-Impulses (untere Kurve in Bild 4.41) im Vergleich zur Simulation. Zum Hintergrund: Impulszeiten in Nanosekunden sind Messungen im GHz-Bereich.

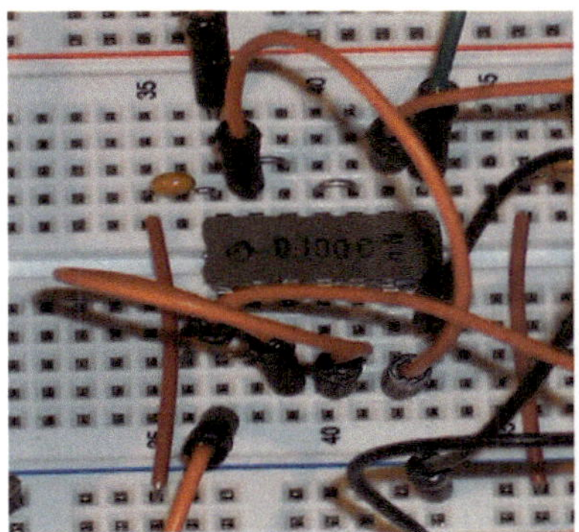

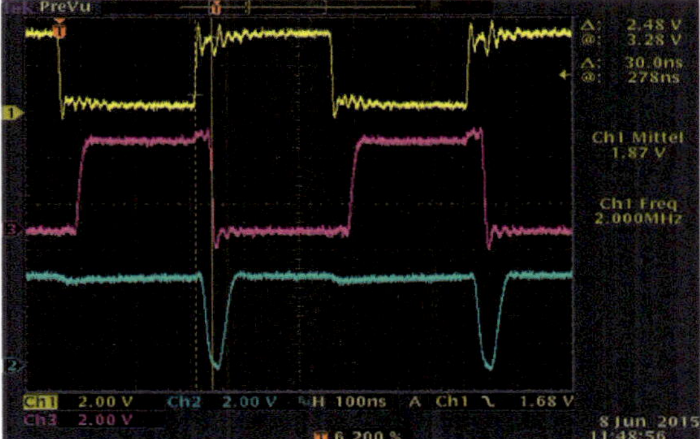

Bild 4.41 Aufbau und Test der in Bild 4.40 simulierten Logikstufe

Bleibt abschließend festzuhalten: Laufzeiten innerhalb logischer Schaltungen sind unvermeidlich. Sie können zu Störungen bzw. Glitches infolge unterschiedlich langer „Impulspfade“ führen.

[33] Eine Reihe von Wissenschaftlern behauptet, mittels Simulation ausgefeilter Modelle auf Supercomputern die mögliche Erderwärmung auf Nachkommastellen genau für das Jahr 2050 zu prognostizieren. Insbesondere die Genauigkeit der Prognosen der Nachkommastellen ist für mich der kaum zu schlagende Beweis der unzweifelhaften Richtigkeit der Ideen – einzig in unserem Haushalt existieren mehrere Thermometer. Zum Spaß habe ich selbige zusammen in einen Raum gelegt und dann ausgelost, wessen Anzeigewert der „wahre“ zu sein hat.

4.9.1 Flip-Flops als Grundbausteine der Schaltwerke

RS-Flip-Flops

Zur Verdeutlichung der Funktion der Rückführung in einem digitalen System verschaltet man zwei NAND-Gatter in einer charakteristischen Anordnung (Bild 4.42).

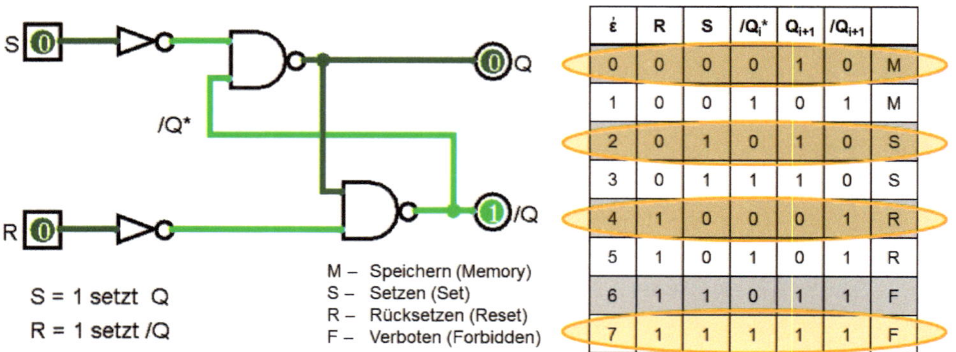

i	R	S	$/Q_i^*$	Q_{i+1}	$/Q_{i+1}$	
0	0	0	0	1	0	M
1	0	0	1	0	1	M
2	0	1	0	1	0	S
3	0	1	1	1	0	S
4	1	0	0	0	1	R
5	1	0	1	0	1	R
6	1	1	0	1	1	F
7	1	1	1	1	1	F

Bild 4.42 Anordnung zweier NAND-Gattern als RS-Flip-Flop

In einem Gedankenexperiment wird zuerst die Verbindung [/Q*↔/Q] aufgetrennt.[34] Es ist offensichtlich, dass bei dieser Anordnung der logische Zustand von **Q** nur vom Zustand des Eingangs S abhängt. Der Zustand des Signals **/Q** ist in diesem Experiment von S und R abhängig.

Jetzt wird die Verbindung [/Q*↔/Q] hergestellt, und der Zustand der Schaltung sei wie in Bild 4.42. Setzt man dann **S** = 1, schaltet **Q** auf 1 und **/Q** auf 0. Wird S danach wieder zurückgeschaltet (S = 0), bleibt der Zustand von Q erhalten.

Um Q erneut auf 0 zu schalten, muss das Signal **R** = 1 angelegt werden. Das Verblüffende ist, auch hier bleiben die logischen Werte für **Q** und **/Q** nach dem Deaktivieren von **R** erhalten. Diese Gatteranordnung ist demzufolge der für den Einsatz in Schaltwerken gesuchte Speicher.[35]

Damit das Gedankenexperiment in die bekannte Wahrheitstafel passt, werden die Eingangsvariablen **R** und **S** durch eine dritte Variable **$/Q_i$*** ergänzt. Der Laufindex **i** ist ein Hinweis auf den Zustand vor dem Setzen von **R** oder **S**.

[34] Zur letztmaligen Erinnerung, der Strich (Slash) vor dem Bezeichner Q deutet auf die Negation des Signals /Q zum Signal Q hin. In der Frühzeit der Computertechnik kannte man nur einen Zeichensatz, den ASCII-Code. Überstriche, Unterstriche etc. waren unbekannt. Deswegen steht der Strich vor dem Signalnamen zur Kennzeichnung der Negation. Diese „Steinzeit der Rechentechnik" könnte man auch Steampunk oder besser Electricpunk nennen, denn Strom gab's schon.

[35] Dieses Gedankenexperiment ist mit dem Simulationsprogramm Logisim schrittweise nachzuvollziehen. Irgendwelche Ausreden wie „Kann ich nicht", „Habe ich vergessen", „Wie soll ich das Programm bedienen?" etc. lasse ich nicht mehr gelten. Wer bis zu dieser Stelle immer noch kein Logisim benutzt, ist ein Fannulloni (italienisch: Faulpelz).

Letztlich sind nur vier Einträge aus der Tafel für die praktische Nutzung relevant (farbige Markierung). Eine Randbedingung ist von zentraler Bedeutung und bislang implizit vorausgesetzt worden – die Ausgänge **Q** und **/Q** müssen immer zueinander invers sein. Damit dies gewährleistet ist, dürfen **R** und **S** niemals gleichzeitig auf logisch „1" stehen[36].

Es ist möglich, die erforderlichen Schaltnetze zur Ansteuerung von RS-FFs so zu entwerfen, dass die Randbedingung R ≠ S theoretisch einzuhalten wäre. Treten aber in diesen Netzen Glitches auf, bei denen **R = S = 1** ist, dann sind die Schaltungen unbrauchbar.

Störungen bzw. Glitches treten in der Regel zu relativ genau bestimmbaren Zeitpunkten auf. Im „eingeschwungenen Zustand" funktionieren die Schaltnetze ja korrekt. Durch das Vorsetzen einer Freigabelogik vor den RS-Speicher ist dieser Problematik Herr zu werden. In Bild 4.43 sind die Eingänge **R = S = 1**. Da aber das Signal G auf „0" liegt, werden diese Störungen nicht auf das Speicher-Latch übertragen. Erst wenn G = 1 ist, kann das Flip-Flop weiterarbeiten.

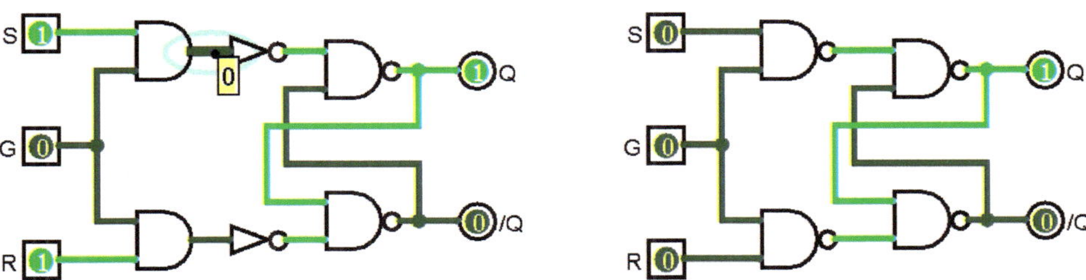

Bild 4.43 Vorschalten einer Freigabestufe vor die R- und S-Signale[37]

Noch besser als die statische Freigabe des RS-FF ist die Taktflankensteuerung (siehe Bild 4.44).

[36] R = S = 1 ist der Division durch Null in der Mathematik gleichzusetzen. Tritt dieser Zustand ein, geht der Inhalt der Speicherzelle verloren.

[37] Hin und wieder werde ich in der Vorlesung gefragt, warum in den Packages vieler Grundgatter je vier Logikfunktionen integriert sind. Ich kann nur vermuten, aber mit vier NAND-Gattern kann man eine NOR-Funktion bauen (gilt auch umgekehrt). Mit vier NAND-Gattern ist auch ein taktzustandsgesteuertes RS-FF realisierbar.

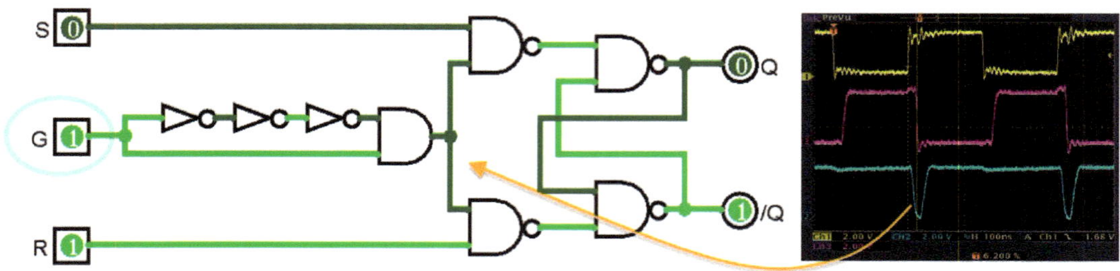

Bild 4.44 Erweiterung der statischen Zustandssteuerung des RS-FF durch eine dynamische Taktflanken-Übernahme mittels kontrollierter Laufzeitverzögerung

Der eingangs beschriebene Laufzeiteffekt wird von einer Störung zu einem nützlichen Instrument zur exakten Freigabe der RS-Eingänge der Speicherstufe.

D-Flip-Flop

Der Zeitraum des unerwünschten Zugriffs auf die Setz- bzw. Rücksetzleitungen konnte mit der Einführung der Schaltflanke bereits sehr stark eingegrenzt werden. Wenn jedoch genau während der Schaltflanke eine unerlaubte Bedingung auftritt, kann der Inhalt des RS-FF zerstört werden.[38]

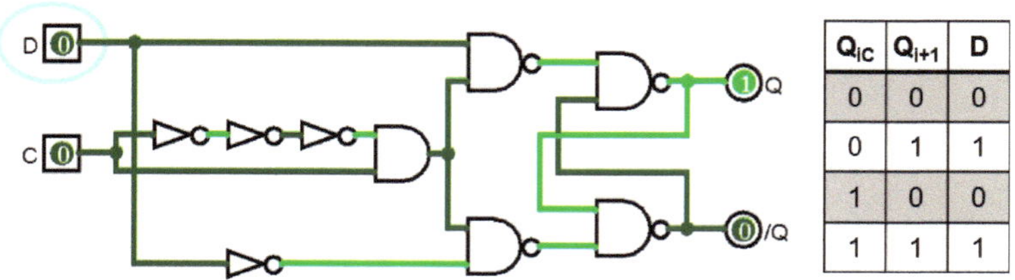

Q_{ic}	Q_{i+1}	D
0	0	0
0	1	1
1	0	0
1	1	1

Bild 4.45 Erweiterung der statischen Zustandssteuerung des RS-FF durch eine dynamische Taktflanken-Übernahme mittels kontrollierter Laufzeitverzögerung

Mit der Einführung eines zusätzlichen Inverters wird dieser Übelstand ausgeräumt. Der Eingang D verbindet R und S mit dem Inverter, die Bedingung R = S = 1 ist damit immer[39] gegeben.

[38] Das Argument „Das ist ja extrem kurz und die Eintrittswahrscheinlichkeit ist fast NULL" will ich nicht mehr hören. Wenn etwas eintreten kann, was man nicht möchte, und die Eintrittswahrscheinlichkeit ist nicht exakt NULL, dann tritt das Ereignis auch ein - und zwar zum unpassendsten Zeitpunkt. Das Ganze nennt sich Murphy's Law und ist eine im gesamten Universum gültige Aussage. Ein Beweis ist unnötig.

[39] Immer, wenn Professoren „immer" sagen, gibt es einen Haken. Die Gatterdurchlaufzeiten gelten nämlich immer noch. Für den Einsatz des D-FF gelten bestimmte Beschränkungen, d. h. Zeiträume, in denen die Eingangszustände vor der Taktflanke stabil zu sein haben. Dies einzuhalten, ist zwar bei geschickter Schaltungsauslegung immer möglich - oder jedenfalls fast immer. So viel also zur Kategorie „immer".

Eine schaltungstechnische Realisierung ist in Bild 4.44 dargestellt. Zur Beschreibung der Zustände des D-FFs dient die Synthesetabelle mit den Ausgängen Q_{iC} und Q_{i+1} sowie dem Eingang D.

$$Q_{i+1} = D \tag{4.12}$$

Die Synthesetabelle ist eine Sonderform der Wahrheitstafel. Die Inhalte werden durch die charakteristische Formel 4.12 des D-FFs beschrieben. Der Ausgangszustand Q wird durch den Zustand des Eingangs D festgelegt. Nach dem Taktimpuls hat der Ausgang Q_{i+1} den logischen Zustand von D angenommen.

Mit beiden Werkzeugen, Synthesetabelle und charakteristischer Gleichung, werden in den nächsten Abschnitten allgemeine Schaltwerke in beliebiger Komplexität entworfen.

JK-Flip-Flop

Der Ersatz der RS-Eingänge durch das Datensignal D umgeht die Schwierigkeiten der verbotenen R = S = 1-Signalbelegung. Leider reduzieren sich damit aber auch die Möglichkeiten im Aufbau größerer Schaltwerke. Zwar lässt sich zeigen, dass auch mit D-FFs jede Art von Schaltwerken synthetisiert werden kann, dennoch, zwei Eingangsvariablen pro Speicherbit sind eben flexibler als nur eine Variable.

Die Eliminierung verbotener Eingangszustände ist der Schlüssel zur verbesserten Stabilität von Speicherschaltungen. Beim D-FF wurde dies im Zusammenhang mit der Erzeugung der Taktflanke vor dem Speicherelement realisiert. Unter Nutzung der Laufzeiteffekte[40] durch den Speicher können die Ausgänge Q und /Q zur Verriegelung unerwünschter Signale herangezogen werden.

Das Resultat dieser Überlegung sieht man in Bild 4.46. Der Ausgang Q wird über ein zusätzliches AND-Gatter auf die Leitung **R** gelegt, der Ausgang **/Q** verriegelt mit einem zweiten AND die Leitung **S**. Die neuen Eingänge werden mit **J** und **K** bezeichnet.[41] Aus der zweiten Randbedingung des Speicher-FF - Q ist immer negiert zu **/Q** - ergibt sich die Funktion der Rückführung.

---

[40] Die „gedankliche" Berücksichtigung von Laufzeiten innerhalb einer realen Schaltung ist eine nicht triviale Angelegenheit. Die Vorstellung, wie Signale und Impulse „durch" einen Schaltungsaufbau jagen, erfordert einiges an Erfahrung und Praxis. Ich versuche dennoch, von Fall zu Fall darauf hinzuweisen, da ohne Vertiefung in die Realität kaum ein vernünftiges Verständnis für Elektronik aufgebaut werden kann. Wie Sie diese Erkenntnis erlangen können? Wenn ich das wüsste. Ich kann Ihnen nur versichern: Nach einer Weile werden Sie das sehen können. Allerdings ist es egal, wie tief Sie sich in diese Thematik einarbeiten - CO_2 werden Sie niemals zu Gesicht bekommen.

[41] Die Herkunft der Kürzel JK ist umstritten. Zum Teil wird J aus Jump und K aus Kill hergeleitet, eine andere Geschichte behauptet, dass JK ein Synonym von Jack Kilby, einem der Erfinder der integrierten Schaltung, wäre. Es ist sonnenklar, welche Story mir besser gefällt.

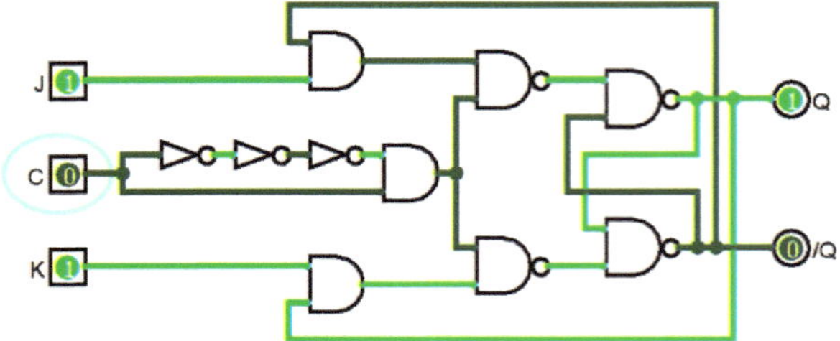

Q_i	Q_{i+1}	J	K
0	0	0	x
0	1	1	x
1	0	x	1
1	1	x	0

Bild 4.46 Zurückführung der Ausgänge Q und /Q eines RS-FF zum Aufbau eines JK-FF

Nur eines der beiden AND-Gatter ist enabled, d.h. eine logische „1“ am Freigabeanschluss. In Bild 4.46 ist dies für den Eingang **K** der Fall. In einem Gedankenexperiment wird nun mit dem Takt die logische „1“ auf das RS-FF gelegt. Eine „1“ an **R** setzt das FF zurück, also ist /Q nach dem Takt gleich „1“.

Die Verriegelungsleitungen ändern damit ihren logischen Zustand. Nun ist der Eingang **J** potenziell freigegeben. Der nächste Taktimpuls des Gedankenexperiments setzt über **J = 1** den Ausgang **Q** auf „1“. Dieses Verhalten des JK-FF ist in der Synthesetabelle rechts in Bild 4.46 zu sehen. Übertragen auf die Schaltung erzeugt eine logische „1“ an **J** bei einer logischen „0“ an $\mathbf{Q_i}$ eine logische „1“ an $\mathbf{Q_{i+1}}$. Umgekehrt setzt die „1“ an **K** den gesetzten $\mathbf{Q_i}$ wieder auf „0“ zurück.

Während des Gedankenexperiments waren beide Leitungen **J** = **K** = 1 gesetzt. Zunächst lässt sich konstatieren, dass kein undefiniertes Verhalten des Speicher-Flip-Flops eintrat. Egal welche Eingangsbelegungen am JK-Flip-Flop anliegen, die Reaktion der Schaltung ist in allen Fällen wohl definiert. Mit zwei Eingängen kann das JK-Flip-Flop flexibler als ein D-Flip-Flop konfiguriert werden.

Bleibt die Frage zu klären, wie man zur verkürzten Synthesetabelle kommt und wie man die charakteristische Gleichung des JK-FF aufstellt. Das Mittel zur Lösung der Fragestellung liegt, wie wahrscheinlich von niemanden je erwartet oder gar vermutet, in der Wahrheitstafel. Das Prinzip des Vorgehens ist bekannt. Als zusätzliche Eingangsvariable wird der Zustand des Ausgangs Q_i vor dem Taktimpuls in die Wahrheitstafel aufgenommen.

$$Q_{i+1} = \left(Q_i \cdot \overline{K}\right) + \left(\overline{Q_i} \cdot J\right) \tag{4.13}$$

Bei den verkürzten Symbolen für JK-FF und D-FF in Bild 4.47 erscheinen jeweils zwei zusätzliche Leitungen R und S. Dies sind nicht die Eingangssignale des internen Speicher-FF, sondern sogenannte asynchrone Set- bzw. Rücksetz-Leitungen.

Nach dem Einschalten der Betriebsspannung (power on reset, POR) ist der Zustand jedes Flip-Flops undefiniert. Damit die damit aufgebauten Schaltungen definiert starten können, wird mit einer Reset-Logik dafür gesorgt, dass die FFs den gewünschten Zustand einnehmen. Sobald der Startzustand eingenommen wurde, müssen die RS-Leitungen inaktiv gesetzt werden.

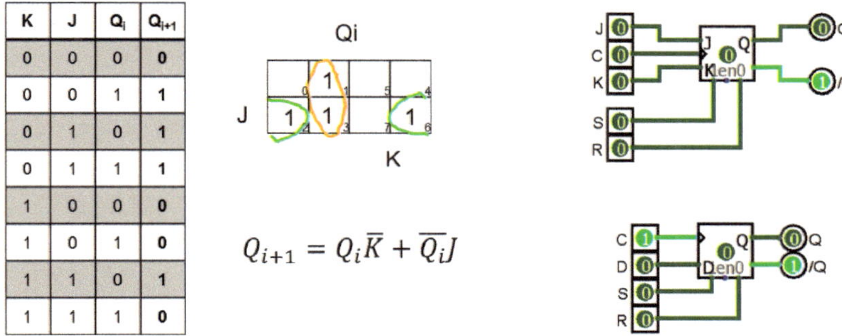

K	J	Q_i	Q_{i+1}
0	0	0	0
0	0	1	1
0	1	0	1
0	1	1	1
1	0	0	0
1	0	1	0
1	1	0	1
1	1	1	0

Bild 4.47 Aufstellung der Wahrheitstafel und der Herleitung der charakteristischen Gleichung eines JK-FF (rechts im Bild typische Schaltsymbole für JK-FF und D-FF)

Die asynchronen Anschlüsse R (Reset) und S (Set) werden in der Literatur zum Teil auch als P (Preset) und C (Clear) bezeichnet. Bei der Simulation von Schaltungen mit Logisim, kann man häufig auf eine definierte Ausgangslage verzichten und lässt die Signale unbeschaltet.[42]

Alle Rückführungen in Schaltwerken sind kritische Schaltungsteile. Für die korrekte Funktion sind die Laufzeiten innerhalb der realen Schaltung von ausschlaggebender Bedeutung. Jede aus realen Bauelementen aufgebaute Schaltung ist verschiedenen Einflüssen, hauptsächlich der Temperatur und der Versorgungsspannung, ausgesetzt.

Diese Einflussgrößen verändern das zeitliche Verhalten eines realen Bausteins. Die Hersteller haben selbstverständlich dafür gesorgt, dass innerhalb des spezifizierten Einsatzprofils die ICs (integrated circuit, IC) richtig funktionieren. Noch besser sind natürlich Schaltungsmaßnahmen, die die zeitlichen Abhängigkeiten weiter reduzieren.

Bei den bisherigen Modifikationen wurde die Frage der logischen Verriegelungen unerwünschter Eingangspegel behandelt und die erforderlichen Lösungen besprochen. Die Minimierung der zeitlichen Abhängigkeiten erfordert eine weitere Steigerung der Komplexität des Innenaufbaus eines Flip-Flops.

Um die Laufzeiteffekte in der Rückführung auszuschließen, wird das Einflanken-FF in ein Zweiflanken-Flip-Flop überführt. Im Inneren eines solchen Flip-Flops befinden sich zwei Speicherzellen. Mit der ersten Schaltflanke, z.B. steigende Flanke, wird der Master, d.h. das erste Flip-Flop, in gewünschter Art und Weise gesetzt.

[42] Die Eingänge der ICs, die in der vorherrschenden CMOS-Technologie gefertigt werden, sind extrem hochohmig. Ein hochohmiger Eingang, an einen kurzen Leiterzug angeschlossen, wirkt wie eine Antenne. Diverse Spannungspotenziale sind nahezu in jeder Umgebung als Störstrahlung detektierbar und führen damit zu äußerst verwirrenden Effekten in der Schaltungsfunktion. Achtung: Bei diesen Potenzialen handelt es sich nicht um Erdstrahlen. Zur Verminderung dieser Ätherwellen ist der Einsatz von Alu-Hüten oder Metallgeflechtmatten aus sauerstofffreiem Kupferkabel völlig sinnlos. Einzig die Übersendung trockenen Rheinweines oder eines guten Malbecs an mich schafft Abhilfe, solange der Wein vorrätig ist. Alternativ sind offene Eingänge immer auf feste Potenziale zu legen.

Mit der fallenden Flanke wird diese Information an das Slave-FF, die zweite Stufe, übertragen.

In der Innenschaltung (Bild 4.48) ist linksseitig das Master-FF zu erkennen. Mit der steigenden Taktflanke übernimmt der Speicher die JK-Zustände. Der vierte Inverter in der ersten Taktflankenerzeugung negiert die Schaltflanke und reicht das Signal an den Slave weiter.

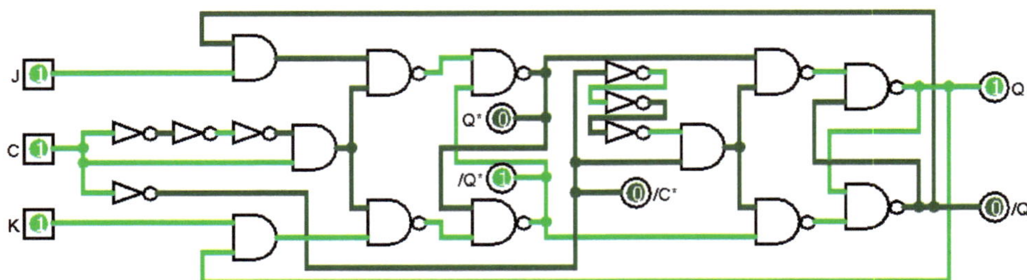

Bild 4.48 Innenschaltung des Zweiflanken-JK-Flip-Flops (auch als Master-Slave-FF bekannt)

Beim fallenden Takt an C wird eine steigende Flanke an /C* generiert, und der Inhalt der internen Signale Q* und /Q* des Masters aktualisiert den Slave. Damit werden erst jetzt die Verriegelungen für die Eingänge JK wirksam.

Der zeitliche Abstand zwischen steigender und fallender Flanke ist genau bekannt und schließt unerwünschte Laufzeiten bzw. deren Änderung über der Temperatur und der Versorgungsspannung aus.

Bei allen bisher besprochenen taktgesteuerten Flip-Flops war die aktive Schaltflanke der Übergang von logisch „0“ nach logisch „1“. Dies wird vereinfacht als **L→H**-Flanke bezeichnet. Anstelle logisch „0“ wird das Kürzel L (low, Spannungspegel < 0.8 V) verwendet. H (high, Spannung > 2.4 V) steht für logisch „1“.

Ein Flankenübergang **H→L** ist ebenfalls möglich. Für die korrekte Funktion von Schaltungen aus Flip-Flops (siehe folgende Abschnitte) ist die Kennzeichnung der Schaltflanke unabdingbar.

Bei der Anwendung von Schaltwerken, insbesondere bei der SPI (synchronous peripheral interface, SPI) in Mikrocontrollern, kommen beide Schaltflanken vor. Eine ganz leichte Präferenz scheint der **L→H**-Flanke zuzukommen. Technisch begründet ist dies nicht. Dennoch wird im Folgenden, solange nichts anderes angegeben ist, von einer **L→H**-Flanke als aktiver Übergang ausgegangen.

4.9.2 Schieberegister

Die unterschiedlichen Typen von Flip-Flops mit ihren variierenden Eigenschaften sind natürlich kein Selbstzweck. In den folgenden Abschnitten werden deswegen verschiedene Schaltungen aus Flip-Flops zu charakteristischen Funktionseinheiten auf der Basis von vorwiegend D-FFs zusammengestellt.

Der Einsatz von D-FFs ist meiner Ansicht nach einsichtiger als die Nutzung von JK-Flip-Flops. Das stellt jedoch keine Diskriminierung bestimmter FF-Typen dar. In der allgemeinen praktischen Anwendung kommen beide Typen vor.[43]

Ein einfaches Schieberegister besteht aus einer sequenziell angeordneten Anzahl von D-FFs, deren einzelne Ausgänge jeweils auf den nächsten Eingang verdrahtet sind. Alle Taktleitungen sind verbunden, und die Datenleitung ist an den D-Eingang des ersten D-FF in der Kette angeschlossen.

Die Funktion der in Bild 4.49 dargestellten Schaltung ist einfach zu verstehen. Zu Beginn seien alle D-FFs an den Ausgängen Q1 bis Q7 auf **L** gesetzt.

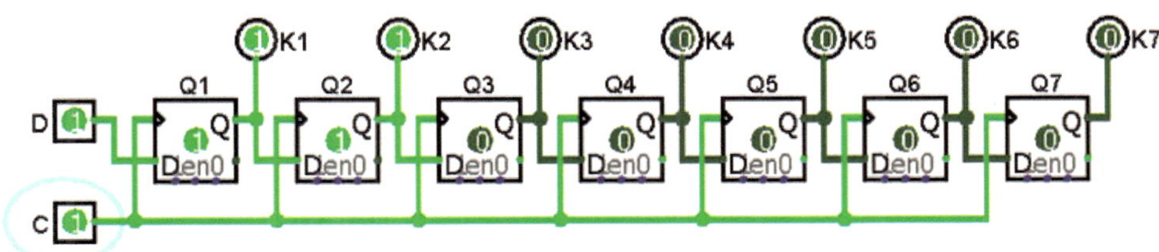

Bild 4.49 Schieberegister aus sieben D-FF mit gemeinsamer Taktleitung, Eingang D und den Ausgängen K1 bis K7

Am ersten Dateneingang D1 wird ein **H** angelegt, und dann werden n-Impulse auf die Taktleitung geführt. Mit jeder aktiven **L→H**-Flanke an **C** wird die Information eine Position nach rechts geschoben. Nach, im Beispiel, sieben Takten erscheint die Information an D1 am Ausgang Q7, man sagt, sie ist um sieben Takte verzögert worden. Gleichzeitig erscheint der Wert an D1 an allen Ausgängen K1 bis K7.

An einem Praxisbeispiel soll die Nützlichkeit einer Schieberegisterkette demonstriert werden. Gegeben sei ein Impulstelegramm wie in Bild 4.50 angegeben. In den Zeiten zwischen zwei L→H befindet sich eine Information. Sechs dieser Flanken sind im Telegramm enthalten, das bedeutet, es sind fünf zeitlich codierte Informa-

[43] Lediglich bei programmierbarer digitaler Logik gibt es eine deutliche Bevorzugung von D-FFs. Dies ist meiner Ansicht nach ein starkes Indiz, dass der Logikentwurf mit D-FFs etwas einfacher als bei der Nutzung von JF-FFs zu sein scheint. Für die „alten weißen Praktiker" unter meinen Lesern: Der Entwurf eines Zählers mit JF-FFs ist etwas fummeliger als beim Einsatz von D-FFs, der resultierende Schaltungsaufwand bei JK-Zähler oft aber sehr viel geringer.

tionen. Was sich exakt hinter diesen Zeiten verbirgt, wird gleich erläutert. Mithilfe von fünf Schieberegistern[44] sollen die Einzelimpulse separiert werden.

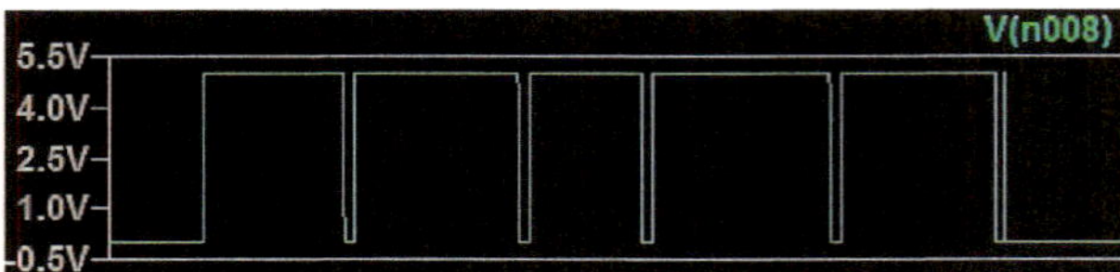

Bild 4.50 Telegramm aus H- und L-Impulsen mit unterschiedlich langen Zeiten

Entsprechend Bild 4.50 besteht die Impulsfolge aus Einzelimpulsen, die Impulsdauer liegt in den Grenzen von 1.1 bis 2.1 ms. Die Lücke (Pause) zwischen den Impulsen ist konstant 0.1 ms breit. Der gesamte Impulszug wird mit einer Periodendauer von 20 ms laufend wiederholt.

Mit einer Kette von Schieberegistern lassen sich die Einzelimpulse hervorragend „trennen", lediglich das erste D-FF benötigt zu Beginn des Telegramms einen H-Pegel am D-Eingang. Nach der ersten aktiven Taktflanke muss dieses Signal jedoch bis zum Start der nächsten Impulsfolge wieder zurückgenommen werden.

Zu diesem Zweck dient die Schaltung aus R1, R2, Q1 und C1. Nach der langen Pause zwischen den Impulsgruppen ist der Kondensator aufgeladen. Der erste Impuls steuert den Transistor Q1 durch, und der Kondensator C1 wird entladen. Dies benötigt jedoch einige Mikrosekunden, die erste L→H-Flanke hat inzwischen den H-Pegel an D1 in das D-FF A1 übernommen. Jede weitere L→H-Flanke schiebt den H-Pegel zum nächsten D-FF. Man kann dies sehr schön in den einzelnen Plot-Fenstern in Bild 4.51 sehen. Zur besseren Übersicht sind nur drei der fünf codierten Impulse abgebildet.

Solange Impulse gesendet werden, bleibt der Transistor durchgesteuert. Die kurzen Impulspausen genügen nicht, um den Kondensator C1 aufzuladen.

Erst nach der Decodierung des letzten Impulses steigt die Spannung am Kondensator wieder an. Die Schaltung wird für das nächste Impulstelegramm neu synchronisiert. Bleibt die Frage: Was ist in den Impulszeiten codiert? Nun, die Antwort lautet: die Position des Ruderhorns einer Rudermaschine, häufig auch als Servo bezeichnet.

---

[44] Der LTspice-Simulator verwendet sogenannte behaviour models für die Digitalbausteine. Das ist soweit unkritisch, aber die standardmäßige Voreinstellung hat keine Verzögerungszeit in den Modellen. Wenn man dies nicht ändert, arbeitet die Schaltung im Idealmode – also sie funktioniert nicht!

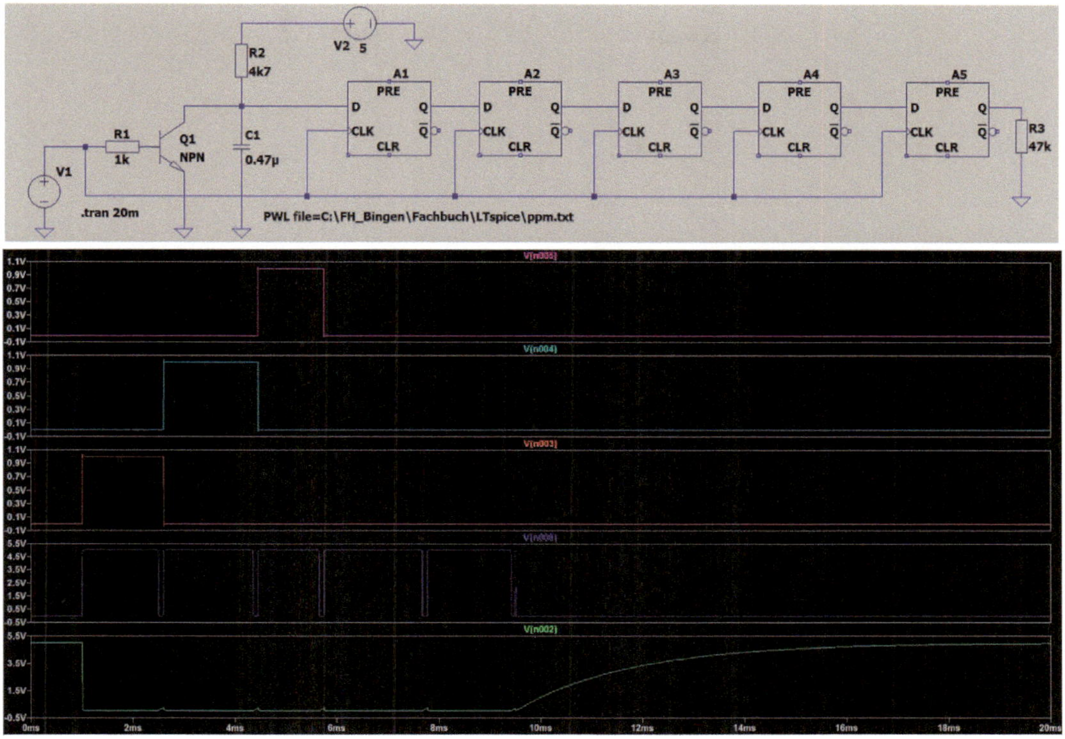

Bild 4.51 Impulstrennstufe in gemischt analog-digitaler Simulation mittels LTspice

Historische Anmerkung 3

Der Eigenbau von Funkfernsteuerungen, z. B. zur Fernlenkung von Flugmodellen, war bis in die 1980er-Jahre ein weit verbreitetes Hobby. Natürlich konnte man die notwendigen Gerätschaften auch kaufen, jedenfalls in der damaligen BRD. Doch einerseits war das Equipment richtig teuer (für gut betuchte Ingenieure eher nicht) und andererseits galt die Devise: Was schenkt einem mehr Befriedigung als ein gut funktionierender Eigenbau?

Als Schüler einer Erweiterten Oberschule, vulgo Gymnasium, in der DDR hatte ich weder die nötige Kohle noch die Gelegenheit, Geräte zu beschaffen. Neben Sender und Empfänger waren die Rudermaschinen schwer zu bekommen. Mit meinen hart verdienten Ostmark aus einem Ferienjob habe ich circa 1981 die Mechanik eines Servos zum stolzen EVP von 74 Mark gekauft. Das wären heute fast 500 €. Leider gab es diese feinmechanischen Wunderwerke nur ohne Elektronik. Was tut man, wenn man nichts hat? Man baut es einfach selbst! Zur Messung der Winkelstellung dient ein Poti. Dessen Einstellung erzeugt in einen Mono-Flop einen Zeitimpuls. Der interne Impuls wird mit dem ankommenden Impuls verglichen. Sind beide gleich lang, ist alles gut. Treten zeitliche Differenzen auf, verstellt der Motor über das Getriebe die Potentiometerwelle so lange, bis die Impulszeiten wieder identisch waren. Auf der Rasterplatte oben rechts in Bild 4.52 sind zwei dieser elektronischen Rechenschaltungen aufgebaut – und die funktionieren auch noch! Zum Vergleich zeige ich unten links in Bild 4.52 ein modernes Digitalservo. Anstelle der diskreten Elektronik steuert dieses Teil ein kleiner Mikrocontroller. Die Kosten liegen bei circa 30 € – das ist ein Faktor von mehr als 16 : 1. Wie heißt das? Fortschritt! Für den Eigenbausender brauchte ich eine Genehmigung von der Post. Der Antrag existiert noch, nur die zu genehmigende Behörde wurde 1989 abgewickelt. Es lebe die Revolution!

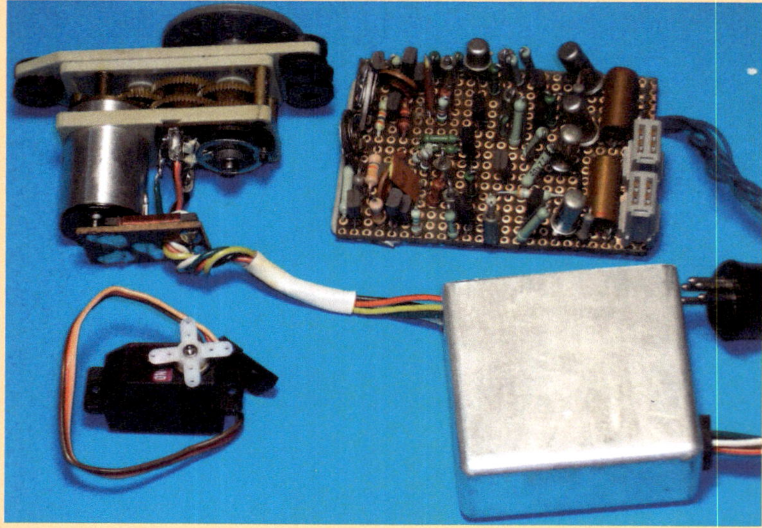

Bild 4.52 Größenvergleich der Getriebemechanik einer älteren Rudermaschine mit diskret aufgebauter Servoelektronik auf einer Rasterplatte (oben) im Vergleich zu einem modernen Digitalservo (unten links)

In den „Historischen Anmerkungen“ fiel der Begriff „Mono-Flop“. Ein Flip-Flop besitzt zwei stabile Zustände, die nur durch eine externe Einwirkung geändert werden können. Ein Mono-Flop hingegen wird durch einen Impuls aus der Ruhelage in die aktive Stellung gebracht und kippt dann nach Ablauf einer einstellbaren Zeit selbstständig wieder in die Ruheposition. Die aktive Zeit eines Mono-Flops wird durch ein RC-Glied bestimmt. Ist der Widerstand (Potentiometer) variabel, erhält man eine Widerstand-Zeit-Proportionalität.

Die L→H-Flanke des Soll-Impulses triggert den Mono-Flop. Nun können beide Impulse zeitlich miteinander verglichen werden. Aus diesem Vergleich wird dann durch den Servo-Verstärker der Servo-Motor in Gang gesetzt, und der Servo-Abtrieb setzt sich in Bewegung.

Das im Beispiel verwendete Impulstelegramm wird in der Fernsteuertechnik mit dem Kürzel PPM (Puls-Pause-Modulation) bezeichnet. Das Schöne daran ist, mit einem einzigen Signal können bis zu acht[45] Rudermaschinen quasi gleichzeitig bewegt werden. Das Telegramm wird alle 20 ms wiederholt, damit werden die Positionen in diesen Zeitabständen aktualisiert. Das ist völlig ausreichend, um Modellflugzeuge vorbildgerecht im Kunstflug zu steuern.[46]

4.9.3 Asynchronzähler

Mit D-FFs kann man noch weitere Spiele treiben. Laut der charakteristischen Gleichung ist der Zustand am Eingang D nach dem Taktsignal der Zustand am Ausgang Q. Führt man nun den Ausgang /Q auf den Eingang D zurück und führt einen Takt C zu, dann toggled der Ausgang Q bei jedem zweiten Takt.

In Bild 4.53 ist das Resultat dieses Experimentes grafisch aufbereitet. Jede aktive Taktflanke an C (Clock, CLK) schaltet Q1 um. Der Ausgang /Q1 ist der nächste Clock für das nachgeschaltete zweite D-FF. Der resultierende Signalverlauf ist in der Bildmitte eingezeichnet. Trägt man nun die logischen Pegel als zwei Bitpositionen in eine Wahrheitstafel ein, so ist der einfachste Binärzähler fertig.

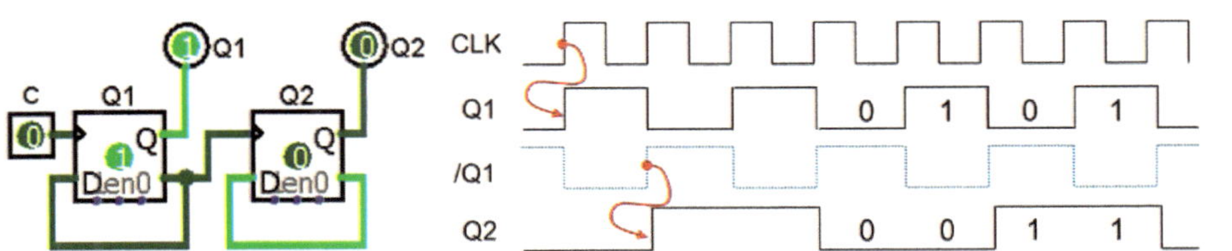

t	Q_2	Q_1
0	0	0
1	0	1
2	1	0
3	1	1

Bild 4.53 Serienschaltung von zwei einfach rückgeführten D-FFs

Die gebogenen Pfeile signalisieren die jeweils aktive Schaltflanke, und sie zeigen, wann welche Flanke welchen Eingang beeinflusst.

Einen solchen Zähler kann man leicht nahezu beliebig kaskadieren. Drei Variablen können acht Zustände annehmen. Dazu sind demzufolge drei D-FFs nötig. Wünschenswert sind in vielen Anwendungen aber oft nicht alle möglichen Zustände. In der Prä-Internet-Ära waren Brettspiele[47] weit verbreitet. Ein wichtiges Utensil da-

[45] Wieder taucht ein Vielfaches von 2^n auf, diesmal $2^3 = 8$. Wieso? Weltverschwörung? Apollo 18? Nein, mit dem Schieberegister 74164 kann man prima acht Kanäle decodieren. Das Ding gab's früher in der Zone nicht, und ich möchte nicht wissen, wie viele Großmütter oder Großväter bei ihrem Westbesuch bei Conrad & Co. im Geschäft diese Schaltkreise ihren bastelverrückten Enkeln mitgebracht haben. Ich habe auch keinerlei Vermutung, was die Verkäufer wohl für eine Vorstellung von der technischen Kompetenz der Pensionäre aus dem Osten hatten.

[46] Wer sich für Funkfernsteuerungen und insbesondere für deren Ursprünge interessiert, dem seien folgende Bücher empfohlen: uralt [79], alt [80] oder fast modern [81]. Besonders bemerkenswert ist die Tatsache, dass wichtige Anstöße und frühe praktische Entwicklungen von deutschen Enthusiasten und Firmen wie Graupner, Simprop, Multiplex, Robbe um nur einige zu nennen, in den 1950er-Jahren ausgingen.

[47] Monopoly und ein wenig Alkohol - eine bessere Prüfungsvorbereitung für BWL ist glatterdings undenkbar!

für ist der Würfel.[48] Das folgende Beispiel zeigt den Aufbau eines elektronischen Würfels mit einer 7-Segment-Anzeige.

Im ersten Schritt wird das gewünschte Impulsverhalten definiert. Der Zählumfang ist von 1 bis 6 vorgegeben. Die dazugehörige Wahrheitstafel ist links in Bild 4.54 dargestellt. Zwecks Vereinfachung wird diesmal die KKNF verwendet und minimiert. Die gewünschten Zeitabläufe an den Ausgängen Q_0, Q_1 und Q_2 sind rechts in Bild 4.54 sichtbar.

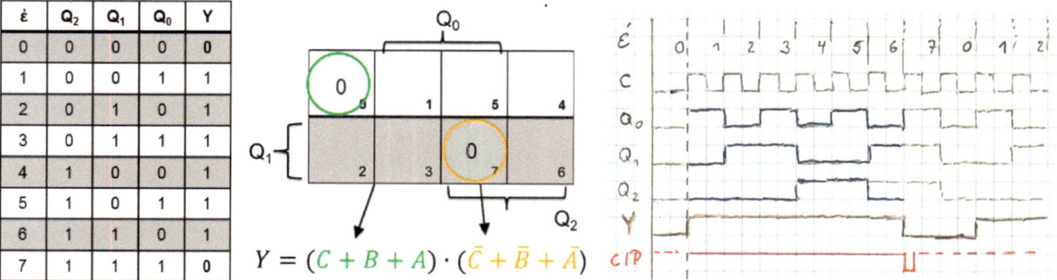

Ć	Q_2	Q_1	Q_0	Y
0	0	0	0	0
1	0	0	1	1
2	0	1	0	1
3	0	1	1	1
4	1	0	0	1
5	1	0	1	1
6	1	1	0	1
7	1	1	1	0

Bild 4.54 Entwurf der Rückführung eines Asynchronzählers von 1 bis 6

Drei Realisierungsbeispiele sind in Bild 4.55 angegeben. Ganz links sehen Sie die Umsetzung nach der KKNF. Zusätzlich ist ein Inverter nötig, da die Setz- bzw. Rücksetzleitungen H-Pegel benötigen. Sobald einer der nicht gewünschten Zustände 0 oder 7 erreicht werden würde, schaltet die Rückführung den Zähler auf den Startwert 1.

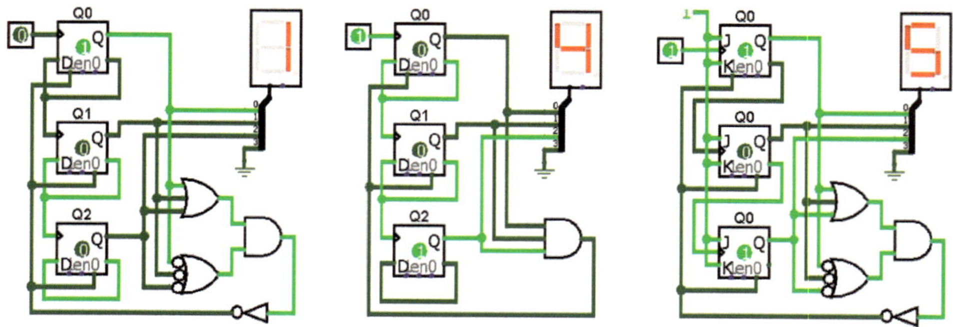

Bild 4.55 Realisierungsbeispiele für den geforderten Zählumfang mit D-FF bzw. JK-FF

[48] Prä-Internet bedeutet nicht Steinzeit oder so. Anstelle eines hölzernen analogen Würfels habe ich als Schüler einen elektronischen Würfel mit einer 7-Segment-Anzeige gebastelt. Dummerweise habe ich beim Aufbau einen Schaltkreis ruiniert. Mangels Ersatzes zählte dann der Würfel nicht von 1 bis 6, sondern von 0 bis 7, was ein grenzenloses Hallo hervorrief. Es waren halt nur Nerds anwesend.

Unter der Voraussetzung, dass der Zähler stetig aufwärts zählt, kann auf die Detektion des Zustands „0" verzichtet werden. Damit wird nur der Zustand „7" detektiert und der Startwert „1" programmiert. Die Rückführung wird dramatisch einfacher (Bild 4.55 Mitte). Eine Realisierung des elektronischen Würfels mit JF-FF ist rechts in Bild 4.55 zu sehen.

Wenn diese Schaltungen mit Logisim überprüft werden, kann es ja nach Rechenpower des benutzten PC zu eigentümlichen Effekten kommen. Der Zähler zählt nicht stetig aufwärts, um dann nach 6 auf 1 zu wechseln, sondern schaltet von 1 unmittelbar auf 5, ohne die Zwischenwerte anzuzeigen.

Geht man dieser Sache auf den Grund, so stellt sich heraus, dass die Simulation „glitched". Wahrscheinlich wird ein unerwünschter Impuls generiert, der Q_2 auf „1" setzt. Der Zählerentwurf mit asynchron gekoppelten Flip-Flop ist demnach offenbar durchaus eine heikle Sache.[49]

Zum Tauschen der Zählrichtung asynchroner Zählschaltungen ist die aktive Taktflanke zu ändern. Bei der Verwendung von D-FFs bzw. JF-FFs wird der Takteingang der nächsten Stufe dann einfach vom Ausgang Q und nicht mehr von /Q abgeleitet.

4.9.4 Synchronzähler

Der größte Nachteil der Asynchronzähler ist, neben der Empfindlichkeit gegen Laufzeiteffekte, der limitierte Zählumfang. Es können nur stetig aufeinanderfolgende Binärwerte generiert werden. Viele Anwendungen erfordern aber völlig frei synthetisierbare Zählzustände.

Der Entwurf beliebiger sequenzieller Schaltungen (Zähler) beruht auf der Definition eines Zustandsautomaten. Der Mealy-Automat verwendet zwei Schaltnetze, eines vor dem Schaltwerk und ein weiteres dahinter. Der Eingangsvektor kann demzufolge auf vielfältige Art und Weise die Zustandsübergänge des Schaltwerks beeinflussen. Es lässt sich zeigen, dass dieser Automat in eine einfachere Struktur überführt werden kann, den Moore-Automat. Dabei entfallen das sekundäre Schaltnetz (rechts in Bild 4.56) und der Einfluss des Eingangsvektors auf das Ausgangsschaltnetz. Diese Umformung ist streng genommen sogar einsichtig[50], da das zweite Schaltnetz für den Zählerentwurf praktisch überflüssig ist.

---

[49] Man bekommt ein solches Problem nur äußerst schwer in den Griff. Mitte der 1990er-Jahre habe ich einen FPGA zur Ankopplung eines DRAM an eine 68HC11 MCU der Firma Motorola entwickelt. Unter bestimmten Betriebszuständen verzählte sich der Refresh-Generator, und es konnte zu Speicherfehlern kommen. Die Ursache war ein Laufzeitproblem im internen Schaltnetz des Bausteins. Zu guter Letzt habe ich das inkriminierte Signal auf einen noch freien Anschluss des FPGA nach außen gelegt, einen 1-nF-Kondensator drangeknallt – und Ruhe war. Seitdem berücksichtige ich jeden, und ich meine wirklich jeden, Hinweis im Datenblatt einer integrierten Schaltung der Form: „Am Pin XYZ einen Abblock-C mit XYZ-Nanofarad anschließen." Ich weiß ja nun, warum der Kondensator dahin muss.

[50] Wenn ein Professor von einsichtig redet, versteht man zuerst nur Bahnhof. Erst später wird alles leicht einsichtig.

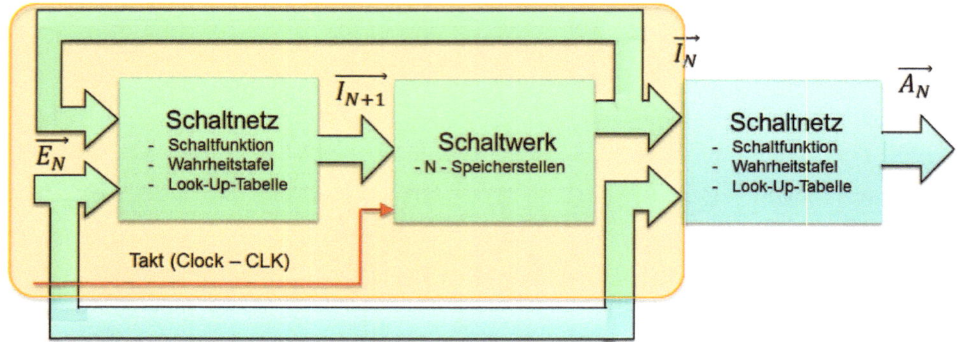

Bild 4.56 Zustandsautomaten nach Mealy (alle Blöcke) bzw. nach Moore (nur markierter Teil)

Der Schlüssel zum Verständnis der Funktion eines Zustandsautomaten im „digitalen Sinne“ besteht in den Vektoren $\overrightarrow{I_N}$ und $\overrightarrow{I_{N+1}}$. Analog zur charakteristischen Gleichung eines Flip-Flops bezeichnen die Vektoren die Zustände des Schaltwerks vor bzw. nach dem Taktimpuls. Zugespitzt formuliert lässt sich z. B. die Anwendung von D-FFs in Zählern als Gleichung

$$\overrightarrow{I_{N+1}} = \overrightarrow{I_N} \rightarrow D_N \tag{4.14}$$

mit der Dimension von N für den Vektor I schreiben. Übersetzt bedeutet dies, dass am Ausgang des Speichers im Schaltwerk, also dem D-FF, nach dem Takt genau das erscheint, was vor dem Takt an den jeweiligen D-Eingängen anlag. Damit lässt sich der Zählerentwurf wieder mit den bekannten Schemata von Wahrheitstafel und Schaltfunktion beherrschen.[51]

Anhand eines Beispiels wird versucht, das Prinzip zu klären. Gesucht sei die Schaltung zur Erzeugung eines 3-Bit-Primzahlen-Zählers. Laut Definition ist eine natürliche Zahl dann prim, wenn sie größer als 1 ist und genau zwei ganzzahlige Teiler, die Zahl 1 und die Primzahl selbst, besitzt. Die Zahlen 0 und 1 sind nicht prim. Die ersten zehn Primzahlen lauten 2, 3, 5, 7, 11, 13, 17, 19, 23 und 29.

Mit einem 3-Bit-Zähler sind die Zahlenwerte von 0 bis 7 abzählbar. Für die gestellte Aufgabe ist zuerst die Wahrheitstafel aufzustellen. Das Vorgehen wird stark formalisiert. Im ersten Schritt werden die Zustandsübergänge in die Tafel eingetragen (Bild 4.57). Diese Übergänge entsprechen dem gewünschten Zählerwert, also S2→S3, S3→S5, S5→S7 und S7→S2. Der Startwert des Übergangs, z. B. S2 beim Übergang nach S3, ist der Ausgangszustand des Zählers im Zustand S2 und damit der Eingangsvektor $\overrightarrow{I_n}$ für das Schaltnetz zur Erzeugung des Zustands S3. Dieser

[51] Das Blöde (Entschuldigung) ist halt nur, dass man das erst einmal erkennen muss. Für mich besteht die Schwierigkeit immer mehr darin, mich in die anfangs vorhandenen „Uneinsichtigkeit“ der Studenten hineinzuversetzen. Ist das Ganze erst einmal verinnerlicht, möchte man ständig und immer lauter: „Das sieht man doch!“, anstelle einer vernünftigen Erklärung rufen. In schwachen Momenten geben dies sogar diejenigen Studenten zu, die es begriffen haben.

Zusammenhang zwischen Startzustand und Zielwert ist extrem wichtig, dies muss man durch intensives Überdenken verinnerlichen.

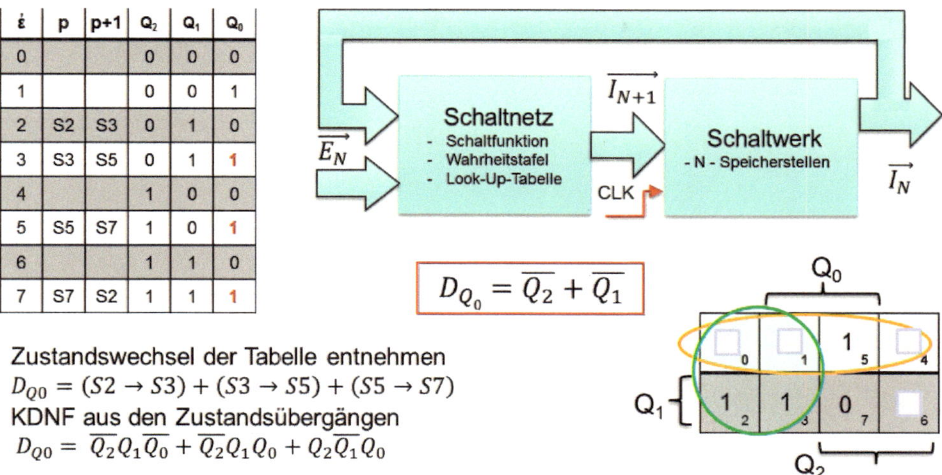

ε	p	p+1	Q_2	Q_1	Q_0
0			0	0	0
1			0	0	1
2	S2	S3	0	1	0
3	S3	S5	0	1	1
4			1	0	0
5	S5	S7	1	0	1
6			1	1	0
7	S7	S2	1	1	1

Bild 4.57 Zustandsautomaten nach G. H. Mealy (alle Blöcke) und E. F. Moore (markierter Teil)

Dieser Wert, wieder für S2, ist in der Position ε = 2 genau 010_B. An den Ausgängen Q_0 bis Q_2, Position ε = 2 nach dem Takt, liegt dann der Wert 011_B an.

Für alle Eingänge D_{Q0} bis D_{Q2} sind nun die Eingangsdaten zu bestimmen. Aus der Wahrheitstafel wird beim Übergang S2→S3 für die Leitung D_0 eine logische „1“ benötigt, die logische „0“ ist uninteressant.[52]

Die anderen relevanten Übergänge sind in der Tafel in Bild 4.57 farbig markiert. Die KDNF wird nun einfach abgelesen. In Bild 4.58 sind die Resultate der beiden fehlenden Eingänge dargestellt.

Der beste Weg, mit diesem Verfahren richtig klarzukommen, ist das schrittweise Nachvollziehen der angegebenen Schritte. Man ist ebenfalls gut beraten, die Resultate mit dem Simulationsprogramm Logisim[53] zu prüfen.

[52] Natürlich ist eine NULL nie uninteressant, aber der Eingang D kann nur zwei Werte einnehmen. Liegt keine „1“ an, ist eine „0“ anhängend. Wir brauchen uns nur um einen dieser Fälle zu kümmern, der andere tritt automatisch ein.

[53] Wahrscheinlich finden Sie mein ständiges Genörgel, nun endlich das Simulationsprogramm zu nutzen, nervig. Tut mir leid, wenn's denn so sein sollte. Indes, im Gespräch bei der Klausureinsicht eines mehrfach durch die Prüfung gefallenen Studenten ergab sich, dass der Betroffene noch nie mit diesem Werkzeug gearbeitet hatte. An solcher Stelle breche ich das Gespräch dann ab. Eine derartige Ignoranz meinen Bitten gegenüber, übersteigt meine persönliche Leidensfähigkeit. Deshalb nun zum letzten Mal: Nutzen Sie geeignete Hilfsmittel zum Abklären Ihres Wissensstandes. Auch die Frage nach Übungsaufgaben lässt meinen Blutdruck ungeahnt in die Höhe schnellen. Was ist denn so schwierig daran, sich eine Aufgabe zum Abzählen von Zahlenwerten selbst zu stellen?

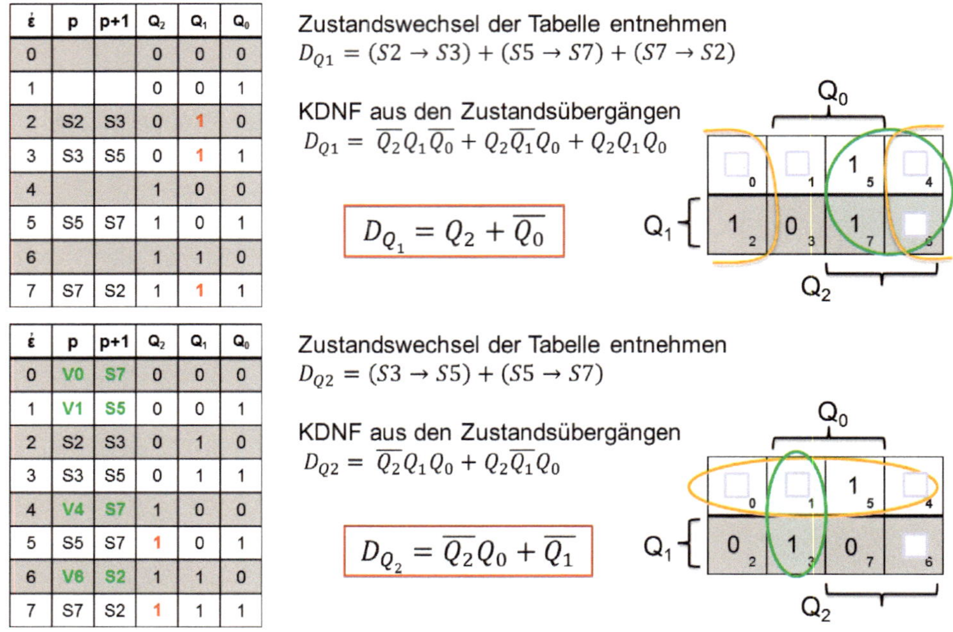

ε	p	p+1	Q_2	Q_1	Q_0
0			0	0	0
1			0	0	1
2	S2	S3	0	1	0
3	S3	S5	0	1	1
4			1	0	0
5	S5	S7	1	0	1
6			1	1	0
7	S7	S2	1	1	1

ε	p	p+1	Q_2	Q_1	Q_0
0	V0	S7	0	0	0
1	V1	S5	0	0	1
2	S2	S3	0	1	0
3	S3	S5	0	1	1
4	V4	S7	1	0	0
5	S5	S7	1	0	1
6	V6	S2	1	1	0
7	S7	S2	1	1	1

Bild 4.58 Bestimmung der Schaltfunktionen für die Eingänge D_{Q1} und D_{Q2}

In der unteren Wahrheitstafel nach Bild 4.58 sind zusätzlich besondere Übergänge der Form V0→S7, V1→S5, V4→S7 und V6→S2 eingetragen. Wo kommen diese Einträge her? Der Zähler besitzt acht mögliche Ausgangswerte. Von diesen acht werden im Beispiel nur vier Werte verwendet. Deswegen steht die Frage im Raum, was geschieht, wenn der Zähler einen der verbotenen Zustände einnimmt? Das kann man natürlich ausrechnen, am schnellsten geht es mit dem manuellen Setzen des Zählers auf die verbotenen Zustände im Simulator und dem Prüfen der Reaktion.

Zur Bestimmung der verbotenen Zustände werden die Startwerte, z.B. 000_B, in Schaltfunktionen eingesetzt, und das Ergebnis ist dann der Zielzustand. Diese Untersuchung ist zwingend nötig, denn es kann vorkommen, dass sich nebenläufige, aber stabile Übergangszustände ergeben. Will man derlei unerwünschte Zustände ausschließen, so müssen die „verbotenen" Übergänge definiert und in die Berechnung der Schaltfunktionen einbezogen werden.

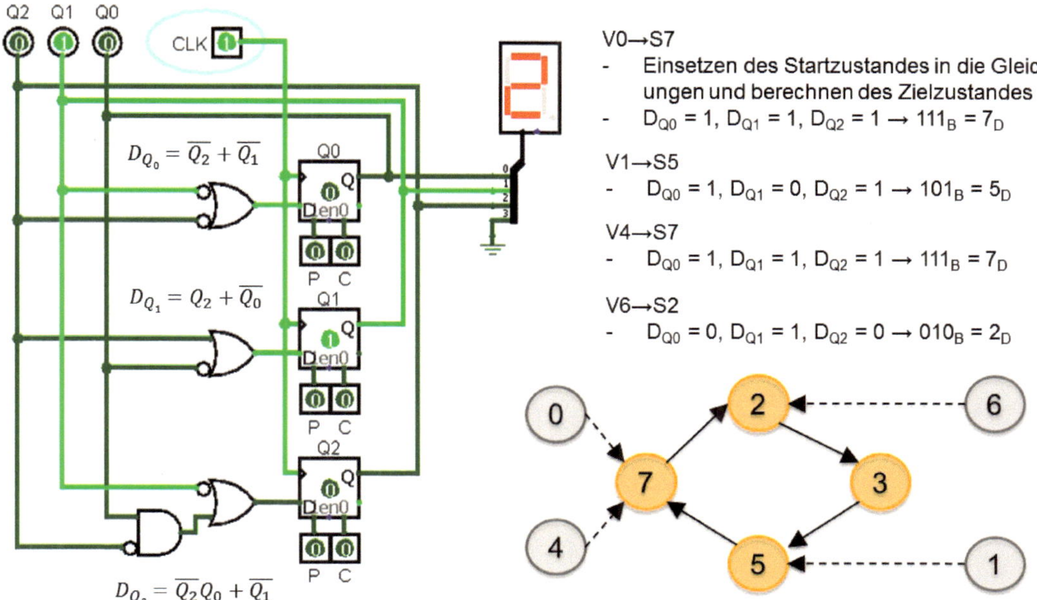

Bild 4.59 Stromlaufplan des 3-Bit-Primzahlen-Zählers mit Schaltfunktionen und der Berechnung der verbotenen Zustände (unten rechts das Zustandsdiagramm des Zählvorganges)

4.9.5 Sonderfunktionen

Die Zahlentheorie hat in den letzten Jahren verstärkt Eingang in die digitale Schaltungstechnik und die Rechentechnik gefunden. Schwerpunkt in diesem Bereich ist die Fragestellung nach geschützter Kommunikation. Vertrauliche Daten über offene Kanäle übermitteln, die sichere Authentifizierung von Personen oder von Geräten und die Prüfung der Datenintegrität von Informationen, das sind alles Schlagwörter, die schnell komplexe Algorithmen und Supercomputer (siehe [36] und [37]) insistieren. Primzahlenzerlegung, Geheimtexte erzeugen, Verschlüsselungen und Geheimdienste – „Spione aller Länder, vereinigt euch!“[54]

Geht es nicht auch eine Nummer kleiner? Kann man mit einfachen Schaltungen zufällige Zahlenwerte erzeugen, und wenn ja, wie nutzt man das zur Verschlüsselung von Daten? Zwei sehr gute Publikationen, ein Buch [38] und die Webseite [39] des Autors dazu, seien zu diesem Thema empfohlen.

[54] Die Aluhut-Fraktion ist ja eh der Meinung, wir werden entweder von der NSA, den Battenbergern (wer auch immer das sei) oder zumindest von den Aliens ausgeforscht und für die komplette Unterwerfung vorbereitet. Tatsache ist jedoch, dass vertrauliche Informationen und deren Übertragung zu allen Zeiten in der Geschichte „Herrschaftswissen“ darstellt, in das man sich ungern einsehen lässt. Umso unverständlich ist die Blauäugigkeit mancher Zeitgenossen im Umgang mit persönlichen Daten. Jeder Schei ... landet im Internet, jede Lebensäußerung wird breit gestreut, meine Entgleisungen in der Bierstube, oder vielmehr danach, bleiben dem Vergessen vergangener Zeiten vorbehalten.

Das Erzeugen von Zufallszahlen stellt tatsächlich ein großes Problem dar. Besäße man eine Folge zufälliger binärer Zahlen, könnte man damit eine gleich große Anzahl von Binärdaten zuverlässig verschlüsseln. Nur der Empfänger mit der identischen Zufallsfolge, auch als One-Time-Pad bezeichnet, wäre in der Lage, den Klartext wiederherzustellen. Diese einzig sicher beweisbare kryptografische Methode hat jedoch zwei unscheinbare Eigenheiten. Die Zufallsfolge muss den gleichen Stellenumfang wie die zu verschlüsselnde Nachricht besitzen, und eine Zufallsfolge darf nur ein einziges Mal eingesetzt werden.

Diese Nachteile sehen auf den ersten Blick wie lösbare Probleme aus, sie sind aber der Punkt, warum das Verfahren in der allgemeinen Praxis unbrauchbar ist. Botschaften können zum einen sehr schnell große Datenmengen umfassen, damit ist die Erzeugung riesiger Zufallszahlenwürmer nicht einfach. Zum anderen muss die Zufallszahl auf sichere Art und Weise zum Empfänger gelangen. Soweit bekannt, wird das One-Time-Pad höchstwahrscheinlich nur für geheimdienstlichen Datenaustausch von Regierungsbehörden verwendet.

Für weniger wichtige Verschlüsselungen ist die Frage des Aufwands und der dafür notwendigen Zeit ein gewichtiges Argument für „schwächere“ Kodierungen. Eine Möglichkeit, „Pseudozufallszahlen“ zu erzeugen, besteht in der Rückkopplung von Schieberegistern.

Die in Bild 4.59 gezeigte Schaltung erzeugt eine Pseudozufallszahl mit der Periode $L = 2^7 - 1 = 127\,Bit$. Pro Takt wird der Startwert der Register um eine Position nach rechts verschoben. Über die XOR-Gatter wird am ersten Eingang des Schieberegisters eine neue Variable generiert. Die Resultate der Zufallszahlen sind im Terminalfenster bzw. in der Logiktabelle rechts in Bild 4.59 zu sehen.

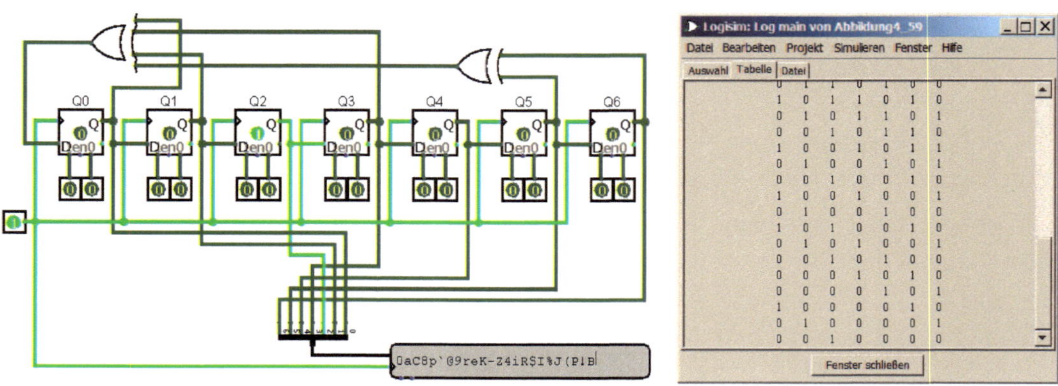

Bild 4.60 LFSR (linear-feedback shiftregister) auf der Basis von D-Flip-Flops mit zwei XOR-Gattern im Rückkopplungszweig

Nach Ablauf der Periode wiederholt sich die binäre Zufallszahl. Mit lediglich 127 Binärstellen sind natürlich keine umfangreichen Datenpakete zu verschlüsseln, aber in einer Reihe technischer Anwendungen ist das auch nicht erforderlich. Viel wichtiger sind die schnelle Verfügbarkeit einer Kodesequenz und die schnelle Modifikation der Pseudozufallsfolge. Ohne die Hardware zu ändern, wird eine neue Sequenz durch eine andere Startbit-Programmierung erzeugt. Für längere Pseudofolgen kann man auch die Anzahl der Speicherstellen im Schieberegister erhöhen.

Anhand einer Testschaltung wird das Prinzip im Detail erläutert. Zwei LFSRs bilden den Pseudozufallszahlen-Generator. Auf der Senderseite wird die zu übertragende Botschaft in einen seriellen Speicher geladen. Damit die Funktion einsichtig wird, werden vier BCD-Zahlen mit mehreren 7-Segment-Anzeigen dargestellt. Links in Bild 4.61 sehen Sie die Sendebotschaft, in der Mitte die übermittelte Botschaft und rechts die decodierten empfangenen Ziffern.

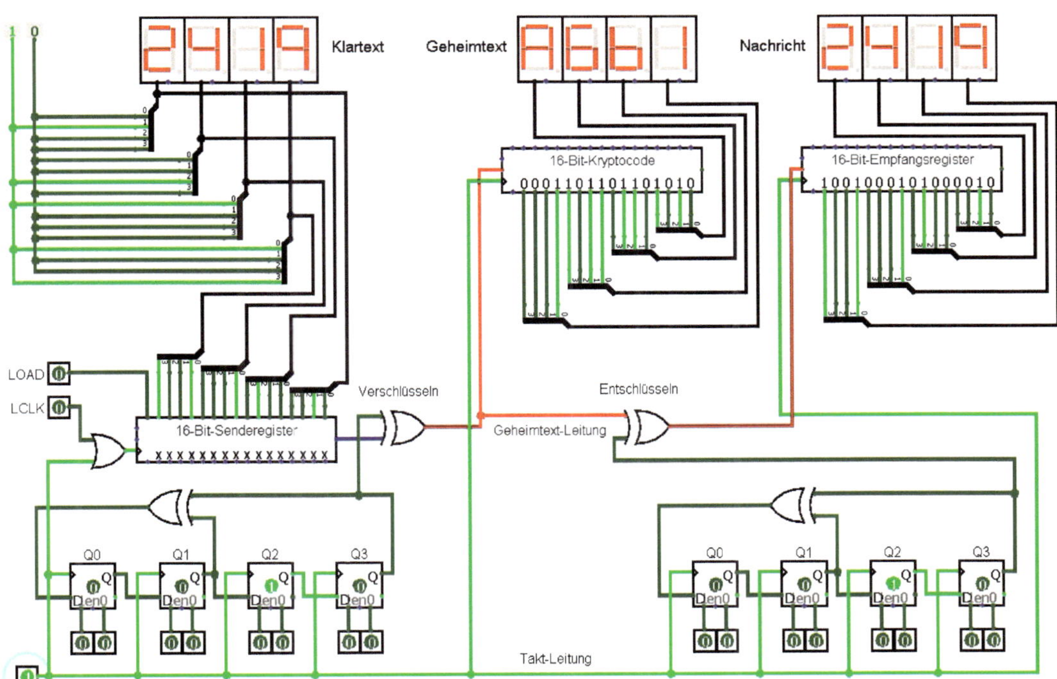

Bild 4.61 Einfaches Experimentalsystem zur Übertragung verschlüsselter Nachrichten

Zwischen Sender und Empfänger sind nur Takt- und Datenleitung (Geheimtext-Leitung) zum Informationsaustausch notwendig. Zu Beginn einer Übertragung werden beide LFSRs mit dem gleichen Startwert voreingestellt. Dieser Wert ist frei wählbar und muss Sender und Empfänger bekannt sein. Mit dem LOAD-Signal und einer LCLK-Flanke wird das Senderegister mit der Zahl 2419[55] geladen. Nun kann man mit dem Schiebetakt den Inhalt des Senderegisters bitweise „ausschieben". Jedes Sende-Bit wird mit einem XOR verknüpft. Der Geheimtext wird zum Test im mittleren Display angezeigt. Auf der Empfangsseite wird die Verschlüsselung durch erneutes Verknüpfen mit einem XOR entfernt und die Nachricht im rechten Display zur Anzeige gebracht. Damit ist eine einfache Datenverschlüsselung mit Logisim realisiert worden.

[55] Im Jahr 2419 wurde Buck Rogers durch einen Unfall in radioaktive Stasis versetzt. Das ist ziemlich schlimm. Es dauert dann ungefähr 500 Jahre, bevor er Erin Gray kennenlernen konnte. Doch das Warten hat sich gelohnt (für Details siehe [82]).

5 Hardware eingebetteter Systeme

Mikrorechner in vielerlei Ausprägungen umgeben das moderne Leben. Bereits wenn der Wecker klingelt, setzt sich in vielen Haushalten das erste elektronische Helferlein in Gang. Beim Griff nach der elektrischen Zahnbürste springt der nächste Mikroprozessor an. Über die restlichen elektronischen Gadgets soll kein weiteres Wort verloren werden – es sind Dutzende.

Mikrocontroller, eine Sonderform des Mikroprozessors, bestimmen unseren Alltag. Deren Funktion zu erkennen, den inneren Aufbau zu verstehen und damit diese Technik beherrschen zu lernen, stellt sich dieses Kapitel zur Aufgabe. Im Laufe der letzten Jahre sind die Leistungen von Mikrocontrollern, kurz MCUs (microcontroller units), in unglaubliche Größenordnungen vorgedrungen, bei gleichzeitig stark fallenden Kosten.

Stichwörter zur Einschätzung dieser Technik sind Busbreite und Taktfrequenz. Unter der Busbreite wird die Datenwortlänge, mit der die CPU (central processing unit) der MCU arbeitet, verstanden. Bis zur Jahrtausendwende waren die sogenannten 8-Bit-CPUs die am häufigsten eingesetzten MCUs. Die seinerzeit sehr stark promoteten 16-Bit-Maschinen konnten sich nicht wirklich durchsetzen. Derzeit (2020) sind 32-Bit-Rechner mit der ARM-Architektur stark verbreitet.

Das Faszinierende bei dieser Architektur ist der historische Kontext. Ursprünglich waren diese Prozessoren als Nachfolger für den Einsatz im Heimcomputer der 1980er-Jahre entwickelt worden. Die damaligen Entwickler wollten einen Leistungssprung und entschieden sich für zwei, damals als durchaus gewagt zu bezeichnende, Schritte. Erstens entwarfen sie, anstelle einer evolutionären Weiterentwicklung der existierenden 8-Bit-CPUs, gleich eine 32-Bit-RISC-Maschine. Der zweite Schritt war dann revolutionär. Sie verzichteten auf eine eigene Fertigung des Siliziumchips und lizenzierten lediglich ihr Design. Dieses Vorgehen wurde seinerzeit als geradezu abenteuerlich angesehen. Kaum jemand glaubte an den Erfolg dieses Unterfangens. Tatsächlich dauerte es bis nach der Jahrtausendwende, bis diese Idee so richtig Früchte trug. Dafür sind die Ergebnisse aber umso beeindruckender. An ARM-Prozessoren und an ARM Cortex M3/4 MCUs ist praktisch kein Vorbeikommen mehr – die Bereitstellung von Intellectual Property war also ein voller Erfolg.

Bild 5.1 Flugmodell ausgerüstet mit einem 32-Bit-ARM7TDMI-Mikrocontroller

Die ARM-CPU basierte auf einem minimalistischen RISC-Befehlssatz (reduced instruction set computer, RISC). Die Anzahl der implementierten Maschinenbefehle wurde im Gegensatz zu einigen anderen Lösungen anderer Marktteilnehmer drastisch reduziert. Damit wurde der Aufbau der CPU vergleichsweise einfach und benötigte deutlich weniger Logik als andere Bausteine. Komplexe Operationen mussten deswegen aus einer Abfolge von Assembleranweisungen programmiert werden. Das freute nicht unbedingt alle Anwender. Die Konkurrenz versuchte mit CISC-Prozessoren (complex instruction set computer, CISC) den missliebigen Spinnern aus Großbritannien das Wasser abzugraben. Infolge des einfachen Designs konnte die ARM-RISC-CPU jedoch deutlich schneller getaktet werden. Ein erbitterter Kampf um Marktanteile entbrannte.

Bild 5.2 Collage aus Bordcomputer, Bildübertragung der Bordkamera und Einbau des Systems im Rumpf des Flugmodells[1]

[1] Mein erster Kontakt mit dem ARM7TDMI erfolgte im Zusammenhang mit einem Wettbewerb des US-Magazins „Circuit Cellar“ im Oktober 2005. Bild 5.1 und Bild 5.2 zeigen die Ergebnisse.

Warum gerade die ARM-Architektur derart an Einfluss gewinnen konnte, ist nicht so recht klar. Mit Sicherheit gibt es dafür mehrere Gründe. Die Industrie tat sich am Anfang recht schwer, den Nutzen dieser Rechenzwerge zu erkennen. Das Einsatzgebiet der ersten Mikrocontroller waren demzufolge eher einfache Anwendungen, z. B. Tastaturabfragen in Keyboards für PCs, Kassenterminals (point of sale, POS) oder Ähnliches. Als die Automobilindustrie Motorsteuergeräte, Bremsassistenten, elektronische Armaturenbretter etc. - also kurz Bordcomputer im großen Stil - einsetzte, wurden die Helferlein dann richtig populär.

Doch zum Anzeigen von Geschwindigkeit, Drehzahl und Öltemperatur reichen 8-Bit-MCUs völlig aus.[2] Als jedoch plötzlich Grafikanzeigen erst preiswert und dann weit verbreitet wurden, benötigte man auf einmal Speicher, Speicher, Speicher und Rechenleistung ohne Ende. Die unterschiedlichen Lizenznehmer der ARM-CPUs versuchten deswegen, mit der ARM7TDMI-Familie Anfang der Nullerjahre in den lukrativen Markt der eingebetteten Systeme einzusteigen. Der Erfolg war zunächst mäßig. Die Kombination einer leistungsfähigen CPU mit einem höchst mittelmäßigen Interrupt-Controller konnte, insbesondere bei den harten Echtzeitanforderungen eingebetteter Systeme, nur schwer punkten.

Bild 5.3 Testaufbau eines Steuersystems zur Ankopplung an den Modellflugsimulator Reflex™: Das Steuersystem nutzt einen ARM9 zur Grafikbearbeitung und Animation von Drahtgitter-Modellen[3]. Es sind zwei Screenshots des TFT-Displays in das Bild montiert.

[2] Aus sicherer Quelle ist bekannt, dass die Anzeigen des Dashboards eines Porsche Boxster mit einer modifizierten 6502-CPU kontrolliert werden. Für die Nerds unter Ihnen - der C64 lässt grüßen!

[3] Mit der Problematik der Flugsteuerungen bzw. -regelungen werden wir uns noch des Öfteren in diesem Buch auseinandersetzen.

Mit der Einführung der Cortex M3/4-Familien wurde dieses Manko behoben. Seitdem erobert die ARM-Architektur eine Bastion nach der anderen im Wettlauf der Systeme. Um hier eine fundierte Einsatzentscheidung treffen zu können, ist die Kenntnis der grundsätzlichen Funktionsweise eines Mikrocontrollers unabdingbar. In den folgenden Abschnitten werden die Grundlagen des Aufbaus von MCUs beschrieben. Infolge der Vielfalt der am Markt erhältlichen Mikrocontrollerfamilien werden manche Funktionen hin und wieder stark vereinfacht vorgestellt. An anderen Stellen wird aber auch konkret auf bestimmte Typen verwiesen.

5.1 Mikrocontroller vs. Mikroprozessor

Der Durchbruch der Digitalrechner ist eng mit dem Aufkommen des ersten vollständig auf einem Siliziumchip integrierten Prozessors verbunden. Die dazu notwendige technologische Entwicklung ist stark mit der Firma Intel verknüpft. In [40] sind dazu ausführliche Informationen zu finden. Der Kniff an der Sache ist die Integration der gesamten Recheneinheit in einem einzigen IC. Die Anforderungen an die Herstellungsprozesse sind enorm. Die Frage, wie viele Logikfunktionen mit welchem Flächenverbrauch auf dem Chip platziert werden können, bestimmt maßgeblich den kommerziellen Erfolg. Eine Zeit lang war Intel diesbezüglich nahezu unangefochten führend (Bild 5.4).

Bild 5.4 Intel-Testsystem MCS-85 aus den 1980er-Jahren mit Prozessor (Mitte), Tastatur, 7-Segment-Anzeige, Peripherie und Erweiterungsfeldern

Der Prozessor allein ist aber nutzlos ohne ein gewisses Maß an Peripherie, als da sind Stromversorgung, Takterzeugung, Speicher und Kommunikationsschnittstellen. Diese bilden in der herkömmlichen Bauweise eines Desktop-PC das Motherboard. Dem Prozessorbauer kann das Design eines speziellen Motherboards streng genommen gleichgültig sein, ihn interessiert nur die CPU selbst.

Damit die Ingenieure und Softwareentwickler arbeiten können, werden neben fertigen Prozessoren auch sogenannte SDKs (software development kit, SDK) angeboten. In vielen Fällen gibt es sie in Form eines „Einplatinencomputers".[4] Recht schnell stellte sich heraus, dass man mit den Einplatinenrechnern viele nützliche Dinge tun konnte. Intel brachte dann 1976 mit dem MCS-48 einen 8-Bit-Rechner heraus. Darin waren CPU, Speicher, Timer, Ports und ein Interrupt-Controller in einem IC vereinigt. Obendrein konnte der Speicher unter einer UV-Lampe gelöscht und damit mehrfach beschrieben werden. Der Mikrocontroller war geboren.

5.2 CPU

Die CPU (central processing unit) bildet den Kern eines jedes Mikrocontrollers. Ihre Eigenschaften bestimmen die Leistung des Bausteins. Zum Verständnis des Funktionsprinzips ist zunächst der Befehlszyklus einer CPU von Interesse. Das Steuerwerk einer CPU „versteht" nur Maschinenbefehle, oft auch als Op-Code oder Assemblerkommando bezeichnet. Die Liste aufeinanderfolgender Op-Codes ist das Programm des Mikrocontrollers. Diese Liste ist im ROM (read-only memory) abgelegt (dazu später mehr).

Jeder (!) Befehlsablauf-Zyklus eines Prozessors erfolgt nach dem Schema in Bild 5.5. Der Programmzähler (PC) adressiert ein besonderes Register im Registerfile der CPU, d. h., er zeigt auf den auszuführenden Befehl. Dieser Befehl bzw. richtigerweise sein entsprechendes Bitmuster wird geladen und decodiert. Gleichzeitig wird der PC inkrementiert. Im Ergebnis der Decodierung des Befehls im Steuerwerk der CPU wird erkannt, ob ein Operand nötig ist. Falls ja, wird dieser eingelesen, ins Operationswerk der CPU transferiert und anschließend der PC wiederum inkrementiert. Damit ist ein Befehlszyklus abgeschlossen, und der nächste Befehl wird ausgeführt. Die Resultate der Berechnungen werden im Flag-Register (xPSR – Prozessorstatus-Register) gespeichert. Die allgemein nutzbaren Register R0 bis R15 befinden sich im Operationswerk der CPU und sind nicht Bestandteil des

[4] Der ostdeutsche Student träumte nicht von einem MCS-85, sondern von einem LC-80 [94]. Der LC-80 war ein Entwicklungssystem auf der Basis des Z80-Derivats U880. Das Gerät kostete damals um die 990 Mark. Der Student (ohne verlängerten Wehrdienst) erhielt 200 Mark Stipendium (mit zusätzlich 100 Mark von den Eltern war auszukommen). Der BAföG-Höchstsatz 2020 beträgt 861 €. Auf heutige Preise umgerechnet hätte der LC-80 damit ca. 2500 € gekostet. Dafür bekommt man heutzutage beinahe einen gebrauchten Supercomputer.

Adressraums des Mikrocontrollers. Die Blockstruktur des Innenaufbaus einer CPU zeigt Bild 5.6.

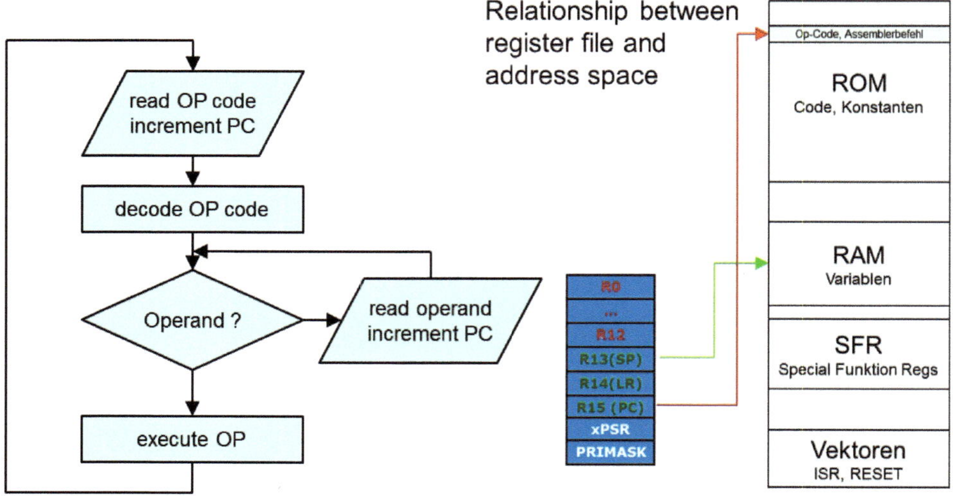

Bild 5.5 Befehlsablauf bei der Programmausführung von Op-Codes aus dem ROM

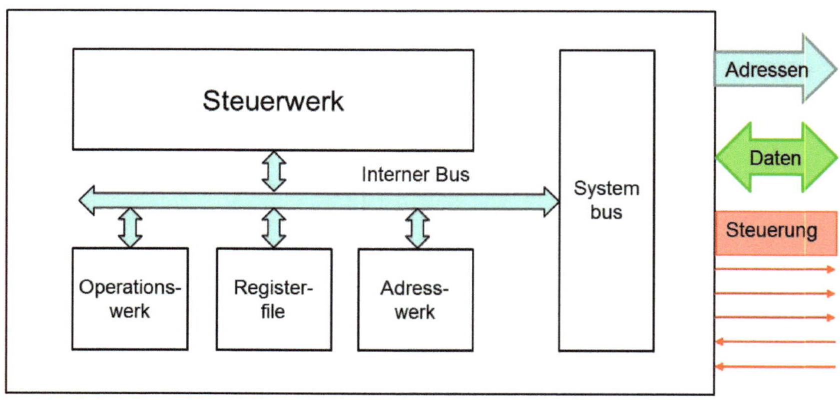

Bild 5.6 Innenaufbau einer CPU mit externem Interface zur Schaltung

Kein heutiger Programmierer erzeugt die Befehlsbitmuster noch manuell. Dazu dienen Compiler und Assembler. Im Beispiel in Bild 5.7 wird auf C-Code-Ebene das Bit 6 des Ausgangsports A gesetzt. Die Bezeichnung GPIO (general-purpose input/output register) verweist auf eine Speicherzelle, die mit der Außenwelt der MCU verbunden ist. Die C-Quellzeile wird in eine Abfolge von Op-Codes respektive Assemblerbefehlen umgewandelt. Mit `<mov.w r3>` wird z. B. die Zahl `0x48000000` in `r3` geladen. Das funktioniert wie beim Befehlsausführungszyklus beschrieben.

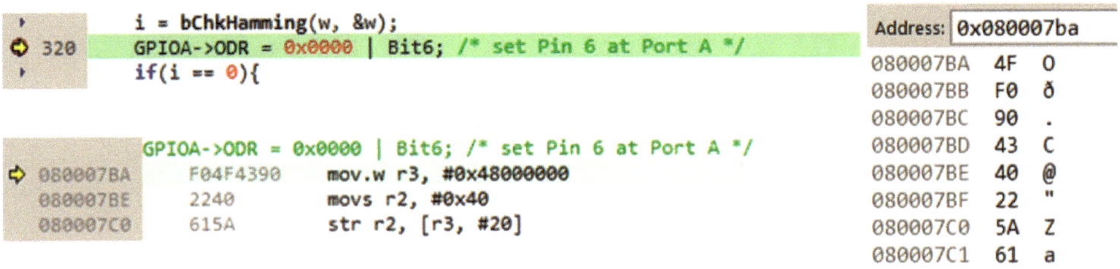

```
         i = bChkHamming(w, &w);
320      GPIOA->ODR = 0x0000 | Bit6; /* set Pin 6 at Port A */
         if(i == 0){

         GPIOA->ODR = 0x0000 | Bit6; /* set Pin 6 at Port A */
080007BA    F04F4390    mov.w r3, #0x48000000
080007BE    2240        movs r2, #0x40
080007C0    615A        str r2, [r3, #20]
```

```
Address: 0x080007ba
080007BA  4F  O
080007BB  F0  ð
080007BC  90  .
080007BD  43  C
080007BE  40  @
080007BF  22  "
080007C0  5A  Z
080007C1  61  a
```

Bild 5.7 Setzen von Bit 6 des Ausgangsports A einer ARM Cortex-M4-CPU

Anschließend wird der Wert `0x40` in das Register `r2` eingeschrieben. Diese Zahl repräsentiert `Bit 6` (→ `0x40`). Der letzte Assemblerbefehl schreibt `0x40` an die Adresse `0x48000000 + Offset 0x20`. Das ist das Ausgangsdatenregister von Port A (GPIOA). Das Bit 6 ist nun am Ausgangspin des Ports A der MCU gesetzt.

Dieses Verfahren wirkt auf den ersten Blick einigermaßen umständlich, doch auf den zweiten Blick ist es äußerst nützlich. Alle Programme beruhen letztlich darauf, dass Daten von einem Speicherbereich zu einem anderen kopiert, addiert, multipliziert, dividiert oder sonst wie in ihren Mustern geändert werden. Jeder Rechner, gleich ob PC, Supercomputer oder simpler Taschenrechner, arbeitet auf diese Weise. Das wirklich Verblüffende ist die Geschwindigkeit, mit der diese Aktionen erfolgen. Durch Pipelining erreicht der ARM Cortex-M3 eine Ausführungsgeschwindigkeit von einem Assemblerbefehl pro Taktzyklus. Bei 180 MHz Takt benötigt die CPU ca. 5.6 ns pro Befehl. Im Beispiel in Bild 5.7 ist der Portpin also nach ca. 16.7 ns gesetzt.

Das Licht hat eine Ausbreitungsgeschwindigkeit von 300 000 km/s, das sind ca. 30 cm pro Nanosekunde. Ein Lichtstrahl würde demnach lediglich rund fünf Meter zurückgelegt haben, wenn der Portsetz-Befehl fertig ist.

5.3 Speicherlayout und Speichertypen für MCUs

Einige Fachbegriffe sind in Abschnitt 5.2 ohne große Erläuterung aufgetaucht und bedürfen nun der Erklärung. Jeder Mikrocontroller verfügt über einen eingebauten Speicher. Dieser Speicher kann nichtflüchtig sein, d. h., der Speicherinhalt geht nach dem Abschalten der Stromversorgung nicht verloren (ROM), oder der Speicher ist flüchtig – der Inhalt ist nur bei eingeschalteter Versorgung aktiv (RAM).

Die tatsächlich verbaute Speichergröße muss nicht notwendigerweise die maximal mögliche Größe sein. In aller Regel ist der Speicher in mehr oder weniger große

Blöcke unterteilt. Das Speicherlayout unterteilt sich im ersten Schritt in ROM bzw. RAM, im zweiten Schritt sind RAM und ROM ihrerseits segmentiert.

In Bild 5.8 ist das Speicherlayout des STM32L432 zu sehen. Der maximal mögliche Speicher umfasst 2^{32} Adressen, das ist die Größe des PC (Programmzähler) und entspricht circa 4.29×10^9 Datenworten. Das sind für eingebettete Systeme auch heute noch unendliche Weiten. Zur besseren Handhabung wird der Speicher deswegen in acht Basisblöcke unterteilt, die jeweils ihrerseits in weitere kleinere Bereiche segmentiert sind. Die als „Reserved" gekennzeichneten Bereiche beinhalten keine Speicherzellen. Ein Zugriff darauf ist verboten. Sollte dies bei versehentlichen oder fehlerhaften Speichermanipulationen dennoch erfolgen, springt der Prozessor in einen Ausnahmefehler (hard fault exception).

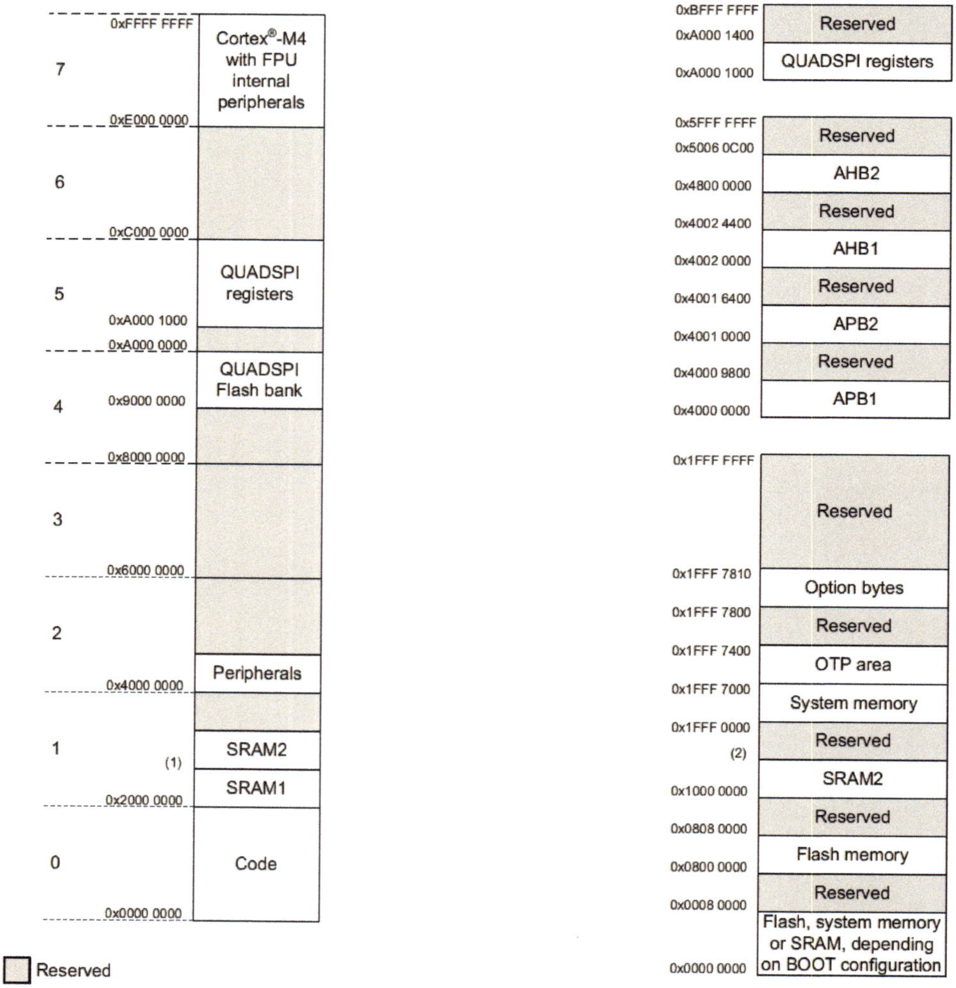

Bild 5.8 Speicherlayout des STM32L432 – ein ARM Cortex-M4-Derivat [41]

In den ROM-Bereichen (read-only memory, ROM) stehen diejenigen Informationen, die unmittelbar nach dem Zuschalten der Versorgungsspannung und dem Anlauf der Taktversorgung bereitstehen müssen. Dies ist im Minimum eine Start-up-Routine zur Initialisierung der wichtigsten Peripheriemodule der MCU. In aller Regel ist auch das Programm, vielfach auch als Firmware bezeichnet, in diesen Segmenten abgelegt.

Nach dem Einschalten muss der PC (program counter, PC) mit einem Initialwert beschrieben werden. Der Fachterminus dazu lautet: Eintragen des RESET-Vektors in den PC. Bei ganz einfachen MCUs ist dies ein fester Zahlenwert, oft entweder die niedrigste oder die höchste Speicherstelle innerhalb des Adressraums. Auf diesem festen Speicherplatz muss dann der erste auszuführende Op-Code stehen.

Im praktischen Einsatz ergeben sich damit unhandliche Einschränkungen. Der wesentlichste Nachteil ist die damit für alle MCUs dieser Serie verbindliche feste Programmstartadresse. Die Hersteller wollen aber möglichst viele Kundenanforderungen bezüglich des Speicherausbaus abdecken, ohne jedes Mal die CPU des Mikrocontrollers ändern zu müssen. Der Begriff des Vektors wird deswegen erweitert. Der Vektor in der Fachsprache der Prozessorarchitektur ist nun ein Speicherplatz innerhalb des Adressraums, auf dem der Zeiger auf eine Speicheradresse hinterlegt wird.

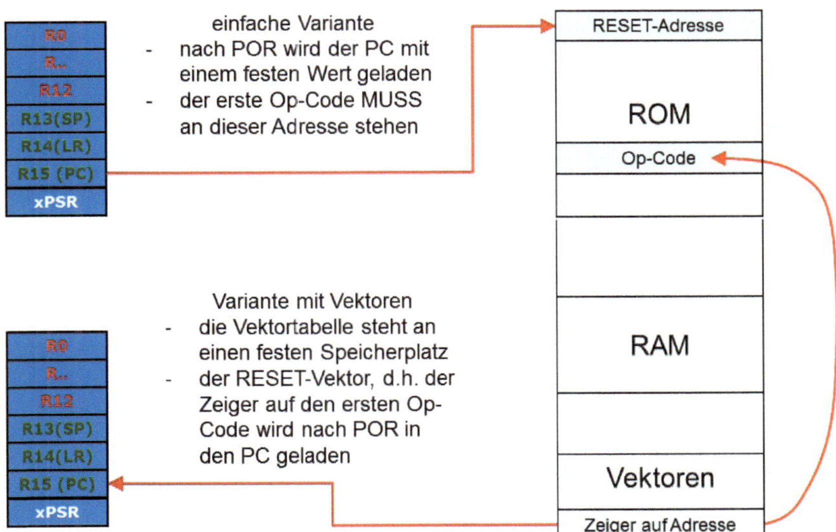

Bild 5.9 Initialisierung des Programmzählers mit Festwert bzw. Adressvektor

Im Speicherraum der MCU wird der Platz für eine Vektortabelle reserviert. Die Inhalte der Vektoren, d.h. die Zeiger auf die jeweiligen Adressen, entstehen, wenn der Linker den relocativen (verschiebbaren) Programmcode auf feste Adressen ablegt. Der nun fertige Programmcode wird mit einem Programmieradapter in den Speicher geladen, und nach dem POR (power-on reset, POR) wird der PC mit der Adresse des ersten Op-Codes geladen. Bei Softwareänderungen verschiebt sich unter Umständen diese Adresse, doch das spielt keine Rolle, da nach dem „Neukompilieren“ und Linken der Firmware die Vektortabelle aktualisiert wird.

Neben fest platzierten Vektortabellen erlauben leistungsfähige Implementierungen (die ARM Cortex-M3/4-Architektur gehört dazu) verschiebbare Vektortabellen. Dies ist gelegentlich sehr nützlich, um unterschiedlichen Tasks jeweils eigene Vektortabellen zuzuweisen. Dazu wird die Vektorbasisadresse in den RAM „verbogen“, und jede Anwendung hat dann eine exklusive Tabelle. Diese Manipulationen müssen jedoch sehr sorgfältig geplant werden, da in den Vektoren auch die Startadressen der Interrupts enthalten sind. Baut man hier Unsinn, ist die Software schneller abgeschossen, als einem lieb sein kann (Näheres dazu auch in Abschnitt 5.6).

5.3.1 Programmspeicher (ROM)

Bislang wurde die Funktion eines Speichers innerhalb einer MCU implizit als bekannt vorausgesetzt. Bevor die unterschiedlichen Typen in ihren Grundfunktionen erläutert werden, erfolgt deswegen eine Präzisierung des Speicherbegriffs. Aus der Sicht der CPU ist der Speicher als eine Liste von adressierbaren Speicherplätzen anzusehen. Jeder Adresse ist genau ein Datum[5] im Adressraum zugeordnet. Die Größe des Adressraums wird vom Programmzähler PC bestimmt. Die meisten CPUs arbeiten mit einem linearen Adressraum. Linear bedeutet in diesem Zusammenhang, der PC benötigt keine zusätzlichen Register, um auf jeden Speicherplatz zugreifen zu können.

Davon abweichend existieren einige Prozessortypen, die zum PC ein oder mehrere Register aufweisen, mit denen der Adressraum segmentiert wird. Das Paradebeispiel ist die Intel-i86-Architektur. Der ursprünglich implementierte PC war nur 20 Bit breit. Damit kann man „nur“ ein Megabyte Speicher adressieren.[6] Nur mithilfe mehr oder weniger exotischer Kunstgriffe wurde diese Grenze überwunden.

[5] Die Einzahl des Wortes Daten ist das Datum. Dies erscheint ungewohnt, da im Umgangssprachlichen mit Datum meist der Tag innerhalb des Jahres gemeint ist.

[6] Die aus heutiger Sicht völlig „verpfuschte“ i86-CPU war seinerzeit einfach ein Kompromiss. Kein Anwender konnte sich den späteren Speicherhunger von Rechnersystemen vorstellen. „Kein Mensch braucht mehr als 64 KByte“, so lautete damals eine geflügelte Redensart. „Und mehr als 16 Farben auch nicht“, möchte ich hinzufügen. Mein erster beruflich (private Verwendung solch kostbarer Hardware war völlig undenkbar) genutzter 386SX25 - eine kastrierte Kiste mit 16-Bit externem Datenbus und lausigen 25 MHz Taktfrequenz - besaß eine 20 Mbyte-Festplatte. Das Manuskript dieses Buches erfordert mehr als zehnmal so viel Speicherplatz. Zur Sicherheit kopiere ich jeden Abend den Stand unter anderem auf einen Stick mit 4 GByte (tolles Werbegeschenk von ... halt, die Firma muss erst 20 Exemplare des Buches kaufen, bevor die Werbeeinblendung erfolgt). Die Festplatte besitze ich heute noch, sie kostete seinerzeit mehr als 1000 DM, der Stick mit 200-facher Kapazität ist ein Geschenk.

Aus heutiger Sicht sind die seinerzeitigen Kompromisse schwer nachvollziehbar, aber die Technologie zur Integration extrem leistungsfähiger Prozessoren steckte noch in den Kinderschuhen.

Im einfachsten Fall ist ein integrierter Speicherbaustein als Anordnung von Speicherzellen in einer Matrix anzusehen. Die Anordnung in N Spalten und M Zeilen ermöglicht eine effektive Adressierung jedes Speicherplatzes mit einer binären Adresse. Innerhalb der Speicherschaltung wird diese Adresse mit Spalten-/Zeilendecodern auf Einzelbit-Niveau heruntergebrochen.

In Bild 5.10 wird dies beispielhaft anhand des Aufbaus eines Ferritkernspeichers dargestellt. Die Speicherinformation ist in ferromagnetischen Ringkernen (graue Rechtecke) enthalten. Über Vorwahldrähte $n_0 \dots n_3$ und $m_0 \dots m_3$ wird die zu lesende bzw. schreibende Speicherstelle ausgewählt. Der Strom durch die Vorwahlleitungen ist nicht groß genug um die Magnetisierungsrichtung zu wechseln. Erst wenn die Select-Leitung hinzugeschaltet wird, erscheint am Sense-Kanal ein Spannungsimpuls. Die Polarität signalisiert den Speicherinhalt „0“ oder „1“. Nach dem Lesen hat der Speicher seine Magnetisierung geändert. Soll der ursprüngliche Inhalt wieder „hinein“, muss dies aktiv in einer zweiten Operation erfolgen.

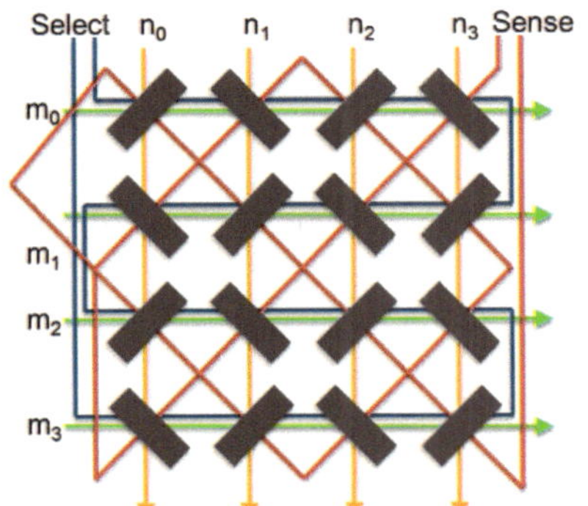

Bild 5.10 Funktionsprinzip eines Ferritkernspeichers mit Spalten- und Zeilenselektion sowie Lese- und Freigabedrähten; rechts im Bild ein Demonstrationsmuster in moderner Schaltungstechnik (Foto mit freundlicher Genehmigung von Jussi Kilpeläinen)

Ferritkernspeicher werden nicht mehr eingesetzt, die Technologie ist veraltet und längst durch moderne Halbleiterverfahren[7] ersetzt, die Funktionsweise über Spal-

[7] Wahrscheinlich die wenigsten wissen, dass die Basis für den Welterfolg der Firma Intel nicht deren Prozessoren, sondern die Herstellung von Halbleiterspeichern war. Lange Zeit wurde vom Management die Herstellung von Prozessoren als eher teures Hobby angesehen, während mit den 64-Bit-Speicher-IC(!) vom Typ 3101 Geld verdient wurde. Speicherbausteine sind technologisch „einfacher“ aufgebaut und deswegen sehr gut geeignet, den Herstellungsprozess zu optimieren, um damit später hohe Ausbeuten, d. h. den Anteil funktionierender ICs pro Wafer auch bei anspruchsvollen Bauteilen, zu erzielen.

ten- und Zeilenauswahl wird aber nach wie vor in allen Speichertypen so verwendet.

Der in Bild 5.10 dargestellte Speicher entspricht der Organisation 16 × 1 Bit. Die praktisch eingesetzten Speicherbausteine werden in der Regel in Vielfachen von einem Bit organisiert. Die implementierte Speicherbreite entspricht dabei der Busbreite der verwendeten CPU.

ROM, PROM, EPROM und Flash-Speicher

Der historisch älteste Halbleiterspeicher ist der ROM (read-only memory). Dieser Speichertyp enthält konstante Informationen, in der Regel das Programm - die Firmware - des Rechners. Dieser Typ des Nur-Lese-Speichers benötigt keine Stromversorgung zum Datenerhalt. Nach dem Zuschalten der Betriebsspannung ist der Baustein sofort betriebsbereit, und auf die Informationen kann zugegriffen werden.

Anstelle des Ferritkerns befindet sich heute zwischen den Spalten- und Zeilenleitungen eine Halbleiterstruktur, z. B. eine simple Halbleiterdiode. Je nachdem, ob die Diode vorhanden ist oder nicht, wird an dieser Speicherstelle eine „1" oder eine „0" ausgelesen.

Die Verdrahtung dieser Speicherdioden muss vor Beginn des Herstellungsprozesses bekannt sein, mit anderen Worten: Das Bitmuster respektive das Programm des Rechners muss zum Zeitpunkt des Schaltungsdesigns des Speicher-IC fertig sein.

Anstelle des Einsatzes von Dioden in den Kreuzungspunkten der Spalten- und Zeilenleitungen können auch Bipolar- oder Feldeffekttransistoren integriert werden. Die Auswahl dieser Komponenten bestimmt die Zugriffszeit auf den Speicherinhalt. Unter der Zugriffszeit versteht man die Zeitdauer vom Anlegen der Speicheradresse bis zum Gültigwerden der adressierten Daten.

Einige der ersten Anwendungen für ROM-Bausteine waren Zeichengeneratoren. Aus der Digitaltechnik ist bekannt, dass z. B. zur Anzeige einer BCD-Zahl mit einer 7-Segment-Anzeige eine Umcodierung der 4 Bit der BCD-Zahl zu einem 7 Bit breiten Anzeigemuster erfolgt. Ähnlich ist dies bei der Darstellung von alphanumerischen Zeichen auf einem Monitor oder einem Matrix-Drucker, hier oft als 5 × 7- oder 8 × 8-Bildmuster. Die Anzeigemuster wurden in sogenannten Fertigungsmasken, also eine Ebene bzw. Schablone bei der Herstellung der Speicher, zusammengefasst.

Technologische Entwicklungen stellen sich sehr viel seltener, als gelegentlich kolportiert, als revolutionäre Erscheinungen dar. Im Gegenteil: Mag der Ursprungsgedanke noch so umwälzend sein, in der praktischen Anwendung zählt der evolutionäre Schritt. Die Kodierung von Zeichengeneratoren in ROM-Bausteinen erzeugte eine genügend große Nachfrage nach gleichartigen Serienerzeugnissen, der nächste Schritt, Programme in ROMs abzulegen, war mit dem Auftauchen der Mikroprozessoren notwendig geworden.

Der größte Nachteil von maskenprogrammierten ROMs ist die fehlende Möglichkeit, die Programme nachträglich zu modifizieren. Es ist mit bezahlbarem Aufwand unmöglich, den Inhalt eines ROM zu ändern. Die Fertigung kundenspezifischer ROMs ist deswegen nur für große bzw. größte Stückzahlen lukrativ.

Der erste Schritt in die Richtung flexibler Programmierung war die Schaffung des PROM. Das P in ROM steht für programmierbar. Die brutale Methode sah anstelle der Speicherdiode eine schmelzbare Verbindung, das fusible link, vor. Die vom Hersteller produzierten Speicher-IC wiesen an jedem Speicherplatz eine logische „1“ aus. Der PROM wurde nun auf einen Programmieradapter gesetzt, und die ausgewählten Speicherstellen wurden nun wortwörtlich „weggeschossen“. Das war ein Riesenfortschritt.[8]

Das Bessere ist jedoch des Guten Feind. Einmal auf den Trichter gekommen, schrien die Anwender nach Mehrfachprogrammierung. Der Speicher sollte wieder in den Ursprungszustand vor der Programmierung zurückversetzt werden können. Auch hier war Intel Pionier in der Technologieentwicklung.

Mit der Einführung des MOSFET (metall-oxid-semiconductor field-effect transistor) wurde zur Steuerung der Leitfähigkeit der Transistoren kein Stromfluss mehr benötigt (Bild 5.11). Ein Spannungspotenzial über einem speziellen Kanal beeinflusste die Leitfähigkeit des Transistors. Die Steuerung erfolgte bei diesen Transistoren leistungslos, jedenfalls im statischen Betrieb.

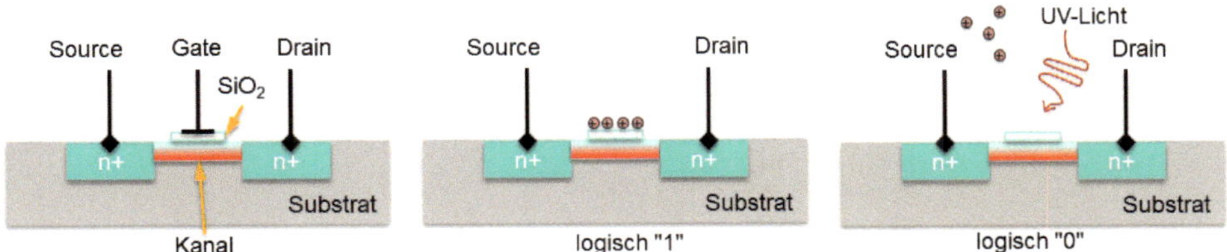

Bild 5.11 Funktionsprinzip eines MOSFET und in abgewandelter Form als Speicherzelle

Zwischen der Source- und der Gate-Elektrode befindet sich der halbleitende Kanal. Mit einer Spannung am Gate über dem Kanal wird die Verbindung zwischen Source und Drain kontrolliert. Das Gate selbst ist durch eine Siliziumdioxid-Schicht elektrisch isoliert. Eine Spannung ist letztlich nichts weiter als eine Ansammlung

[8] Das Pendant zum „fusible link“ war die sogenannte Antifuse. In diesem Fall wurde die Verbindung durch Stromstöße nicht weggebrannt, sondern eine offene Verbindung konnte geschlossen werden. Die Anwendung erfolgte bei den ersten relativ preiswerten FPGAs der Firma Actel. Dennoch, machen Sie als Absolvent Ihrem Chef erst einmal klar, dass zum Test einfacher Schaltelemente in diesen FPGAs jedes Mal 25 DM pro Test fällig werden. Hand aufs Herz: Wie oft haben Sie ein Programm schnell mal in ein MCU-Testboard geladen, um dann festzustellen: „Das war's wohl nicht!“?

von Elektronen. Könnte man das Gate so weit isolieren, dass die Elektronen nicht abfließen können, bliebe der Kanal zwischen Source und Gate dauerhaft leitfähig.

Diese Problematik technisch gelöst hat der EPROM (erasable programmable read-only memory). Mit einem Programmiergerät werden Ladungen auf das elektrisch isolierte Gate aufgebracht und mit einem Löschgerät, der UV-Lampe[9], werden die Ladungen wieder entfernt. Mit diesem Baustein begann der Siegeszug der eingebetteten Systeme und deren Anwendung in kleinen und kleinsten Serien. Kundenwünsche konnten schnell umgesetzt werden, die relativ hohen Kosten der EPROMs amortisierten sich schnell.[10]

Noch war jedoch die Notwendigkeit eines externen Programmiergerätes störend.[11] Der nächste Schritt in der Technologieentwicklung bestand deswegen in der Substitution der externen UV-Lampe durch eine Ladungspumpe auf dem IC. Dies ist eine Schaltungsanordnung, mit der die vergleichbar hohen Spannungen zum Programmieren/Löschen vor Ort erzeugt werden können. Mit der damit erzeugten Spannung werden die Speicherbits programmiert bzw. gelöscht. Der EEPROM (electrically erasable programmable read-only memory) war entstanden.

Mit einem EEPROM, gelegentlich auch als EAROM (electrically alterable ROM) bezeichnet, schien der Gipfel des Olymps erreicht. Doch man mag es kaum glauben, auch hier wurde kurz nach der Markteinführung der Ruf nach noch größeren und vor allem preiswerteren Speichern laut. Ein Teil der Kritik war verständlich. Die Ladungspumpe, die streng genommen eher seltener gebraucht wurde, benötigt zusammen mit der Verdrahtung zu jeder einzelnen Speicherzelle viel Chipfläche, die dem eigentlichen Speicher verloren ging. Außerdem war die Ladungspumpe eine hochbeanspruchte Baugruppe. Entsprechend schnell war das Teil dann auch hinüber. Mit etwa 100 Lösch- und Wiederbeschreibzyklen war die Lebensdauer der ersten EEPROMs nicht allzu hoch.

---

[9] Ein lästiges Nebenprodukt einer eingeschalteten UV-Lampe ist die Entstehung von Ozon. In den frühen 1990er-Jahren war der leicht stechende Ozongeruch die geradezu typische olfaktorische Begleitkomponente des Programmierens. Da wir aber damals nicht wussten, wie gefährlich dieses Teufelszeug ist, nahm man an, dass es gesund riechen und klug machen würde. Von der zweiten Annahme bin ich auch heute noch überzeugt, auf die erste kann ich verzichten, selbst wenn ich in vorderster Reihe sitze.

[10] Auch dies ist wieder eine typische Fehleinschätzung der Marketing-Fritzen. Ursprünglich sollte der EPROM nur während der Programmentwicklung Verwendung finden. In der Serie sollte dann ROM bzw. PROM diesen Platz einnehmen. Praktisch sofort wurde jedoch der PROM vom EPROM verdrängt, ROMs konnten sich nur noch für Großserien halten, und der Preis für EPROMs fiel und fiel ...

[11] So ist das mit der Menschheit. Kaum bekommen sie eine Lösung für ihre Probleme auf dem Silbertablett, wird genörgelt: „Könnte man nicht ...?“, „Das muss doch gehen“ oder “Warum tut ihr nichts?“. Deswegen gibt es die Ingenieure, eine besondere Teilmenge der Menschheit. Wenn der Schuh drückt, hilft keine Demo, sondern nur der Schumacher. Genauso sind die ach so technikverliebten und detailversessenen „Engineers“. Wie heißt es doch so schön: „Was passiert, wenn ein Ingenieur mit einer Kiste Konservendosen im Urwald verschwindet?“ (Felix Wankel zugeschrieben) Richtig - er kommt mit einer Lokomotive wieder heraus. Bei australischen Ingenieuren, so wird behauptet, soll dies genauso sein, nur verschwinden die im Outback und bestehen auf Bierdosen anstelle Kartoffelsuppenbüchsen. Irgendwann werde ich diese Behauptung persönlich überprüfen. Ergo, gibt's ein Problem - ruf den Ingenieur! [83]

Die Lösung lag in der Entwicklung der Flash-Speicher, im technischen Sprachgebrauch auch als Flash-ROM bezeichnet. Der hauptsächliche Funktionsunterschied des Flash-ROM besteht im blockweisen Datenzugriff anstelle der Einzelbit-Operation des EEPROM. Die Verdrahtung innerhalb des IC wird einfacher, der Flächenverbrauch reduziert sich, und der Speicher wird insgesamt preiswerter. Der Nachteil, mit dem dies erkauft wird, ist, zum Löschen sind immer ganze Blöcke (zum Teil einige KByte groß) nötig, die jeweils im Ganzen dann wieder beschrieben werden. Offenbar hat der Markt sich mit diesem Nachteil angefreundet, denn die vorherrschende Technologie preiswerter Halbleiterspeicher wird vom Flash-ROM dominiert. Mittlerweile werden sogar die altehrwürdigen Festplatten durch SSDs (solid-state disk) ersetzt.

Der Marktdurchbruch der SSDs beruht aber weniger auf der Flash-ROM-Technologie als vielmehr auf der geschickten Segmentierung und Ansteuerung der Speicherblöcke der SSD. Nach wie vor hat der Flash-ROM eine begrenzte Lebensdauer infolge der endlichen Belastungsfähigkeit der Ladungspumpe. Während das Schreiben bzw. Lesen einer Magnetschicht ein physikalischer Vorgang ist, der praktisch keinen Verschleiß des Magnetmaterials nach sich zieht, muss bei einer SSD eine ausgeklügelte Elektronik die Daten gleichmäßig auf alle Speicherblöcke der SSD aufteilen. Das ist Mathematik und Schaltungstechnik vom Feinsten, dementsprechend sitzen die Experten auf diesem Wissen und der Erfahrung wie die Glucke auf dem Ei.[12]

5.3.2 Arbeitsspeicher (RAM)

Neben konstanten Daten, sei es das Programm oder feste Variablen, erfordert eine effektive Programmierung Speicher für Zwischenergebnisse, Hilfsvariablen oder sonstige temporäre „Merkvorgänge".

Aus den Kenntnissen zu den Grundlagen der digitalen Schaltungstechnik kristallisiert sich sofort das Flip-Flop als schneller Zwischenspeicher heraus. Das Adjektiv „schnell" im vorherigen Satz ist nicht nur ein Füllwort. Die modernen CPUs arbeiten mit Taktfrequenzen oberhalb von 100 MHz. Damit sind Zugriffszeiten auf Zwischenspeicher im Bereich von 10 ns und weniger durchaus notwendig. Der Arbeitsspeicher darf die CPU nicht ausbremsen. Das Werbeargument CPU-Takt ist deshalb immer hinsichtlich der Zugriffsgeschwindigkeit auf ROM/RAM zu bewerten.

Über die Zugriffszeiten auf Flash-ROMs ist bislang nonchalant hinweggesehen worden. Tatsächlich sind diese meist größer als diejenigen, welche die CPU for-

[12] Dieses Datenmanagement hat mich anfangs bezüglich der SSD misstrauisch gestimmt. Doch nach einigen Jahren positiver Erfahrung lässt sich auch ein „alter Knacker" eines Besseren belehren. Mag sein, dass die Datenverteilung auf der SSD ein bisschen Voodoo ist, kein mechanischer Antrieb mit seinem unvermeidlichen Verschleiß ist ein Killerkriterium für die Verwendung von SSDs.

dern könnte. Oft muss die CPU „wait states“ für den ROM einlegen, mit anderen Worten extreme Taktfrequenzen sind kein alleiniger Garant für schnelle Programmabläufe.

In Bild 5.12 sind die wesentlichsten Funktionsprinzipien von statischen und dynamischen RAM-Zellen dargestellt. Bild 5.12 links zeigt die eine 6-Transistor-Zelle in Form eines Flip-Flops. Der Einschaltzustand eines FF ist nach dem Anlegen der Betriebsspannung undefiniert. Einer der beiden über Kreuz verschalteten MOSFETs z.B. sei Q4 durchgesteuert. Am Drain liegt demzufolge GND-Potenzial also logisch „0“ an. Werden von der Auswahllogik des Speicher-IC die Bitleitungen ($Bit, \overline{Bit}$) abgefragt, erscheint genau dieser „0“-Pegel als Speicherzustand am Ausgang der Datenleitung des Speicher-IC.

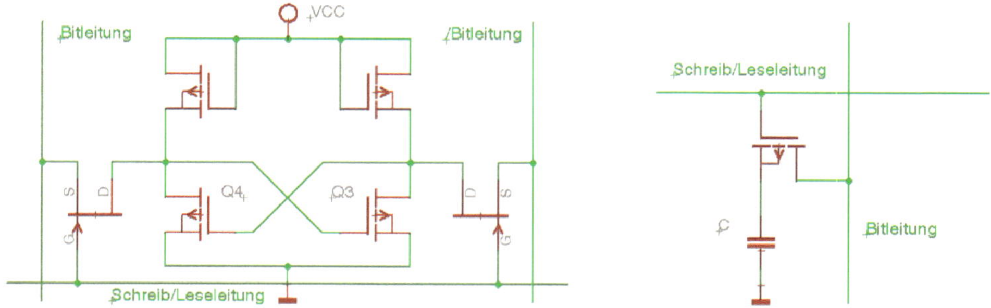

Bild 5.12 Prinzipschaltung der Speicherzelle eines SRAM mit 6-Transistor-FF (links) und eines DRAM mit Kondensator als Speicherelement (rechts)

Der Schaltzustand des FF bleibt ohne externe Beeinflussung stabil, da das L-Potenzial am Drain von Q4 das Gate des gegenüberliegenden Transistors Q3 und damit den Stromfluss durch Q3 sperrt. Soll die Zelle umprogrammiert werden, wird der neue Wert über Bit- bzw. negierte Bitleitung vorgegeben und mit einem Impuls der Schreib-/Leseleitung in das Flip-Flop übernommen.

Das Funktionsprinzip des DRAM ist noch einfacher. Beim Lesen aktiviert die Schreib-/Leseleitung den Transistor, der das Potenzial des Speicherkondensators auf die Bitleitung legt. Zum Schreiben wird der Kondensator nach Aktivierung auf das gewünschte Potenzial aufgeladen bzw. entladen.

Für den Anwender sind die unterschiedlichen Funktionsprinzipien SRAM oder DRAM letztlich unrelevant. SRAM-Speicher besitzen in der Regel kürzere Zugriffszeiten (~25 ns bzw. kleiner), sind dafür aber teurer als vergleichbare DRAMs. Der geringere Preis dynamischer Speicher liegt in ihrem kleineren Flächenverbrauch auf der IC-Oberfläche begründet.

Während die SRAM-Zelle im Stand-by, also ohne Schreib-/Lesezugriff keinerlei Überwachung bedarf, muss der Speicherkondensator des dynamischen RAM ständig, d.h. innerhalb einiger Millisekunden, aufgefrischt werden. Dieser Refresh-Zyklus kostet Zeit und benötigt elektrische Leistung.

Insbesondere diese beiden Eigenschaften machen den Einsatz von DRAMs in eingebetteten Systemen unpopulär. Erst wenn Arbeitsspeicher mit sehr viel mehr als 100 KByte Größe erforderlich werden, kommt der DRAM wieder zum Zuge.

5.4 Takterzeugung

Zur Kontrolle aller Abläufe zwischen CPU und Peripherie ist eine Taktquelle notwendig. Im einfachsten Fall ist dies ein RC-Generator. Oft erzeugen Mikrocontroller genaue Zeitabläufe bzw. müssen exakte Zeiten messen. In solchen Fällen ist es zweckmäßiger, einen Quarzoszillator als Referenz des Taktgebers einzusetzen. Moderne MCU müssen sich zudem äußerst flexibel hinsichtlich des Stromverbrauchs der unterschiedlichen Applikationen erweisen. Kurze Erinnerung: Die CMOS-Technologie besitzt eine nahezu lineare Proportionalität bezüglich der Schaltfrequenz der Gatter und der dazugehörenden Stromaufnahme. In der Einsatzpraxis bedeutet dies, dass unbenutzte Module vom Takt getrennt bleiben, sowie die Verwendung variabler Taktfrequenzen für die aktive Peripherie. Zu guter Letzt darf auch die Forderung bezüglich der maximalen Störstrahlung (EMV-Problematik) nicht unberücksichtigt bleiben.

Mit diesen Anforderungen werden die Takterzeugung und Verteilung innerhalb eines Mikrocontrollers sehr schnell eine extrem komplizierte Angelegenheit. Fehler bei der Konfiguration des RCC-Moduls (reset and clock control, RCC) quittiert die CPU in der Regel mit Systemabsturz (Bild 5.13).

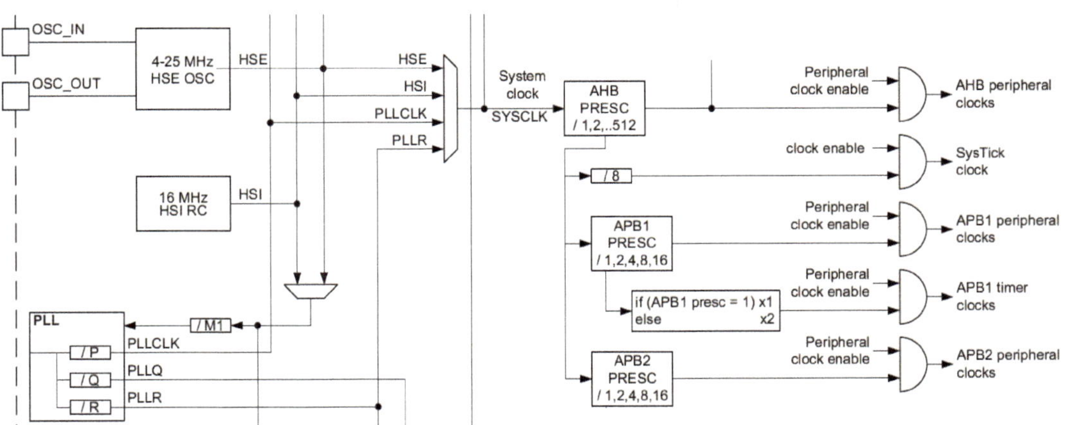

Bild 5.13 Ausriss aus dem RCC-Modul der STM32F3xx/F4xx-MCUs [42]

Will man hier tiefer einsteigen, ist ein Blick ins Datenblatt unumgänglich. Nach dem POR benötigt die CPU einen Takt, und zwar bevor das RCC überhaupt konfiguriert wurde. Stark vereinfacht startet das Taktmodul deswegen mit dem 16-MHz-HSI-Takt. Damit kann die CPU arbeiten. Der HSI (high-speed internal, HSI) ist über den gesamten Temperaturbereich von -40 °C bis 105 °C mit einer Toleranz von -8 bis 4.5 % angegeben. Für einfache Anwendungen kann man diesen Wert mit einem Kalibrierregister eingrenzen, aber viel weniger als 2 % Abweichung ist nicht machbar.

Für höhere Genauigkeiten ist die HSE-Einheit (high-speed external, HSE) gedacht. Ein Quarzkristall oder eine andere Taktquelle, z.B. TCXO (temperature compensated crystal oscillator) sorgt für kleinere Toleranzen. Eine typische Beschaltung besteht aus einem 8-MHz-Quarz mit Kondensatornetzwerk. Die STM32-Familie unterstützt Taktfrequenzen von bis zu mehreren 100 MHz. Zur eigentlichen Takterzeugung wird deswegen intern eine PLL-Schaltung (phase-locked loop, PLL) verwendet. Ohne auf die Details einzugehen, ein im IC befindlicher Oszillator erzeugt die gewünschte Frequenz, z.B. 180 MHz, und eine Logikschaltung referenziert und stabilisiert diesen Takt mit der externen niedrigeren Quarzfrequenz. Nachdem die CPU mit dem HSI die grundsätzlichen Initialisierungen der internen Register aus dem Registerfile erledigt hat, wird anschließend das RCC-Modul konfiguriert.

```
/******************************************************************************
*       Init Systemclock
*
* PLLCFGR 0b00100010010000100010110100000100
* Reserved:     0
* PLLR:         010 = 2
* PLLQ:         0010 = 2
* Reserved:     0
* PLLSRC:       1 = HSE
* Reserved:     00 00
* PLLP:         10 = 6
* PLLN:         0010110100 = 180
* PLLM:         000100 = 4
* CFGR          0b00000000000000001011010000001111
* PPRE:         101 = AHB2 clock divided by 4
* PPRE:         101 = AHB1 clock divided by 4
* Reserved:     00 =
* HPRE:         0000 = AHB prescaler divided by 1
* SWS:          11 = PLL_R used as the system clock
* SW:           11 = PLL_R selected as system clock
*       Author  :   J. Altenburg (based on C. Hilgert)
*       Revison :   17.07.17
*       Parameters: externer 8MHz-Takt am HSE-Eingang zwingend nötig
*       Input   :   Nothing
*       Output  :   Nothing
* *****************************************************************************/
void vSysClockInit(void){
    volatile dword dw;
    RCC->APB1ENR |= RCC_APB1ENR_PWREN;        /* __PWR_CLK_ENABLE(); */
```

```
PWR->CR |= 0x0000C000;                     /* VOS[1:0] Scale 1 = 0b11 */
dw = 0b001000100100000100010110100000100;
RCC->PLLCFGR = dw;
PWR->CR |= PWR_CR_ODEN;                    /* overdrive enable */
while ((PWR->CSR & PWR_CSR_ODRDY) == 0); /* wait until ready */
PWR->CR |= PWR_CR_ODSWEN;
RCC->CR |= RCC_CR_HSEON;                   /*1. Clocking from HSC */
while ((RCC->CR & RCC_CR_HSERDY) == 0);  /* wait until ready */
RCC->CR |= RCC_CR_PLLON;                   /*2. PLL on */
while ((RCC->CR & RCC_CR_PLLRDY) == 0);  /* wait until PLL ready */
FLASH->ACR = FLASH_ACR_LATENCY_5WS;        /*5 FlasROM wait states */
dw = 0b00000000000000001011010000001111;
RCC->CFGR = dw;                            /* APB2 = APB1 = 45 MHz */
}
```

Dieses Vorgehen ist für nahezu alle Peripheriemodule ähnlich. Zuerst wird das Modul, welches bearbeitet werden soll, an den Takt angeschlossen. Vergisst man dies, wird im günstigsten Fall das Modul nicht aktiviert, anderenfalls stürzt der Prozessor ab. Gegebenenfalls wird die Leistungsaufnahme modifiziert, danach ist das PLL-Register an der Reihe.

Die einzelnen Bits sucht man sich aus dem Datenblatt zusammen[13], findet ein Beispiel in den unendlichen Weiten des Internet oder nutzt ein Konfigurationstool. Schaut man genau hin, sind es nur wenige Register, `RCC_APB1ENR`, `PWR_CR`, `RCC_PLLCFGR` und `RCC_CFGR`, die zu konfigurieren sind.

Sobald der Takt vermeintlich richtig konfiguriert zu sein scheint, prüft man die theoretischen Werte, indem man spezifische Taktimpulse außen nachmisst.

5.5 Busankopplung und digitale IOs

Bislang wurde implizit eine Verbindung zwischen CPU und Speicher angenommen. Es besteht also ein zwingender Bedarf nach einem Datenaustausch innerhalb der MCU. Denkbar wäre eine Punkt-zu-Punkt-Verbindung aller am Datenaustausch interessierten Parteien. In einem Gedankenexperiment stellt man sich das drahtgebundene Telefonnetz vor. Damit jeder Teilnehmer mit jedem anderen gleichzeitig telefonieren kann, müsste mit einem riesigen Kabelaufwand jeder Teilnehmer mit jedem anderen Teilnehmer verbunden werden.

Das ist technisch nicht realisierbar. Es macht auch in der Anwendung nur wenig Sinn, da es praktisch ausgeschlossen ist, dass alle Teilnehmer gleichzeitig telefo-

[13] Die eigene Zusammenstellung der Konfigurationsbits ist auf lange Sicht immer (!) der beste Weg zum richtigen Verständnis der Funktionen der verbauten Peripheriemodule. Diese Bitschubserei ist anfangs lästig und immer sehr fehlerträchtig. Das Resultat erscheint oft kryptisch und nur für wahre Adepten lesbar, doch als der Hüter des heiligen Grals muss man den „Unerleuchteten“ mit einigem Hokuspokus Ehrfurcht einflößen.

nieren. Es genügt also, eine gewisse Anzahl von Kanälen vorzuhalten, und der Datenaustausch ist problemlos möglich.[14]

Für den Mikrocontroller bedeutet dies, dass diejenigen Kommunikationsendpunkte (Busknoten) die miteinander, aber nicht gleichzeitig Daten austauschen, mit einer elektrischen Verbindung verknüpft werden müssen. Die Summe aller Leitungen wird als „Bus“ bezeichnet, die Anzahl der gleichzeitig verfügbaren Busleitungen ist die Busbreite. Diese ist in der Regel mit der Verarbeitungsbreite des Datenbusses der CPU konform.

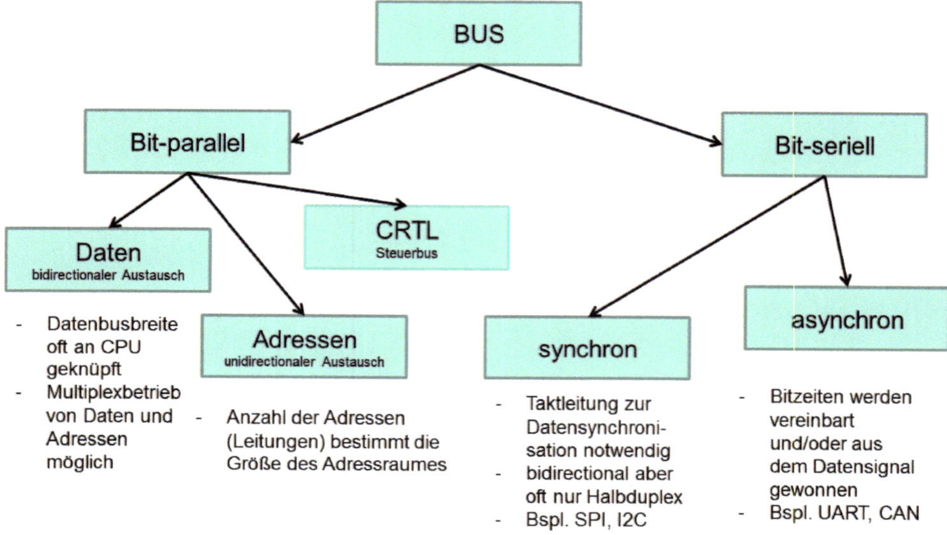

Bild 5.14 Systematische Unterteilung von Bussen in Rechnersystemen

Sind alle Informationen einer Informationseinheit gleichzeitig verfügbar, spricht man von einem Parallelbus. Das Datum (= Singular von Daten) liegt in diesem Fall bit-parallel vor. Parallelbusse erfordern deswegen je nach Busbreite eine relativ große Anzahl von Leitungsverbindungen zwischen den Busknoten. Ein zweiseitiger Datenaustausch wird als bidirektionaler Bus, ein Datenaustausch nur in einer Richtung als unidirektionaler Bus bezeichnet. Eine typische Anwendung bidirektionalen Datenaustausches ist der Zugriff der CPU auf den Speicher. Von da müssen Daten sowohl geholt als auch wieder dorthin zurückgeschrieben werden. Zum Auswählen des Speicherzugriffs auf die Daten wird die entsprechende Adresse unidirektional auf den Adressbus gelegt.

[14] Das Gedankenexperiment auf der Basis kabelgebundener Telefonie gilt natürlich auch für mobile Geräte. Auch hier kann nicht jeder mit jedem zur gleichen Zeit sprechen. An deutlichsten merkt man das bei bestimmten Großereignissen, wie z. B. der Silvesternacht. Alle wollen gleichzeitig zum Neuen Jahr gratulieren. Im Extremfall kollabiert das Netz. Das kann auch bei Großschadensereignissen vorkommen. Das Funktelefon ist also in Krisenfällen unter Umständen nicht unbedingt die erste Wahl für die unumgängliche Krisenkommunikation.

Der Anwender von MCUs muss sich normalerweise keine Gedanken um die für die Bussteuerungen bzw. den Buszugriff notwendige Hardware machen. Dennoch sind Grundkenntnisse darüber nicht von Schaden.

Bild 5.15 links zeigt die Innenschaltung eines NAND-Gatters. Das Typische daran ist die sogenannte Push-Pull-Ausgangsstufe. Die Transistoren T3 und T4 „treiben" entweder ein HIGH- oder eine LOW-Potenzial am Ausgang. Weitere Eingangsstufen, oben rechts in Bild 5.15, sind damit problemlos ansteuerbar. Der große Vorzug der Push-Pull-Stufe, der geringe Innenwiderstand und die hohe Treiberleistung, kommen voll zur Geltung. Kapazitive Lasten, z.B. lange Leitungen oder Wellenwiderstände, können gut kompensiert werden. Impulsverzerrungen halten sich in Grenzen.

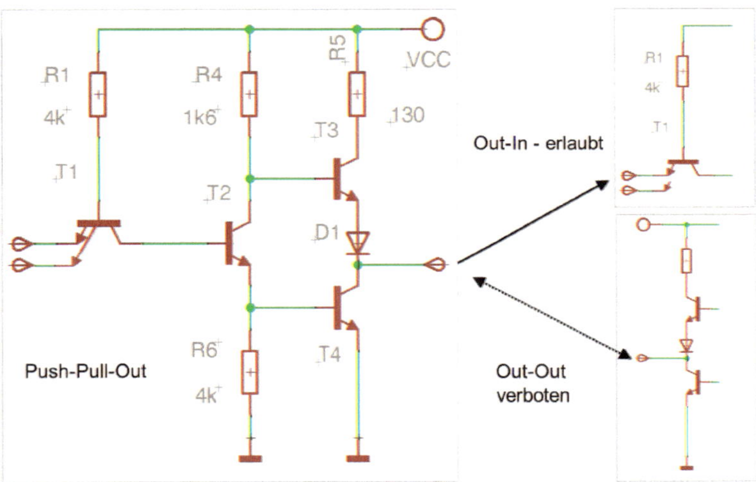

Bild 5.15 Ankopplung von Push-Pull-Ausgängen an nachfolgende Stufen

Dennoch muss man genau aufpassen. In der Realität treten immer kapazitive Belastungen auf. Diese „verschleifen" die Impulsflanken und führen zu Phasenverschiebungen (Laufzeiteffekte) der Signale. Bei sehr steilen Flanken und hohen Impulsfrequenzen ist die Verbindungsleitung als Wellenwiderstand aufzufassen. Im Idealfall muss der Wellenwiderstand der Leitung der Impedanz von Signalquelle und Signalempfänger angepasst werden. Der typische Wellenwiderstand eines Flachbandkabels liegt bei 120 Ohm. Die Anpassung eines digitalen Ausgangs ist insofern schwierig, da die Ausgangsimpedanzen für die Zustandsübergänge H→L bzw. L→H unterschiedlich sind. Der Ausgang ist demzufolge stark unsymmetrisch in seinen Lastparametern. Das wird erst bei der AHC- (advanced high-speed CMOS) bzw. AHCT-Technologie (advanced high-speed CMOS TTL-kompatibel) besser. Hinzu kommt in jedem Fall die totale Fehlanpassung der sehr hochohmigen CMOS-Signaleingänge. In der Konsequenz werden die Signale auf einem Wellenleiter bei starker Fehlanpassung reflektiert und erzeugen regelrechte „Geisterechos".

Diese Problematik ist in Bild 5.16 dargestellt. Ganz oben ist das eingespeiste Signal als Referenz zu sehen. Ohne Widerstand Rx ist die Signalform in der Kurve darunter, ohne Rv noch eins tiefer, und den Signalverlauf mit Rv, Rx und Cl zeigt die unterste Kurve. Die gesamte Untersuchung ist in [43] und [44] zu finden.[15]

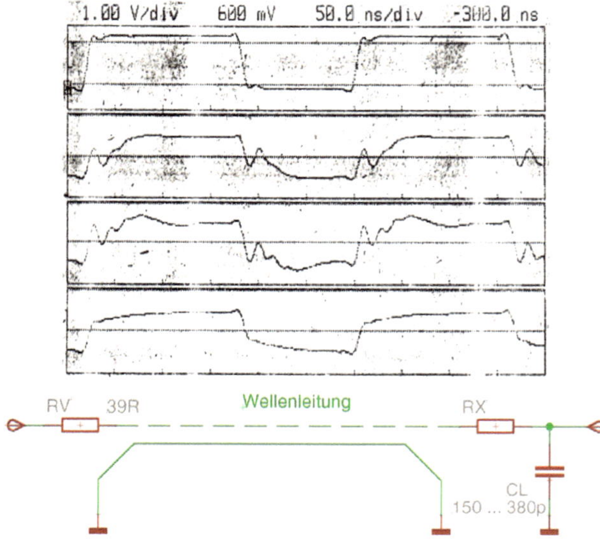

Bild 5.16 Messungen der Signalübertragung an einer High-Speed-Ankopplung an einem Wellenleiter mit unterschiedlichen Kompensationselementen

Man kann deutlich sehen, dass ohne geeignete Kompensationen mit erheblichen Signaldeformationen zu rechnen ist. Beim modernen High-Speed-Leiterplattenentwurf wird diesbezüglich ein erheblicher Aufwand getrieben. Das geht sogar so weit, dass die einzelnen Busleitungen eines Systems zueinander identische Leitungslängen aufweisen. Zum Glück ist dieses Problem für die Anwender von MCUs vollständig auf den Hersteller der Mikrocontroller-ICs verlagert worden.[16]

Zurück zur Busankopplung: Bei unidirektionalen Bussen können Push-Pull-Ausgänge sehr gut die Aufgabe der Signalübertragung in einer Richtung wahrnehmen. Bidirektional ist ausgeschlossen, ebenfalls unmöglich ist die Aufschaltung mehre-

[15] Bei den Quellen handelt es sich um meine Diplomarbeit bzw. eine kurze Darstellung wichtiger Inhalte. Dafür habe ich 1990 bei der Verteidigung der Arbeit ordentlich Prügel bezogen. Die Arbeit hat sicherlich ihre Mängel, aber die wesentlichsten Vorschläge waren richtig, wie ich zu meiner tiefen Befriedigung einer Publikation [74] im angesehenen „Circuit Cellar" im Jahre 2009 entnehmen konnte. Insbesondere die bei mir bemängelte Messmethodik wurde in dieser Publikation nahezu genauso verwendet, d. h., meine fast 20 Jahre früher genutzte Idee war nicht gar nicht so schlecht.

[16] Übertakten von PCs ist ja ein wenig aus der Mode gekommen. An sich war es von Anfang an der pure Nonsens. Zum einen wird die Verlustleistung erhöht, was Wahnsinn bei einem System ist, das Spitz auf Knopf steht, und zum anderen braucht sich kein Mensch mehr zu wundern, wenn der Rechner dann plötzlich spinnt, denn Laufzeiteffekte erzeugen Speicherfehler.

rer Busteilnehmer auf einen mit Push-Pull getriebenen Bus. Es wäre in einem solchen Fall denkbar, dass eine Ausgangsleitung des gleichen Bussignals auf LOW steht und eine andere auf HIGH. Bei diesem Zustand würde die HIGH-Side mit maximaler Treiberleistung in die LOW-Side einspeisen. Hier müssen Alternativen her.

Offensichtlich sind die HIGH-Side-Transistoren die Quelle des „Übels", wenn man mehrere Busteilnehmer auf eine gemeinsame Busleitung schalten möchte. Der Ersatz durch einen Lastwiderstand R_L liegt nahe. Die praktische Realisierung dieser Idee zeigt Bild 5.17. Es gibt keine aktive Treiberstufe auf der HIGH-Side mehr. Um logisch „1" auf der Busleitung zu erreichen, sind alle Busteilnehmer inaktiv, mit anderen Worten, jeder Teilnehmer kann nur einen „active low"-Zustand erzeugen. Machen dies mehrere Teilnehmer gleichzeitig, so wird das Signal ungültig, aber es kommt nicht zur Überlast infolge eines Kurzschlusses zweier oder mehrerer Transmitter.

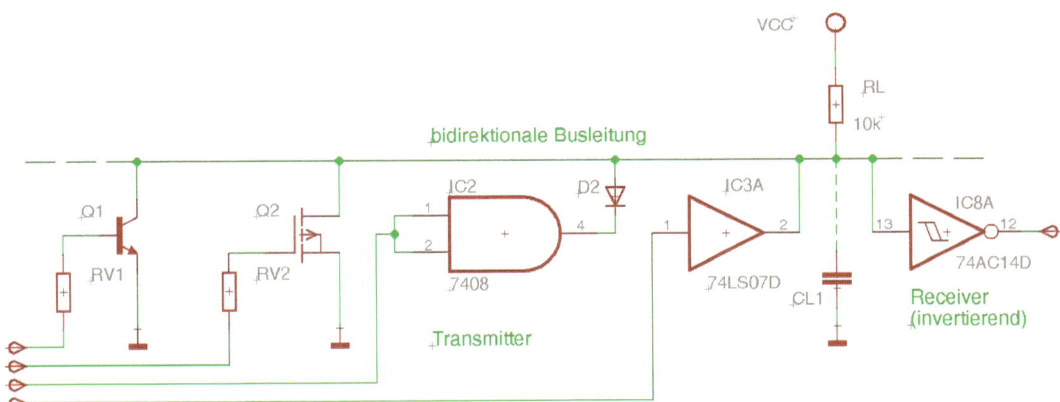

Bild 5.17 Bidirektionale Busleistung in der Konfiguration als „Open Collector" mit gemeinsamen Abschlusswiderstand R_L und parasitärer Lastkapazität C_L

Im Beispiel in Bild 5.17 sind vier unterschiedliche Transmitter auf die Busleitung aufgeschaltet. Ganz links ein Bipolar-Transistor in Emitterschaltung und im Schaltbetrieb. Der Transistor Q_1 ist entweder gesperrt (HIGH auf dem Bus) oder voll durchgesteuert (LOW auf der Leitung). Anstelle eines Bipolar-Transistors kann natürlich auch ein MOSFET Q_2 verwendet werden. Man kann natürlich auch ICs mit „Open Collector"-Ausgang verwenden (IC3 - 6-fach-Treiber 7407).

Oft werden bei Schaltungsaufbauten nicht alle Logikgatter eines Bausteins benötigt. Beim vierfachen AND (IC2 - 7408) kann ein unbenutztes Einzelgatter durch Hinzufügen einer Diode als Treiberstufe für die Busleitung eingesetzt werden. Bei dieser „Aushilfe" ist nach Möglichkeit eine Schottky-Diode zu verwenden, da die Flussspannung der Diode zum LOW-Pegel addiert werden muss.

Als Busempfänger sollten immer logische Eingänge mit Trigger-Verhalten Verwendung finden. Zum einen ist dann das Schaltverhalten exakter definiert, und zum anderen werden die „verschliffenen“ Flanken bei höheren Frequenzen oder längeren Leitungen wieder „rekonstruiert“.

Die Unsymmetrie, d. h. die unterschiedliche Impedanz bei HIGH- bzw. LOW-Pegel, ist der größte Nachteil der Open Collector-Busleitung. Die Treiberstufen können einige 10 mA für das LOW-Signal erzeugen. Die parasitäre Lastkapazität C_L, sie liegt in der Größenordnung einiger 10 bis 100 pF, ist damit relativ nebensächlich. Anders ist es beim Übergang von L→H. In diesem Fall muss C_L durch den Abschlusswiderstand R_L aufgeladen werden. Dies ist der klassische Ladevorgang am Kondensator.

$$U_C(t) = U_q \cdot \left(1 - e^{-\frac{t}{RC}}\right) \tag{5.1}$$

Der Spannungsverlauf am Kondensator folgt einer *e*-Funktion mit der Zeitkonstanten Tau, für die $\tilde{} = \mathrm{RC}$ gilt. Der Abschlusswiderstand R_L kann nicht beliebig klein gewählt werden, sonst steigt der Laststrom im Bustreiber im LOW-Zustand unzulässig an.

Bei R_L = 10 k und C_L mit circa 60 pF/m ergibt sich Tau zu $\tilde{} = 10\mathrm{k} \cdot 60\mathrm{p} = 0.6..\mathrm{s}$. Die Aufladung der Lastkapazität ist nach drei Tau praktisch abgeschlossen. Grob überschlägig werden also Frequenzen mit einer Periode von maximal 6 Tau. Das entspricht einer Frequenz ca. 250 kHz, gerade noch über eine Busleitung mit der angegebenen Lastkapazität übertragen, d. h., die Open Collector-Variante ist deswegen für schnelle Busse und/oder größere Entfernungen ungeeignet. Tatsächlich wird diese Variante bei der Kommunikation mit dem I^2C-Bus (siehe Abschnitt 5.7.3, Absatz „UART – Universal Asynchronous Receiver Transmitter“) innerhalb eines Gerätes infolge ihrer Einfachheit gern genutzt.

Der HIGH-Side-Treiber des klassischen Push-Pull-Ausgangs ist bei hoher Treiberleistung sehr viel besser für schnelle Datenübertragungen geeignet. Das Problem konkurrierender Ausgänge ist demzufolge auf eine andere Art und Weise zu beheben. Können nicht aktive Ausgänge abgetrennt werden, gibt es keine schädlichen Signalpfade. Man müsste die nicht aktiven Ausgänge einfach „hochohmig“ schalten.

Zu diesem Zweck wird die Grundschaltung eines Inverters um eine Freigabeleitung erweitert. Zunächst kommt die Funktionsbeschreibung ohne EN und Diode D4. Solange der Eingang IN auf 0 liegt, wird der Transistor T5 leitend, sperrt damit T6 und T8, während T7 durchgesteuert ist. Dieses Verhalten entspricht dem Eintrag $\varepsilon = 0$ der Wahrheitstafel. Eine logische „1“ an Leitung IN sperrt T5 und erzeugt damit am Ausgang eine logische „0“. Wird nun die Leitung EN auf LOW gezogen, werden T8 und T7 gesperrt, d. h., EN = 0 schaltet den Ausgang OUT einfach ab.

Mit der Leitung EN bekommt der Ausgang OUT eine neue Eigenschaft (Bild 5.18). Mit der Aktivierung von EN und der damit verbundenen Abschaltung beider Treibertransistoren wird der Ausgang hochohmig. Im praktischen Gebrauch hat das die gleiche Folge, als würde man die Stufe entfernt haben.

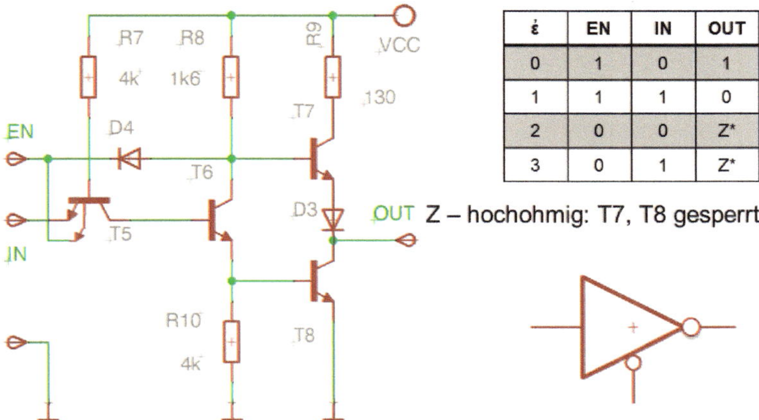

ε	EN	IN	OUT
0	1	0	1
1	1	1	0
2	0	0	Z*
3	0	1	Z*

Bild 5.18 Erweiterung eines Inverters durch eine Freigabeleitung EN (EN - enable)

Der schaltungstechnische Mehraufwand ist überschaubar. Der Multiemittertransistor T5 wird mit einer zusätzlichen Diode D4 ergänzt und damit zum Tri-State-Baustein erweitert. Da es oft sinnvoll ist, den Ausgangspegel nicht zu negieren, ist der wirkliche Integrationsaufwand etwas größer, hält sich aber dennoch in Grenzen.

Treiberbausteine mit Tri-State-Ausgängen sind damit das Mittel der Wahl, um mehrere Bussender auf einen Busempfänger zu legen. Selbstverständlich darf zu einem definierten Zeitpunkt nach wie vor nur jeweils einer der Sender aktiv sein.

Für den Datenaustausch wird nun die unidirektionale Tri-State-Stufe zu einem bidirektionalen Bus-Driver erweitert. Dazu werden zwei Tri-State-Buffer antiparallel verbunden. Hinzu kommt eine Auswahllogik. Die Wahrheitstafel dieser Logikfunktion ist in Bild 5.19 eingeblendet. Es gibt zwei Eingänge DIR und /CS[17], die die Datenflussrichtung des Signals DATA festlegen. Dieser Tri-State-Buffer hat deswegen drei Zustände: Daten von links nach rechts, Daten von rechts nach links und Signalpfad offen (hochohmig).

[17] Der Schrägstrich vor dem Bezeichner CS kennzeichnet die Negation. Damit wird das Signal CS als LOW-aktiv markiert. Diese Form der Kennzeichnung stammt noch aus der Frühzeit der Rechentechnik, als lediglich der ASCII-Zeichensatz auf dem PC zur Verfügung stand. Negierte Signale mit einem Überstrich $\overline{CS}$ standen nicht zur Verfügung. Hier gilt sinngemäß: „Was Hänschen einmal lernt, vergisst er nimmermehr" - mit anderen Worten: Ich nutze den Schrägstrich als Negation nach wie vor sehr häufig.

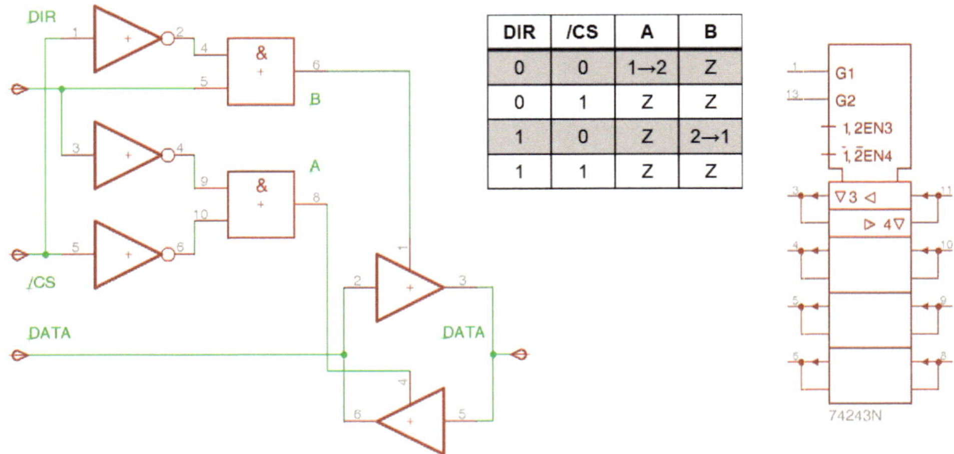

DIR	/CS	A	B
0	0	1→2	Z
0	1	Z	Z
1	0	Z	2→1
1	1	Z	Z

Bild 5.19 Bidirektionale Ankopplung einer Busleitung

Diese Funktionalität wird natürlich nicht aus Einzelgattern aufgebaut. Bei der zum Teil großen Busbreite würden beim Bau von Einplatinenrechnern ja regelrechte Logikgräber entstehen. Die Industrie stellt diesbezüglich geeignete integrierte Lösungen vor. Bild 5.19 zeigt einen 4-Bit-Bustransceiver vom Typ 74243. Diese Bausteine gibt es auch in größeren Busbreiten. Die in modernen ACT/AHCT-ICs besitzen beinahe symmetrische Ausgangsstufen, damit sind die Impedanzen für HIGH- und LOW-Pegel fast gleich, die Anpassung an den Wellenwiderstand ist einfacher.

Das besondere Kennzeichen von Mikrocontrollern ist deren vielfältiger Einsatz. Ob Datenmanipulationen unidirektional, z. B. LED steuern oder Tasten abfragen, bidirektional, Datenaustausch auf einem seriellen Bus, oder welcher Typ Busankopplung tatsächlich gebraucht wird, ist vorab schwer einschätzbar. Wenn Ingenieure gefragt werden würden, würden sie sagen: „Das wollen wir einfach alles!“. Zum Glück sind die Schaltkreisdesigner ebenfalls Ingenieure und mit der Entwicklung eierlegender Wollmilchsäue sehr gut vertraut.[18]

Ein gutes Beispiel für eine solche Flexibilität ist die Integration und Programmierbarkeit eines digitalen I/O-Ports der ARM Cortex-M4-CPU der STM32Fxxx-Famile. Unter Port wird die Bündelung einer Anzahl von Anschlusspins einer MCU ver-

---

[18] Oft wird man als Ingenieur mit bestimmten Attributen wie detailversessen oder technikverliebt verknüpft; gerne auch als wenig kreativ oder kurz als eine Art kultureller Holzkopf tituliert. Nun, daran habe ich mich schon lange gewöhnt, mithin sind mir diese Äußerungen gleich. Ich halte es frei nach Richard P. Feynman: „Kümmert Sie, was andere Leute von ihnen (Ergänzung durch mich) denken?“ [75] Der Ingenieur übt eine der kreativsten Tätigkeiten überhaupt aus. Wenn Ingenieure fertig sind, gibt es etwas, was vorher nicht da war. Ich brauche keinen Ikarus zum Fliegen, sondern Otto Lilienthal, die Gebrüder Wright und viele andere Pioniere. Damit auf den Feldern genug Nahrung für alle Menschen wächst, bedarf es eines Rudolf Diesel, um die effizienteste Wärmekraftmaschine der Welt zu bauen. Diejenigen, die den nahenden Untergang beschreien, dürfen sich in ihren „Safe Space“ zurückziehen und sich dort gegenseitig ausheulen – aber bitte leise!

standen. Zum Teil ist die Anzahl zusammengehöriger Portpins mit der Busbreite identisch, das muss aber nicht so sein. Die Integration der Peripheriemodule, und dazu gehören die Ports, ist Sache der Halbleiterhersteller. Die ARM-MCUs der Firma NXP haben in der Regel 32 I/O-Leitungen. In der Regel bedeutet hier, dass der Port intern zwar mit 32 Bit adressiert wird, aber je nach Konfektionierung nicht alle Leitungen auch wirklich auf Anschlussbeinchen herausgeführt sind. Die STM32-Familie des Produzenten STMicroelectronics arbeitet mit 16 Leitungen pro Port. Das klingt zunächst eher nachteilig, ist aber nicht unbedingt so. In typischen MCU-Applikationen ist die Anzahl gleichartiger digitaler I/Os weniger wichtig. Bedeutsamer sind die Konfigurationsmöglichkeiten der Ausgangsstufen. Hier hat nach einiger Erfahrung STM die Nase vorn. Ein nicht unbedeutendes Feature dieses Herstellers ist die Möglichkeit, einige andere Peripheriefunktionen als sogenannte „alternative functions“ auf unterschiedliche I/O-Pins zu legen. Konkret heißt das, dass eine serielle Schnittstelle je nach Erfordernis an unterschiedliche Anschlüsse gelegt werden kann.

Grundsätzlich unterscheidet man jeden Portpin nach Input- bzw. Output-Richtung. Im Blockschaltbild nach Bild 5.20 kann das Inputsignal „digital“ (mit und ohne Trigger), „analog“ oder „alternative“ sein. Der Ausgang ist „digital“ oder „alternative“. Zudem ist die Konfiguration wählbar („push-pull“ oder „open-drain“). Nicht unwichtig ist auch die Fähigkeit, unterschiedliche „Treiberleistungen“ zu programmieren. Damit kann das EMV-Verhalten den Gegebenheiten angepasst werden.

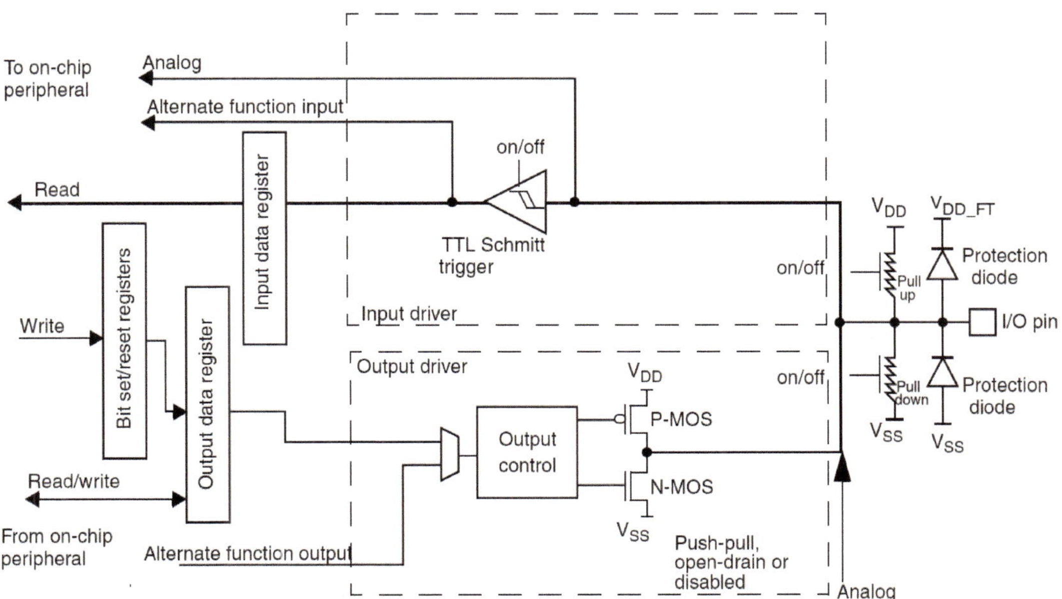

Bild 5.20 Programmierbarer digitaler I/O-Port (input/output connection) [42]

7.4.6 GPIO port output data register (GPIOx_ODR) (x = A..H)

Address offset: 0x14

Reset value: 0x0000 0000

31	30	29	28	27	26	25	24	23	22	21	20	19	18	17	16
15	14	13	12	11	10	9	8	7	6	5	4	3	2	1	0
ODR15	ODR14	ODR13	ODR12	ODR11	ODR10	ODR9	ODR8	ODR7	ODR6	ODR5	ODR4	ODR3	ODR2	ODR1	ODR0
rw	rw	rw	rw	rw	rw	rw	rw	rw	rw	rw	rw	rw	rw	rw	rw

Bits 31:16 Reserved, must be kept at reset value.

Bits 15:0 **ODRy**: Port output data (y = 0..15)

These bits can be read and written by software.

Note: For atomic bit set/reset, the ODR bits can be individually set and reset by writing to the GPIOx_BSRR register (x = A..H).

Bild 5.21 Screenshot aus dem Datenblatt des STM32F446 zur Port-Programmierung [42]

Der Zugriff auf die Eigenschaften der I/O-Ports erfolgt über sogenannte SFRs (special function register, SFR). Beispielhaft sei das Ausgangsregister (GPIOx_ODR) genannt. Ist der Port im Output-Mode, wird der Zustand der Ausgangspins über den Inhalt dieses Registers kontrolliert. Aus der Sicht des Programmierers ist der fertig konfigurierte Port lediglich ein Speicherplatz im Adressraum der CPU.

Insgesamt stehen 15 SFRs für die Konfiguration jedes Ports zur Verfügung. Hinzu kommen noch weitere Register, die allgemeine Funktionen der Ports steuern können. Es gibt also genügend Fehlerquellen. Um die Fehleranfälligkeit zu minimieren, gibt es einen herstellerunabhängigen HAL (hardware abstraction layer, HAL) namens CMSIS (Cortex Mikrocontroller Software Interface Standard). Die dahinter liegende Idee ist prinzipiell nicht schlecht. Standardisierte Materialien können untereinander kombiniert werden, selbst wenn sie von unterschiedlichen Produzenten stammen. Das funktioniert im Maschinenbau seit der Einführung der industriellen Revolution und des DIN-Standards. Nur, auf welchen Standard sollen sich M3- und M4-Schrauben einigen? Auf M 3,5 vielleicht? Bei Schrauben oder Muttern ist diese offensichtliche Diskrepanz sofort einsichtig. Bei Mikrocontrollern kann man das nicht so einfach erkennen. Zwar haben viele Bausteine sehr ähnliche innere Strukturen - ähnlich bedeutet aber nicht gleich. Soll für alle möglichen Module und Varianten dann ein Standard, der für alle Bausteine in allen Derivaten aller Hersteller funktioniert, eingesetzt werden?[19]

[19] Gelegentlich werde ich gefragt, was ich von diesem CMSIS-Standard halte. Meine Antwort ist so kurz wie präzise: „Nichts!". Zur Begründung gibt es eine lange und eine kurze Variante. Die lange Erläuterung lautet: „Diese Idee ist von poststrukturalistischen Informatikern erfunden worden, die Wahn von Wirklichkeit nicht mehr zu trennen vermögen." Die kurze Variante: „Mach's selbst, wenn's gut werden muss!"

Letztlich wird jeder für sich entscheiden, welches Verfahren, „Pseudostandard" oder spezifische Konfiguration, er für besser erachtet. Die Initialisierung eines GPIO-Ports soll eine Entscheidungshilfe geben.

Nach CMSIS werden zur Initialisierung des Ports und aller anderen Peripherieeinheiten Konfigurationsstructs definiert mit Werten gefüllt und über Makros aufgerufen.

```
/*************************************************************************
 *                 Init-Port - A nach CMSIS
 *************************************************************************/
GPIO_InitTypeDef GPIO_InitStruct;               /* Konfigurationsdaten */

__HAL_RCC_GPIOA_CLK_ENABLE();                   /* Takt zuschalten */

GPIO_InitStruct.Pin = GPIO_PIN_15;              /* Pinnummer */
GPIO_InitStruct.Mode = GPIO_MODE_OUTPUT_PP;     /* Push-Pull */
GPIO_InitStruct.Pull = GPIO_PULLUP;             /* Pull-UP konfiguriert */
GPIO_InitStruct.Speed = GPIO_SPEED_FREQ_LOW;    /* langsame Flanken */
HAL_GPIO_INIT(GPIOA, &GPIO_InitStruct);

....
while(1){                                       /* Testprogramm */
    HAL_GPIO_WritePin(GPIOA, GPIO_PIN_15, GPIO_PIN_SET);
    wait(0.1);
    HAL_GPIO_WritePin(GPIOA, GPIO_PIN_15, GPIO_PIN_RESET);
    wait(0.1);
    }
```

Mal abgesehen davon, dass nirgendwo steht, wie lang die Programmlaufzeit der Funktion (oder ist es ein Makro?) `HAL_GPIO_Write(..,...,..);` dauert, ist es auch unklar, was passiert, wenn mehrere Pins gleichzeitig schalten sollen.

```
/*************************************************************************
 *                 Init-Port - A, Author  :  J. Altenburg
 *************************************************************************/
void vPortAInit(void) {
    dword dw;
    RCC->AHB1ENR |= RCC_AHB1ENR_GPIOAEN;        /* Takt anknipsen */
    dw = GPIOA->MODER;                          /* aktuellen Zustand laden */
    dw &= ~GPIO_MODER_MODE15_Msk;               /* PA15 maskieren */
    dw |=  GPIO_MODER_MODE15_0;                 /* PA15- output */
    GPIOA->MODER = dw;                          /* Zustand aktualisieren */
    dw = GPIOA->OTYPER;
    dw |= GPIO_OTYPER_OT15;                     /* open-drain Bit setzen */
    GPIOA->OTYPER = dw;
    dw = GPIOA->OSPEEDR;                        /* Speedregister laden */
    dw |= GPIO_OSPEEDR_OSPEED15_1;
    GPIOA->OSPEEDR = dw;                        /* steile Taktflanken */
    }

void main( void ){
    while(1){
        GPIOA->ODR ^= (1<<15);                  /* Bit togglen */
```

```
        wait(0.1);
        }
    }}
```

Die zweite Initialisierung erscheint nur auf den ersten Blick verwirrender. Tatsächlich ist sie eineindeutig und viel besser nachvollziehbar; und das, ohne dass man in undurchsichtigen Header-Dateien die Konfigurationsmakros sucht. Der zweite Vorzug ist dieser: Die direkte Programmierung besteht in der unmittelbaren Sichtbarkeit dessen, was man programmiert hat.[20]

5.6 Interrupt-Handling

Neben dem Speicherausbau und dem Umfang der implementierten Peripheriemodule ist das Interrupt-Handling das wesentlichste Leistungsmerkmal einer MCU. Unter einem Interrupt versteht man eine Programmunterbrechung der aktuell ablaufenden Applikation und das Einschieben und Ausführen eines anderen Programmabschnittes, der sogenannten Interrupt Service Routine.

Zur Verdeutlichung sei eine einfache CPU gegeben (Bild 5.22). Das Registerfile besteht nur aus den Registern A, HL, dem Prozessorstatuswort (PSW), dem PC und dem Stackpointer (SP). Die CPU arbeitet die Op-Codes der Applikation 1 schrittweise ab **(1)**. Sobald ein Interrupt-Event auftritt **(2)** - dazu gleich Näheres - übernimmt der Interrupt-Controller die Steuerung der CPU. Die Inhalte des Registerfiles werden auf dem Stack gesichert **(3)**, und der PC wird mit der Startadresse der ISR geladen. Damit ist der Interrupt-Controller fertig, und die CPU arbeitet wie gehabt. Nur bearbeitet sie nun ein völlig anderes Programm. Am Ende der ISR befindet sich ein spezieller Op-Code, der Befehl „Return from Interrupt". Diese Anweisung aktiviert den Interrupt-Controller per Software. Auf dem Stack befinden sich die beim Eintritt in die ISR „geretteten" Registerwerte. Nach dem Zurückholen der Werte arbeitet die CPU wieder normal **(4)**. Dieses Verhalten bedarf einer genaueren Erläuterung. Während des „Normalbetriebs" ändern sich in Abhängigkeit vom ablaufenden Programm die Registerinhalte des Registerfiles der CPU. Die Funktion des PC ist bekannt, neu ist das Register SP - der Stackpointer. Dieses Register verweist auf einen speziellen Bereich im RAM der MCU. Dort befinden sich temporäre Zwischenergebnisse der Programmbearbeitung. Der Stack funktio-

[20] Diesen zweiten Punkt wissen insbesondere richtige Hardcorespezialisten zu schätzen. Beim CMSIS-Standard kann sich schnell ein „Zeitfehlerchen" infolge der Bitsetz- bzw. Rücksetz-Makros ergeben. Es ist nämlich keinesfalls ausgemacht, dass die Laufzeit für eine Bitmanipulation an Bit0 dieselbe wie für Bit15 ist. Finden Sie das mal, wenn Ihr Hardwerker ein anderes Bit für die PWM-Ausgabe benötigt und Sie nach der Änderung der Bitposition im Makro ein abweichendes Zeitverhalten messen. Das glauben Sie nicht? Das müssen Sie nicht glauben, das werden Sie sehen!

niert nach dem FIFO-Prinzip (first in – first out, FIFO). Man kann sich das analog zu einem Kartenstapel vorstellen. Sichtbar ist immer nur der oberste Wert, auf den der SP zeigt.

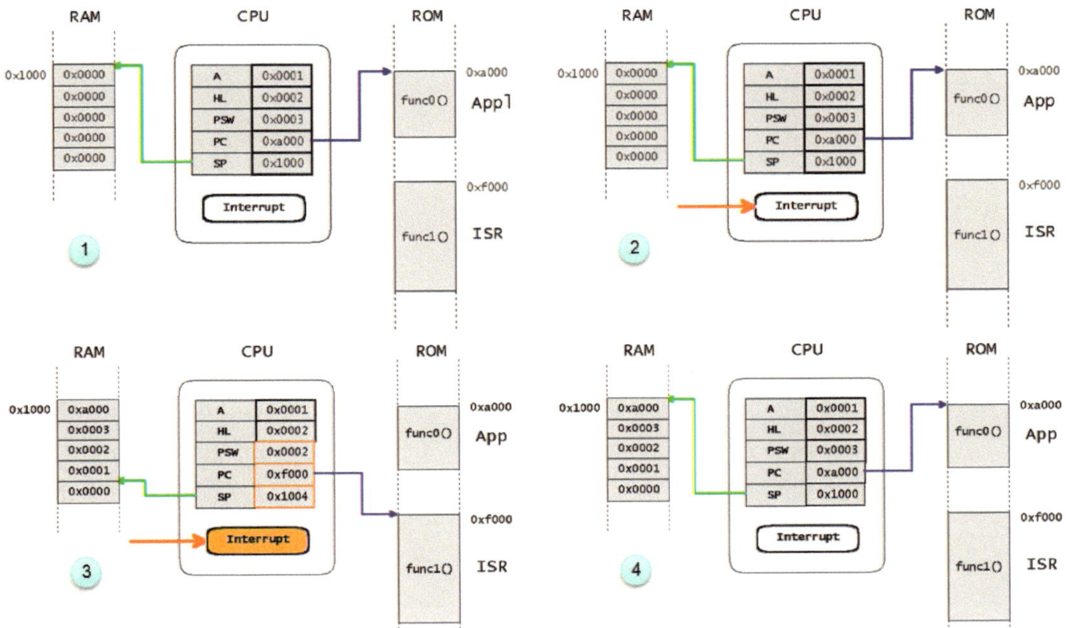

Bild 5.22 Annahme und Ausführung einer Interrupt Service Routine (ISR)

Historische Anmerkung 4

In den goldenen Jahren der Taschenrechnerära, den 1970er-Jahren, gab es zwei konkurrierende Eingabesysteme. Einmal war das die algebraische Notation (AOS), also Zahlenwerte eintippen, eventuell mit Klammern und anschließendem Drücken der Ergebnistaste (=). Die wahren Zahlenakrobaten nutzten Rechner von Hewlett-Packard. Dort wurden die Zahlen in UPN – umgekehrter polnischer Notation ohne Klammern und ohne Ergebnistaste – eingetippt. Dazu benötigt man den Stack. Es geht die Fama, dass dies deutlich effizienter als bei der AOS wäre. Das kann jeder mit einem Simulator in [76] leicht überprüfen – aber Vorsicht, das kann schnell zu einem Knoten im Gehirn führen. Also vergessen Sie nach der Simulation nicht, den Knoten wieder rauszumachen.

Die Programme wurden auf Magnetkarten gespeichert. Etwa 300 Befehle passen auf eine Karte. Mit vorgefertigten Programmen kann man viele nützliche Dinge berechnen. Zum Zeitvertreib kann man natürlich auch spielen. Auf meinem PC 1430 (Bild 5.23 Mitte) wurde einstmals ein Labyrinth implementiert. Die einzige Person, die jemals eine Lösung dafür fand, durfte zur Belohnung dieses Manuskript zuerst Korrektur lesen. Mit den sagenhaften 1024 Byte Speicher kann man natürlich auch Praktisches programmieren, z. B. die Lösung eines linear unabhängigen

Gleichungssystems mit neun Variablen. Programmiert wird in BASIC. Zahlenwerte einzutippen und Ergebnis aufzuschreiben braucht circa zwei Minuten, das Ausrechnen per Hand dauert einen Tag. Das nenne ich mal Rechenleistung.

Bild 5.23 Taschenrechner unterschiedlicher Hersteller aus den 1980er-Jahren

Mit dem Stackpointer wird der Inhalt des Stacks organisiert. Als Otto-Normal-Programmierer merkt man davon nichts. Der Interrupt-Controller verschiebt die Registerinhalte auf den Stack. Dabei wird der Stackpointer um die Anzahl der verschobenen Register inkrementiert. Ganz wichtig, das Prozessorstatuswort (PSW oder PSR) kommt ebenfalls auf den Stack. Im PSW sind u. a. auch die Resultate gerade durchgeführter Berechnungen, d. h. alle Statusflags, enthalten.

Die Hardware des Interrupt-Controllers wird von einem Interrupt-Event aktiviert. Als Quelle für Interrupt-Event kommen interne oder externe Ereignisse in Betracht. Der Nulldurchgang eines Zählers ist eine typische interne Interrupt-Quelle. Datenempfang oder Absendung werden ebenfalls häufig über Interrupts organisiert.

Signalwechsel, z. B. durch Sensorsignale an Eingangspins, sind externe Ereignisse. Hin und wieder erzeugen auch Tastenbetätigungen Interrupts. Hier sollte man jedoch immer sehr genau überlegen, ob man einen der „kostbaren" Interrupts an eine Tastenabfrage „verschwendet".

Infolge der Stackmanipulationen des Interrupt-Controllers wird der CPU praktisch die Ausführung eines gänzlich anderen Programmes untergeschoben. Diese ISR soll so kurz wie möglich programmiert werden, d. h., die ISR soll alle notwendigen Reaktionen auf das Interrupt-Event ausführen, aber keinesfalls irgendwelche Warteschleifen oder andere aktive Pausenzeiten erzeugen. Für die Implementierung stellt dies durchaus eine Herausforderung dar.

```
/****************************************************************************
 *              ISR - UART 1
 *     Author :  J. Altenburg
 *     Revison :  22.08.17
 *              - TX und RX Interrupt selektieren und behandeln
```

```
 *      Laufzeit:   1.1 µs
 *
 * typedef struct CDEF_stDataFlag { /* Variable aus Datum und Gültigkeit */
 *     byte bData;
 *     byte bFlag;
 *     } CDEF_stDataFlag;
*************************************************************************/
void USART1_IRQ_Handler( void ){
    volatile word w;
    CDEF_stDataFlag stUart1;                  /* Datum + Flag */
    w = USART1->SR;                           /* Statusregister lesen */
    if(w & USART_SR_TC){                      /* Test auf Tx-Interrupt */
        stUart1 = MOD_vTxIsrUav();            /* Softwaremodul abfragen */
        if(stUart1.bFlag == True){
            USART1->DR = stUart1.bData;       /* weiteres Zeichen senden */
            }
        else{
            USART1->SR &= ~USART_SR_TC;       /* Interrupt-Flag löschen */
            }
        }
    else if(w & USART_SR_RXNE){               /* Test auf Rx-Interrupt */
        w = USART1->DR;
        SBUS_vRxIsrUav((byte)w);              /* Datum an Modul senden */
        }
    else{
        w = USART1->DR;                       /* Fehlerbehandlung */
        }
    }
```

Der Interrupt-Handler für die Behandlung eingehender bzw. ausgehender Daten ist im Beispiel zu sehen. Die ISR wird durch folgende Events aktiviert: Sendepuffer leer, Empfangspuffer voll bzw. Fehlerevent (Overflow, Overrun etc.). Zuerst wird das Statusregister gelesen (`w = USART1->SR;`). Der Inhalt des Statusregisters selektiert das auslösende Event. Es sei das `USART_SR_TC`-Flagbit gesetzt. Dies bedeutet, dass das Senderegister der UART leer ist. Ob das verbundene Softwaremodul weitere Daten bereitstellt, wird abgefragt, und wenn ja, wird das neue Datum in das Senderegister (`USART->DR = stUart1.bData;`) eingetragen.

Bei diesem Vorgehen ist im Datenblatt der MCU zu prüfen, durch wen das Flagbit zurückzusetzen ist. Im Beispiel wird beim Schreiben in das Datenregister die Interrupt-Anforderung zurückgesetzt. Sind keine neuen Daten mehr vorhanden, ist das entsprechende Bit durch Softwarebefehl zu löschen. Die Behandlung der Interrupt-Flagbits ist eine beliebte Fehlerquelle. Wird das Flagbit nicht zurückgesetzt, bleibt die Interrupt-Anforderung erhalten. Nach dem Durchlauf der ISR springt die CPU dann sofort wieder in die ISR zurück. In der Außensicht erscheint die MCU plötzlich wie eingefroren.

Im Beispiel existiert nur ein Interrupt-Vektor (dazu gleich mehr) zur Behandlung mehrerer Events eines Peripheriemoduls. In der Abfrage der unterschiedlichen Flagbits des Statusregisters werden die einzelnen Events voneinander unterschieden.

Der Interrupt-Handler ist vom Softwaremodul, welches in diesem Falle Quelle und Ziel von UART-Daten ist, sorgfältig getrennt. Die Kommunikation erfolgt über Sende- und Empfangspuffer.

```
/*************************************************************************
 *                 ISR - Tx-UAV-SBUS-intern
 *      Author  :  J. Altenburg
 *      Revison :  05.03.19
 *      Parameters
 *      Input   :  nothing
 *      Output  :  weitere Sendezeichen wenn vorhanden
 *************************************************************************/
CDEF_stDataFlag SBUS_vTxIsrUav(void) {
    CDEF_stDataFlag stTxUav;                  /* Speicher für Rx/Tx-Zeichen */
    if(wTxUavDataSize) {                      /* sind noch Zeichen vorhanden */
        stTxUav.bData = *pTxUavData++;        /* ja, weitere Zeichen senden */
       stTxUav.bFlag = True;                  /* gültigkeitesflag setzen */
       wTxUavDataSize--;                      /* Zähler dekrementieren */
       }
    else{                                     /* Ende des Bursts */
       SYS_vSbusRxIntern();                   /* auf RX umschalten */
       stTxUav.bFlag = False;                 /* nicht mehr weiter senden */
       fTxUavCallback();                      /* Auftraggeber fertig melden */
       }
    return stTxUav;
    }
```

Für den Sendemode existiert ein Datenpuffer `abTxUavData[n]`, ein Zähler für die Anzahl der zu sendenden Daten `wTxUavDataSize` sowie ein Pointer auf den Inhalt des Puffers `*pTxUavData`. Zum Start der Senderoutine werden Zähler und Zeiger initialisiert und das erste Zeichen in den Sendepuffer der UART geschrieben. Der Zähler wird dekremetiert und der Zeiger inkrementiert. Hat das Zeichen das Tx-Register verlassen, wird die ISR aufgerufen. Der Handler organisiert die Hardwarezugriffe, und die obige Routine ist die Schnittstelle zum Softwaremodul. Solange noch Zeichen zur Sendung bereitliegen (`wTxUavDataSize != 0`), können diese an den Handler durchgereicht werden. Ist der Puffer leer, wird der Interrupt-Handler gestoppt.

Gelegentlich wird über die Trennung von Interrupt-Handler und Interrupt-ISR diskutiert. Man könnte doch die mehrfachen verschachtelten Funktionsrufe vermindern, um damit die Laufzeit zu verkürzen und den Code zu verschlanken. Das könnte man natürlich tun, dann vermengt man jedoch den HAL (hardware abstraction layer) mit der Anwendersoftware.[21]

[21] Die sinnvolle Trennung zwischen HAL und App ist eine stetige Gratwanderung. Oft ist man (ich auch) versucht, den ganzen Schmodder in ein Softwaremodul zu packen. Das geht meist schnell und ist oft recht übersichtlich. Doch das ist die Quick-&-Dirty-Methode. Ich packe deswegen für seriöse Projekte den HAL in eine Quelldatei und kommuniziere ausschließlich über Funktionen mit dem Rest der Anwendung. Für ein neues Projekt mit der gleichen MCU kopiere ich die HAL-Datei, ergänze bzw. modifiziere die Hardware-Initialisierung und bin dann in jedem Fall schneller und fehlerärmer wieder im Geschäft. Nach zig Jahren ernsthafter Programmierung hat sich dieses Vorgehen bewährt.

Dennoch muss man den Zeitaspekt des Interrupt-Handlings immer im Auge behalten. Am Ende des Interrupt-Handlers kommt der Interrupt-Controller wieder zum Zuge. Die auf dem Stack gesicherten Inhalte des Registerfiles werden „restauriert“, dies inklusive des Prozessorstatusworts (PSW), und die CPU macht weiter, als ob nichts geschehen wäre, was aus der Sicht des unterbrochenen Anwenderprogramms ja tatsächlich auch so ist. Lediglich etwas Prozessorzeit ist verbraucht worden.

Die gesamte zusätzlich aufzuwendende Programmlaufzeit setzt sich, wie in Bild 5.24 zu sehen, aus der eigentlichen Laufzeit der ISR und den sogenannten Latenzzeiten zu Beginn und am Ende der ISR zusammen. Die Rettung bzw. Rekonstruktion des CPU-Status werden durch die Eigenschaften des Interrupt-Controllers bestimmt. Die Werte liegen im Bereich von Mikrosekunden bzw. darunter. Je höher die Taktfrequenz des Prozessors, desto geringer die Latenzzeit.

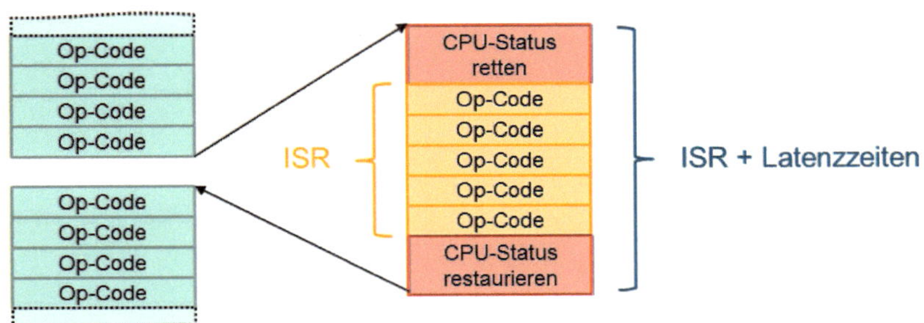

Bild 5.24 Zeitbilanz zur Programmunterbrechung einer Applikation durch eine ISR

Die meisten MCUs verfügen über mehrere Interrupt-Quellen. Der Interrupt-Controller besitzt demzufolge weitere bislang unerwähnte Eigenschaften.

Es ist extrem ineffizient, nur eine Startadresse für eine ISR vorzuhalten. Für alle vorhandenen Interrupt-Events wird deswegen eine Liste der damit verbundenen Startadressen der dazugehörigen ISRs angelegt. Diese Liste wird als Interrupt-Vektor-Tabelle bezeichnet. Gleichzeitig werden einige der Tabelleneinträge mit programmierbaren Prioritäten versehen. Im Falle gleichzeitig auftretender Interrupt-Events prüft der Interrupt-Controller die Priorität der aktiven Vektoren. In Bild 5.25 sind die Interrupt-Leitungen 1, 2 und 5 aktiv. Der Interrupt 5 besitzt die Priorität 0, d. h., er ist nicht erlaubt. Der Interrupt-Controller unterscheidet nun 1 und 2, mit 2 als höherer Priorität. Der Controller lädt nach dem Sichern des CPU-Status die Adresse 0xf300 in den PC. Damit startet ISR2. Nachdem diese Routine fertig ist, wird ISR1 aktiviert, und die Bearbeitung der anstehenden Events ist fertig.

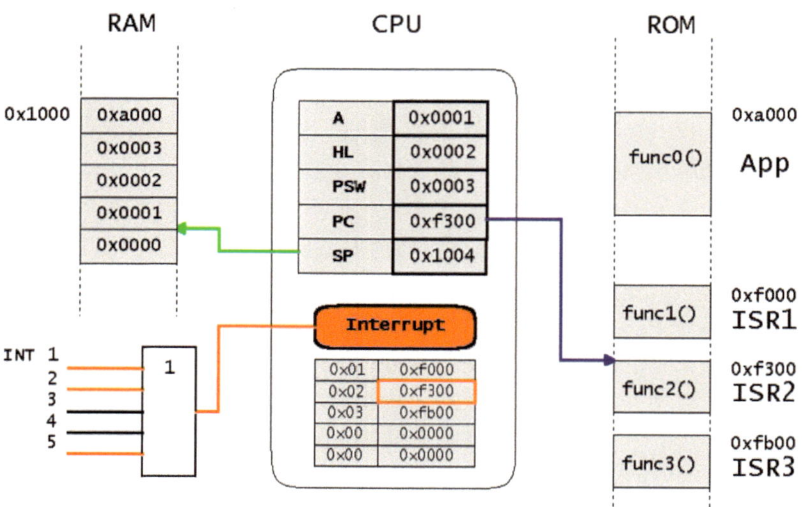

Bild 5.25 Der Interrupt-Controller mit mehreren priorisierbaren Interrupt-Vektoren

```
/**************************************************************************
   Vektortabelle der ARM Cortex Mx MCUS  Type of Priority Level
   für alle ARM Cortex                                                  */
ISR_HANDLER        RESET                    // fixed priority             -3
ISR_HANDLER        NMI_Handler              //     -„-                    -2
ISR_HANDLER        HardFault_Handler        //     -„-                    -1
ISR_HANDLER        MemManage_Handler        // settable priority           0
ISR_HANDLER        BusFault_Handler         //                             1
ISR_HANDLER        UsageFault_Handler       //                             2
ISR_RESERVED
ISR_RESERVED
ISR_RESERVED
ISR_RESERVED
ISR_HANDLER        SVC_Handler              //                             3
ISR_HANDLER        DebugMon_Handler         //                             4
ISR_RESERVED
ISR_HANDLER        PendSV_Handler           //                             5
ISR_HANDLER        SysTick_Handler          //                             6
/* herstellerspezifische Implementierung */
ISR_HANDLER        WWDG_IRQ_Handler //                                     7
ISR_HANDLER        PVD_IRQ_Handler //                                      8
....
ISR_HANDLER        FMPI2C1_EV_IRQ_Handler //                              95
ISR_HANDLER        FMPI2C1_ER_IRQ_Handler //                              96
/* Ende der Tabelle */
ISR_HANDLER        Interrupt#240 //                                      240
/* maximale Tabellenlänge */
```

Bei der Implementierung des NVIC-Moduls (nested vector interrupt controller, NVIC) der ARM Cortex M-Familie ist nicht gespart worden. Es gibt 256 mögliche Interrupt-Vektore. Davon sind die drei höchst prioritären Adressen dem RESET, dem NMI (non maskable interrupt) und dem Hard Fault-Vektor vorbehalten. Diese Vektoren können von der Software nicht unterdrückt (maskiert) werden. Sie werden in jedem Fall ausgeführt. Für den Programmierer bedeutet dies, dass jedem dieser Einträge eine ISR zugeordnet sein **muss**. Beim RESET-Vektor ist dies offensichtlich, vergisst man die beiden anderen Einträge und das Event tritt ein, stürzt der Prozessor unweigerlich ab.

Alle anderen Vektoren sind maskierbar, d. h. per Software temporär oder dauerhaft abschaltbar. Die Inhalte der Tabelle, also die Speicheradressen der ISRs, werden zur Compile-Zeit erzeugt und werden vom Linker auf feste Adressen abgebunden. Wenn in der Software Änderungen erfolgen und sich der Programmcode im Speicher verschiebt, wird dies beim nächsten Kompilieren berücksichtigt, und die Inhalte der Vektortabelle werden angepasst.

Um die Flexibilität der MCUs zu erhöhen, kann die Basisadresse der Vektortabelle manipuliert werden. Dies ist gelegentlich von Vorteil, wenn große Firmwarepakete auf einer MCU laufen, bei denen jede Applikation eigene Interrupt-Vektoren beansprucht. Bei einem Task-Switch von Applikationen wird die Basisadresse der Tabelle „verbogen“, und die neuen Vektoren sind aktiv. Derlei Bitgeflüster ist hochgradig fehlerträchtig und nur für Experten empfehlenswert.

Die komplette Programmierung des NVIC, also die Vergabe der Prioritäten und die Zuweisung der jeweiligen Interrupt-Freigaben bzw. Sperrungen, ist eine Wissenschaft für sich. Dazu gibt es einige mehr oder weniger brauchbare Datenblätter. Zur weiteren Verwirrung tragen die jeweiligen Implementierungen der unterschiedlichen Hersteller bei. Die grundsätzlichen Eigenschaften schreiben die ARM-Designrichtlinien vor, aber wer sich dafür genauer interessiert, dem sei [45] empfohlen.

Historische Anmerkung 5

Es begab sich Ende der Nullerjahre, dass zwei junge hoffnungsvolle Doktoringenieure (einer davon nicht mehr so ganz jung) mit einer interessanten Aufgabe betraut wurden – der Konzeption und der Realisierung eines eingebetteten Systems mit einer MCU. Die beiden Nerds, den frisch erworbenen Doktorhut fesch auf dem Kopfe, gingen mit Feuereifer an die Arbeit. Das Embedded System arbeitete mit der ersten ernst zu nehmenden ARM-MCU auf der Basis der ARM9-TDMI-Implementierung auf dem Markt. Man hatte die zwei (!) Interrupt-Quellen der ARM9-CPU durch eine vorgeschaltete Selektion vor dem IRQ-Eingang aufgebohrt. Die einzelnen Quellen gingen auf zwei unabhängige Controller. Jedes Event bekam seinen Vektor, und falls mal was schiefging, gab`s noch einen „spurious vector“ pro Controller, also insgesamt auch zwei. Die „spurious“ Interrupts sollten ausgeführt werden, wenn – ja was denn, wenn – also wenn zwar ein Interrupt angemeldet war, einer oder beide der Interrupt-Controller sich aber noch nicht für eine passende Adresse entschieden hatten.

Wer hatte so etwas erfunden und es zu verantworten? Ich will das abkürzen, der Hersteller empfahl eine ISR für beide „spurious“ Interrupts. Der Einfachheit halber sollte das die gleiche Routine für beide Controller sein. Bis dann zwei Supernerds herausfanden, dass dies ein gewaltiger Bug in der Hardware war. Kamen nämlich zwei Events, je eines für jeden Controller, gleichzeitig zum Zuge, und konnten sich beide Controller gerade nicht so recht entscheiden, wurde nur ein (!) spurious Interrupt ausgeführt und der andere verschwand. Das heißt, Sie drücken auf NOT-Aus im KKW und nichts passiert. Dummerweise trat das Ganze nur so alle ein bis zwei Wochen in einem unter Volllast laufenden System einmal (!) auf.

Da finden Sie mal die Ursache und haben dann auch noch die Chuzpe, einer Weltfirma Versagen vorzuwerfen. Doch wenn alles Wahrscheinliche ausfällt, muss es das Unmögliche sein. Tatsächlich benötigte jeder Interrupt-Controller eine eigenständige ISR. Die Ursache zu finden und zu beweisen, war bei aller Bescheidenheit eine ziemliche Leistung. Kurz, zwei Supernerds haben einer Weltfirma klargemacht, wo Bartel den Most holt, und den Fehler behoben. Beide Supernerds dürfen deswegen heutzutage an einer Hochschule ihr Unwesen treiben.

Ein letzter, aber umso wichtigerer Punkt muss noch erwähnt werden. Infolge der Trennung zwischen HAL und eigentlichem Interrupt-Handler kann es leicht passieren, dass Standardfunktionen bzw. andere Aufrufe aus der Firmware auch im Interrupt-Handler benutzt werden. Hier ist äußerste Zurückhaltung geboten. Funktionen, die aus einem Interrupt und aus der Firmware der Applikation aufgerufen werden, müssen *reentrant* programmiert sein.

Anhand eines Beispiels wird diese Eigenschaft illustriert. Gegeben sei eine mathematische Funktion:

```
byte bValueA, bValueB;              /* globale Variable */
word wWordResult;
/* Addition zweier Werte */
void vMath(*pByteA, *pByteB, *pWordResult){
    word w;                         /* Hilfsvariable */
    w = *pByteA + *pByteB;          /* Summe berechnen */
    [Unterbrechung durch Interrupt - ruft die Funktion ebenfalls auf]
    *pWordResult = w;
    }
```

Zur Minimierung des Übergabe-Stackframes (siehe Kapitel 6) werden die Parameter und der Verweis auf das Ergebnis als Zeiger (`call-by-reference`) übergeben. Angenommen diese Parameter würden auf globale Variablen zeigen, würde ein zweiter Aufruf der Funktion `vMath(&bValueA, &bValueB, &wWordResult)` im Interrupt-Handler, während die Funktion selbst gerade ausgeführt wird, das Ergebnis von `*pWordResult` zerstören. Der Wert für `*pWordResult` würde nach dem Ende des Interrupt-Handlers vom Wert der Hilfsvariablen `w` überschrieben. Die Beispielfunktion ist also nicht (!) reentrant.

Reentrante Funktionen dürfen keine globalen oder static-Variablen verwenden, es darf auch keine Verweise auf globale Adressen (Referenzen) geben, und es sind demzufolge alle Funktionen mit Parametern als `call-by-value` zu programmieren. Der Zugriff auf gemeinsam genutzte Ressourcen muss sorgfältig abgestimmt werden, und eine reentrante Funktion darf auch keine non-reentrante Funktion aufrufen.

5.7 Peripheriemodule

5.7.1 Zeitgeber und Zähler

Eine Vielzahl von Programmieraufgaben erfordert eine exakte zeitliche Staffelung bzw. Abstimmung verschiedener Prozesse untereinander. Mag es im Einzelfall noch angehen, den Programmablauf durch „Auszählen" der Assembleranweisungen zu strukturieren, ist das bei mehr oder weniger großen Programmpaketen ein Ding der Unmöglichkeit.[22] Das wissen natürlich auch die Hersteller und haben entsprechend vorgesorgt.[23]

Die Begriffe Zähler und Zeitgeber werden in der Literatur oft als Synonym benutzt. Dies hängt mit der sehr ähnlichen Grundfunktion der Peripheriemodule zusammen. Alle Zeitgeber beruhen auf der Auswertung des Zählstands des digitalen Zählers eines solchen Moduls. Es gibt immer eine Taktquelle, entweder intern, meist aus dem Systemclock abgeleitet, oder einem extern angeschlossenen Taktgenerator.

Eine externe Taktquelle ist eher ungewöhnlich und wahrscheinlich nur im Falle extremer Genauigkeitsanforderungen an die Zeitmessung sinnvoll. Die Stabilität des Quarzes am HSE (siehe 5.4) sollte meist genügen.

Anhand des Funktionsprinzips des SysTick-Timers wird das Grundprinzip der Zeitmessung innerhalb einer MCU demonstriert (Bild 5.26). Dieser System-Timer ist in allen ARM Cortex-M3/4-MCUs enthalten. Das ist offenbar der Grund, warum man nach der genauen Beschreibung bzw. einem Blockschaltbild in den Datenblät-

[22] Auf einem relativ langsamen Mikrocontroller der ST6-Reihe der Firma STMicroelectronics musste eine serielle Schnittstelle, zum Glück nur TxD, softwaretechnisch emuliert werden. Bei einer Baudrate von 38400 Baud schied eine Emulation im Interrupt mit einem Timer-Kanal aus. Die Bitzeit von 26.04 µs hätte das System heillos überfordert. Die einzige Alternative bestand in der Programmierung in Assembler und dem Abzählen der Befehle und Auffüllen der Anweisungen mit NOPs, wenn nötig. In 30 Jahren Programmierung war das die einzige Anwendung eines NOP.

[23] Gelegentlich sieht diese Vorsorge eher nach dem Ausleben wirklich sadistischer Neigungen aus. Die Beschreibung der Funktionsumfänge aller Timer eines STM32F446 umfasst im Reference Manual genau 192 Seiten.

tern von STM so wenig findet. Die Funktionsbeschreibung im Datenblatt [46] ist an Kürze nicht mehr zu unterbieten:[24]

- 24-Bit downcounter
- autoreload capability
- maskable system interrupt generation when counter reaches 0
- programmable clock source

Diese, im Gegensatz zu der Beschreibung der anderen Timer, wirklich kärgliche Beschreibung wird in ein Blockschaltbild umgesetzt.

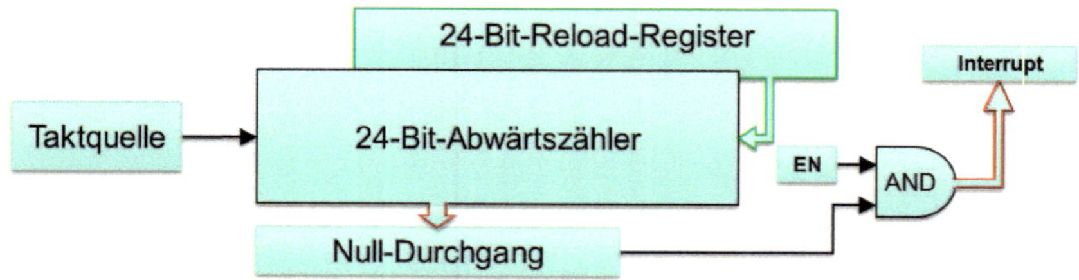

Bild 5.26 Blockschaltbild des SysTick-Timers aus der ARM Cortex M3/4-Serie

Zur Erzeugung zeitlicher Events wird der 24-Bit-Zähler an eine Taktquelle angeschlossen. Sobald der Zähler freigegeben wird, zählt er mit der Taktfrequenz rückwärts (abwärts). Der Nulldurchgang wird erkannt, und wenn dann der zugehörige Interrupt „enabled" ist, kann die ISR ausgeführt werden. Beim Nulldurchgang wird automatisch der Inhalt des 24-Bit-Reload-Registers in den Abwärtszähler übertragen, und der ganze Ablauf geht von vorn los.

```
/*****************************************************************************
*                  Init Systemticker
*      Author  :   J. Altenburg
*      Revison :   17.07.17
*      Parameters - alle 15 Millisekunden einen Interrupt
*****************************************************************************/
void vSystickInit( void ) {
    NVIC_SetPriority(SysTick_IRQn, nSystickLevel);             /* INT freigeben */
    /*15 m/180MHz^-1 set reload register = 15 Millisekunden */
    SysTick->LOAD = (2700000 - 1);
    SysTick->VAL = 0;                                          /* Init Counter */
    SysTick->CTRL = ( SysTick_CTRL_ENABLE_Msk |                /* set 0x07 */
                      SysTick_CTRL_CLKSOURCE_Msk|
                      SysTick_CTRL_TICKINT_Msk);25
    }
```

[24] Mit diesen Angaben klarzukommen, erfordert wirkliche Hingabe oder für die Romantiker „unsterbliche Liebe".

[25] [SysTick_CTRL_TICKINT_Msk] und ähnliche Kürzel sind in den diversen Header-Dateien definiert. In diesem Fall sind es drei einzelne Bits, welche die notwendigen Freigaben im [SysTick->CTRL]-Register setzen.

Bei der tatsächlichen Programmierung wird das Vorgehen deutlicher. Der Interrupt wird per Makro freigegeben, der Reload-Wert wird aus der Taktquelle berechnet und programmiert. Zum Schluss wird das Konfigurationsregister eingestellt, und der Timer startet. Zur Programmierung und Bedeutung der Bits des Konfigurationsregisters ist im „Programming Manual PM0214“ in Abschnitt 4.5, „SysTick“, nachzuschlagen [47].

Für die Zeitberechnung müssen die „abzuzählenden“ Ticks, respektive Taktperioden, ermittelt werden. Bei der gewünschten Zeit von 15 ms sind das genau (2700000 - 1) Takte. Bei diesen Berechnungen ist das exakte Studium des Datenblatts unerlässlich. Theoretisch werden für 15 ms genau 2700000 Takte ermittelt ($15ms/180MHz^{-1}$). Die Null beim Nulldurchgang ist aber ebenfalls ein gültiger Takt, deswegen muss der Reload-Wert um -1 korrigiert werden.[26]

Bei der Initialisierung des System-Timers ist die Interruptpriorität des SysTick-Handlers auf eine Freigabestufe gesetzt worden. Damit die MCU nicht nach der Initialisierung abstürzt, ist zuvor der Interrupt-Handler aufzusetzen.

```
/***************************************************************************
*                  ISR - Systemtimer
*                  - Aufruf der APPs alle x ms
*                  - Aufruf des "Millisekunden"-Containers
*      Author  :   J. Altenburg
*      Revison :   17.07.17
* ***************************************************************************/
extern "C" void SysTick_Handler( void ){
    SysTick->CTRL &= ~SysTick_CTRL_COUNTFLAG_Msk;
   GPIOA->ODR ^= (1<<15);                   /* Pin an Port A togglen */
   }

/* Interruptprioritäten */
#define nSystickLevel    31                /* niedrigste Priorität */

/* Interrupts global freigeben/sperren */
#define mcIntEnable()     { __asm("  cpsie i\n"); }
#define mcIntDisable()    { __asm("  cpsid i\n"); }

/* Testprogramm für www.mbed.com */
int main( void ) {
    mcIntDisable();                         /* alle Interrupts sperren */
    vSysClockInit();                        /* Systemclock initialisieren */
    vPortAInit();                           /* Port A anschalten */
    vSystickInit();                         /* System-Ticker an */
    mcIntEnable();                          /* Interrupts freigeben */
    while(1);                               /* endless loop */
    }
```

[26] Diese Korrekturen sind die wahren Stolpersteine des (noch nicht) ausgebufften Programmiergenies. Vergessen Sie die -1, beträgt der Fehler im Beispiel ca. 5.6 ns pro 15 ms Tick. Werden aus dem 15-ms-Ticker weitere Zeiten abgeleitet, entsteht ein Zeitfehler von einer Sekunde erst nach mehreren Hundert Stunden ununterbrochenen Betriebs. Das ist nicht viel, aber es ist eben trotzdem ein Fehler.

Vorsichtshalber werden vor dem Aufruf der Initialisierung der Peripherie alle Interrupts gesperrt. Dazu dienen die Makros `mcIntDisable()` und `mcIntEnable()`. Diese Makros erzeugen Inline-Assembler-Code zum Setzen bzw. Löschen des globalen Interrupt-Flags. Dieses Flag ist nicht über einen C-Befehl erreichbar.

Die Syntax des Interrupt-Handlers beinhaltet das Schlüsselwort `extern`. Mit dieser Anweisung wird dem Compiler der Mbed-IDE [48] verdeutlicht, dass die damit bezeichnete Funktion bereits als eine Art Prototyp definiert wurde und deswegen auf eine bestimmte Speicheradresse kommt, in diesem Fall auf den SYSTICK-Interrupt.

Mit dem System-Timer lassen sich sehr gut bestimmte Funktionsaufrufe, die in äquidistanten Abständen gestartet werden sollen, bedienen. Die Änderung dieser Zeiten ist über die Modifikation des Reload-Registers jederzeit anpassbar, doch alles in allem ist die Arbeit mit diesem Zähler/Timer nicht sehr komfortabel.

Wesentlich umfangreicher sind deswegen die Funktionen der „General Purpose Timer“ üblicher MCUs (Bild 5.27). Das Grundprinzip bleibt gleich, es gibt eine Taktquelle, die einen Zähler „antreibt“. Hinzu kommt die Möglichkeit, den Takt flexibel mit einem Vorteiler zu konfigurieren, und, besonders nützlich, die Capture/Compare-Einheit. Beim System-Timer wird nur der Nulldurchgang getestet, mit der Compare-Einheit kann jede beliebige Position des Zählers als Vergleichswert in das Compare-Register geschrieben werden. Das Compare-Event kann dann einen Interrupt auslösen. Sehr nützlich für die Erzeugung exakter Ausgangsimpulse ist die Output-Control-Einheit. Zwischen dem Interrupt-Event und der Interrupt-Service-Routine verstreicht bekanntlich die Interrupt-Latenzzeit.[27] Der programmierbare Ausgangspin kann direkt durch das Compare-Event getriggert werden, die Interrupt-Latenz wird gegenstandslos.

[27] Interrupt-Latenzen sind recht kurze Verzögerungen, oft kleiner als eine Mikrosekunde. Deswegen machen sich die wenigsten Einsteiger zu Beginn ihrer Programmierkarriere darum Gedanken. Auf ein paar Mikrosekunden mehr oder weniger kommt es doch nicht an, oder? Ich sage, hier entsteht ein Problem, ein Messfehler oder ein Jitter im Ausgang. Wer hier nicht gegensteuert, verhält sich fahrlässig. Oft haben selbst geringste Zeitfehler die unangenehme Eigenschaft, sich „aufzusummieren“. Ein unmerklicher Verzug kann über längere Zeiträume katastrophale Fehler hervorrufen – deswegen „Augen auf im Timerverkehr“!

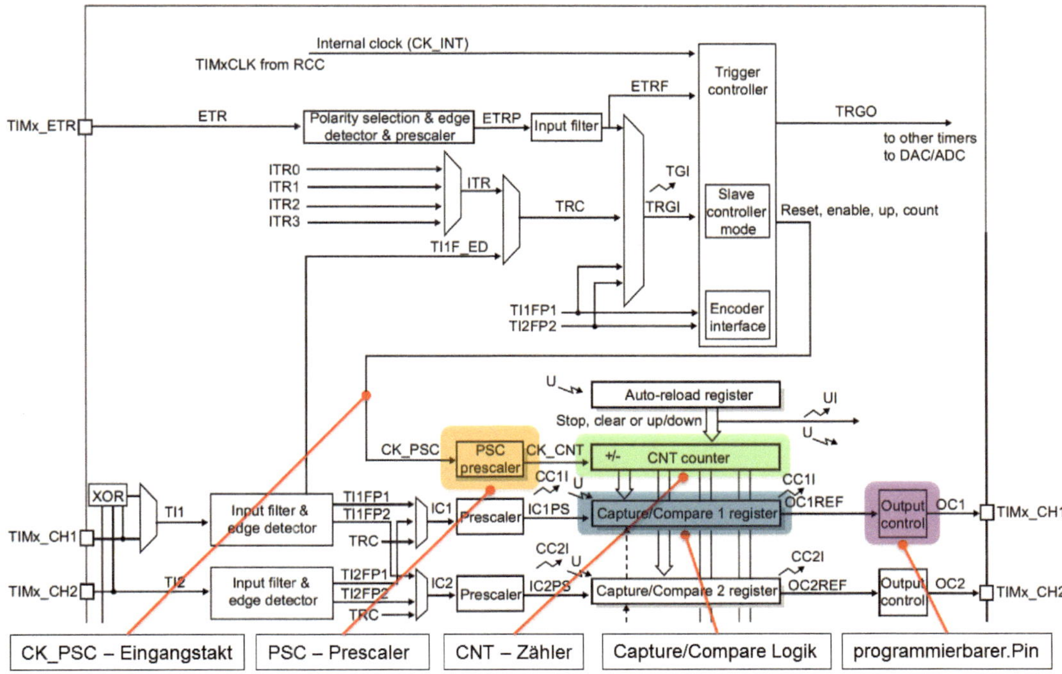

Bild 5.27 Blockschaltbild des General Purpose Timers der STM32F446-Familie

Neben der Erzeugung von Zeiten bzw. Ausgangssignalen ist auch die genaue Erfassung von Impulsabständen sehr oft das Ziel eines Programms. Im einfachsten Fall würde die Software ein Eingangspin so schnell wie möglich abtasten. Damit wäre die MCU aber für keine andere Aufgabe bereit. In einer besseren Variante würde die aktive Impulsflanke einen Interrupt auslösen, der dann in der ISR einen Zähler startet, stoppt oder ausliest. Dies ist in vielen Fällen brauchbar, bei exakten Messungen ist aber wieder die Interrupt-Latenz das Problem. Im „Capture-Mode" lädt deswegen die aktive Flanke per Hardwarelogik den Zählerstand in das Capture-Register und erzeugt gleichzeitig das Interrupt-Event. In der ISR kann dann der Zählerstand zum genauen Zeitpunkt des Auftretens der Flanke ausgewertet werde. Die ISR-Latenzzeit ist ebenfalls nahezu irrelevant geworden.[28]

```
/*****************************************************************************
 *                 Timer2
 *      Author  :  J. Altenburg
 *      Revison :  18.07.17
 *      Parameters
 *      Input   :  Nothing
```

[28] Der zeitliche Abstand zwischen zwei Interrupt-Events darf die Summe aus Interrupt-Latenz und Programmlaufzeit der ISR nicht unterschreiten, sonst kommt es zum „function overrun". In einem solchen Fall scheint es so, als ob Interrupt-Events verloren gingen. Hierbei handelt es sich um einen äußerst scheußlichen und schwer zu findenden Fehler.

```
 *      Output  :   Nothing
 ****************************************************************************/
void vTimer2Init(void) {
    RCC->APB1ENR |= RCC_APB1ENR_TIM2EN;          /* Power on */
    TIM2->PSC = 8;                                /*90MHz^-1 * (8+1) = 100 ns */
    TIM2->ARR = 10000-1;                          /*100ns *10000 = 1 ms */
    TIM2->CR1 &= ~TIM_CR1_DIR;                    /* aufwärts zählen */
    NVIC_SetPriority(TIM2_IRQn, nMillisecLevel);
    NVIC_EnableIRQ(TIM2_IRQn);
    TIM2->DIER = TIM_DIER_CC1IE;                  /* compare interrupt enable */
    TIM2->CR1 |= TIM_CR1_CEN;
    }

/****************************************************************************
 *                ISR - Timer 5
 *      Author  :   J. Altenburg
 *      Revison :   30.08.17
 *      Parameters
 *      Laufzeit:   ca. 150 ns
 ****************************************************************************/
extern "C" void TIM2_IRQHandler(void) {
    TIM2->SR &= ~TIM_SR_CC1IF;                    /* clear pending bit */
    GPIOA->ODR ^= (1<<15);
    }
```

Das Prinzip der allgemeinen Peripherie-Initialisierung wird nun immer klarer. Zuerst sollte man die Stromversorgung zuschalten und dann den Prescaler auf 100 ns Taktperiode einstellen. Im Statusregister wird die Zählrichtung vorgegeben sowie der Reload-Wert auf 9999 Ticks (0 ist auch ein Wert) festgelegt. Alle 10000 * 100 ns = 1 ms wird dann der Interrupt ausgelöst. Die Priorisierung und Freigabe des Interrupts im NVIC sollten Sie nicht vergessen! Jetzt müssen Sie noch die Interrupt-Quelle (TIM_DIER_CC1IE - capture compare 1 interrupt enable)[29] auswählen und den Zähler starten.

Der zugehörige Handler setzt das Interrupt-Pending-Bit zurück und lässt das Ausgangspin togglen. Der Fallstrick ist oft die Frage nach manuellem oder automatischem Rücksetzen des Pending-Bits. Vergisst man im manuellen Mode das Rücksetzen, rennt die Software nach dem Ausführen der ISR gleich wieder in diese Funktion hinein. Von außen betrachtet, scheint es so, als ob die Software eingefroren wäre. In Wirklichkeit arbeitet die MCU pausenlos die angeforderte ISR ab.

Neben festen (äquidistanten) Zeiten zwischen Interrupt-Events sollen die Abstände vielfach sehr flexibel und schnell variiert werden können. In diesem Fall wird der Vergleichswert des Compare-Registers um die Anzahl der Ticks bis zum nächsten Event erhöht, ergo Compare = Zählerstand + Deltaticks.

[29] CC1IE (capture compare 1 interrupt enable): Bei einer solchen Abkürzung behaupte noch einmal jemand, Ingenieure haben keinen Humor. In meinen Träumen stelle ich mir manchmal eine Smalltalk-Runde von Supernerds vor. Die lassen sich diesmal nicht von den anderen Spackos die Butter vom Brot nehmen, sondern diskutieren den ganzen Abend in dieser Form miteinander. Ach Herr, lass ASCII-Tabellen vom Himmel regnen!

Solange der Counter und das Compare-Register noch nicht übergelaufen sind, scheint diese Idee sinnvoll zu sein. Doch dann?

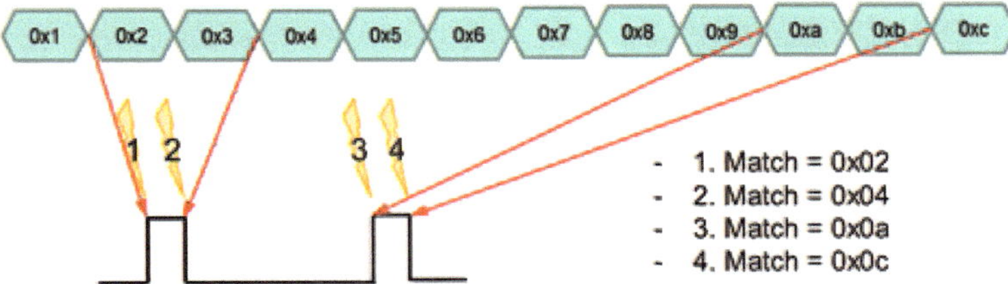

Bild 5.28 Impulserzeugung durch Neuprogrammierung des Compare-Registers mit unterschiedlichen Match-Werten und den zugeordneten Interrupt-Events

Die Lösung lautet Uhrzeiger-Arithmetik. Für die Anwendung dieser Methode muss der Zählumfang des Counters größer als der längste zeitliche Abstand zweier Events sein. In diesem Fall braucht man sich über den Zahlenüberlauf keine Gedanken mehr zu machen.[30]

```
/***************************************************************************
 *                  Timer2 - Modifikation für Uhrzeiger-Arithmetik
 *      Author  :   J. Altenburg
 *      Revison :   21.05.20
 ***************************************************************************/
void vTimer2Init(void) {
    ...
    TIM2->ARR = 0xffff;                        /*100ns *10000 = 1 ms */
    TIM2->CCR1  = 1000;                        /* erstes Interrupt-Event */
    ...
    }

/***************************************************************************
 *                  ISR - Timer 2
 *      Author  :   J. Altenburg
 *      Revison :   21.05.20
 ***************************************************************************/
extern "C" void TIM2_IRQHandler(void) {
    TIM2->SR &= ~TIM_SR_CC1IF;                 /* clear pending bit */
    TIM2->CCR1  += 1000;                       /* nächstes Event in 1000 Ticks */
    GPIOA->ODR ^= (1<<15);
    }
```

[30] In der Vorlesung bringe ich diese Idee meinen Studenten mit folgendem Gedankenexperiment nahe. Ein strebsamer Student stellt seinen Wecker auf 6.00 Uhr, damit er zu meiner Vorlesung rechtzeitig erscheint. Wegen starkem Brausekonsums am Vorabend wird die Weckzeit nach dem ersten Schellen um zwei Stunden verschoben: 6 + 2 = 8. Um 8.00 Uhr haben sich das flaue Gefühl im Kopf und der pelzige Geschmack auf der Zunge noch nicht verzogen. Also rechnen wir noch drei Stunden dazu: 8 + 3 = 11. Um 11.00 Uhr kommt die Erkenntnis, der Tag ist gelaufen. Ausschlafen ist wichtig, zwei Stündchen gehen noch: 11 + 2 = 1 Wie kann das sein? Die Rechnung ist doch falsch? Nein, die Rechnung nach Uhrzeiger-Arithmetik stimmt: 11 + 2 = 13 - 12 = 1! Ich liebe solche Gedankenexperimente. Sie kommen ja nie vor.

Die Modifikationen an der Initialisierung sind minimal. Der Umfang des Zählbereichs wird mit dem Autoreload-Register bestimmt (TIM2->ARR = 0xffff;); dieser Bereich entspricht nun der Bitbreite eines 16-Bit-Worts. Im nächsten Schritt wird der Zeitpunkt des ersten Events bestimmt (TIM2->CCR1 = 1000;). Zum Festlegen dieser Einstellungen ist einerseits das intensive Studium des Datenblattes unerlässlich, andererseits muss man über Grundkenntnisse der digitalen Schaltungstechnik verfügen, sonst bleiben die Hintergründe der „Bitschubserei“ im Dunkeln.[31]

In Bild 5.29 ist ein diskreter Frequenz-Sweep im Screenshot des DSO zu sehen. Zur Erzeugung wird bei jedem Interrupt des Timer4 der nächste Compare-Zeitpunkt durch Manipulation des Inhalts des Compare-Registers `TIM4->CCR1` erzeugt. Das dazu nötige Programm, die Initialisierung des Timers und die Berechnung der diskreten Frequenz-Steps, ist rechts in Bild 5.29 eingeblendet.

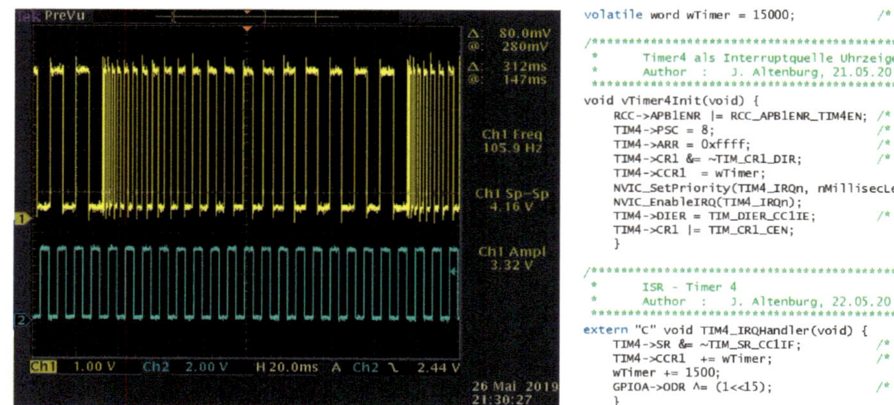


```
volatile word wTimer = 15000;              /* globale Variable */

/*****************************************************************
 *      Timer4 als Interruptquelle Uhrzeiger-Arithmetik          *
 *      Author  :   J. Altenburg, 21.05.20                       *
 *****************************************************************/
void vTimer4Init(void) {
    RCC->APB1ENR |= RCC_APB1ENR_TIM4EN; /* Power on */
    TIM4->PSC = 8;                      /* 90MHz^-1*(8+1)=100ns */
    TIM4->ARR = 0xffff;                 /* 100ns*0xffff= 6.5536ms*/
    TIM4->CR1 &= ~TIM_CR1_DIR;          /* aufwärts zählen */
    TIM4->CCR1  = wTimer;
    NVIC_SetPriority(TIM4_IRQn, nMillisecLevel);
    NVIC_EnableIRQ(TIM4_IRQn);
    TIM4->DIER = TIM_DIER_CC1IE;        /* compare interrupt */
    TIM4->CR1 |= TIM_CR1_CEN;
    }

/*****************************************************************
 *      ISR - Timer 4                                            *
 *      Author  :   J. Altenburg, 22.05.20                       *
 *****************************************************************/
extern "C" void TIM4_IRQHandler(void) {
    TIM4->SR &= ~TIM_SR_CC1IF;          /* clear pending bit */
    TIM4->CCR1  += wTimer;              /* set next int-event */
    wTimer += 1500;
    GPIOA->ODR ^= (1<<15);              /* toggle yellow signal */
    }
```

Bild 5.29 Erzeugung komplexer Signalmuster mittels Compare-Register und ISR

Mit dieser Art des Vorgehens sind natürlich auch andere Impulsfolgen programmierbar. Als Beispiel soll die Generierung des Impulstelegramms für die Ansteuerung von Servos (siehe Abschnitt 4.9.2) genannt werden. Das PPM-Telegramm wird dazu in Zeitabschnitte unterteilt. Jeder Abschnitt ist durch einen Flankenwechsel gekennzeichnet. Die Zeitabstände zwischen der Umschaltung der Impulse werden als Tabelle in eine Liste abgelegt. In dieser Liste ist jeweils noch der Flankenzustand hinterlegt, und die ISR „spult“ nun den Inhalt der Tabelle ab.

---

[31] Eine ganz besondere Schuftigkeit hält die Mbed-IDE bereit. Die Namen der externen Interrupt-Handler im Beispielprogramm müssen exakt mit den Bezeichnungen in den Start-up-Dateien von Mbed übereinstimmen. Nur publiziert Mbed diese Vereinbarungen nirgends, jedenfalls habe ich sie nicht gefunden. Bei Rowley-Crossworks, einer weiteren ARM Cortex IDE, kann man die Bezeichner der Datei *STM32_Startup.s* entnehmen. Der Handler für Timer2 wird mit TIM2_IRQ_Handler bezeichnet. Bei Mbed gibt es keinen Unterstrich zwischen IRQ und Handler. Darauf muss man erst einmal kommen.

5.7.2 Analog-Digital-Wandler

In vielen Applikationen mit MCUs ist die Erfassung analoger Eingangssignale unerlässlich. Zum besseren Verständnis wird der Programmierung von A/D-Wandlern in MCUs eine kurze Einführung in die Problematik digitaler Abtastung vorangestellt. Früher oder später wird man sich in Abtastprobleme, Diskretisierung und Quantisierung von Analogsignalen tiefer einarbeiten müssen. Infolge des extremen Anstiegs der Rechenleistung werden Aufgaben, die vor Jahren nur mit speziellen DSPs (digital signal processing, DSP) gelöst werden konnten, heute gern auf General Purpose-MCUs wie die ARM Cortex-M4 verlagert.[32]

Analoge Eingangsgrößen können aus den unterschiedlichsten Quellen stammen. Das können Temperatursensoren mit geringer Änderungsgeschwindigkeit sein, Signale mit überschaubaren Genauigkeitsanforderungen bis hin zu hochperformanter Signalabtastung und Quantisierung von Eingangsdaten bis in Bereiche von mehreren Hundert Kilohertz und Auflösungen bis zu 16 Bit.[33]

Die Schlüsselbegriffe lauten Abtastrate und Quantisierungsstufen (Bild 5.30). Entsprechend des „Nyquist-Kriteriums" muss die Abtastrate mindestens doppelt so groß wie die höchste Spektralfrequenz des Eingangssignales sein. Wird diese Randbedingung verletzt, entstehen unerwünschte Signalartefakte (Aliasing-Effekte), die bis zur völligen Unbrauchbarkeit der Messungen führen.

Für die Qualität der nachfolgenden Messwertbehandlung ist die Auflösung (Quantisierung) des Signals maßgeblich relevant. Die Auflösung wird in der Bitbreite des diskreten Digitalworts angegeben.

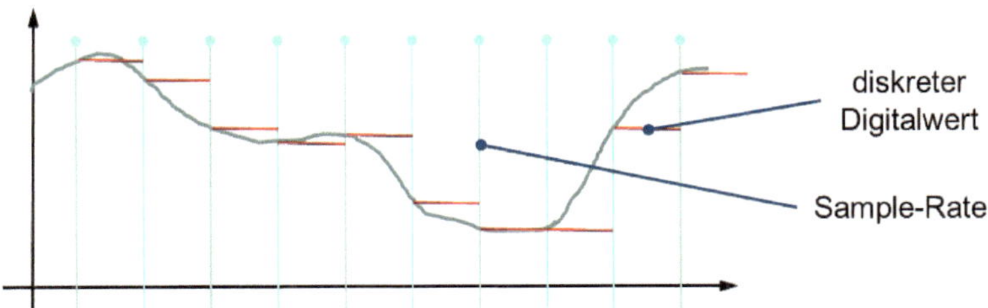

Bild 5.30 Abtastrate (sample rate) und diskrete Digitalwerte (Quantisierungsstufen) eines analogen Signals

[32] Dies hängt unter anderem mit dem Einbau rudimentärer DSP-Funktionalitäten in die CPU dieser Architektur zusammen. Über einen schnellen Zusatzrechner zu verfügen, ist die eine Sache, das Ding zu programmieren, eine ganz andere.

[33] Bei einer Referenzspannung von 3.3 V beträgt die Auflösung im niederwertigsten Bit ca. 0.00005 Volt. In einem gemischt digital/analogen Schaltungsaufbau ist die genaue Messung einer Spannung von 50 µV schon fast Glückssache.

Der einfachste AD-Wandler ist ein Operationsverstärker in Funktion eines Komparators (Bild 5.31). Bekanntlich ist die Leerlauf-Spannungsverstärkung von OPVs sehr hoch, ideal ∞. Mithilfe einer Referenzspannung V_{ref} wird die Eingangsspannung V_{in} in eine rechteckförmige Ausgangsspannung V_{out} überführt. Ist $V_{in} > V_{ref}$, erreicht V_{out} die Versorgungsspannung, ist $V_{in} < V_{ref}$, wird $V_{out} = 0$ bei unsymmetrischer Versorgung.

Die Auflösung von einem Bit klingt nicht direkt berauschend, es geht bei dieser Erläuterung aber um das Prinzip der Umwandlung.

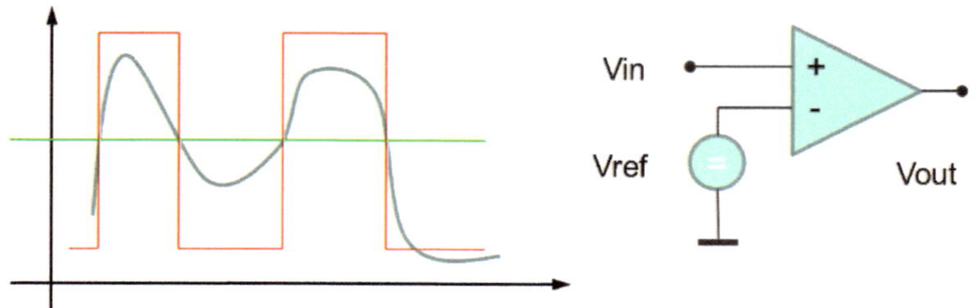

Bild 5.31 1-Bit-Analog-Digital-Wandler mit Komparator (Spannungsvergleicher)

Der Vergleich mit einem Referenzwert ist die Schnittstelle zwischen analogen und digitalen Signalen. Durch die Parallelschaltung von mehreren Komparatoren ist die Auflösung dieses AD-Prinzips leicht zu vergrößern. Es ist jedoch sofort ersichtlich, dass pro Auflösungsbit ein Komparator benötigt wird. Ein 8-Bit-ADC (analog-to-digital converter) braucht demzufolge 256 Komparatoren – ein schaltungstechnischer Super-GAU. Dennoch wird dieses Verfahren, als Flash-ADC bezeichnet, in Sonderanwendungen eingesetzt. Der Vorteil dieses Wandlungsverfahrens ist die hohe Geschwindigkeit der Umsetzung. Im Gegensatz zu allen anderen ADCs hängt das Umsetzergebnis nur von der Vergleichsgeschwindigkeit der OPVs ab.

Moderne ADCs gibt es in einer Vielzahl von integrierten Bausteinen. Selbst Auflösungen von mehr als 24 Bit sind relativ preiswert produzierbar. Wie nahezu überall in der Technik muss für den konkreten Einsatzfall ein Kompromiss zwischen Auflösung, Umsetzgeschwindigkeit und Kosten gefunden werden.

Mit dem Aufkommen von MCUs wurde die Frage der Integrierbarkeit in den Schaltkreis akut. Digitalbausteine werden mit anderen Technologien als analoge IC gefertigt. Präzise und eng tolerierte passive Komponenten sind eher schlecht in digitale ICs zu integrieren.

Erfreulicherweise lassen sich Digital-Analog-Wandler deutlich einfacher mit der Herstellungstechnologie für digitale Prozesse aufbauen. Zwar ist die absolute Toleranz passiver BE in Digitalschaltkreisen problematisch, die relative Toleranz, z. B.

von Widerständen auf einem IC, ist sehr viel enger. Die Integration eines D/A-Wandlers mit R-2R-Netzwerken[34] ist mit hoher Genauigkeit machbar.

Alternativ zu R-2R-Netzen sind auch Kondensatoren sehr gut in einem exakten Kapazitätsverhältnis zueinander integrierbar. Für einen ADC benötigt man außer den Kondensatoren nur noch einen Komparator als analoges Bauelement auf dem Chip einer MCU.

Damit ist der ADC nach dem Verfahren der sukzessiven Approximation das Bauteil der Wahl zur Integration mit „digitalen" Herstellungsprozessen (Bild 5.32). Das Funktionsprinzip ist in [49] sehr gut beschrieben. Zur Kurzerklärung: Das Eingangssignal lädt die Kette gewichteter Kondensatoren auf (sample time). Anschließend werden über Schalter Teile der C-Kette mit der Referenzspannung verglichen. Dabei bilden die einzelnen Kondensatoren in den unterschiedlichen „Zuschaltungen" eine Art kapazitiven Spannungsteiler.

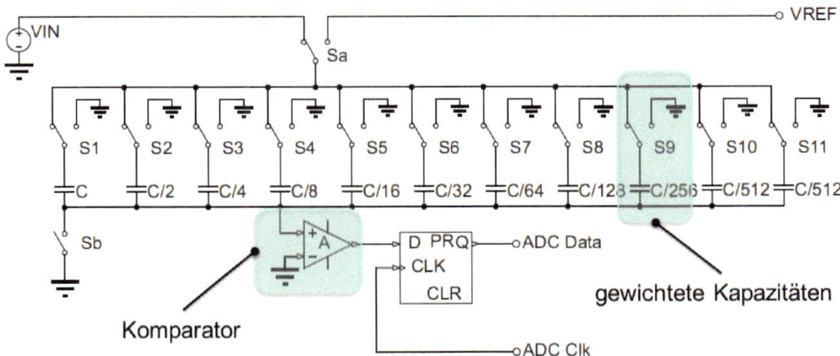

Bild 5.32 Sukzessive Approximation eines Eingangswertes mittels geschalteter Kondensatoren

Mit den elf Kondensatoren kann ein 10-Bit-ADC aufgebaut werden. Die Kondensatoren der Teilerkette werden von der digitalen Umsetzlogik schrittweise zu- bzw. abgeschaltet. Beginnend mit dem höchstwertigen Bit nähert man sich dem exakten Eingangswert schrittweise an. Spätestens nach zehn Schritten liegt das Ergebnis vor.

[34] Hin und wieder bekomme ich Fragen wie: „**Das** haben Sie doch überhaupt nicht erklärt. Woher soll ich **es** dann wissen?". Wenn ich gut gelaunt bin, schiebe ich eine Erklärung nach, wenn mal etwas schlechter läuft, patze ich: „Fachbücher und Internet sind doch bereits erfunden. Den günstigsten Handyvertrag finden Sie doch auch, ohne dass ich Sie an die Hand nehmen muss."

```
/*****************************************************************************
 *      Init ADC1, STM32L432                                                *
 *      Author  :   J. Altenburg                                            *
 *      Revison :   08.09.17                                                *
 *      Parameters                                                          *
 *      Input   :   Nothing                                                 *
 *      Output  :   Nothing                                                 *
 *****************************************************************************/
void vAdc1Init( void ){
    volatile word w = 1000;
    RCC->CCIPR   |= (RCC_CCIPR_ADCSEL_0 | RCC_CCIPR_ADCSEL_1); /* SYSCLK */
    RCC->AHB2ENR|= RCC_AHB2ENR_ADCEN;      /* ADC clock on */
    ADC1->CR     &= ~ADC_CR_DEEPPWD;
    ADC1->CR     |= ADC_CR_ADVREGEN;       /* Regulator on */
    while(w--);                            /* ca. 50 µs warten */
    ADC1->CR     |= ADC_CR_ADCAL;          /* Start kalibrieren */
    for(w = 0; w < 1000; w++){
        if(!(ADC1->CR & ADC_CR_ADCAL)) break;        /* kalibrieren */
        }
    ADC1->CFGR   |= (ADC_CFGR_CONT | ADC_CFGR_OVRMOD); /* ständig wandeln */
    ADC1->SQR1   |= ADC_SQR1_SQ1_2 + ADC_SQR1_SQ1_1;   /* ADC1-6 einstellen */
    ADC1->CR     |= ADC_CR_ADEN;           /* ADC enable */
    while(!(ADC1->ISR & ADC_ISR_ADRDY));   /* ready? */
    ADC1->CR     |= ADC_CR_ADSTART;        /* los geht's */
    }
```

Die richtige Programmierung der vielfältigen Umsetzmöglichkeiten eines ADC in einer MCU werden schnell zu einem programmiertechnischen Albtraum.[35]

5.7.3 Serielle Schnittstellen

Zur einfachen Kommunikation zwischen Mensch und Maschine (Mensch-Maschine-Interface, MMI) bzw. zwischen Maschinen können sehr leicht Parallel-Ports genutzt werden. Die Zahl der zur Verfügung stehenden Leistungen begrenzt die Anzahl der gleichzeitig übertragbaren Daten. Außerdem sind Anschlussleitungen an einem integrierten Baustein immer ein zu berücksichtigender Kostenpunkt. Wünschenswert ist deswegen die Minimierung der physikalischen Verbindungsleitungen zur Datenübertragung.

Den Schlüssel dazu liefern serielle Schnittstellen. Sehr oft lassen sich Informationen zu Datenpaketen bündeln, die anschließend über wenige Verbindungen austauschbar sind. Die vorliegenden Datenpakete müssen dazu serialisiert werden.

---

[35] Bei einer Diskussion unter Kollegen aus der Informatik stand die Frage im Raum, warum man nicht eine Klasse von Methoden für die allgemeine Beschreibung von ADCs aller möglichen MCUs erstellt, um dann für alle Zukunft sämtlicher Probleme ledig zu sein. Nach einiger Zeit habe ich mich dieser Diskussion entzogen, hauptsächlich weil ich mich an die Anekdote über einen Lehrer erinnerte, der seine Schüler einen Aufsatz „Was ist Mut?" schreiben ließ. Als Ergebnis eines Schülers erhielt er ein Blatt mit einem einzigen Satz: „Das ist Mut!" Nun, wir sind nicht im Deutschunterricht, und ich bin kein Informatiker, aber eine Klasse mit Methoden für alle denkbaren ADC aller MCUs dieser und aller anderen Welten zu erstellen – das ist Übermut.

Aus der Digitaltechnik sind dafür Schieberegister das Mittel der Wahl. Der Inhalt einer Schieberegisterkette kann durch eine Hardware „parallel“ vorgegeben werden. Parallel bedeutet in diesem Falle, die einzelnen Flip-Flops werden durch ihre Preset- bzw. Clear-Anschlüsse in den geforderten Zustand versetzt und können dann mithilfe eines Schiebetaktes diese Daten seriell ausschieben.

Zum Verdeutlichen dieses Vorganges baut man sich eine Testschaltung in Logisim auf (Bild 5.33). Der Sender besteht aus zwei Schieberegistern, TX und RX-Register. Der Empfänger ist genauso aufgebaut. Der Ausgang des TX-Registers des Senders wird auf den Eingang des RX-Registers im Empfänger gelegt. Das TX-Register des Empfängers geht wiederum auf das RX-Register des Senders. Diese Signale werden als MOSI (master out slave in) und MISO (master in slave out) bezeichnet. Mit dem Ladesignal (LOAD) werden die TX-Register in Sender und Empfänger geladen, im Beispiel mit Festwerten. Anschließend werden die Inhalte der TX-Register in die RX-Register verschoben.

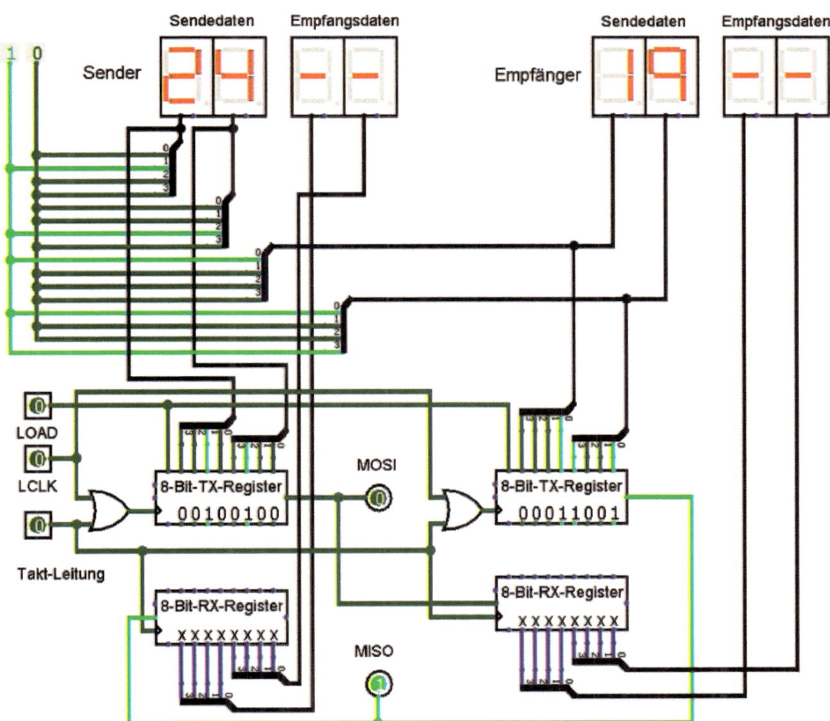

Bild 5.33 Serieller Datenaustausch mittels Schieberegistern als Logisim-Modell

Als Master fungiert das Gerät, welches den Schiebetakt und den Ladeimpuls erzeugt. Der Datenaustausch zwischen Master und Slave erfolgt bidirektional, d.h., jeder Teilnehmer kann sowohl senden als auch empfangen. Der Slave kann jedoch von sich aus den Datentransfer nicht starten, das geht nur masterseitig. Ganz wichtig ist auch das Prinzip des abhängigen Datenaustauschs. Wenn der Master Datenpakete vom Slave anfordert, muss er dies durch ein geeignetes Kommando initiieren. Bei dieser Anforderung erhält er bereits Werte aus dem Schieberegister des Slaves. Diese sind in aller Regel als „Dummy-Daten" anzusehen, da der Slave erst nach dem Interpretieren des Master-Befehls sinnvolle Datenpakete bereitstellen kann. Solange Daten vom Slave abgefragt werden, müssen die notwendigen Schiebetakte vom Master generiert werden. Dazu werden dann vom Master Dummy-Daten übertragen. Dieses Verfahren ist relativ umständlich, aber die erforderliche Hardware auf dem Chip der MCU ist übersichtlich, benötigt wenig Fläche und ist leicht zu programmieren.

SPI (Serial Peripheral Interface)

Das eben beschriebene Verfahren wird als synchrone serielle Schnittstelle bezeichnet und in praktisch alle MCU als SPI-Peripheriemodul integriert.

Bild 5.34 zeigt den Anschluss mehrerer Geräte (Slaves) an einen Sender (Master). Damit es nicht zu Signalstörungen kommt, übernimmt das Auswahlsignal (/NSSx) die Aktivierung des adressierten Geräts. Die Ausgangsstufe jedes Slaves verfügt über einen Tri-State-Output. Erst wenn /NSSx = 0 ist, wird das Signal des Slaves auf der MISO-Leitung aktiv. Bei /NSSx = 1 ist der Ausgang hochohmig (Bild 5.34).

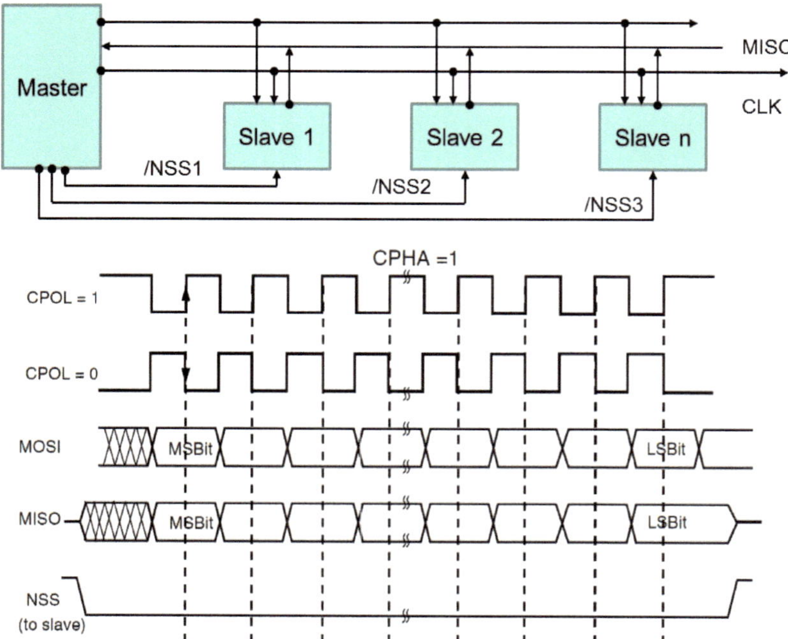

Bild 5.34 Ankopplung mehrerer Slaves an einen Master und zeitlicher Verlauf einer 8-Bit-Datenübertragung: Die aktive Taktflanke L→H oder H→L ist in vielen Fällen programmierbar. Das Zeitverhalten ist [42] entnommen.

Die aktive Taktflanke auf der CLK-Leitung überträgt das anliegende Bit in das Schieberegister. Die Bitreihenfolge der Übertragung auf der SPI erfolgt meist mit dem MSB (most significant bit) zuerst. Bei einer 8-Bit-Übertragung ist dies das höchstwertige Bit eines Bytes. Die Reihenfolge kann oft über die SFRs des integrierten Peripheriemoduls festgelegt werden. Die Schiebegeschwindigkeit wird mit der Taktfrequenz auf der CLK-Leitung bestimmt. Aus Gründen der EMV-Abstrahlung wählt man die Frequenz so gering wie möglich. Die genaue Einstellung der Konfigurationsregister entnimmt man dem Datenblatt.[36]

Ein nicht zu unterschätzender Vorteil ist die einfache softwaretechnische Umsetzung zur Erzeugung der benötigten Steuersignale.

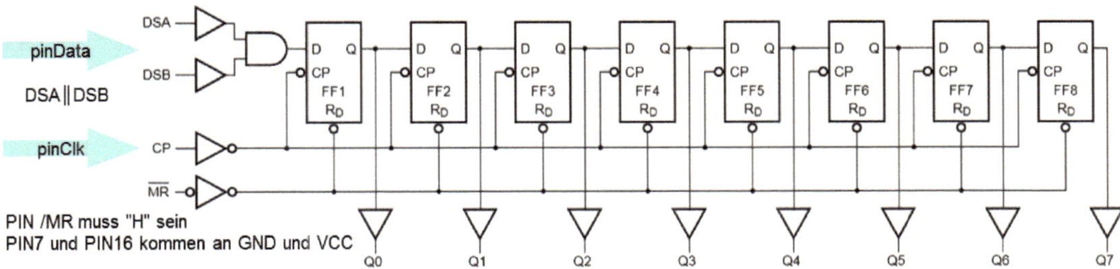

Bild 5.35 Innenschaltung des 8-Bit-Schieberegisters vom Typ 74164

Wie bereits erwähnt, ist die Anzahl der zur Verfügung stehenden Anschlusspins einer integrierten Schaltung ein Kostenfaktor. Man wird demzufolge immer das kleinste Gehäuse mit den wenigsten Anschlüssen einbauen wollen.[37]

So kommt es, wie es kommen muss. Oft fehlen ein paar Leitungen zur Anzeige zusätzlicher Signale. Mit einem Schieberegister ist hier einfach Abhilfe zu schaffen.

```
DigitalOut pinClk(p6);           /* CP vom 74164 */
DigitalIn  pinData(p7);          /* DSA parallel DSB vom 74164 */

void vWrite74164( byte bData ){
    volatile byte bMask;         /* volatile verbietet Compiler-Optimierungen */
    pinClk = 0;                  /* CLK ist low */
```

[36] Beim STM32F446-Mikrocontroller wird die SPI-Programmierung auf gerade einmal 19 Seiten im Reference Manual erläutert. Es gibt zwar trotzdem viele Fehlerquellen, aber so richtig viel falsch machen kann man nicht. Die hinterf...igste Geschichte ist die Programmierung der GPIOs im alternative output mode. Deren Zuordnung zu den alternative functions findet man erst nach langem Suchen im Datasheet der MCU. Werden die Register GPIOx->AFR[0] bzw. AFR[1] nicht oder inkorrekt programmiert, kommen die Peripheriesignale nicht nach draußen. Da kann man Stunden suchen. Für Sie gilt das natürlich jetzt nicht mehr, denn Sie lesen sowohl dieses unglaublich wertvolle Fachbuch **und** die Datenblätter der zu programmierenden MCUs.

[37] Wenn es nach den BWL-Fuzzis geht (sorry, aber ich schreibe manchmal genauso, wie ich denke), ist die maximale Zahl der kaufmännischen Anschlüsse gleich „null". Da in den Firmen mit harten Bandagen um jeden zusätzlichen Pin gekämpft wird, ist das vorangehend geschilderte Beispiel ein tiefer Einblick in die Wirklichkeit. Also, letzte Chance zum Berufswechsel - als Geisterwissenschaftler zu arbeiten ist nicht so aufreibend, jedoch deutlich schlechter bezahlt.

```
    bMask = 0x80;
    while(bMask){                 /* Bitmaske für bData */
        if(bData & bMask) pinData = 1;
        else              pinData = 0;
        pinClk = 1;               /* Schiebeclock */
        bMask >>= 1;
        pinClk = 0;
        }
    }
```

Die Programmfunktion ist simpel. Der Funktion `vWrite74164(bValue)` wird der Parameter `bValue` übergeben. Der Wert ist vom Typ byte, d.h. eine 8-Bit-Variable. Das Schieberegister ist an zwei Ausgangspins, `pinClk` und `pinData`, der MCU angeschlossen.

In der Programmfunktion wird die Hilfsvariable `bMask` mit 0x80 initialisiert. Diese Variable erfüllt zwei Aufgaben. Zum einen dient sie zur Adressierung der Bitposition im Übergabeparameter und zum anderen wird der Wert in `bMask` als Abbruchkriterium der `while`-Schleife genutzt. Wie bekannt, werden die Ausgangszustände der Flip-Flops in einem Schieberegister durch das logische Potenzial am Eingang D (DAS bzw. DSB) und die Abfolge der Schiebetakte an der CLK-Leitung definiert. In der `while`-Schleife werden genau diese Pegel bzw. Taktimpulse durch Setzen bzw. Löschen der Ausgänge erzeugt.

Mit dieser einfachen Schaltungsergänzung können zusätzlich acht Ausgänge mit zwei (noch hoffentlich freien) Output-Port-Pins erzeugt werden.[38] Der einzige Nachteil dabei ist, dass die auszugebenden Signale „sichtbar" durch das Register geschoben werden. Wenn das unerwünscht ist, muss man die Ausgänge am 74164 durch einen nachgeschalteten 8-Bit-Speicher ergänzen. Wenn die gewünschte Bitkombination an Q_0 bis Q_7 anliegt, wird mit einem zusätzlichen Ladeimpuls der Wert in die Speicher übernommen.

Bild 5.36 zeigt die Erweiterung der Ausgabefunktion und das Blockschaltbild des dafür notwendigen TTL-Bausteins 74595.[39]

[38] Sie werden nicht glauben, wie häufig ich diese Variante der Portpin-Erweiterung bereits verwendet habe. Zum Teil habe ich, wenn nicht alle Pins der MCU benutzt waren, bereits ein Schieberegister als Option in die Schaltung mit aufgenommen. Damit die Kaufleute nicht am Rad drehen, war mein Argument: „Das müssen wir ja nicht bestücken". Letztlich ist es aber **immer** bestückt und verwendet worden.

[39] Eine letzte Anmerkung zu dieser Sache: Wie gehen wir vor, wenn Eingangspins fehlen? Ganz einfach: Wir nehmen ein Schieberegister des Typs 74165 und legen die gewünschten Eingangssignale an die D-Eingänge der acht internen FFs, laden die FFs und schieben - diesmal nach „innen".

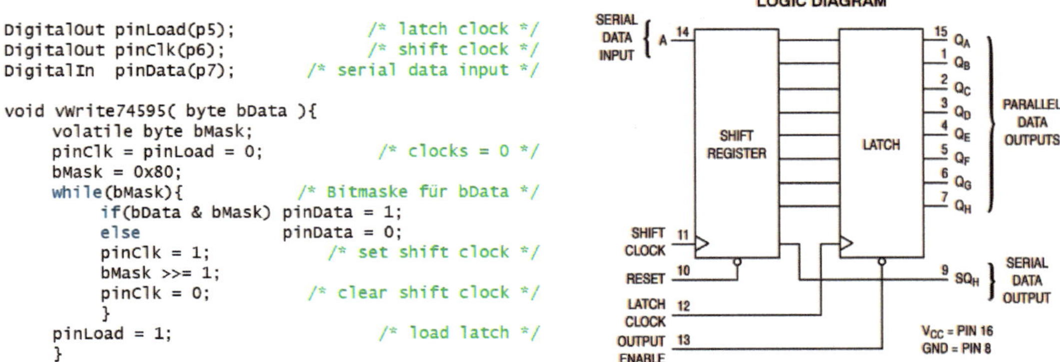

```
DigitalOut pinLoad(p5);                    /* latch clock */
DigitalOut pinClk(p6);                     /* shift clock */
DigitalIn  pinData(p7);              /* serial data input */

void vWrite74595( byte bData ){
     volatile byte bMask;
     pinClk = pinLoad = 0;                 /* clocks = 0 */
     bMask = 0x80;
     while(bMask){                 /* Bitmaske für bData */
          if(bData & bMask) pinData = 1;
          else              pinData = 0;
          pinClk = 1;                  /* set shift clock */
          bMask >>= 1;
          pinClk = 0;                /* clear shift clock */
          }
     pinLoad = 1;                         /* load latch */
     }
```


Bild 5.36 Erweiterung der seriellen Ausgabe mit einem Speicher-Latch 74595; Quelle: [50]

Ein kleiner Programmiertipp sei gestattet. Zur Erzeugung des Schiebetakts wird der Ausgang `pinClk` angesteuert. Zwischen `pinClk = 1;` und `pinClk = 0;` wird der Maskeninhalt verschoben. Warum? Werden die Clock-Befehle unmittelbar hintereinander ausgeführt, so entsteht ein sehr kurzer Clock-Impuls. Das ist sowohl für die EMV-Abstrahlung nachteilig als auch für die Clock-Symmetrie. Mit dem C-Befehl dazwischen wird die Clock-Symmetrie deutlich verbessert.

I^2C – Inter-Integrated Circuit

Die Kaufleute sind in diesem Buch mehrfach als Pfennigfuchser diskriminiert worden. Das ist nicht immer gerechtfertigt. Der Zwang zur Optimierung führt häufig zu cleveren Lösungen. Eine bidirektionale SPI braucht mindestens vier Anschlusspins der MCU. Sind weitere Slaves erforderlich, werden zusätzliche Leitungen fällig. Vielfach ist die Möglichkeit sehr schneller Datentransfers mit hohen Taktraten nicht nötig. Es ginge auch gemütlicher.

Eine Analyse des Datenverkehrs und der wirklich notwendigen Leitungsverbindungen der SPI bringt es an den Tag (Bild 5.37). Infolge der Kopplung von Sender und Empfänger über die Taktleitung ist ein Full-Duplex-Datenaustausch, d.h. gleichzeitiges unabhängiges Senden und Empfangen zwischen den Teilnehmern auf dem Bus, nicht möglich. Modifiziert man deswegen die MOSI-Leitung in einen seriellen bidirektionalen Datenbus SDA, kann die MISO-Leitung entfallen. Wird nun noch eine Software-Adressierung der Busteilnehmer eingeführt, entfallen die /CS-Leitungen. Das Resultat ist der I^2C-Bus (inter-intergrated circuit, I^2C). Ausgesprochen wird dieser Zungenbrecher als „I-Quadrat-C“ oder noch kürzer als „I-zwo-C“.

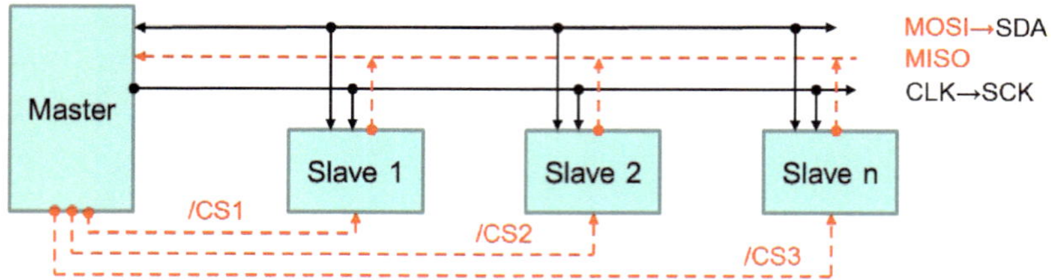

Bild 5.37 Analyse des Datenaustauschs und Markieren der nicht zwingend notwendigen Leitungen (rot)

Dieser Bus wurde in den 1980er-Jahren von Phillips (heute NXP) entwickelt, patentiert und eingeführt.[40] Mit den verbliebenen zwei Signalen SDA und SCL ist ein problemloser „Half-Duplex"-Datentransfer möglich. Der Einsatz zielte auf die Kommunikation von verschiedenen Endgeräten auf einer Leiterplatte oder zumindest in einer relativ kleinräumigen Elektronik. Typische Endgeräte sind AD-Wandler, non-volatile Speicher, Echtzeituhren (real-time clock, RTC) und diverse Sensoren. Die Hauptdomäne war seinerzeit die Steuerung der sogenannten „braunen Ware", also Fernsehgeräte,[41] Videorekorder und Hi-Fi-Produkte.

Den zeitlichen Ablauf des Busprotokolls zeigt Bild 5.38. Der Datentransfer wird mit der Startbedingung ausgelöst. Start bedeutet das Anlegen einer logischen „0" auf der SDA-Leitung mit nachfolgender H→L-Flanke auf SCL. Diese Bedingung tritt während des regulären Datenaustauschs nicht ein. Die Startbedingung „weckt" alle angeschlossenen Busteilnehmer.

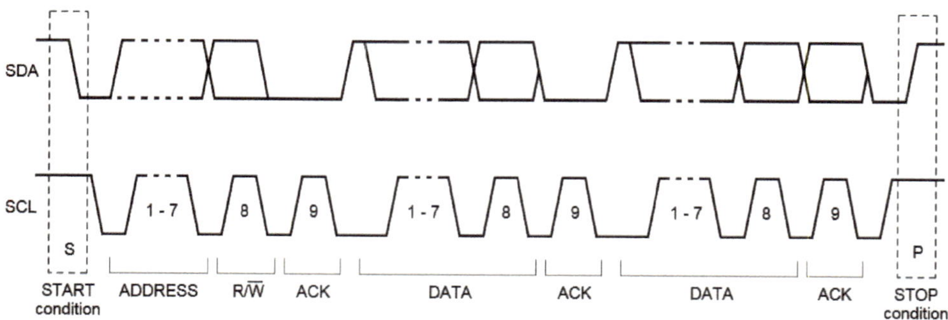

Bild 5.38 Zeitlicher Ablauf der Daten- und Taktimpulse auf dem I²C-Bus [51]

[40] Wenn man sich das bestechend einfache Funktionsprinzip des I²C-Busses vor Augen führt, fragt man sich verblüfft: „Wieso bin ich nicht darauf gekommen?". Doch so ist das eben mit genialen Einfällen. Hinterher ist man eben schlauer.

[41] Kennen Sie eigentlich noch eines dieser Produkte ohne Fernbedienung? In der guten alten Zeit war es Aufgabe der jüngsten Familienmitglieder, auf Kommando den TV-Kanal zu wechseln, den Ton zu regeln etc. Das macht jetzt ein Kästchen mit bunten Knöpfen. So ist wieder ein Stück sozialer Interaktion verloren gegangen.

Als Erstes wird nun vom Master die Adresse des Geräts, mit dem kommuniziert werden soll, auf den Bus gelegt. Mit einer 7-Bit-Adresse können theoretisch 128 Geräte adressiert werden. Der Standard lässt davon 112 Adressen zu, der Rest ist reserviert. Das achte Bit legt die Datenrichtung, schreiben oder lesen, fest. Der Master gibt jetzt die SDA-Leitung frei und erzeugt einen Takt für das Acknowledge-Signal. Dieses wird vom adressierten Slave erzeugt, indem jener seinerseits SDA auf low zieht. Damit wird dem Master die Bereitschaft zum Datenaustausch quittiert. Je nach Datenrichtung werden anschließend die gewünschten Informationen übermittelt. Die Anzahl der Datenpakete wird durch ein Softwareprotokoll definiert. Mit dem Erzeugen der Stoppbedingung endet die Kommunikation.

Als Anwendungsbeispiel einer I²C-Ankopplung ist die Ansteuerung eines Miniaturdisplays in Bild 5.39, inklusive eines Auszugs aus dem Impulsdiagramm, dargestellt. Der Zeitverlauf der Ansteuersignale des I²C-Busses ist in diesem Fall per Software-Emulation programmiert worden. Die OLED-Anzeige selbst wird von einem sogenannten Display-Controller angesteuert.

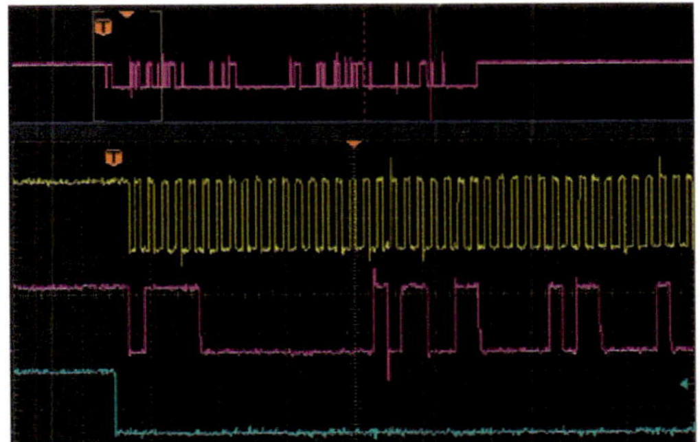

Bild 5.39 Ansteuerung eines OLED-Displays über einen Software-I²C-Bus

Dies ist ein IC, welcher sämtliche Steuersignale und Kontrollspannungen für die eigentliche Anzeigeeinheit generiert. Die fertigen Displays werden bei den einschlägigen Anbietern für einige Euro verkauft. Der Displaycontroller ist ein komplexer und vielfältig programmierbarer IC. Ein Treiber ist für die Sendung der Daten und Kommandosequenzen auf den I²C-Bus zuständig. Die Anbieter verweisen immer sehr gern aufs Internet, wo sich jede Menge Treiber finden lassen.[42]

[42] Das ist ein sehr cleveres Verfahren. Irgendwelches „Billiggeraffel" wird beim China-Mann geordert und in eine schicke Tüte mit „Made in Germany"-Aufkleber gepackt – und fertig ist die Geschäftsidee. Die Software zur Ansteuerung ist ja von irgendwelchen Enthusiasten bereits erstellt. Nun ja, typischerweise finden sich der eine oder andere mehr oder weniger brauchbare Code-Schnipsel im Netz. Die Suche dauert ca. ein bis zwei Tage, die mit nutzlosem Surfen vergeudet werden. Das ist auch mir wieder so gegangen. Mal schnell für das Buch einen Treiber suchen, anpinnen und fertig? Pustekuchen! Zum Schluss habe ich mich hingesetzt und den Treiber innerhalb eines halben Tages selbst geschrieben. Macht netto: einen Tag sinnlos vergeudet. Also, bitte merken Sie sich: Wirklich brauchbare Dinge sind selten im Netz zu finden, und wenn, sind sie nicht gratis. Das „Billiggeraffel" nehme ich übrigens zurück. Das Display ist zwar preiswert, aber ein richtiges Stück „Hightech".

UART – Universal Asynchronous Receiver Transmitter

Bislang war zur Synchronisation von Sender und Empfänger immer ein separater Takt auf einer getrennten Leitung notwendig. Der Takt sorgte für die genaue Signalisierung des richtigen „Gültigkeitszeitpunkts“. In der Erweiterung dieser Idee wird deswegen die „Bitzeit“, also der exakte Abstand zwischen zwei seriellen Datenbits, festgelegt. Wenn nun noch der Startzeitpunkt des Beginns der seriellen Datenübertragung definiert wird, kann die separate Taktleitung entfallen.

Das Grundprinzip dazu illustriert Bild 5.40. Der Startzeitpunkt einer Datenübertragung wird mit dem „Startbit“ signalisiert. Dieses Bit ist immer logisch „0“. Anschließend werden die Datenbits aus dem Schieberegister des UART-Senders herausgeschoben. Der dazu notwendige Schiebetakt wird als Baudrate und mit der Einheit Baud (1 Bd = s^{-1}) bezeichnet. Diese Einheit ist nach dem Erfinder Jean Maurice Émile Baudot benannt. Selbiger definierte 1874 den 5-Bit-Telegrafen-Code, den Baudot-Code.[43] Am Ende der Übertragung steht das Stoppbit = 1.

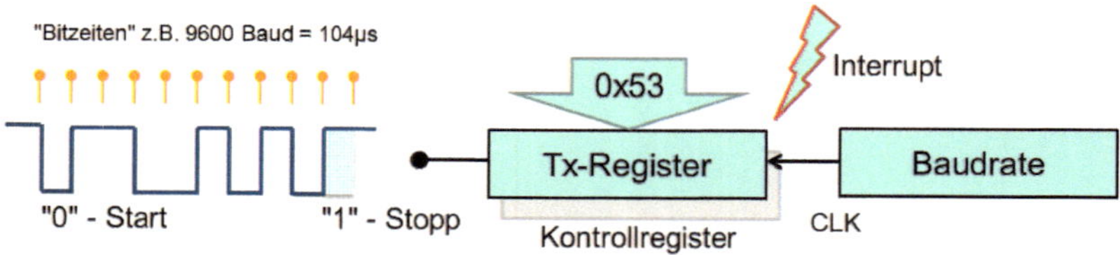

Bild 5.40 „Sendeseite“ (TxD) einer UART

Für eine fehlerfreie Übertragung müssen die Anzahl der zu übertragenden Datenbits und die Baudrate zwischen Sender (TxD) und Empfänger (RxD) vereinbart werden. Die Synchronisation jeder einzelnen Übertragung erfolgt mit dem Startbit.

Auf der Empfangsseite (RxD) befindet sich ebenfalls ein Schieberegister. Da der Schiebetakt nicht mit übertragen wird, muss er lokal erzeugt werden. Die Genauigkeit dieses Taktes (Baudrate) muss deswegen während der Datenübertragungszeit innerhalb relativ enger Grenzen konstant bleiben. Eine Toleranz von kleiner als zwei Prozent ist meist ausreichend.

Mit dem Stoppbit wird die Übertragung beendet. Theoretisch bräuchte man kein besonderes Stoppbit, da ja die Anzahl der übertragenen Zeichen bekannt ist. Damit aber ein Startbit generiert werden kann, muss die Signalleitung am Ende des Datenpakets in jedem Fall auf „1“ gestellt werden. Außerdem brauchen sowohl

[43] So wird wieder sonnenklar, dass die Mikrorechentechnik etwas Ultramodernes ist. Die Grundlagen datieren erst aus dem 19. Jahrhundert, es ist also noch nicht einmal 150 Jahre her. Die Geschichte der Schrift bzw. Schriftzeichen ist demgegenüber möglicherweise mehr als 5000 Jahre alt. Denken Sie daran, wenn Ihnen das nächste Mal der neuzeitlichste „Handy-Schrott“ mit 5G-LTE-Min-Max-Super-Duper angepriesen wird. Das basiert alles im weitesten Sinne auf der Idee des Herrn Baudot, nur halt ein klitzekleines bisschen schneller.

Sender als auch Empfänger nach der Datenübermittlung etwas Zeit, um den weiteren Datenaustausch zu koordinieren. Die Anzahl der Stoppbits ist variabel, meist wird ein Stoppbit gesendet, 1,5 oder 2 Bits sind aber durchaus ebenfalls verbreitet.

Die Implementierung einer UART als Peripheriemodul ist deutlich aufwendiger als der Schaltungsaufwand einer SPI. Neben der Baudratenerzeugung sind weitere Eigenschaften der Schnittstelle zu integrieren, z.B. Paritätsprüfungen oder diverse Fehlererkennungen wie Overflow oder Frame-Error.

Insbesondere die Baudratenerzeugung kann schnell durchaus anspruchsvoll werden. Prinzipiell sind die Bitzeiten als Vereinbarung zwischen TxD und RxD beliebig wählbar, in der Praxis hat sich zum Glück eine gewisse Standardisierung durchgesetzt. Die „typische“ Baudrate lautet 9600 Bd. Die dazu gehörende Bitzeit beträgt 104 µs. Für ein Byte = 8 Bit werden damit 1,04 ms zur Übermittlung benötigt.[44] Andere Baudraten werden durch ganzzahlige Vielfache oder Bruchteile dieses Wertes erzeugt. In der Praxis liegen diese Raten dann zwischen 300 und 115200 Bd.

```
/*****************************************************************************
 *                UART 2
 *      Author  :  J. Altenburg
 *      Revison :  20.07.17
 *****************************************************************************/
void vUart2Init(void) {
    RCC->APB1ENR |= RCC_APB1ENR_USART2EN;              /* UART2 freigeben */
    USART2->CR3 = 0;                                   /* Reset-Value */
    /*1 Stop Bit; Keine Parität; 8-Databits */
    USART2->CR1 |= (USART_CR1_UE
                  + USART_CR1_RXNEIE
                  + USART_CR1_RE
                  + USART_CR1_TCIE + USART_CR1_TE);
    /* Baudrate UART */
    /* Bit 0-3 sind Fraction->Kommazahl; 15-4 sind Mantissa->ganze Zahl */
    /* UARTDIV = f/(Baud*16); UART5->BRR = UARTDIV << 4 | UARTDIV_Komma */
    /*146.48 = 45MHz/(19200 *16) */
    USART2->BRR = (word)((146 << 4) | 5);
#if 0
    NVIC_SetPriority(USART2_IRQn, nMillisecLevel);   /* Prioritaet */
    NVIC_EnableIRQ(USART2_IRQn);
#endif
    }
```

Die Initialisierung der UART folgt dem bekannten Muster: Power-On, Konfiguration einstellen und Interrupt freigeben, wenn gewünscht. Ein schöner Stolperstein ist die Einstellung der Register GPIOx->AFR[0] bzw. GPIOx->AFR[1] (alternative

[44] Das klingt aber jetzt verdammt nach Steinzeit. Das Manuskript dieses Buches umfasst mehr als 200 MByte. Per Schneckenpost mit 9600 Baud übertragen, würde dies circa 30 Stunden dauern. Prima, dass das heute viel schneller geht, nicht wahr? Die Raumsonde New Horizons sendet vom Pluto (das war einmal ein Planet) mit etwa 1000 Baud. Zum Glück werden keine Fachbücher übermittelt.

function). Werden diese SFRs vergessen, erhält die UART keinen Zugriff zur Außenwelt.

Sämtliche Initialisierungsbeispiele sind als Quelltext im Anhang für die Online-Plattform Mbed aufgeführt. Dabei wurden sehr häufig die unmittelbar relevanten Register direkt beschrieben. Zwar stellt Mbed viele APIs zur Ansteuerung der Peripherie zur Verfügung, aber auch Mbed ist weder allwissend noch fehlerfrei. Seit Juli 2019 ist das Interrupt-Handling fehlerhaft. Das TXEIE-Interrupt-Bit auf STM32F446 Boards wird nicht korrekt behandelt, d. h., die UART-Interrupts sind unter der Mbed-API nicht nutzbar.[45] Am besten, man gibt den Interrupt mit `USART2->CR1 |= USART_CR1_TXEIE;` manuell frei und sperrt das Ganze am Ende der ISR mit `USART2->CR1 &= ~USART_CR1_TXEIE;` wieder zu. Schön ist es trotzdem nicht.

5.7.4 Sonderfunktionen

Die Zahl der weiteren Peripheriemodule hängt stark vom Hersteller und der Ausbauvariante innerhalb der jeweiligen Controllerfamilie ab. Neben den bereits beschriebenen AD-Wandlern finden sich häufig auch DA-Wandler (digital analog converter) direkt auf dem Chip. Zur weiteren seriellen Kommunikation findet man den CAN-Bus (controller area network), ein USB-Interface oder eine I^2S-Schnittstelle (inter-IC sound protocol, I^2S) auf den ICs.

Mithilfe eines Watchdogs wird die Softwaresicherheit erhöht. Der Watchdog wird in definierten Abständen von der Applikation angesprochen und wirkt damit wie ein „Totmann-Schalter". Unterbleibt die Aktivierung, wird das System hart zurückgesetzt. Das ist zwar nicht ungefährlich, aber möglicherweise besser, als wenn es in einem Dead-Lock hängen bleibt.

Eine sehr nützliche Funktion der meisten leistungsfähigen ARM Cortex M3/4-Mikrocontroller ist der direkte Speichertransfer DMA (direct memory access). Aus dem Funktionsprinzip der CPU (Abschnitt 5.2) wird der Mechanismus des Datentransports innerhalb des Speicherraums deutlich. Selbst wenn nur Daten von einer Adresse zu einer anderen verschoben werden müssen, erfordert dies einen Befehlsablauf der CPU. Damit bildet das Registerfile des Steuerwerks den Flaschenhals in der Software (Bild 5.41).

---

[45] Diesen fatalen Effekt habe ich während eines Laborpraktikums „entdeckt". Meine Studenten sollten Daten über die UART2 zum PC senden. Die UART-ISR war von mir programmiert und den Studenten zur Verfügung gestellt worden. Die korrekte Funktion hatte ich zuvor auch noch getestet, während des Versuchs stürzte jedoch ein Programm nach dem anderen ab. Schließlich funktionierte keiner der Versuchsaufbauten mehr. Das ist der Super-GAU für den Versuchsleiter – und peinlich obendrein. Was war passiert? Mbed hatte seine APIs aktualisiert und dabei offenbar die Interrupts angefasst. Nach längerer Diskussion hat Mbed den Fehler eingeräumt. Der „Meister" war rehabilitiert.

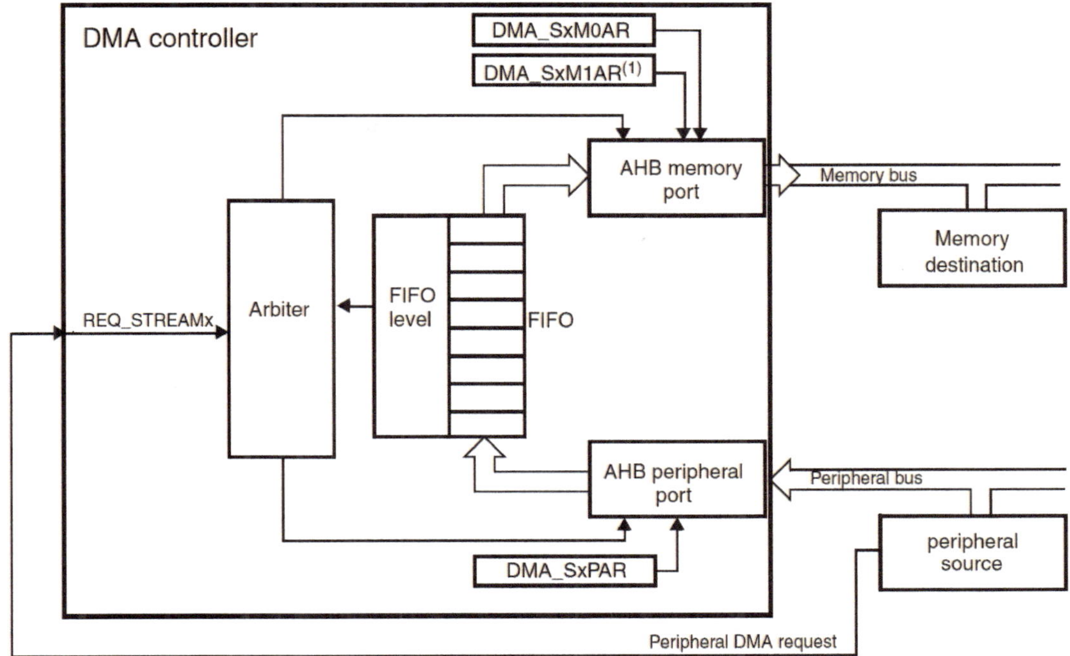

Bild 5.41 Datentransfer von der Peripherie in den Speicher der MCU unter Umgehung der direkten Beteiligung der CPU; Quelle: [42]

Wie in Abschnitt 5.2 angerissen, benötigt das Steuerwerk der CPU mehrere Taktzyklen, um die Op-Codes ausführen zu können. Während das Steuerwerk mit den Einzelheiten der Befehlsbearbeitung beschäftigt ist, herrscht auf dem Bus im Mikrocontroller Ruhe.

Ungenutzte Ressourcen sind immer ein Fall für Optimierungen. Wenn die CPU nicht auf den Bus zugreifen muss, weil sie gerade mit anderen Dingen beschäftigt ist, kann dies ein anderes System sehr wohl. Diese Aufgabe wird dem DMA-Controller zugewiesen. In Bild 5.41 übernimmt diese Baugruppe den Datentransfer eines Peripheriegeräts zu einem Speicherbereich. Typisch für diese Anwendung wären die äquidistante Abtastung eines Analogsignals und das Ablegen der Messwerte im RAM der MCU. Man könnte diese Aufgabe an eine Interruptquelle, z. B. einen Timer, koppeln. Der Interrupt benötigt jedoch Programmlaufzeit, und diese ist immer ein kostbares Gut.

Beim näheren Hinsehen[46] besteht die Aufgabe offensichtlich nur daraus, Daten von einem festen Speicherplatz zu einem variablen Bereich zu transportieren. Damit die CPU zu beauftragen ist Verschwendung.

Der DMA-Controller übernimmt diese Funktion. Stark vereinfacht wird dieser Logikbaugruppe eine Quelladresse, hier Speicheradresse des Peripheriemoduls (ADC-Ergebnisregister), Zielspeicherbereich und Auslöse-Event zugewiesen. Sobald der Auslöser, Timer oder Ready-Flag des ADC, den DMA aktiviert, transportiert der Arbiter das Datum von der Quelle zum Ziel. Im bezeichneten Fall bleibt die Quelladresse konstant, während die Zieladresse verändert wird. Ist die programmierte Anzahl von Daten übertragen worden, löst der DMA einen Interrupt aus, und die CPU koordiniert das weitere Vorgehen.

Anstelle eines Interrupts pro AD-Wert wird die CPU nur dann belastet, wenn ein komplettes Datenpaket vorliegt. Die Neukonfiguration des DMA-Controllers ist natürlich nicht ohne Tücke, im bezeichneten Fall muss dem Arbiter ein neuer Speicherbereich zugewiesen werden, da der Datentransfer ja ungestört weiterlaufen soll.

Die exakte Verschachtelung solcher Transfers und die genaue zeitliche Abstimmung der einzelnen Funktionalitäten untereinander gehören zu den Höhenpunkten harter Echtzeit-Programmierung in eingebetteten Systemen.[47]

Speichermanipulationen mittels DMA sind nicht nur für hochperformante AD-Wandler hilfreich, sondern immer dann, wenn Datenbereiche im Speicher der MCU verschoben werden müssen, sollte man über den Einsatz von DMA nachdenken. Mit einem DA-Wandler, einem Timer und genügend Speicher im ROM lassen sich auch komplizierteste Signalformen erzeugen und sehr schnell ohne CPU-Last ausgeben.

Bildverarbeitung, bislang die Domäne von PCs und leistungsfähigen Mobilgeräten, kommt auch in den eingebetteten Systemen an. Grafik ist generell speicherhungrig. Da für einfache Bildschirmausgaben oft kaum Datenmanipulationen nötig werden (meist werden nur Icons eingeblendet, gelöscht oder verschoben) ist auch hier der DMA in seinem Element.

[46] Wir erinnern uns an die verschiedenen Methoden des scharfen bzw. schärfsten Blicks. Eigentlich ist dies fast immer nur ein mehr oder weniger unkonventionelles Betrachten der Lage. Eng verwandt damit ist die Methode „Fahrrad fahren ohne Chef". Wenn Sie irgendwann völlig an einem Problem festhängen, sollten Sie Feierabend machen. An dem Tag wird es sowieso nichts mehr. Gehen Sie nach Hause und entspannen Sie sich. Der milde Genuss von Drogen hilft dabei: Wein, ein Bierchen - nichts sonst! Ich fahre dann meist Fahrrad, und am nächsten Tag fällt mir die Lösung ein. Falls nicht, Prozedur wiederholen.

[47] Da Sie dieses Buch gerade lesen, wollen Sie Ihre Fähigkeiten und Fertigkeiten auf diesen Gebieten ja maximieren. Meine dringende Empfehlung: Bedenken Sie das Vorgehen in solchen Situationen sehr sorgfältig. Überlegen Sie die Abhängigkeiten und messen Sie unbedingt kritische Programmlaufzeiten. Vertrauen Sie niemals darauf, dass ein erfolgreicher Kurztest in jedem Fall brauchbare Ergebnisse liefert.

6 Programmierung eingebetteter Systeme

6.1 Notation und Programmierstil in C

Die Programmiersprache C scheint auf den ersten Blick ein recht einfaches Konstrukt zu bilden. Im Gegensatz zu manch anderen Sprachen, z. B. Python, BASIC oder Tcl/Tk, verfügt C nur über einen geringen Befehlsumfang, geradezu spärlich gegenüber den angeführten Beispielen. Manche Stimmen sprechen gar davon, dass C überhaupt keine eigenständige Sprache wäre, sondern eher eine Art „Super-Assembler". Zudem seien praktisch kaum objektorientierte Programmiersprachelemente zu erkennen.

Indes, C hat sich in der Firmwareerstellung für Mikrocontroller als de-facto Standard durchgesetzt. Nach Ansicht mancher Experten gelang dies hauptsächlich durch die Fähigkeit hardwarenaher Programmierung und wegen des geringen Software-Overheads.

Die Programmiersprache als solche fordert nur sehr wenige Vorgaben hinsichtlich der Notation des Quellcodes. Für den Einsteiger ergeben sich beinahe paradiesische Zustände, möchte man meinen. Doch neben dem Paradies wohnt bekanntlich die Hölle. Da C keine oder nur wenige Vorgaben macht, sollte der angehende Experte sich diese selbst stellen. Aus meiner Sicht werden deswegen zunächst wichtige Vorgaben zur Notation und zur Syntax des Quellcodes von C-Programmen vorgeschlagen. Das Stichwort dazu lautet „Hungarian Notation". Diese auch als „ungarische Notation" bekannten Vorgaben beruhen auf den Ideen ihres Erfinders Charles Simonyi.

Grob vereinfacht, soll bei diesem Vorgehen aus dem Bezeichner einer Variablen, Konstanten oder Funktion auf den Datentyp der verwendeten bzw. resultierenden Objekte geschlossen werden können. Dazu wird das Prinzip der Voranstellung eines Präfixes vor jeden Bezeichner eines Objekts gewählt. Einige typische Präfixe zeigt Bild 6.1. Der eigentliche Bezeichner beginnt immer mit einem Großbuchstaben und trennt damit Präfix und Name des Objekts.

Präfix	Abgeleitet	Bedeutung	Beispiel
p	pointer	Präfix - ein Zeiger zu einer Adresse	pi8Var;
a	Array	Feld von Variablen	abByte;
n	Konstante	Kennzeichnung von numerischen Konstanten	nValue;
un	union	Union	unTest;
st	struct	Struktur	stPoint;
mc	Macro	Makro, z.B. Inline Codeersatz	mcLed();
en	enum	Aufzählung	enNext;
v	void	Funktionen ohne Rückgabeparameter	vFoo();
b	byte	unsigned char - 8 Bit ohne Vorzeichen	bByte;
w	word	unsigned short int - 16 Bit ohne Vorzeichen	wWord;
dw	dword	unsigned int - 32 Bit ohne Vorzeichen	dwTemp;
i8	int8	signed char - 8 Bit mit Vorzeichen (i16, i32)	i8Var;
fl	float	floating Point Zahl einfacher Genauigkeit	flVar;
f	Function	im Zusammenhang mit Funktionspointern	fFoo();
pin	Kontakt	Kennzeichnung eines Anschlusskontaktes	pinTaste;

Bild 6.1 Wichtige Präfixe zur „sprechenden" Bezeichnung von Objekten in C

Das sieht im ersten Augenblick nach viel zusätzlicher Schreibarbeit bei recht gering erscheinendem Nutzen aus.[1] Doch in der Praxis werden die Vorzüge schnell deutlich. Die Erstellung großer Firmware-Projekte ist Teamwork. Viele Programmierer, zum Teil aus mehreren Ländern, arbeiten am Gesamtsystem. Wenn da jeder Wundervogel seinen eigenen Stiefel schnürt, versinkt das Projekt über kurz oder lang im Chaos.

Neben der ersten Grundvoraussetzung für vernünftige Programmierung, dem einheitlichen Stil bei der Namensvergabe von Objekten, ist der nächste wichtige Punkt die Klärung der verwendeten Variablentypen. Die Sprache C kennt im Grunde genommen nur drei „arithmetische" Datentypen: Character, Integer und Gleitkommazahlen. Das ist nicht exakt genug.

```
/***************************************************************************
 * cdef.h
 ***************************************************************************/
#ifndef CDEF_H
#define CDEF_H

/* global definitions */
typedef unsigned char    byte;          /* unsigned BYTE  */
typedef unsigned short   word;          /* unsigned WORD 16-Bit */
typedef signed char      int8;          /* 8-Bit mit Vorzeichen */
typedef signed short     int16;         /* 16-Bit mit Vorzeichen */
typedef unsigned long    dword;         /* 32-Bit */
```

[1] Als hoffnungsvoller „Jungprogrammierer" bin ich zu Beginn der Nullerjahre mit dieser Schreibweise konfrontiert worden. Der Auftraggeber der Projekte, für den ich damals programmierte, forderte dies von seinen Programmierknechten (= Sklaven - Sicht des Auftraggebers auf die Programmierer) so. Das Gemaule war entsprechend groß. Ihro Codier-Primadonnen (Selbsteinschätzung der Programmierer) waren für solchen Pipifax zu vornehm. Also zeigte der Auftraggeber seine Züchtigungswerkzeuge, vulgo QM (quality management), vor. Doch Wunder über Wunder, ich programmiere heute noch so. Ich kann sogar meine Programme von vor mehr als zehn Jahren noch verstehen. Das ist das Mirakel des Hauses Altenburg.

```
typedef signed long      int32;

#define TRUE 1
#define FALSE 0

#define BIT0 0x00000001                   /* Bit-Definitionen */
#define BIT1 0x00000002
...
#define Bit31 (1 << 31)                   /* etwas anders */

/* Funktions-Makros - Interrupts global freigeben/sperren */
#define mcIntEnable()    { __asm("  cpsie i\n"); }
#define mcIntDisable()   { __asm("  cpsid i\n"); }

#endif
```

In einer Definitionsdatei werden die wichtigsten Vereinbarungen zusammengefasst. Die in eingebetteten Systemen mit Abstand am häufigsten verwendeten Variablentypen sind 8- bzw. 16-Bit-Daten ohne Vorzeichen. Mit `typedef` werden der Typ ***byte*** und der Typ ***word*** klar spezifiziert. Des Weiteren werden Bitmuster für die einzelnen Bitpositionen angegeben. Entweder gibt man dazu den hexadezimalen Zahlenwert der Bitposition direkt an, oder man schiebt die logische „1“ an die richtige Stelle.

Sehr nützlich sind auch sogenannte Makros. Hinter den beiden Funktionsmakros im Beispiel verbirgt sich der Zugriff auf das Prozessor-Status-Wort. In Form eines kurzen Assembler-Code-Schnipsels wird das globale Interrupt-Flag gesetzt oder gelöscht. Der dazu erforderliche Inline-Assembler-Befehl wird mit `mcIntEnable()` bzw. `mcIntDisable()` definiert. Durch der Präfix `mc` wird dem Programmierer jederzeit verdeutlicht, dass es sich bei diesen Kommandos um Makros handelt. Aus dem C-Quelltext ginge dies nicht so hervor. Nutzt man einen anderen Prozessor, d. h. abweichende Sequenz zur Freigabe bzw. zum Sperren des Interrupts, wird das Makro neu definiert, und die Portierbarkeit[2] des Quellcodes verbessert sich.

```
byte bXpos;                           /* vorzeichenlose 8-Bit-Zahl */
byte *pbXpos;                         /* Zeiger auf 8-Bit */
volatile word wXlarge;                /* vorzeichenlose 16-Bit-Zahl */
word awXlist[] = {0, 1, 2, 3};        /* Feld aus 16-Bit-Zahlen */

typedef struct{                       /* Strukturdeklaration */
    byte bPosX;                       /* aus zwei byte-Variablen */
    byte bPosY;
    } stDefTest
```

[2] Mit „Portierbarkeit“ von Software werben die Programmierer und die Apologeten höherer Programmiersprachen seit der Erfindung selbiger. Doch das ist ein unausrottbarer Mythos. Mit viel Aufwand können Basismodule von Softwarepaketen innerhalb einer Prozessorfamilie (nahezu) austauschbar werden, aber in meinen Augen sollte man sich davor hüten, zu viel Aufwand in vermeintlich allgemein nutzbare Software zu stecken. Die Hardware der einzelnen MCUs ist derartig vielfältig - Sie sollten lieber mehr Zeit in die Dokumentation und eine sinnvolle Kommentierung und Aufteilung der Quelltexte stecken.

```
stDefTest stTest = {10, 20};              /* Definition */
stDefTest *pstTest;                       /* Zeiger auf Struktur */
pstTest = &stTest;                        /* Initialisierung des Zeigers */

bXpos = pstTest->bPosX;                   /* Wertezuweisungen */
wXlarge = 256;                            /* o.k. */
bXpos = wXlarge;                          /* kritisch */
wXlarge = awXlist[4];                     /* kritisch */

bXpos = MOD_bGetPointNumber();            /* MOD - als Verweis auf Quellemodul */

enum {                                    /* Aufzählung */
    enDoNothing = 0,
    enStartMeasure
    };
```

Richtig deutlich werden die Vorzüge der „Ungarischen Notation", wenn man sich die Einzelheiten im Quellcode ansieht.

In den oberen vier Programmzeilen werden diverse Variablen deklariert. Eine Variablendeklaration verbraucht Speicherplatz, eine Definition, `typedef` in den nächsten Zeilen, ist erst einmal nicht speicherrelevant. Man sollte sich angewöhnen, alle Variablen am Anfang der Quelldatei zu deklarieren und nicht irgendwo zwischendrin.

Werden neue Variablentypen benötigt, baut man sich diese selbst, z.B. für `stDefTest` als Kombination von zwei 8-Bit-Koordinaten. Mit diesem neuen Typ kann man jetzt die passenden Variablen deklarieren und gleich mit Werten versehen. Diese sofortige Zuweisung ist kritisch, denn ein spezielles Programm muss die Werte nach dem POR an die RAM-Speicherplätze transportieren. Hier ist zu prüfen, ob in der Initialisierungssequenz, z.B. *STM32_Startup.s*, diese Aufgabe implementiert ist.[3]

Mit dem Typ `stDefTest` (st = Präfix für `struct`) werden eine Variable `stTest` und ein Pointer `pstTest` (`p` = pointer auf `st`; struct mit dem Namen `Test`) angelegt und zum Teil mit Werten belegt.

Im Prinzip beinhaltet die Sprache C mit diesem einfachen Werkzeug `typedef` eine mächtige Waffe im Kampf gegen den Fehlerteufel in der Software. Für wirklich leistungsfähige, kompakte und gut wartbare Software steht die Definition geeigneter Variablen im Vordergrund. In den weiteren Beispielzeilen werden einige dieser potenziellen Fehlerquellen gezeigt.

---

[3] In manchen Firmen existieren Softwaredokumente, die eine gleichzeitige Variablendeklaration und Initialisierung ausdrücklich verbieten. In solchen Fällen müssen die benötigten Variablen dann manuell in der Software per Programmanweisung initialisiert werden. Das kostet unter Umständen mehr Programmspeicher als eine automatische Wertezuweisung. Ich persönlich neige eher zur manuellen Wertezuweisung, trotz des höheren Aufwandes. Automatik ist gut, Schaltgetriebe ist besser! Der Variableninhalt nach dem Einschalten der MCU ist unbestimmt, wenn man gar nichts tut. Deswegen gilt: Variablen sollte man <u>immer</u> vor der ersten Verwendung initialisieren.

Die Zuweisung `bXpos = pstTest->bPosX;` ist in Ordnung. Einer Byte-Variablen wird ein Byte übergeben. Genauso unbedenklich ist `wXlarge = 256`. Kritischer ist die Zuweisung eines Word an ein Byte `bXpos = wXlarge`. Dies ist zwar erlaubt, je nach Compiler-Konfiguration bekommt man aber eine Warnung oder eine Fehlermeldung. Eine 16-Bit-Zahl passt nicht in eine 8-Bit-Variable.

Wenn dies aus bestimmten Gründen doch erfolgen soll, nutzt man den „typecast"-Operator. Die Zuweisung wird dann so aussehen: `bXpos = (byte) wXlarge`. Der Compiler ist nun zufrieden. Bleibt die Frage: Was steht denn nun in `bXpos`? Antwort: der niederwertige 8-Bit-Teil der 16-Bit-Variablen.

Die Zuweisung der Variablen `wXlarge = awXlist[4];` ist von besonderer Tücke. Eine Fehlermeldung wird es beim Übersetzen nicht geben, das Resultat ist aber trotzdem falsch. Das array of word `awXlist[]` hat zwar vier Elemente, die Zählung beginnt aber bei 0. Eine Prüfung von Speichergrenzen erfolgt in C nicht, damit greift diese Zuweisung auf einen Speicherplatz zu, der nicht mehr zum Array gehört. Derlei Buffer-Overflow-Effekte sind eines der größten Mankos in C. Hier ist immer höchste Sorgfalt am Platze.

Softwareprojekte bestehen selten nur aus einem Quellfile. Für gut wartbaren Code teilt man die Funktionen auf mehrere Quelldateien auf. Globale Funktionen, also solche, die nicht nur in einem Modul Verwendung finden, kann man gern durch einen Modulbezeichner, im Beispiel MOD, ergänzen. Dieser Bezeichner sollte zwischen drei und fünf Buchstaben lang sein. Der Bezeichner muss sich im Namen der Quelldatei, in dem das Objekt lokalisiert ist, wiederfinden. Die Funktion `MOD_bGetPointNumber()` befindet sich demzufolge in einer Datei namens *MOD_xxxx.c*.

Als Richtlinie zur Größe eines Quellmoduls sollte der Inhalt nicht mehr als ca. zehn A4-Seiten lang sein. Gute Programmierer kommentieren jede Funktion in einem mehr oder weniger großen Vorspann vor dem Programmcode. In diesem Fall wird mit einem modernen Editor der Kommentarbereich eingeklappt.

Ganz zuletzt ist noch eine Aufzählung per `enum` angegeben. Ob man Symbole über `#define` oder mit der Enumeration anlegt, ist streng genommen gleich. In jedem Fall sollte von symbolischen Bezeichnern aber reger Gebrauch gemacht werden. Mit der Enumeration und dem Präfix ***en*** wird aber selbst an abgelegenen Programmstellen sofort der Sinn des bezeichneten Symbols deutlicher.

Von der angegebenen Notation wird in allen Programmbeispielen ausgiebig Gebrauch gemacht. Jedes Objekt ist über seinen Präfix klar gekennzeichnet. Bei zusammengehörenden Elementen sollte man über den Namen eine Verbindung herstellen, z. B. `bSpeed`, `pbSpeed` bzw. `abSpeedList[]`.

Bei der Namenswahl herrscht eine große Freiheit. Trotz Schreibfaulheit sollte der Name nicht zu kurz und möglichst „sprechend" sein. Die einzige Ausnahme bilden lokale Variablen in Unterprogrammen. Hier genügt das klassische Kürzel `byte i`.[4]

Ein äußerst mächtiges Werkzeug in C sind die Zeiger[5] bzw. engl. Pointer). Ein Zeiger ist zunächst nichts anderes als ein Speicherplatz, dessen Inhalt keine Variable im eigentlichen Sinne ist, sondern der auf Speicherinhalt verweist, d. h., ein Zeiger referenziert auf eine weitere Speicherstelle.

Im einfachsten Fall, mit dem Zeiger auf eine Variable zu weisen, wird über den indirekten Zugriff mittels Zeiger eine Manipulation der Variablen, also des Ziels des Zeigers ermöglicht.

```
/* einfacher Zeiger auf Variablen und deren Manipulation */
byte      bSpeed;          /* globale Variable vom Typ byte */
byte      *pbSpeed;        /* Pointer auf Byte */
pbSpeed = &bSpeed;         /* Pointer zuweisen (referenzieren) */
...
*pbSpeed = 10;             /* Zuweisung an bSpeed über Zeiger */
```

Im vorangegangenen Beispiel wird über den Zeiger `pbSpeed` indirekt auf die Variable `bSpeed` zugegriffen. Was im ersten Augenblick überkompliziert wirkt (man hätte doch einfacher auf `bSpeed` direkt zugreifen können), wird bei komplexeren Zeigeroperationen deutlich.

```
/* Zeiger auf Speicherbereiche */
byte   i;                        /* Laufvariable */
word   awTable[] = {0x0001, 0x0002, 0x8000, 0x80001};
byte   *pbData;                  /* Pointer auf Byte */
pbData = (byte*)&awTable;        /* Pointer zuweisen (referenzieren) */

/* Daten aus der Tabelle byteweise zur UART umkopieren */
for(i = 0; i < sizeof(awTable); i++){
    USART2->DR = *pbData++;      /* TxD-Senderegister füllen */
    wait_2ms();                  /* warten bis Datum gesendet */
    }
```

Das zweite Beispiel nutzt einen Zeiger, um Daten zur seriellen Schnittstelle zu schaffen. Die UART kann im Beispiel nur 8 Bit senden, die Werte aus der Tabelle sind jedoch 16 Bit breit. Der Zeiger wird als „Pointer of Byte" (`pbData`) deklariert und per `typecast` auf das „Array of Word" (`awTable`) referenziert. Zur byteweisen Übergabe der Daten an das Senderegister dient die `for(...)`-Schleife.

---

4 Nur absolute Supernerds schreiben da anstelle von `i` etwas wie `bCountHelpValueNumberOne` oder so ...

5 Für mich sind die Zeiger respektive Pointer in C **das** Werkzeug schlechthin. Anfangs ist man von den Besonderheiten eher weniger überzeugt, aber hat man erst einmal den Hintergrund begriffen, kann man nicht mehr verstehen, warum es einige Programmiersprachen gibt, die dieses Prinzip nicht unterstützen und es sogar zum Teil als schädlich ansehen. Beispiele hierfür sind PASCAL und ADA.

Damit ist für viele Programmiereinsteiger der Ausflug in die Zeiger beendet.[6] In C lassen sich aber alle Objekte über Zeiger referenzieren, so auch Funktionen. Der Zeiger auf eine Funktion wird als Funktionspointer bezeichnet.

```
void (* fFunction)(void);          /* Prototyp eines Funktionspointers */
void vCompute( void ){             /* einfache Funktion */
....                               /* Programmcode zur Funktion */
   }

fFunction = vCompute;              /* Startadresse an Funktionspointer geben */
fFunction();                       /* Aufruf von vCompute über Funktionspointer */
// vCompute();                     /* klassischer Aufruf von vCompute() */
```

Der Funktionsaufruf erfolgt nun über die Interpretation des Speicherinhalts der Variablen `fFunction` als Startadresse der Funktion `vCompute()`. Dieses Vorgehen bildet die Eintrittskarte in die professionelle Programmierung. Zum Verständnis dient die Verwendung von Funktionspointern in Funktionspointerlisten.

```
/* allgemeiner Prototyp eines Funktionspointers */
typedef void (* Def_fFunc)( void );

/* Listen für Funktionen vCompute(), vF2() und vF3(), vF4(), vF5() */
Def_fFunc afFuncList1[] = { vCompute, vF2, vF3 };
Def_fFunc afFuncList2[] = { vF4, vCompute, vF5 };
byte bIdx = 0;                     /* globale Hilfsvariable */


Def_fFunc *pafFuncList;            /* Zeiger auf Funktionspointerliste */
pafFuncList = &afFuncList1[0];     /* referenzieren auf erste Liste */

(*(pafFuncList + bIdx))();         /* Aufruf von vCompute() */
...
(*(pafFuncList + bIdx))();         /* Aufruf von Funktion vF2(), Erklärung unten */
...
(*(pafFuncList + bIdx))();         /* Aufruf von Funktion vF5(), Erklärung unten */
```

Man definiert sich einen Variablentyp zu Funktionspointern. Damit werden im Beispiel zwei Listen und ein Zeiger auf selbige deklariert.

In der Programmzeile `(*(pafFuncList + bIdx))();` erfolgt der Aufruf der Funktion `vCompute()`. Die Interpretation ist wie folgt: In der innersten Klammer wird der Funktionspointer auf das Element der Funktionspointerliste berechnet. Bei `b Idx = 0` ist dies der 0-te Eintrag, also wird zuerst `vCompute()` gestartet. Solange sich der Zeiger und der Index nicht ändern, wird immer wieder `vCompute()` aufgerufen.

[6] Während der Laborversuche mit Programmierneulingen stelle ich immer wieder fest, dass sich einige bei dieser vergleichsweise einfachen Aufgabe schwertun. Der Zusammenhang zwischen dem Speicher der Wertetabelle und der Referenzierung per Zeiger ist offensichtlich unklar. Auch das Übertragen von 16-Bit-Variablen über eine 8-Bit-Schnittstelle bereitet Unbehagen.

Eine Änderung der Zahlenwerte würde andere Funktionen aus der Liste adressieren. Die Modifikation von `bIdx`, z. B. in einem Tasten-Interrupt, würde dies ermöglichen. Wenn außerdem noch die Basisadresse auf die Funktionspointerliste modifiziert wird, können beliebige Funktionen aus beiden Listen aufgerufen werden.

Für den Start von `vF5()` ist der Inhalt von `bIdx` auf `bIdx = 1` zu setzen. Mit `bIdx = 2` und `pafFuncList = &afFuncList2[0]` wird `vF5()` aufgerufen.

Wozu das Ganze? Gesetzt den Fall, es soll eine umfangreiche Menüsteuerung für ein MMI (Mensch-Maschine-Interface, engl. human machine interface, HMI) auf einem eingebetteten System implementiert werden. Mit einigen Tasten soll der Anwender durch das Menü manövrieren können, z. B. mit der Taste „Up“ einen Schritt nach oben und mit der Taste „Down“ einen Schritt abwärts. Jeder Menüeintrag wird mit einer passenden Funktion, welche in diesem Falle das Display wie gewünscht ansteuert, versehen. Ein Tastendruck muss nun lediglich einen Index modifizieren. Die mehr oder weniger komplexen Displayausgaben liegen in den Ausgabefunktionen, die Menüsteuerung erfolgt über die Variation des Index. Einfacher geht es kaum noch.[7] Das ist zugegebenermaßen nicht so einfach auf den ersten Blick zu durchschauen, wenn man sich damit jedoch einmal vertraut gemacht hat, möchte man dieses Vorgehen nicht mehr missen.

6.2 Speicherlayout und Variablenhandling in Funktionen

Viele Einsteiger in die Anwendung und Programmierung eingebetteter Systeme kommen aus dem Bereich der PC-Programmierung. Speichertypen und Speichergrößen spielen dort eine eher untergeordnete Rolle. Was benötigt wird, steht bereit.

Zum richtigen Verständnis der Programmierung von MCUs ist die Kenntnis der Speicherverteilung und -zuordnung aber von essenzieller Bedeutung. Nach dem Einschalten der Stromversorgung stehen nur die Daten aus dem Programmspeicher (ROM) der MCU zur Verfügung. Deswegen muss in diesem Bereich der Firmware der Op-Code der Anwendung abgelegt werden. Der Inhalt des Arbeitsspeichers (RAM) ist direkt nach dem Einschalten unbestimmt.

[7] Werden für den internationalen Markt mehrere Sprachen gewünscht, wird eine zweite Funktionspointerliste mit den neuen Displayausgaben erstellt, und per Konfiguration wählt der Anwender die Anzeigesprache aus, indem er einfach die Basisadresse `pafFuncList` wechselt. Das tut er natürlich nicht im Quellcode, sondern in einem speziellen Menüpunkt. Richtig spannend wird es dann, wenn bei verschiedenen Sprachversionen auch unterschiedlich viele Anzeigewerte respektive Menüpunkte existieren. Was tun, wenn's brennt? Falls [86] nicht weiterhilft, baut man sich einen neuen Datentyp bestehend aus dem Funktionpointer, der Funktionpointerliste und einem Wert für die Anzahl der gültigen Einträge. Wie war das noch einmal mit C und neuen Datentypen?

Vereinfacht ergibt sich ein Speicherlayout wie in Bild 6.2 dargestellt. Je nach der Konfiguration der Startup-Sequenz werden die initialisierten Variablen mit den Vorgabewerten aus dem ROM (RAM-Initialisierung) geladen. Neben dem Programmcode befinden sich im ROM auch die `const`-Variablen. Das ist ein typisches Oxymoron. Eine Variable ist dem Namen und Sinn nach ein Speicherplatz, dessen Inhalt zur Programmlaufzeit modifiziert werden kann. Deswegen muss die Variable im Arbeitsspeicher platziert werden. Lookup-Tabellen beinhalten oft Listen konstanter Werte, z.B. vorberechnete Kurven zu Winkelfunktionen. Zur Programmlaufzeit bleiben diese Daten konstant, eine Verlagerung in den meist sehr viel größeren Programmspeicher liegt nahe. Mit dem Schlüsselwort `const` wird dem Compiler dieses Ansinnen mitgeteilt und kostbarer Arbeitsspeicher im RAM frei gemacht.

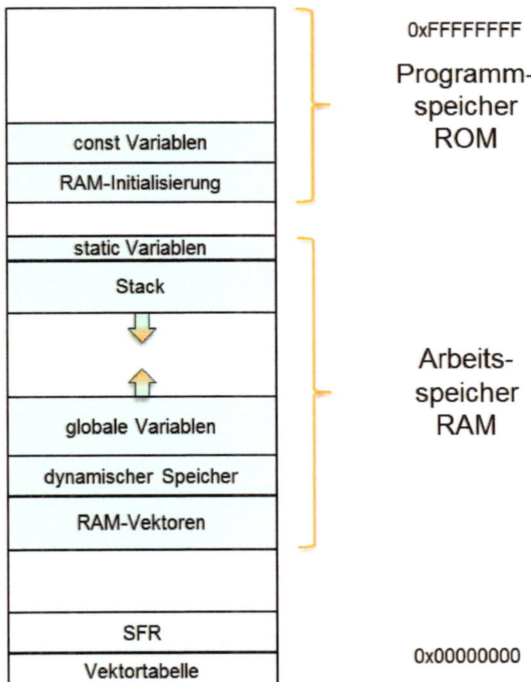

Bild 6.2 Speicherlayout einer typischen ARM-MCU

Der Arbeitsspeicher selbst unterteilt sich in den Speicherplatz für globale Variablen und den Stack-Bereich. Auf dem Stack werden alle temporären Variablen angelegt und die Übergabewerte beim Funktionsaufruf verwaltet. In vielen Beispielprogrammen aus dem Internet werden Variablen in Funktionen oft als `static` deklariert. Das hat zur Folge, dass eine vermeintlich lokale temporäre Variable im Stackbereich Speicherplatz reserviert. Im Grunde genommen wird diese lokale Variable nun zu einem globalen Wert, mit dem Unterschied, dass sie jetzt im Stackbereich platziert ist. Dies ist auf den ersten Blick scheinbar egal, ob der Drops in der linken oder rechten Hosentasche steckt, ist unwichtig, solange man weiß, wo die Süßigkeit zu finden ist.

In diesem Fall jedoch hat man einen potenziell katastrophalen Fehler schön in der Software versteckt. Der Stackbereich wird mit dem Stackpointer adressiert, und die tatsächlich erforderliche Größe schwankt während der Programmlaufzeit. Werden Funktionsaufrufe immer tiefer verschachtelt, wächst der benötigte Speicherplatz in Pfeilrichtung. Eine Überwachung des tatsächlichen Speicherbedarfs ist in den wenigsten MCUs vorgesehen. Wenn also nun durch ungünstige Bedingungen, z. B. infolge eines selten auftretenden Interrupts, der Stackpointer aus dem reservierten Bereich herausläuft, gibt es einen Stack-Overflow. Die temporären Daten überschreiben Werte im Speicherbereich der globalen Variablen. Hat man nun exzessiven Gebrauch von `static`-Werten gemacht, wird dieses Problem noch akuter.

Eine andere üble Sitte ist die Anwendung der Funktion `malloc()`, also die Anforderung von Speicherbereichen zur Nutzung mit späterer Freigabe für andere Interessenten. Wie bereits erwähnt, verfügen die wenigsten MCUs über eine integrierte Speicherverwaltung (MMU). Der unkritische Gebrauch von `malloc()` ist deswegen eine Steilvorlage für unerklärbares Programmverhalten. Wieso?

Gesetzt sei der Fall, dass in einem Rechnersystem ein Heap-Speicher von 8 KByte für dynamische Speicherzuweisungen eingerichtet ist. Bei der ersten Anforderung werden 2 KByte benötigt und auch erhalten. Ein zweiter Task bekommt ebenfalls 2 KByte. Laut Adam Riese stehen nun noch 4 KByte zur Verfügung. Inzwischen gibt der erste Task seine 2 KByte wieder frei – damit beträgt die Größe des freien Speichers jetzt 6 KByte. Ein dritter Task braucht nun 5 KByte, doch die bekommt er nicht.

Der angeforderte Speicher darf nicht segmentiert werden, es gibt ja keine MMU (memory management unit) in der MCU. Solange der zweite Task seine 2 Kbyte nicht freigibt, kann `malloc()` keine neue Zuweisung unternehmen. Das ist ein fast klassischer Fall für einen Dead-Lock. Jede Softwarekomponente funktioniert eigentlich fehlerfrei, aber das Gesamtsystem streikt.[8] Die Vektortabelle mit dem RESET- und den Interrupt-Vektoren liegt ebenfalls in einem ROM-Bereich. Für allerlei akrobatische Programmverrenkungen kann diese Tabelle natürlich ebenfalls in den RAM verschoben werden. In einem solchen Fall muss man mit allerhöchster

[8] In der Realität nennt man dies „öffentlicher Dienst". Jeder Verantwortliche macht aus seiner Sicht alles richtig, trotzdem kippt das „öffentliche Auto" um. Selbstverständlich waren alle vier Räder mit dem richtigen Reifenprofil und dem korrekten Luftdruck versehen. Dummerweise waren nur drei Räder an den Achsen festgeschraubt, während eines der Räder im Kofferraum das Ersatzrad mimt. In Deutschland ist so etwas natürlich völlig ausgeschlossen, da bin ich mir so was von sicher, aber in Molwanien [96] scheint es so denkbar.

Vorsicht vorgehen. Ein Stack-Overflow in diese Tabelle ist dann der Super-GAU. Für die Standardanwendungen bleibt von einem solchen Vorgehen nur abzuraten.[9]

Ein exzellentes Mittel zur übersichtlichen Programmierung ist der Gebrauch von Funktionen. Wiederholt auftretende Berechnungen etc. werden in eine spezielle Software gepackt und zu unterschiedlichen Zeiten und Orten vom Programm aufgerufen. In sehr vielen Fällen werden diesen Programmfunktionen Parameter übergeben.

Zur Datenübergabe existieren zwei Verfahren, einmal das sogenannte `call-by-value` und zum anderen die Übergabe als `call-by-reference`. Bei beiden Varianten spielt der Stack bzw. der Stackpointer eine wesentliche Rolle. Als Beispiel wird der Funktionsaufruf einer Berechnungsfunktion zur Mittelwertbildung eines Datensatzes illustriert.

```
/* Variablen */
typedef struct {byte abData[8];} Def_stValue;
byte bAverage;                    /* Mittelwert */
Def_stValue stRaw;                /* Speicher für Werte zur Mitteilung */

byte bAverage1(Def_stValue);      /* Funktionsprototypen */
void vAverage2(byte *, Def_stValue *);

bAverage = bAverage1(stRaw);      /* Aufruf call-by-value */
vAverage2(&bAverage, &stRaw2);    /* Aufruf call-by-reference */
```

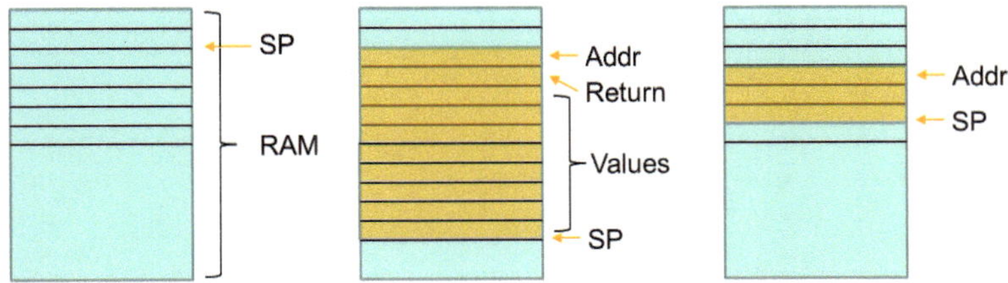

Bild 6.3 Stackbelastung bei Funktionsaufrufen `call-by-value` bzw. `call-by-reference`

[9] Nichtsdestotrotz: Jeden Tag steht ein Idiot auf. Glauben Sie nicht? Sie haben noch nie eine E-Mail von einem eingekerkerten afrikanischen Freiheitskämpfer/Prinz/König/Blödmann erhalten, der ohne Ihre Hilfe nicht mehr an seine ererbten Millionen herankommt? Ich schon, doch leider fehlen mir die 10000 $ in gebrauchten Scheinen, um Hilfe vor Ort zu leisten. Was hat der E-Mail-Idiot mit verschobenen Vektortabellen zu tun? Eigentlich nichts, aber wenn man einen Buffer-Overflow bastelt, dessen Inhalt einige Speicherplätze in der Vektortabelle, z. B. den Exception-Handler, überschreibt, dann hat man den perfekten Einstieg in das System. Der Exception-Handler zeigt nun auf den Buffer. Der Bufferinhalt wird als Programm interpretiert, und voilà Sie, nein, der „Mann" ist drin. Überzeugt Sie das nicht? Noch nie etwas von „Stuxnet" gehört? Die Experten sind seinerzeit sicherlich nicht über einen Exception-Handler eingestiegen, aber irgendeine Nachlässigkeit haben sie definitiv ausgenutzt. Also Finger weg von „Programmakrobatik". Ganz links in Bild 6.3 ist der Stackbereich vor dem Aufruf der Mittelwertfunktion. Zuerst wird die Funktion `bAverage = bAverage1(stRaw);` ausgeführt. Die Übergabe der Daten an die Funktion erfolgt `call-by-value`. Deutlich ist die relativ große Stackbelastung in der Mitte von Bild 6.3 sichtbar. Die Rückkehradresse, der Return-Wert und die acht Mittelwertdaten müssen temporär auf dem Stack erzeugt werden.

Anders ist es beim zweiten Aufruf von `vAverage(&bAverage, &stRaw)`. Hier sind neben der Rückkehradresse nur die Zeiger (Referenzen) auf die Daten auf dem Stack.

Indes, der unterschiedliche Speicherverbrauch ist nicht der einzige Unterschied zwischen den beiden Funktionsaufrufen. Bei der Übergabe der Variablen mittels `call-by-value` wird von allen Parametern eine temporäre Kopie der Inhalte erzeugt. Innerhalb der Funktion wird mit den Kopien gearbeitet, und wenn Rückgabewerte existieren, werden diese erst nach dem Verlassen der Funktion an den Aufrufer zurückgegeben. Anders ist es beim `call-by-reference`-Vorgehen. Wird mit den Parametern gerechnet, werden die Resultate unmittelbar über die Referenzen aktualisiert.

Diese Unterschiede sind ebenfalls bei der Auswahl der Aufrufverfahren zu berücksichtigen Mit anderen Worten: Eine eineindeutige Präferenz ist ohne Kenntnis der konkreten Anforderungen, hinsichtlich der Entscheidung zu `call-by-value` oder `call-by-reference`, nicht so ohne Weiteres zu treffen.

6.3 Erste Schritte mit Mbed

Bei der Auswahl eines geeigneten Entwicklungssystems für die Softwareerstellung für eingebettete Systeme steht der Anwender vor einem nicht zu unterschätzenden Problem. Generell wird die Software für MCUs mithilfe eines Cross-Compilers erzeugt. Es existiert zwar für jede MCU auch ein Assembler, doch reine Assembler-Programmierung dürfte heutzutage die Ausnahme sein. Oft wird an unumgänglichen Stellen deswegen mit Inline-Assembler-Anweisungen in C gearbeitet.

Unter einem Cross-Compiler versteht man ein Übersetzungsprogramm, das den Op-Code nicht auf dem Zielsystem direkt, sondern auf einem anderen Computer erzeugt. Das Ergebnis des Übersetzungsvorgangs muss dann auf das Zielsystem „geladen" werden. Dazu ist ein sogenannter „Programmieradapter" nötig.

Die Anzahl möglicher Tools ist relativ groß. Dies gilt insbesondere für die ARM-Architektur. Man unterscheidet zwischen kommerziellen, kostenpflichtigen Tools und frei verfügbaren Compilern und deren IDE (integrated development environment). Die Qualität und der Leistungsumfang freier Tools müssen nicht zwangsläufig schlechter oder geringer als die der kommerziellen Anbieter sein. Hier eine Empfehlung zu geben fällt schwer.

Das größte Hemmnis beim Einstieg in die Welt der Mikrocontroller ist weniger die Komplexität der Bedienung der Entwicklungswerkzeuge, sondern eher die Frage der Ansteuerung der Peripheriemodule der MCU. Insbesondere Schüler und Studenten[10] sind da anfangs trotz des großen Interesses schnell überfordert und frustriert [52].

Die Einarbeitung in neue Bausteine offeriert auch für gestandene Ingenieure genügend Tücken, um lieber erst einmal zurückhaltend auf die neuen Wunder aus den Marketingabteilungen der Chip-Schmieden zu reagieren. Zudem sind die kommerziellen Entwicklungstools recht kostspielig, und freie Werkzeuge sind in der Industrie nicht immer sinnvoll.[11]

Die Firma Philips, heute NXP, lockte neugierige[12] Ingenieure mit einer kleinen Leiterplatte (siehe Bild 6.4), bestehend aus MCU mit Grundbeschaltung und Stiftleiste mit wichtigen I/Os und einem USB-Anschluss. Verbunden war diese mit einem Online-Compiler und dem Versprechen, keinen Programmieradapter mehr zu benötigen. Einfach nach einem Muster das Programm eintippen, compilieren und das Ergebnis per Drag & Drop via USB ins Zielsystem kopieren. Der Clou des Ganzen war die Anmeldung der Mbed-MCU als neues Laufwerk. Drag & Drop war also wirklich möglich.

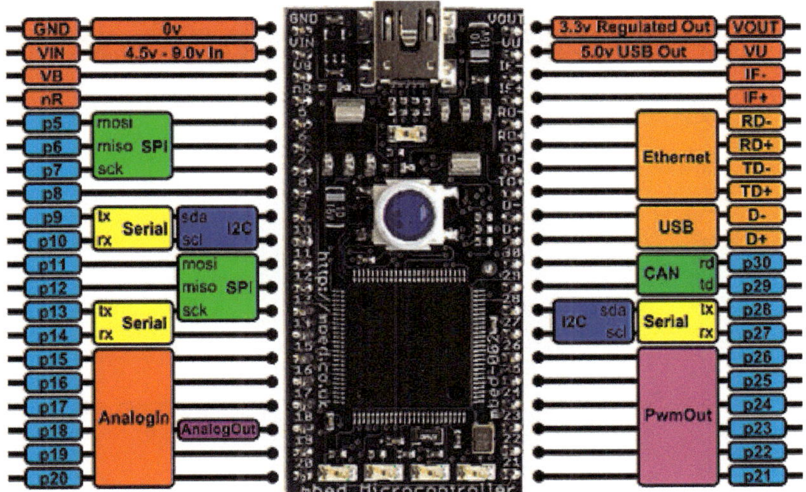

Bild 6.4 Die erste Mbed-kompatible MCU der Firma NXP – der LPC1768

[10] Die bezeichneten Zielgruppen sind schnell Feuer & Flamme für neue Gimmicks, aber schlecht bei der Stange zu halten, wenn's mal etwas länger dauert. Ein Kollege empfahl mir für Laborexperimente, es doch einmal mit dem Mbed-System zu versuchen. Es entstehen keine Kosten und der Compiler und die IDE sind online verfügbar. Die Studenten können also nicht mehr die lokale Installation ruinieren, und die grundlegenden APIs zur Ansteuerung sind vorhanden. Meine anfängliche Skepsis ist längst gewichen. Klar, die Idee hat ihre Grenzen, indes möchte ich dieses Werkzeug im Ausbildungsbereich nicht mehr missen.

[11] Gegen diese Aussage gibt es sicher jede Menge Geschrei, aber dazu stehe ich. „Was nichts kostet, taugt nichts!" Bei dem einen oder anderen dauert diese Erkenntnis etwas länger, aber in meiner mehr als 20-jährigen Industrietätigkeit hat sie sich immer wieder bewahrheitet.

[12] Wer als Ingenieur nicht neugierig ist, sollte sich nicht Ingenieur nennen.

Bei den Ingenieuren hat die Sache nicht verfangen, schließlich fehlt der Debugger zur effizienten Fehlersuche, im Ausbildungsbereich schlug die Idee jedoch wie eine Bombe ein. Aus einer (!) Mbed-MCU in 2005 sind aktuell (Juni 2020) 167 Development Boards der unterschiedlichsten Hersteller geworden.

Was ist also Mbed? Hinter dieser Idee verbirgt sich ein leistungsfähiger ARM-Compiler als Online-Tool. Für beinahe alle Peripheriemodule sind APIs vorbereitet. Die ARM-MCUs wird mit einem zusätzlichen Baustein an den USB-Port des PC angeschlossen. Das Mbed-Board wird als USB-Stick konfiguriert. Zum leichten Einstieg existieren Software-Templates, die der Anwender aus einer Liste auswählt. Das „Hello World“ eines eingebetteten Systems ist das Blinken einer LED.[13]

Zunächst muss man sich auf der Webseite von Mbed registrieren.[14] Anschließend kann der Compiler geöffnet werden. Das Layout der Webseite ist im ständigen Fluss, deswegen gibt es nur einige wenige Screenshots zur Erläuterung.

Mit NEW wird das Template eines neuen Programms angelegt. Man selektiert die angeschlossene Plattform, hier STM32F446 (Bild 6.5) und das gewünschte Testprogramm. Beim ersten Mal sollte man die Ansteuerung einer LED auswählen. Auf jedem Mbed-Board ist mindestens eine LED, und dafür existiert auch ein „Blinky“-Muster.

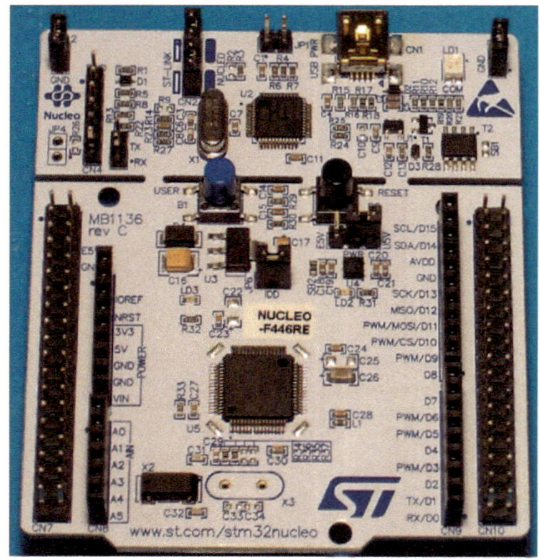

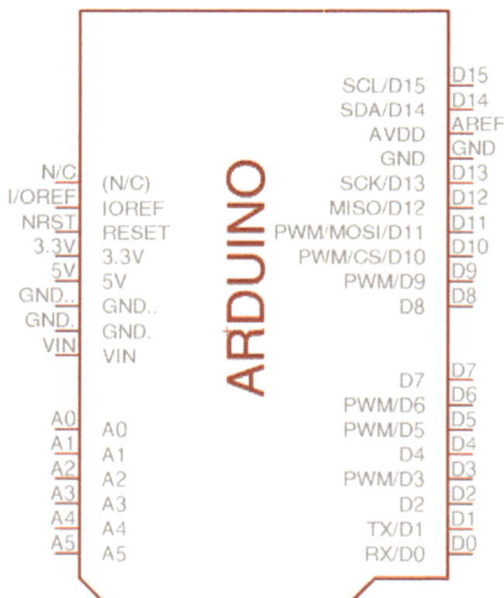

Bild 6.5 Nucleo STM32F446 Board mit Arduino-kompatiblen Steckleisten

[13] Ich zeige dies vor meinen Studenten in 60 Sekunden. Dabei muss ich aber langsam vorführen.

[14] Wem das zu intim ist, trägt sich als „Max Mustermann“ oder „Lieschen Müller“ ein. Eine Steuerprüfung oder eine Gesichtserkennung findet nicht statt.

Im Browser-Fenster wird nun der Quelltext angezeigt. Der Button COMPILE generiert den Op-Code und erzeugt die Datei *FB_FirstTest.NUCLEO_F446RE.bin*. Selbige wird in den Zielordner kopiert[15] – und das war's (Bild 6.6).[16]

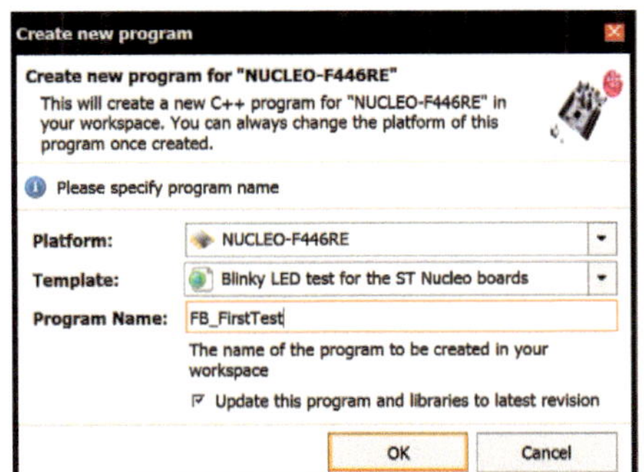

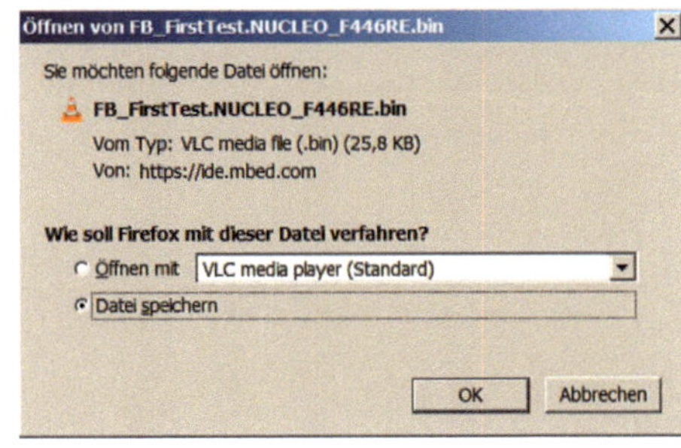

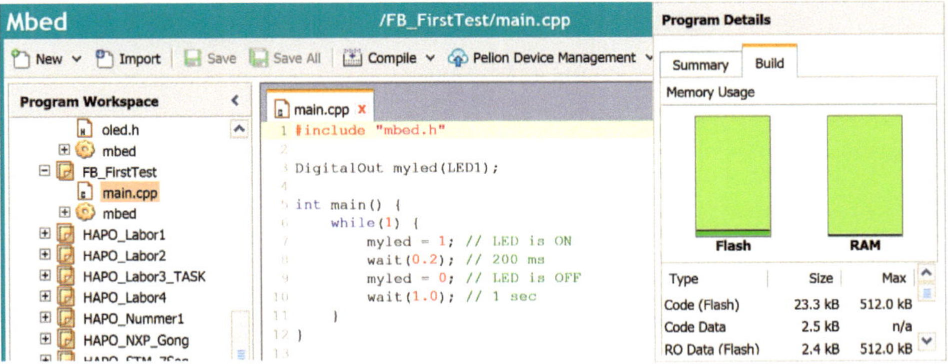

Bild 6.6 Schrittweises Vorgehen zum Erstellen eines einfachen „Blink-Programms"

Im ersten Beispiel wird eine API namens „DigitalOut" verwendet. Damit wird der Software der Wunsch nach einem Ausgangspin verdeutlicht. In Abschnitt 5.5 sind die notwendigen Erklärungen dazu aufgeführt. Mit der API „DigitalOut" wird die Ressource LED1, in diesem Fall ist das die Leitung, die mit der programmierbaren LED auf dem STM32F446-Board verbunden ist, mit dem Bezeichner *myled* verknüpft. In der `main()`-Funktion des Beispielprogramms befindet sich die Endlosschleife `while(1){}`, in der die Leuchtdiode ein- bzw. ausgeschaltet wird. Es ist empfehlenswert, dass man aus diesem Beispielprogramm heraus eigene Ideen entwickelt.

[15] Warum im Auswahldialog zur Speicherung die Möglichkeit zum Öffnen mit dem VLC-Player kommt, ist mir unbekannt. Der VLC-Player kann definitiv nichts mit diesen Daten anfangen, selbst wenn Sie die Datei in „Marilyn_stripped.bin" umbenennen. Suchen Sie aber nach „marilyn stripped" in *www.bing.de*, bekommen Sie sicher passende Bilder. SafeSearch sollten Sie vorher bitte auf **Aus** setzen.

[16] Wenn Sie irgendwann einmal völlig festsitzen, unerklärliche Fehlermeldungen erhalten oder das Board einfach nicht erkannt wird, dann ziehen Sie den USB-Stecker, legen ein neues „Blinky"-Projekt an und prüfen, ob das Online-Tool, USB und Mbed-Hardware noch Freunde sind.

Mit den in Bild 6.7 angegebenen APIs kann man schon einiges anfangen. Zur digitalen Kommunikation stehen diverse I/O-Funktionen zur Verfügung, analoge Signale werden über AnalogIn bzw. AnalogOut angebunden, und einige Zeitgeber sowie serielle Schnittstellen runden das Gesamtpaket ab.

Input/Output drivers

API	Full profile	Bare metal profile
AnalogIn	✓	✓
AnalogOut	✓	✓
BusIn	✓	✓
BusOut	✓	✓
BusInOut	✓	✓
DigitalIn	✓	✓
DigitalOut	✓	✓
DigitalInOut	✓	✓
InterruptIn	✓	✓
PortIn	✓	✓
PortOut	✓	✓
PortInOut	✓	✓
PwmOut	✓	✓

Time

API	Full profile	Bare metal profile
RTC	✓	✓
Ticker	✓	✓
Time	✓	✓
Timeout	✓	✓
Timer	✓	✓
Wait	✓	✓

Serial drivers

API	Full profile	Bare metal profile
BufferedSerial	✓	✓
UnbufferedSerial	✓	✓
QuadSPI (QSPI)	✓	✓
SPI	✓	✓
SPISlave	✓	✓

Bild 6.7 Wichtige APIs der Mbed-Toolchain [53]

Auf der Mbed-Webseite finden sich zu jeder API passende Beispiele, sodass auch beim Einsteiger die Frustrationsschwelle klein bleibt. Perfekt sind die APIs dennoch nicht. Im Verlaufe der bisherigen Erläuterungen sind bereits einige Stolpersteine aufgezeigt worden, das wird auch weiterhin so sein. Insbesondere das Interrupt-Handling darf keinesfalls kritiklos aus den Beispielen übernommen werden. Zur Frage der Priorisierung findet man keine Angaben in der Mbed-Dokumentation. Richtig schwierig wird die Einbindung eigener Interrupt-Service-Routinen, da man bezüglich der Bezeichnung der *extern „C"*-Handler auf die exakte Schreibweise des richtigen Bezeichners angewiesen ist. Hier kann man nur raten, und „raten" ist keine Ingenieurstätigkeit.

Auf *https://plus.hanser-fachbuch.de* sind ausgewählte APIs in direkter Registerprogrammierung als Quelltext angegeben.

Ein letzter Hinweis: Je nach Nucleo-Board ist kein HSE-Quarz verbaut. Dafür gibt es eine Brücke auf der Leiterplatte, welche einen externen 8-MHz-Takt aus dem verbauten ST-Link abzweigt. Diese Brücke muss geschlossen werden.

6.4 Rowley Crossworks für Experten

Die größte Schwachstelle der Mbed-Toolchain ist das Fehlen eines Debuggers. Man kann sich zwar über ein Terminal-Programm und eine serielle Schnittstelle etwas behelfen, aber das Gelbe vom Ei ist dies definitiv nicht. Es stellt sich deswegen die Frage nach einem besseren Werkzeug.

Es gibt am Markt einige sehr gute Produkte von unterschiedlichen Herstellern. Soweit publiziert, scheint die Firma Keil *(www.keil.com)* der Marktführer zu sein. Ebenfalls in Deutschland gut bekannt ist die Firma Segger *(www.segger.com)*. Diese Anbieter liefern nicht nur die Entwicklungswerkzeuge, sondern auch Zusatzprodukte. Leider sind die Preise nicht für Privatanwender oder Studenten ausgelegt. Günstiger sind die Compiler der Firma Imagecraft *(www.imagecraft.com)*. Von diesem Hersteller gibt es auch ein Buch über Tipps und Tricks in C.

Ich nutze ausgiebig die IDE der britischen Firma Rowley Crossworks *(www.rowley.co.uk)*. Mit diesem Werkzeug sind alle meine professionellen Projekte in den letzten Jahren realisiert worden. Um nicht den Eindruck unbeabsichtigter Schleichwerbung zu erwecken: Der Compiler ist von mir in Volllizenz für kommerzielle Zwecke zum vollen Preis erworben worden. Übrigens, Rowley Crossworks ist über das Buchprojekt informiert und hat keine Einwände dagegen erhoben.

Für Enthusiasten ist die Anschaffung einer Personal Licence erwägenswert. Für 150 $ bekommt man viel für sein Geld. Zum ersten Test lädt man sich die Software herunter und kann dann zeitlimitiert alles testen, anschließend bleibt die Leistung für codelimitierte Projekte erhalten, oder man kauft.[17]

Die Arbeit mit der IDE ist relativ unkompliziert. Nach dem Download der Installationsdatei wird diese gestartet und installiert die Software. Es ist empfehlenswert, die vorgeschlagenen Default-Einstellungen während des Installationsvorgangs zu akzeptieren.

[17] Das war der unvermeidliche Disclaimer. Doch wenn ich von einem Produkt etwas halte, dann sage ich das auch – und Rowley Crossworks taugt wirklich etwas. Ob Segger und Keil besser sind, kann und will ich nicht entscheiden, aber die Jungs bei Rowley haben mich überzeugt. Zudem hatte ich vor Jahren Gelegenheit, die Firma persönlich kennenzulernen. Damals war das Unternehmen sehr viel kleiner, und der Geschäftsführer trug lediglich Socken. Das hatte er übrigens mit Bertram „Bert" Cooper aus „Mad Man" [87] gemeinsam. Heute kann er sich bestimmt rahmengenähte italienische Schuhe leisten – und wenn Sie das Produkt kaufen, gibt's noch Prosecco dazu.

Mit dem License Manager wird die Software beim Hersteller registriert.[18] Für den Erstanwender ungewohnt ist die Funktion des Package Managers. Mit diesem Tool werden die wirklich benötigten Varianten der unterschiedlichen Controller-Derivate und Entwicklungskits der Hersteller verwaltet. Hier sollte man eine sinnvolle Auswahl der tatsächlich im Einsatz befindlichen Devices treffen. Für die im Buch am häufigsten angegebenen Beispiele ist der Download des Nucleo-F446RE Board Support Package notwendig.

Für einfache Ideen wird der Quellcode anfangs gern in eine einzige Datei gepackt. Das ist eine Unsitte, die teilweise auch an den technischen Hochschulen nicht wirklich bekämpft wird. Die Professoren sind so mit der Vermittlung von grundlegendem Wissen beschäftigt, dass zur Angabe vieler praktischer Tipps und Tricks kaum Zeit verbleibt.

Grundsätzlich wird jede etwas größere Applikation in einzelne Quellfiles unterteilt (Bild 6.8). Innerhalb eines Quellmoduls bleiben die Informationen „modullokal", d. h., die Sichtbarkeit bleibt auf das Modul begrenzt. Zur Kommunikation zwischen Modulen dienen Funktionen. Die Bekanntgabe der Funktionen an andere Module erfolgt über die Prototypen in den Modul-Headern. Jedes Modul besitzt dazu seinen eigenen Header, allgemeine Vereinbarungen werden in einem Header für alle Quellen zusammengefasst.

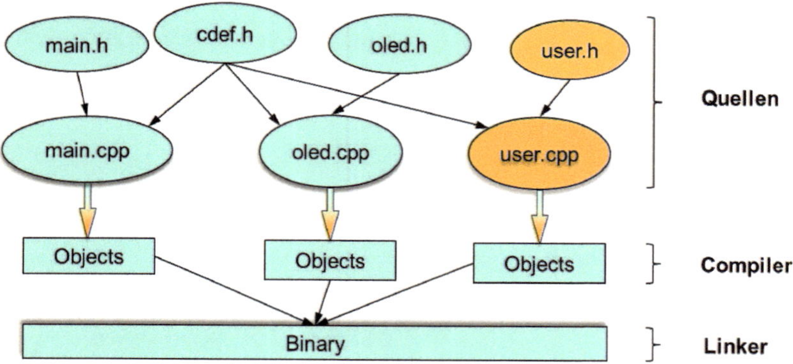

Bild 6.8 Aufbau einer Softwareapplikation aus einzelnen Quelldateien

[18] Diese ständigen Registrierungen sind ein Ärgernis, dummerweise kenne ich auch keine vernünftige Alternative zu diesem Verfahren. Immerhin erlaubt die Registrierung der kommerziellen Lizenz eine zeitlich unbeschränkte dauerhafte Nutzung der Software. Das von manch anderen Firmen praktizierte Verfahren eines zwangsweisen Software-Leasings halte ich dagegen für eine Zumutung. Besonders übel ist die Firma Autodesk mit ihrem Abo-Modell der PCB-Software Eagle. CadSoft, der ursprüngliche Entwickler, vertrat eine gänzlich andere Position. Die weite Verbreitung von Eagle im Ausbildungsbereich ist sicher auch darauf zurückzuführen. Autodesk indes unterbindet die Nutzung der Software in der Lehre nach drei Jahren. Nun gut, andere Mütter haben auch schöne Töchter - in diesem Fall hört sie auf den Namen KiCAD.

Die IDE von Rowley Crossworks unterstützt dieses Vorgehen explizit. Die Quelldateien werden dazu in Projekten organisiert. Mit FILE → NEW PROJECT [Crtl + Shift + N] wird ein neues Projekt angelegt. Im folgenden Auswahldialog selektiert der Anwender das gewünschte Template, z. B. *An executable for STMicroelectronics ST_Nucleo_F446RE*. Dazu müssen der Projektname und der Zielordner angegeben werden. Für die Projekteinstellung gibt es ebenfalls einen Vorschlag. Die Default-Einstellung ist brauchbar. Die Auswahl der minimal erforderlichen Projektfiles ist der vorletzte Schritt. Die drei Dateien *STM32_Startup.s*, *thump_crt0.s* sowie *main.c* sind in jedem Fall notwendig und dienen der unumgänglichen Initialisierung der CPU nach POR, der Zuweisung der initialisierten Variablen und der Einbindung der Interrupt-Vektoren.

Für die Softwareerstellung werden zwei Konfigurationen vorgeschlagen: *THUMB Debug* und *THUMB Release*. Der Unterschied besteht in der Anwendung diverser Compiler-Optimierungen der IDE. Im Debug-Mode wird nur mäßig bis gar nicht optimiert, sodass alle Objekte durch den Debugger im Einzelschrittbetrieb sichtbar bleiben. In der Release-Version kann man unter Umständen nicht mehr alle Breakpunkte erreichen. Es wird dringend empfohlen, erst am Ende des Entwicklungsprozesses auf die Release-Version umzuschalten.

Nach Abschluss dieser Abfragen und Konfigurationen, die gewählten Einstellungen sind später in den „Properties" änderbar, erzeugt die IDE ein übersetzbares Rumpfprogramm. Mit BUILD AND DEBUG erfolgen der Compileraufruf und der Übergang in den Debug-Mode. Bild 6.9 zeigt das Resultat.

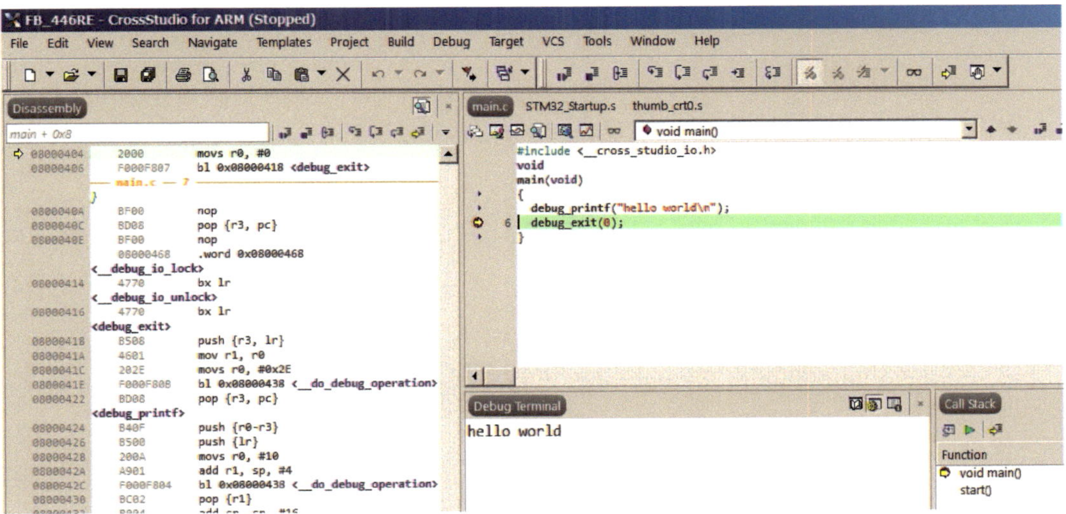

Bild 6.9 Screenshot des Testprojekts nach der Grundkonfiguration

Die wichtigste Neuerung im Vergleich zu Mbed ist die Nutzungsmöglichkeit von „Breakpoints“ und die Anzeige von Variableninhalten im Debugger. Im linken Fenster des Debuggers ist der vom Compiler erzeugte Assembler-Code zu sehen. In der Regel ist der Assembler-Code selten von großem Interesse.

Rechts oben in Bild 6.9 ist der Quellcode des C-Programms dargestellt. Darunter sehen Sie das Terminal-Fenster für Debug-Ausgaben. Mit dem Debugger kann man das Programm nun schrittweise abarbeiten. Damit nicht jede einzelne Programmzeile mühsam „durchgesteppt“ werden muss, kann der Anwender Haltepunkte (Breakpoints) an die interessierenden Codezeilen setzen. Der Debugger führt das Programm in Echtzeit bis zum Erreichen des Breakpoints aus und stoppt dann die CPU.

Im Beispiel ist der Debugger mit einer ARM-Simulation verbunden, demzufolge ist das Anhalten der Applikation problemlos möglich. In der Praxis wird die Zielhardware über einen JTAG-Adapter mit dem Debugger verbunden. Verfügt man über einen sogenannten Bond-Out-Chip, kann man den Prozessorzustand tatsächlich „einfrieren“. Diese Bausteine sind jedoch unglaublich teuer, da der dafür benötigte spezielle Schaltkreis nur in geringsten Stückzahlen gebaut wird.[19]

Das Mittel der Wahl zur Fehlersuche sind derzeit In-Circuit-Debugger. Die Programmier- und Testfunktionen sind direkt auf dem Serien-IC integriert und werden über das JTAG-Interface bedient. Ein Haltepunkt stoppt die Ausführung weiterer Befehle in der CPU, und über diesen Hintereingang werden dann die benötigten Daten aus dem Zielsystem zur Debug-Software geschickt.

Der einzige schwerwiegende Nachteil des Verfahrens ist die Tatsache, dass die Peripherieeinheiten weiterarbeiten, während die CPU steht. Der Prozessortakt kann nicht abgeschaltet werden, da sonst auch der In-Circuit-Zugriff deaktiviert würde. Eine korrekte Abfrage, z.B. des Zählstands eines Timers, ist damit unmöglich. Zwar ist das Zählregister zugänglich, aber zwischen dem Stopp der CPU und der Registerabfrage liegt eine Zeitspanne, die den weiterlaufenden Zählerstand unbrauchbar werden lässt. Dieses Verhalten muss man sich immer wieder vor Augen halten, wenn man im System Fehler sucht. Besonders hinterhältig ist dieses Verhalten beim Interrupt-Handling.

Mit dem ersten Rowley-Projekt sollte man ausgiebig testen, das Anlegen von Variablen, die Anzeige der Variableninhalte und natürlich der Test der Breakpoints. Wer diese Vorzüge einmal genoss, ist bezüglich der Einschränkungen in Mbed natürlich etwas betrübt.

[19] Vor fast 20 Jahren musste ich mit einem Bond-Out-Chip-Debugger arbeiten. Das war prinzipiell kein Problem, doch der verbaute Spezial-IC hatte Fehler, die die Serien-CPU nicht (mehr) hatte. Suchen Sie mal Fehler in einem System unter Verwendung fehlerhafter Messgeräte. Die heutigen In-Circuit-Debugger haben auch so manche Tücke, aber das sind zumindest die gleichen wie im späteren Serienprodukt.

Ein Punkt beim Anlegen eines Rowley-Projekts wird von mir allerdings manuell geändert. Die beiden Systemfiles *STM32_Startup.s* und *thump_crt0.s* werden von der IDE dem Projekt zugehörig in einem Unterordner angezeigt. Sucht man diese Dateien im Projektordner, wird man allerdings nicht fündig. Die Originale befinden sich in einem von Rowley Crossworks bei der Installation angelegten speziellen Verzeichnis. Das ist an und für sich unkritisch, hat aber einen Nachteil. Diese Dateien werden in alle (!) Projekte eingebunden, und zwar als physikalisch identische Files.

Sollte man zum Test in diesen Initialisierungen etwas ändern (das ist zwar Experten vorbehalten, aber nicht verboten), dann werden diese Änderungen im Zweifelsfall für alle (!) anderen Projekte beim neu Compilieren gültig. Das ist hochgradig riskant!

Die Dateien werden im Hauptfenster geöffnet und mit SAVE AS in den Projektordner der *main.c*-Datei gesichert. Anschließend werden die beiden Dateien aus dem Projekt entfernt – Sie müssen *System Files* mit rechter Maustaste selektieren und im Sub-Menü mit Remove bearbeiten. Achtung: Die Dateien dürfen nicht gelöscht werden.

Anschließend werden die Dateien mit ADD EXISTING FILE wieder dem Projekt hinzugefügt, nur liegen die Files jetzt im Projektordner. Wenn man nun neu übersetzt, kommt eine Fehlermeldung. Der Compiler sucht nach der Vektortabelle *STM32F446xx.vec*. Diese Datei ist im gleichen Verzeichnis wie die *Startup.s* und die *crt0.s* zu finden und wird ebenfalls in den Projektordner verschoben.

Wozu das Ganze? Es funktionierte doch vorher schon. Neben der Möglichkeit, ungestraft die Assembler-Start-Routinen zu ändern, ergibt sich ein zweiter nützlicher Aspekt. Sind alle Quelldateien in einem Ordner, so kann dieser ohne Probleme auf einen anderen Rechner kopiert werden, und Rowley Crossworks übersetzt die Software anstandslos. Handelt man nicht so, müssten die relativen Projektverzeichnisse angepasst werden. Das ist eine Fummelei, die man sich so erspart. Ein letztes Wort zu Standard-C-Bibliotheken: Der Einsatz sollte stets so sparsam wie möglich erfolgen.[20]

Nach dem Debuggig muss noch der Schalter STARTUP_FROM_RESET in den Properties (Preprocessor Definitions) der Datei *STM32_Startup.s* gesetzt werden, damit die Software ohne Debug-Hilfe nach dem POR anläuft.

Dieses Feature scheint auf den ersten Blick widersinnig zu sein. Warum und wozu sollte ein Softwarestand dienen, der nicht automatisch startet? Wie bereits geschil-

[20] Wenn irgend möglich, sollte man auf diese Bibliotheken verzichten. Zum einen sind manche Funktionen, z. B. `sscanf()`, durchaus fehlerträchtig, und zum anderen müssen für sicherheitsrelevante Firmware auch die Bibliotheken zertifiziert werden. Versuchen Sie dies einmal bei fremder Software. Viel Vergnügen! Ein in diesem Zusammenhang auch gern vergessener Umstand ist folgender: Aktualisieren Sie Ihre IDE für ein bereits zertifiziertes Software-Projekt **und** nutzen Sie in diesem Projekt C-Bibliotheken, geht die Zertifizierung von vorne los.

dert, kommuniziert das Entwicklungssystem über eine In-Circuit-Debugging-Schnittstelle mit der MCU. Der Programmierer ist sehr nah am System, und „sehr nah“ kann unter Umständen „zu nah“ sein. Nach dem RESET der CPU wird nämlich sofort der entsprechende Op-Code, auf den der Reset-Vektor der Vektortabelle zeigt, ausgeführt. Mit etwas Pech befindet sich gleich zu Beginn der Applikation ein schwerer Fehler, der die CPU abstürzen lässt. In diesem Fall ist nicht immer gesichert, dass die In-Circuit-Schnittstelle weiter ansprechbar bleibt. Mit anderen Worten: Bevor der Debugger die CPU anhalten kann, stürzt diese ab. Der Anwender bekommt dann keinen Kontakt mehr zu seinem System. Diese Effekte sind zugegebenermaßen recht selten, aber nach „Murphy's Law“ passiert es genau dann, wenn man es nicht gebrauchen kann.[21] Ohne den Compilerschalter STARTUP_FROM_RESET startet die Software erst, wenn sie über den Debugger freigegeben wird.

Ein weiteres Feature moderner MCUs ist der Watchdog. Mit dieser Funktionseinheit wird die Stabilität der Software der Applikation geprüft. Im einfachsten Fall wird in einem definiert zyklisch ablaufenden Programmteil der Watchdog periodisch zurückgesetzt.

Unterbleibt dieser Vorgang, nimmt der Watchdog eine Fehlfunktion der Software an und zieht die Notbremse, respektive die CPU führt einen harten RESET aus. Da der Watchdog nicht über eine wirkliche Einschätzung des ablaufenden Programms verfügt, ist der Gebrauch des Watchdogs immer eine Ermessensfrage. Nach Abwägung aller Vor- bzw. Nachteile muss der Anwender dann über die Aktivierung dieser Einheit entscheiden.[22]

Oft überwiegen die Vorteile, d. h., bei einem Dead-Lock ist ein RESET immer noch besser als ein Stillstand des Programms. Dennoch sollte man nicht kritiklos diese Überwachung aktivieren. Immerhin, wird die CPU während des Debuggens angehalten, wird der Watchdog ja ebenfalls nicht mehr „gefüttert“. Mit anderen Worten: Die CPU kann unter Umständen einen harten RESET im Haltepunkt ausführen.

---

[21] „So viele Dinge bekommt man erst dann, wenn man sie nicht mehr gebrauchen kann“ - so singt Annett Louisan im Lied „Chancenlos“. Das ist Lyrik, wir sind in der Technik, wir haben es mit harten Fakten zu tun. Allein, es hören selbst härteste Fakten gerne Musik und stellen dann ihre Fähigkeiten zur Interpretation gern zur Verfügung.

[22] Dazu habe ich eine interessante Anekdote: Junge enthusiastische Mitarbeiter neigen dazu, sämtliche eingebauten Features zu benutzen. Bei einem sehr auf Zuverlässigkeit getrimmten System ist natürlich der Watchdog ein zusätzliches Sicherheitskriterium. Also gilt die Devise „sofort einschalten“. Nach Wochen weiterer Entwicklung erfolgte plötzlich während der Erprobung ein Watchdog-Reset. Es folgte eine hektische Fehlersuche. Das muss am Grundsystem liegen! Da lag der Ball nun in meinem Feld. Nun ja, das Grundsystem war zwar seit Jahren in unterschiedlichen Geräten auf unterschiedlichen Prozessoren im Einsatz, aber Alter ist kein vollständiger Beweis für Sicherheit. Schließlich ließ sich die Fehlfunktion auch auf meinem System nachweisen, die Ursache war jedoch keinesfalls ein Bug im Grundsystem. Es folgten längere Diskussionen, dann kamen zwei kleinlaute Entwickler um die Ecke. Watchdog sei falsch programmiert. In „seltenen“ Fällen wurde die Einheit nicht korrekt zurückgesetzt. Alles klar, der Fehler war gefunden, Watchdog lief nun richtig, und die Software stürzte nicht mehr ab. Indes, in der Fliegerei lautet der dazu passende Fall: „Controlled flight into terrain!“. Es ist zwar alles in Ordnung, trotzdem steckt das Flugzeug im Boden.

Der letzte wichtige Punkt der Einstellung der IDE betrifft die Größe des Stackbereichs. Stack und globale Variablen liegen im gleichen RAM-Bereich. In der Grundkonfiguration werden 256 Byte für den Stack reserviert. Diese Größe muss an die tatsächliche Applikation angepasst werden. Ein Stack-Overflow ist ein schwer zu findender Programmfehler. Eine Vergrößerung des Stackbereichs auf mindestens 1024 Byte ist immer empfehlenswert.

6.5 Multitasking auf dem Mikrocontroller

Es gibt zwei unterschiedliche Ansätze für Multitaskingsysteme, kooperativ bzw. präemptiv. Der wesentlichste Unterschied zwischen beiden ist die Art der Zuteilung der CPU-Zeit, denn eines ist klar: Auch ein noch so komplexer Rechner kann mit einer CPU nur ein Programm zu einem bestimmten Zeitpunkt ausführen. Die CPU schaltet zwischen der Bearbeitung der verschiedenen Tasks um. Auf dem PC wären das Schreibprogramm, der CD-Spieler sowie weitere Programme als jeweils ein Task anzusehen. Auf dem Mikrocontroller ist ein Task oft ein Programmmodul. Ein derartiger Task wird initialisiert, kommt dann in eine Warteschleife (der Task ist *pending*), wird bearbeitet *(running)* und kann beendet werden *(terminated)*.

Bild 6.10 verdeutlicht dieses Konzept. Eine Anzahl von wie im Beispiel vier verschiedenen Programmmodulen wird von einer Main-Loop zyklisch aufgerufen. Der Zeittakt, z. B. 50 ms, wird von einem Timer abgeleitet, und die Programmmodule werden nacheinander abgearbeitet.

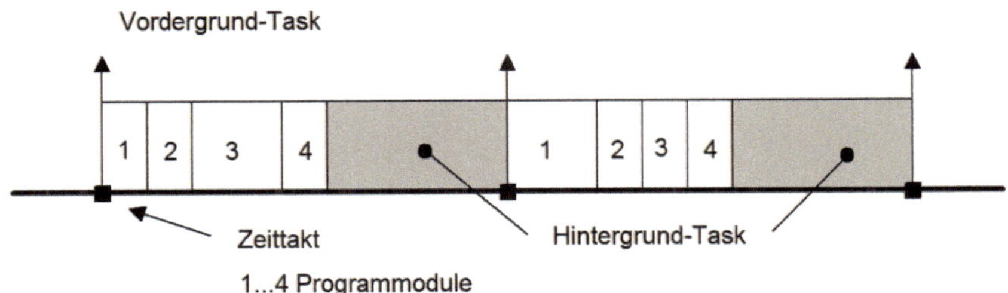

Bild 6.10 Zeitablauf der Tasks eines kooperativen Multitaskings: Die Einzeltasks (Task 1 bis 4) werden von einem Zeittakt zyklisch gestartet. Jeder Task terminiert freiwillig.

Jedes Programmmodul besitzt eine eigene Modul-Loop. Diese kann nun z. B. in eine Funktionspointerliste, eventuell zusammen mit einer Variablen, die den Modulaufruf in Vielfachen des Grundtaktes enthält, zusammengestellt werden. Die Liste dieser Funktionsrufe repräsentiert damit das Softwaregrundsystem.

```
/* Beispiel eines einfachen kooperativen Multitaskingsystems */
/* Funktionspointerliste  */
const stCyclFunc SYS_Active[] = { vTask1      /*  */
                                , 19          /* Aufruf alle 19+1 * 50 ms */
                                , vTask2
                                , 0           /* alle 50 ms */
                                , vTask3
                                , 0           /* dito */
                                , vTask4
                                , 500
                                };
/* Main-Loop */
while(1){
    if(SYS_stFlag.Timer1){                    /* Abfrage TimerFlag */
        SYS_stFlag.Timer1 = 0;
        for(i = 0; i < (sizeof(SYS_Active) / sizeof(stCyclFunc)); i++){
            if(abActiveTick[i] == 0){
                abActiveTick[i] = SYS_Active[i].bTimeStamp;
                SYS_Active[i].fFunc();
                }
            else {
                abActiveTick[i]--;            /* Timestamp jedes Tasks */
                }
        }
    }
```

Weitere Module werden einfach in die Funktionspointerliste eingesetzt. Das Systemverhalten ist relativ gut vorhersehbar, und die Softwarestruktur bleibt überschaubar.

Ein Pferdefuß dieses Vorgehens resultiert aus der festen Zeitstruktur. Es können nur so viele Tasks bearbeitet werden, wie in dem vorgegebenen Zeittakt unterzubringen sind. Die einfache Variante, bei Zeitproblemen den Taktzyklus zu verlängern, ist gleichzeitig beinahe die schlechteste. Die Taktzeit bestimmt die Reaktionsgeschwindigkeit des Systems, wird sie zu groß, leidet die Performance. In Grenzen kann hier durch Verlagern von Systemfunktionen in Interrupts Abhilfe geschaffen werden.

Das andere Problem ist fast noch gravierender. Hauptmerkmal eines kooperativen Multitaskings ist die freiwillige Freigabe der CPU-Zeit durch den aktiven Task. Für die praktische Implementierung bedeutet dies, dass rechenaufwendige Algorithmen in kurze Segmente zergliedert werden müssen. Eine solche Anforderung kann schnell zur Herausforderung für den Programmierer mutieren. Insbesondere die Abschätzung der Rechenzeit für jeden Abschnitt ist riskant. Was auf einem Prozessortyp schnell berechnet ist, kann auf einer anderen Plattform für Zeitprobleme sorgen. Der ganze mühsam portierbar geschriebene Code muss adaptiert werden.

Ohne konkrete Tests ist eine Rechenzeitabschätzung im Vorfeld einer Entwicklung auf dieser Basis eher Glückssache. Der konservativ denkende Ingenieur wird also den maximal leistungsfähigen Controller verlangen.[23]

[23] Währenddessen rauft sich die Verkaufsabteilung wegen der Kosten die Haare.

Beim präemptiven Multitasking braucht sich der Anwender um die CPU-Zeitverteilung keine Gedanken zu machen. Die Algorithmen werden nicht in Stücke zerteilt, jeder Task besteht aus einer „Endlosschleife“. Es spricht also vieles für ein präemptives Multitasking.[24]

Für die Industrie wird eine Reihe leistungsfähiger Produkte angeboten. Systeme wie QNX™ oder CMX-Tiny+™ sind dazu einige Beispiele. Im Automotive-Bereich sind Systeme auf der Basis von OSEK stark verbreitet. Allen diesen Produkten wird eine entsprechende Leistungsfähigkeit bescheinigt. Features wie z. B. control tasks, control events, true preemption, cooperative scheduling allowed, fast context switch times oder low interrupt latency sind Bestandteil des Funktionsumfangs. Hinzu kommen noch Grafikbibliotheken oder TCP/IP-Protokoll Stacks, die ebenfalls angeboten werden.

Diese Eigenschaften haben dann natürlich auch ihren Preis. Je nach System werden einmalige Kosten oder Lizenzgebühren (royalties) auf jedes verkaufte Gerät erhoben. Für den Einsatz in der Forschung bzw. Ausbildung gibt es teilweise Sonderpreise, gelegentlich ist die Verwendung hier kostenlos, z. B. µCOSII.

Neben den Kosten ist zum Teil aber auch der Funktionsumfang der Systeme so groß, dass entweder erhebliche Ressourcen (RAM bzw. ROM) belegt werden oder der Einstieg in die komplexen Systeme so kompliziert ist, dass der eine oder andere damit schlichtweg überfordert wird.

Ein einfaches System für den MSP430 benötigt längst nicht alle der genannten Funktionalitäten. Folgende Minimalforderungen scheinen jedoch unverzichtbar:

- Starten, Verwalten und Abbrechen von Tasks
- zeitgenauer Aufruf von Funktionen (Echtzeittasks)
- Möglichkeit zur Priorisierung der Rechenleistung
- Debug-Unterstützung
- minimaler Verbrauch von Ressourcen, RAM, ROM, CPU-Zeit

Auf den Gebrauch von Messages, priorisierter präemptiver Taskverwaltung und Interrupt-Tasks kann verzichtet werden. Die Verwendung externer Bibliotheken (Grafik, TCP/IP etc.) wird zum gegenwärtigen Stand ebenfalls nicht als notwendig erachtet.

In [54] wird ein Konzept zu einem minimalistischen Multitasking-Kernel beschrieben, welches viele der geforderten Eigenschaften aufweist. Das dort beschriebene

[24] Nur die Einkaufsabteilung nicht, denn die rauft sich wegen der Kosten und Lizenzgebühren die Haare. Der (mit nur wenigen Haaren versehene) Entwickler darf sich nun aussuchen, wessen Haare verstrubbelt besser aussehen. Nun, man könnte es ja auch selber machen. Die Idee vorschnell einem Verantwortlichen anvertraut und zur Realisierung angemahnt, führt mit Sicherheit zu schlaflosen Nächten, überzogenen Terminen und Gesundheitsschäden des Entwicklers (verstrubbeltes Resthaar), denn so ein Multitasking programmiert sich nicht so nebenbei, oder doch?

Multitasking-System ist für ein einfaches präemptives Multitasking ausgelegt. Jedem Task wird eine spezifische Laufzeit zugemessen, nach dem er unterbrochen und der nächste Task aus der Taskliste aktiviert wird. Alle Tasks besitzen die gleiche Priorität, d.h., kein Task kann einen anderen vor Ablauf dessen Zeitscheibe unterbrechen. Das System stellt folgende Funktionalität bereit:

- `UEXC_CreateTask()`: Task starten
- `UEXC_KillTask()`: Task abbrechen
- `UEXC_HogProcessor()`: Rechenzeit zur Tasklaufzeit anfordern

Diese drei Funktionen scheinen auf den ersten Blick keine besondere Leistungsfähigkeit zu versprechen. Ein einfaches System ist zwar akzeptabel, aus „einfach“ darf allerdings nicht „primitiv“ werden, sonst überwiegen die Nachteile eines solchen Systems gegenüber der bekannten Main-Loop.

In einem präemptiven Multitasking-System gibt der gerade aktive Task die Kontrolle über die CPU nicht „freiwillig“ ab. Vom Prinzip her ist dem Einzeltask das Schicksal seiner Konkurrenten gleich. Für die Umschaltung zwischen den Tasks ist ein spezieller Mechanismus erforderlich. Dieser Vorgang wird als Kontext-Switch bezeichnet. Bekanntermaßen liegen die lokalen Variablen einer Funktion (der Task ist eine Funktion) im Stackbereich. Theoretisch könnten diese Werte natürlich in einen reservierten Speicher umkopiert werden. Praktisch lässt sich die Anzahl dieser Variablen zum Umschaltzeitpunkt schwer ermitteln.

Wesentlich eleganter ist es, den Stackpointer zu „verbiegen“. Jeder Task benötigt einen für ihn reservierten Speicherbereich. Die Größe des Speichers richtet sich nach der Zahl der lokalen Variablen, der Verschachtelungstiefe weiterer Funktionsaufrufe und eines minimal notwendigen Bereichs für Interrupts, die den Task unterbrechen dürfen.

Der Stackpointer zeigt zur Laufzeit des Tasks in diesen Speicherbereich. Aufgabe des Kontext-Switches ist die Neupositionierung des Stackpointers in den Bereich des neu aktivierten Tasks bei gleichzeitiger Sicherung der Variableninhalte des „alten“ Tasks.

Und genau an dieser Stelle liegt der Hase im Pfeffer. Das in [54] beschriebene System läuft auf dem Motorola HC12-Mikrocontroller. Die C-Quellfiles sind problemlos auf jeden anderen halbwegs leistungsfähigen Baustein zu portieren, aber das Stack-Gefummel ist in Assembler zu realisieren.

Der HC12 ist eine 16-Bit-Maschine mit einer eher klassischen CPU, d.h. wenige Register und als CISC angelegt. Die Portierung erfolgt auf einen MSP430 der Firma Texas Instruments. Die CPU arbeitet zwar ebenfalls mit 16 Bit Busbreite, nutzt aber eine RISC-Architektur und ist dem ARM sehr viel ähnlicher als der HC12.

Zum Verständnis der Stackmanipulation ist eine minimale Kenntnis des inneren Aufbaus des MSP430 Voraussetzung. Die CPU besitzt 16 Register. Über deren Zuweisung für lokale Variable entscheidet der verwendete Compiler.

Eine Programmunterbrechung des laufenden Tasks erfolgt durch einen Interrupt, vornehm als Scheduler bezeichnet. Beim Interrupt werden automatisch der Program Counter (PC) und das Status Register (SR) auf den Stack gelegt.

Jetzt entscheidet der Scheduler, ob ein Kontext-Switch stattfindet. Ist dem so, wird der Stackpointer umkopiert und ein sogenannter Interrupt-Stack-Frame gebastelt. Dann erfolgt der RETI-Befehl. Das Ganze sieht sehr einfach aus, ist dennoch eine kitzelige Angelegenheit. Das Verlassen des Schedulers gaukelt der CPU die Rückkehr aus einer ganz anderen Funktion, nämlich den nun aktiven Tasks vor. An diesem geht der Task-Switch völlig unbemerkt vorüber. Das ist vergleichbar mit einem gewöhnlichen Interrupt. In diesem Falle „merkt“ die Main-Loop auch nur dann etwas von einem Interrupt, wenn gezielt über globale Variablen kommuniziert wird.

Die Informationen, die die Task-Umschaltung benötigt, werden im Task-Control-Block zusammengefasst. Die meisten Elemente dieser Struktur sind einsichtig. Die drei Zeiger beinhalten die Werte des jeweiligen Task-Stacks sowie die Grenzen des Stackbereichs. Klar ist auch der Funktionspointer, er enthält den Verweis auf den Task (Funktion). Über die `char`-Variablen wird der zeitliche Aufruf bzw. die Zustandssteuerung gehandelt. Mit dem `struct *next`-Zeiger wird der nächste Task referenziert.

```
typedef struct TaskControlBlock
    {
    struct  TaskControlBlock *next;
    unsigned char tid;                      /* Task ID */
    unsigned char state;                    /* Taskzustand */
    unsigned char ticks;                    /* Anzahl der Zeitscheiben */
    unsigned char current_ticks;            /* verbleibende Zeitscheiben */
    void    (*func)(void);                  /* Zeiger auf Task */
    unsigned char   *stack_start;           /* Stack-Beginn */
    unsigned char   *stack_end;             /* Stack-Ende */
    unsigned char   *sp;                    /* Stackpointer */
    } TaskControlBlock;
```

Die Hauptfunktion des UEXEC-Multitasking-Systems ist die Speicherverwaltung und Zeitscheibenverteilung der CPU-Zeit an die jeweiligen Tasks. Da jeder Task unabhängig von allen anderen Tasks arbeitet, hat er seinen eigenen Stackbereich, der beim Taskwechsel umgeschaltet wird (*sp etc.). Die Zeitscheibenverwaltung erfolgt über Timer-Ticks. Der Scheduler wird zyklisch aufgerufen und entscheidet anhand der verstrichenen Ticks, ob eine Taskumschaltung erfolgt.

Mithilfe der variablen Zeitscheibenzuweisung ist eine Priorisierung der Tasks untereinander möglich, derjenige mit der höchsten Priorität bekommt anteilig die meiste Rechenzeit.

Diese Art der Zeitzuweisung ist jedoch nicht einer wirklichen Priorisierung gleichzusetzten. UEXC unterscheidet nicht zwischen „normalen“ und „Interrupt-Task“. Wird in der Interrupt-Service-Routine anstelle der direkten Bearbeitung ein Task gestartet, so reiht sich dieser in die Liste der auszuführenden Tasks ein. Wann dieser Task zur Ausführung kommt, ist unbestimmt. Beträgt der Timer-Tick z.B. eine Millisekunde und es wären zwei Tasks mit je 5 ms Laufzeit vor dem neuen Task in der Liste, wäre eine Verzögerung von 10 ms die Folge. Da aber ein Task zur Laufzeit neue Zeit anfordern kann, z.B. in Abhängigkeit eines Sensorsignals, besitzen diese 10 ms allenfalls statistischen Charakter. Dieser Zeit-Jitter in der Bearbeitung zeitkritischer Programmteile wäre das ein k.o.-Kriterium, das den Einsatz von UEXC verbieten würde. Er muss also umgangen werden.

Es ist zuerst zu untersuchen, welche Programmmodule harten Echtzeitanforderungen genügen müssen und welche nicht. Zu den Kandidaten mit harten Echtzeitanforderungen zählen z.B. Kommunikationstasks oder Motorsteuerungen, die im Beispiel starre Zeitregimes erfordern. Hinzu kommt der periodische Aufruf des Schedulers für die Taskumschaltung.

Bild 6.11 verdeutlicht die Zusammenhänge. Der Scheduler wird zyklisch aufgerufen und schaltet zwischen den Tasks um. Programmteile, die harten Echtzeitanforderungen genügen müssen, werden als Interrupt-Funktion angelegt. Deren Priorität ist höher als der des Scheduler-Interrupts. Ein Interrupt kann nur durch einen höher priorisierten Interrupt und nur wenn das Interrupt-Enable-Flag gesetzt ist, erneut unterbrochen werden. Bei diesem mit *nested interrupt* bezeichneten Verfahren muss auf eine entsprechende Stackgröße geachtet werden. Zu viele verschachtelte Interrupts sollten vermieden werden.

Es ist streng darauf zu achten, dass der Scheduler keinesfalls einen laufenden Interrupt unterbrechen darf. In einem solchen Fall würde ein Kontextswitch stattfinden, der anschließende RETI aber nicht zum neuen Task, sondern zum unterbrochenen Interrupt zurückkehren. Ein Systemcrash ist die zwangsläufige Folge.

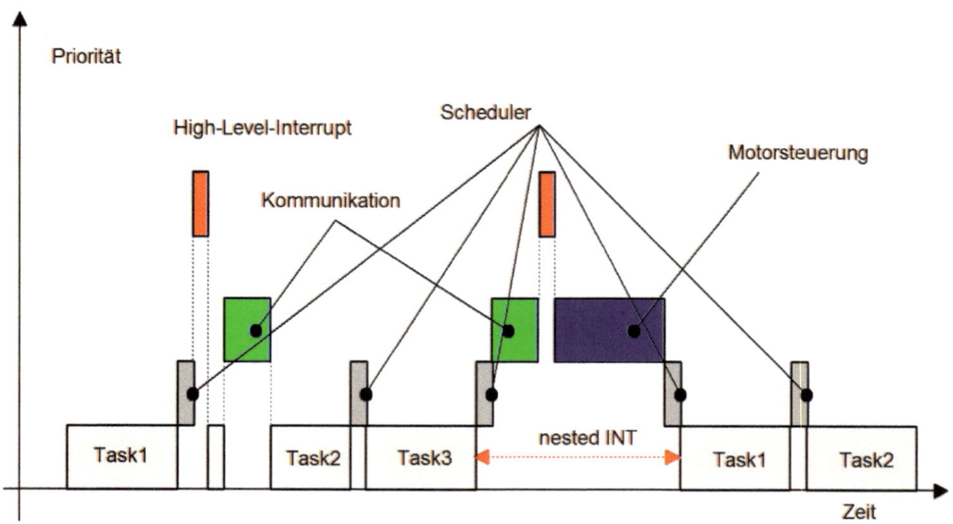

Bild 6.11 Grafische Darstellung der zeitlichen Zuordnung der CPU-Zeit zu Tasks, Interrupts und Scheduler: Besonders wichtig ist die exakte Priorisierung von Tasks, Scheduler und Interrupts.

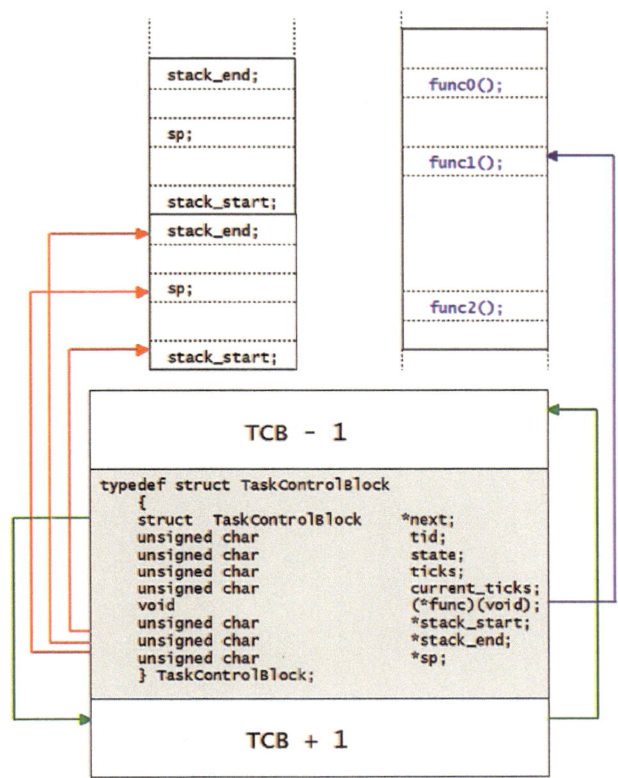

Bild 6.12 Zusammenhang zwischen Task-Control-Block (TCB), Speicherbereich des aktiven Tasks (RAM) sowie Verweis auf Programmcode der Task-Funktion (ROM): Die einzelnen TCB sind über eine Liste untereinander verbunden. Über einen Zeiger erfolgt der Verweis auf den jeweils nächsten Block (grüne Pfeile). Weitere Zeiger dienen zur Zuweisung von Task-Funktionen (blaue Pfeile) bzw. steuern den Zugriff auf den Speicher (rot).

Bis jetzt war das alles graue Theorie. Bei der Umsetzung geht es ans Eingemachte. Das eigentliche Multitasking liegt als C-Quellcode vor (*www.imagecraft.com*). Zwei Beispielimplementierungen für den HC11 bzw. HC12 liefern Ansatzpunkte zur Portierung auf den MSP430. Mit geschätzten zwei Dutzend Programmzeilen Code scheint dies eher eine Fingerübung zum Auffrischen der angestaubten Assembler-Kenntnisse zu werden. Wieso nur die Scheu der Programmiergurus vorm Multitasking?

Vom Prinzip her ist die saloppe Aussage nicht einmal falsch. Wenn alles funktioniert, sieht die Lösung tatsächlich simpel aus. Im Übrigen sind praktisch alle guten Lösungen simpel.

Doch wenn es nicht auf Anhieb gelingt, entwickelt sich die Fehlersuche zum Horrortrip. Schon die Initialisierung des Systems mit seinen verketteten Zeigern und TCB-Listen treibt Schweißperlen auf die Stirn. Wohl dem, der die Profiversion eines Compilers mit ordentlichem Debugger besitzt, um sich damit die Inhalte der zirkular verlinkten Structs im Debugfenster direkt anzeigen zu lassen. Alle anderen dürfen mittels Memory-Dump und dem Abzählen der Offsets zur Startadresse eines TCB den Inhalt desselben erraten. Doch halt, so schlimm ist es auch wieder nicht. Auf jeden Fall sollte man den Mechanismus des Kontext-Switches genau durchdenken.

Nach der Initialisierung des MSP430 werden zwei Beispiel-Tasks kreiert: vTask0 und vTask1. Deren Aufgabe ist das Toggeln von Port P2.0 bzw. P2.1 mit unterschiedlicher Frequenz.

Mit `UEXC_CreateTask()` werden die Speicherbereiche (abTask0[], abTask1[]) zugewiesen und der zugehörige TCB initialisiert. Vom Nutzer unbemerkt, erfolgt auch das Aufsetzen eines Null-Tasks, welcher nicht beendet werden kann und das System am Laufen hält, auch wenn kein User-Task aktiv ist.

Mit dem ersten Aufruf des Schedulers (`UEXC_StartScheduler()`) startet die Programmabarbeitung. Der erste in der Linkliste stehende Task, d.h. der letzte kreierte Task, wird aufgerufen. Diesen Vorgang sollte man durchaus einmal mit dem Debugger schrittweise verfolgen.

```
/************************************************************************
* Kurzbeschreibung      : Orginal UEXC Funktion
* Autor                 : Richard F. Man
************************************************************************/
void UEXC_Schedule(void){
    current_task = current_task->next          /* Zeiger auf nächsten Task */
    current_task->current_ticks = current_task->ticks;
    uexc_current_sp = current_task->sp;        /* Zeiger auf neuen SP */
    if (current_task->state == T_READY)
        UEXC_Resume();                         /* Task existiert bereits */
    else {                                     /* task->state == T_CREATED */
        current_task->state = T_READY;
        uexc_current_func = current_task->func; /* FP laden */
        UEXC_StartNewTask();                   /* MSP430 Assembleranpassung */
        }
    }

/************************************************************************
* Kurzbeschreibung      : Startet den neuen Task
* Autor                 : Jens Altenburg
************************************************************************/
void UEXC_StartNewTask(void){
asm(
     " mov    %uexc_current_sp, SP\n"          /* moves content to SP */
     " push.w #%UEXC_KillSelf\n"               /* Killself() onto stack */
     " push.w %uexc_current_func\n"            /* new function to stack */
     " mov    SR,%wRegister\n"                 /* Statusregister bearbeiten */
     " bis    #8,%wRegister\n"                 /* GIE (global IE) */
     " push.w %wRegister\n"                    /* statusregister to stack */
     " reti\n"                                 /* go */
    );
    }
```

Gelangt der Scheduler zur Ansicht, dass ein neuer Task gestartet wird, erfolgt dies über `UEXC_StartNewTask()`. Diese Funktion ist prozessorspezifisch und deswegen implementierungsabhängig. Die Kommunikation erfolgt über die globale Variable `uexc_current_sp`.

In der Assemblerfunktion wird zuerst der Stackpointer des MSP430 auf den neuen Speicherbereich gesetzt. Danach wird die Adresse der Funktion `UEXC_KillSelf()` auf den Stack gelegt. Diese Funktion entfernt den gerade initialisierten Task aus der Taskliste, wenn dieser beendet wird. Als Nächstes landet die Startadresse des Tasks auf dem Stack. Die folgenden Befehle basteln einen sogenannten Interrupt-Stack-Frame, d.h. den gleichen Stackzustand, den der Prozessor bei einem normalen Interrupt automatisch generiert. Der Assemblerbefehl `reti` startet nun den Task.

Bei dem eben beschriebenen Mechanismus muss man ein wenig um die Ecke denken. Nach dem `reti` holt der MSP430 das Statusregister vom Stack. In diesem wurde zuvor das GIE-Bit gesetzt, sonst wären alle weiteren Interrupts gesperrt. Anschließend lädt der Prozessor den Programmcounter mit dem folgenden Wert vom Stack. Wie durch Zauberhand ist der Prozessor nun im neuen Task. Jetzt werden alle lokalen Variablen, Unterprogrammaufrufe etc. wieder über den Stack abgewickelt.

Ist der Task beendet, räumt er seinen Stackbereich auf, und die Funktion kehrt regulär mit `ret` zurück. Auf dem Stack liegt hier die Adresse der Funktion `UEXC_KillSelf()`. Selbige ordnet nun die Liste der TCB neu.

Damit ist klar, wie ein Task gestartet wird. Doch wie erfolgt der Wechsel zwischen den Tasks? Über einen Interrupt wird die Funktion `UEXC_CheckTask()` gestartet. Eine Sicherheitsabfrage prüft, ob der Stackpointer im erlaubten Bereich ist. Dann wird getestet, ob die Anzahl der dem Task zugemessenen Zeitscheiben (time slices) abgelaufen ist. Wenn ja, kommt der Scheduler zum Zuge. Da alle Tasks nun vom Typ T_READY sind, wird nur der Stackpointer umkopiert und mit `UEXC_Resume()` der Kontext-Switch veranlasst. Dazu muss eine eigene Assemblerroutine geschrieben werden.

```
/****************************************************************************
* Kurzbeschreibung      : Resume a previously stopped task
* Autor                 : Jens Altenburg
****************************************************************************/
void UEXC_Resume(void){
asm(
     " mov   %uexc_current_sp, SP\n"    /* Stackpointer setzen */
     " pop   r15\n"                     /* die vorher geretteten CPU-Register */
     " pop   r14\n"                     /* vom Stack holen */
     " pop   r13\n"
     " pop   r12\n"
     " pop   r11\n"
     " pop   r10\n"
     " pop   r9\n"
     " pop   r8\n"
     " pop   r7\n"
```

```
        " pop    r6\n"
        " pop    r5\n"
        " pop    r4\n"
        " reti\n"                        /* go ... */
        );
    }
```

Der Stackpointer wird verschoben, die im Interrupt geretteten CPU-Register werden zurückgeholt, und mit `reti` geht es zurück zum „alten“ Task. Man beachte, dass die zurückgeholten Registerinhalte nicht mit denen gleichzusetzen sind, die beim Start der Interrupt-Routine gesichert wurden. Um keine Unklarheiten aufkommen zu lassen, die gesicherten Register gehören zum unterbrochenen Task, die geretteten Register zum nun aktiven Task.

Der Nebel lichtet sich. Multitasking ist offenbar doch kein Hexenwerk. Stackpointer verbiegen, Stack „faken“ und in den Interrupts lustig den Stackinhalt verwürfeln, was wünscht sich das Hacker-Herz noch mehr?

Wären da nicht die Kleingeister und Erbsenzähler, die es immer ganz genau wissen wollen. Wozu ist der Nulltask denn eigentlich nütze? Na, der läuft, wenn sonst nichts anderes mehr aktiv ist. Richtig, das ist aber nur die halbe Wahrheit. Der Nulltask soll nicht mehr als notwendig kostbare Rechenzeit verbrauchen. Deshalb bekommt er keine vollständige Zeitscheibe. Sobald er gestartet wurde, führt er ein Rescheduling durch, und das so schnell wie möglich und gleich in Assembler. Der Mechanismus des normalen Scheduling, Zeittick zurückzählen, am TCB manipulieren etc. entfällt.

```
/***************************************************************************
* Kurzbeschreibung      : save state and then reschedule
*                         this called by Defer to give up control
* Author                : Jens Altenburg
***************************************************************************/
void UEXC_SavregsAndResched(void){
asm(
     " mov      SR,%wRegister\n"             /* interrupt stack frame */
     " bis      #8,%wRegister\n"             /* enable GIE */
     " push.w   %wRegister\n"                /* "SR" to stack */
     " push     r4\n"
     " push     r5\n"
     " push     r6\n"
     " push     r7\n"
     " push     r8\n"
     " push     r9\n"
     " push     r10\n"
     " push     r11\n"
     " push     r12\n"
     " push     r13\n"
     " push     r14\n"
     " push     r15\n"
     " mov.w    r15,%wRegister\n"            /* r15 for indexed adressing */
     " mov.w    %uexc_current_sp,r15\n"
```

```
    " mov.w   SP,(r15)\n"                     /* save stackpointer */
    " mov.w   %wRegister,r15\n"
    " br      #%UEXC_Schedule\n"              /* Schedule */
    );
}
```

Wie bereits bekannt, wird der Interrupt-Stack-Frame zusammengebastelt, die CPU-Register werden auf dem Stack gesichert, und dann schlägt der Assembler-Profi endlich zu. Über einen registerindizierten Speicherzugriff wird der aktuelle Stackpointer gesichert und in den normalen Scheduler verzweigt.

Auf diese Weise kommt der Nulltask genauso zyklisch an die Reihe wie alle User-Tasks, benötigt aber nur wenig CPU-Zeit. So einfach geben sich aber die Zweifler nicht zufrieden. Da der Nulltask eigentlich nichts tut, brauchte man ihn ja auch gar nicht erst zu starten, argumentieren sie.

Doch der Nulltask hat eine Aufgabe. Er ist da. Das ist alles. Dies mag im ersten Augenblick verwundern. Bedeutsam wird es dann, wenn man sich überlegt, was passiert, wenn alle User-Tasks terminieren würden. Es würde nichts mehr laufen, auch kein Multitasking.

Das ist aber nicht gewünscht. Denkbar wären zum Beispiel durch Interrupt initiierte Anwender-Tasks. Eine Tastenbetätigung löst eine Berechnung aus, zeigt das Ergebnis auf einem Display und verschwindet wieder. Es handelt sich hierbei um ein äußerst reales Szenario.

Mit normalen Mittel programmiert, müsste ein Zustandsautomat immer aktiv bleiben, z. B. alle 100 ms laufen. Wenn eine Tastenbetätigung erkannt wird, schaltet er dann weiter, berechnet, zeigt an und geht in seinen Grundzustand zurück. Als Task angelegt, könnte dieser im Tastaturinterrupt gestartet werden, und wenn er fertig ist, verschwindet er wieder. Es ist durchaus erlaubt, dass sich mehrere Tasks einen gemeinsamen Stackbereich teilen können. Sie dürfen nur nicht gleichzeitig darauf zugreifen.

Die Durchsicht der eingangs aufgestellten Wunschliste an das Multitasking-System hat nur noch einen offenen Punkt: zeitkritische Funktionen. Hier passt UEXC. Das Zeitverhalten ist nicht präzise genug vorhersehbar, insbesondere wenn die Zahl der aktiven Tasks variieren kann bzw. soll.

Ein Ausweg ist die Nutzung eines hochprioren Timer-Interrupts in Verbindung mit der bekannten Funktionspointer-Liste. Gelingt es, schnelle, übersichtliche Funktionen zu schaffen, können diese nach der Art eines kooperativen Multitaskings zeitgenau ausgeführt werden.

```
/* Liste mit Echtzeitfunktionen */

const CallBackFunc TimerA0[] = {
                        vFunc1         /* Applikation 1 */
                      , n10msTick      /* Zeittakt     */
```

```
                        , vFunc2          /* Applikation 2 */
                        , 0x04            /* ... */
                        , vMainTimer      /* Timereinheit * /
                        , 99              /* Aufruf pro Sekunde */
                        };
/* End of List */
```

Die Anwendung ist denkbar einfach. Die Applikationsfunktion wird in die Liste eingetragen, und es wird angegeben, zu welchen Zeitpunkten (Timer-Ticks) der Aufruf erfolgen soll. Die Timer-Ticks werden zurückgezählt und bei Nulldurchlauf die zugehörige Funktion gestartet. Durch dieses Vorgehen ist jetzt auch der Zeit-Jitter genau definierbar. Da alle *n* Ticks die Funktion gestartet wird, müssen die Laufzeiten der zum gleichen Zeitpunkt aktivierten Funktionen Berücksichtigung finden. Kritisch wird es an solchen Stellen, wo mehrere (oder alle) Funktionen aus der Liste „dran" sind. Das lässt sich minimieren, wenn es möglich ist, die einzelnen Zeitspannen so zu wählen, dass sie einen möglichst großen gemeinsamen Nenner bilden.[25]

Dieses einfache System kann nun nach eigenen Vorstellungen erweitert werden. Die beiden wichtigsten zu beachtenden Parameter stehen im Header „uexc.h". Das ist zum einen die Anzahl der maximal möglichen Tasks (`#define NUM_TASKS 4`). Der andere Parameter definiert die minimale erforderliche Speichergröße für einen Task (`#define UEXC_MIN_STACK_SIZE (100)`). Besonders diesem Parameter ist einige Aufmerksamkeit zu schenken. Wählt man ihn zu groß, wird Speicher belegt, der womöglich woanders gebraucht wird. Ist der Wert zu klein, arbeitet das System instabil. Sehr ärgerlich ist die Tatsache, dass ein zu kleiner Wert nicht unbedingt einen sofortigen Absturz des Mikrocontrollers zur Folge hat, sondern sich unter Umständen in schwer fassbaren Effekten manifestiert. Im Beispiel hat die Verminderung der Speichergröße auf 59 Byte die seltsame Folge, die Zeitberechnung von `vTask1()` über den Haufen zu werfen. Wie kommt das?

Die Speicherbereiche der einzelnen Tasks im Beispiel folgen aufeinander. Während des Task-Switchs wird fleißig am Stack manipuliert. Zu diesem Zeitpunkt prüft niemand, ob der zugewiesene Speicherbereich verlassen wird. Läuft deswegen der Stackpointer in den Speicher eines anderen Tasks hinein, werden dort Werte überschrieben. Eine exakte Berechnung der richtigen Speichergröße für den einzelnen Task ist kompliziert. Der Speicher muss so groß gewählt werden, dass die lokalen Variablen des Tasks Platz finden, eventuell mögliche Interrupts brauchen auch Speicher. Nicht zuletzt werden beim Task-Switch auch die Prozessorregister R4 bis R15 in diesem Bereich gesichert. Hier sollte man also eher etwas großzügiger dimensionieren.

[25] Na, alles begriffen? Nicht? Na, wenigstens raucht die Birne jetzt, nicht wahr? Bei der seinerzeitigen Implementierung habe ich die wirklich guten MSP430-Compiler von Richard Man von der Firma Imagecraft eingesetzt – und tatsächlich einen Fehler im Compiler dingfest gemacht. Richard konnte dies zunächst nicht glauben, aber hat dann unverzüglich reagiert und den Compiler verbessert.

7 Anwendungen eingebetteter Systeme

7.1 Vom Einplatinenrechner zum Mikrocontroller

Wie in Kapitel 5 bereits kurz angerissen, sind die Mikrocontroller als eine Art Abkömmling der Single-Board-PCs oder auch Einplatinenrechner anzusehen. Eigentlich zunächst als Experimentalsystem und zur Marktvorbereitung neuer Prozessoren gedacht, wurden diese Systeme schnell anstelle eigener Entwicklungen für Kleinserien oder Prototypen eingesetzt. Von der Firma Intel wird berichtet, dass in der Prozessorabteilung die Anzahl der verkauften CPU-Bausteine längst nicht so groß war wie ursprünglich abgeschätzt, der Verkauf der Testsysteme im Außendienst allerdings jede Prognose überstieg.

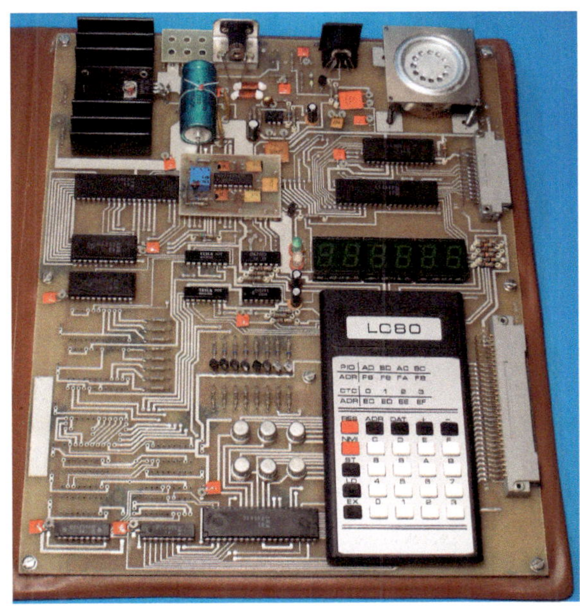

Bild 7.1 Einplatinenrechner des Herstellers Robotron der ehemaligen DDR

Historische Anmerkung 6

Wenn die Hersteller heutzutage einen neuen Prozessor auf den Markt bringen wollen, gibt es eine riesige Marketing-Kampagne mit Broschüren und kleinen Geschenken. In den 1990er-Jahren wurden dafür Starter-Kits für Wettbewerbe ausgelobt, um pfiffige Anwendungen zu generieren. Bild 7.2 zeigt ein solches Kit aus Leiterplatte, IC-Prototypen mit Fenster zur UV-Löschung, reichlich Software auf Diskette und einem gedruckten (!) Handbuch.

Bild 7.2 Inhalt eines Starter-Kits aus der Steinzeit der Mikrocontrollertechnik

Ich hatte mehrfach Gelegenheit, mehr oder weniger obskure Ideen einzureichen, und gehörte damit zu den Glücklichen, welche ein solches Paket erhielten. Was ich damals so überhaupt nicht erkannte, war, dass ich mit diesen Entwicklungstools und meinen skurrilen Projekten den Grundstein der Vorlesung „Eingebettete Systeme“ gelegt habe.

Offenbar gab es einem Markt für eingebettete Systeme, wie sie heute genannt werden. Der endgültige Durchbruch kam dann mit der gemeinsamen Integration von CPU, Speicher und (rudimentärer) Peripherie auf einem Chip. Als dann noch die Möglichkeit der Mehrfachprogrammierung durch den Einbau eines EPROM als Programmspeicher etabliert wurde, gab es kein Halten mehr. Aus wenigen Anbietern, wie Intel mit der 8051-Familie, Zilog mit der Z8-MCU und Motorola mit ihrem legendären 68HC11 Mikrocontroller, kamen sehr schnell weitere hinzu. Die Firma Microchip wurde anfangs für ihr uriges, fast schon primitiv zu bezeichnendes Prozessordesign belächelt. Tja, so kann es gehen. Den Transputer gibt es schon lange nicht mehr, Microchip-MCUs kann man immer noch kaufen.

Historische Anmerkung 7

Die folgenden Abschnitte sind etwas BASIC-lastig. Dafür gibt es quasi „historische" Gründe. Die Programmiersprache BASIC führt aktuell eher ein Nischendasein. Das war nicht immer so. Der Durchbruch der Massenanwendung von Rechnern erfolgte mit der Einführung und Verbreitung des Home Computers à la C64 & Genossen. Der innere Aufbau der Computer war recht simpel, der Aufwand lag in der Software, dem BASIC-Interpreter. Mit anderen Worten: Zum Nachbau eines erfolgreichen Home Computers brauchte man eigentlich nur den Brotkasten aufzuschrauben, den BASIC-ROM auszulöten, selbigen zu kopieren, und schon war der Clone fertig. Diesem Treiben versuchten die Hersteller durch den Einsatz kundenspezifischer ICs einen Riegel vorzuschieben. Beim C64 führte diese Strategie zum Erfolg. Ein kompatibler Clone ist mir unbekannt.

Doch werfen wir vom goldenen Westen aus einen Blick hinter den eisernen Vorhang. Da saß ich seinerzeit in der ersten Reihe. In der DDR wurde erst 1984 der erste „Heimrechner" entwickelt, der HC 900. Die subversive Bezeichnung HC, das stand für Home Computer, wurde deswegen alsbald durch KC 85 - Kleincomputer 1985 - ersetzt. Der seinerzeitigen Nomenklatura nach, hätte das Ding eigentlich KR (Kleinrechner) heißen müssen, doch KR, das waren die Kleinroller, z. B. KR 50, besser bekannt unter dem Namen „Schwalbe".

Kurz darauf entstand der Z9001, ebenfalls ein Rechner mit U880/Z80 als CPU. Und weil's so schön war, gab es noch etwas später den Bildungscomputer BIC. Drei Computer mit identischer CPU, aber untereinander inkompatiblen Programmiersprachen. Auf so einen Wahnsinn kommt nur die Planwirtschaft. Bezeichnenderweise hieß das spätere Betriebssystem denn auch CAOS.

Kaufen konnte man die Dinger selten, bezahlen nie. Egal, der wahre Schrauber baut seine Kiste eh selber, und wenn er gerade dabei ist, baut er gleich das Erfolgsrezept ZX Spectrum nach. Dieser Rechner verfügte über legendäre Features, so man der Fama Glauben schenkt. Wichtiger ist, das Teil wurde von einer Z80-CPU angetrieben. Der britische Hersteller Sinclair Research hatte einen Spezial-IC, die ULA, verbaut, um den Makern (ostdeutsch: Bastlern) die Tour zu vermiesen.

Man könnte sagen, das war eine beinahe erfolgreiche Strategie. Indes, „Geht nicht, gibt's nicht!", das gilt auch für Oststudenten. Bild 7.3 zeigt meinen ZX Spectrum mit der ULA „Made in GDR" (Rasterplatte über der Zentraleinheit). Der Eigenbau-ZX entstand während meiner Praxisphase. Ich bin sicher, dass ich auch eine Praxisarbeit abgab, denn ich habe das Testat dafür. Doch richtig gelernt habe ich beim Nachbau der ULA. Der innere Aufbau dieses Bausteins ist übrigens in [91] detailliert beschrieben. Das Buch hätte mir seinerzeit sehr geholfen. Grüße an die „Micro Men"!

Bild 7.3 ZX Spectrum-Nachbau aus der früheren DDR: Die Sache wurde relativ professionell betrieben. Der eigentliche Rechner ist auf einer doppellagigen Leiterplatte aufgebaut. Doch wie so oft fehlten einige Teile und mussten selbst ergänzt werden.

Bei den 8-Bittern ist Microchip sicherlich immer noch Marktführer. Manche Varianten haben weniger Anschlüsse als Bits auf dem Datenbus. Wer damals behauptet hätte, den Universal-Timer-IC NE555 durch einen Prozessor zu ersetzen, dem wäre ein Torfstecher-Gebrüll entgegengeschlagen. CPUs waren immer noch derart teuer, so etwas verschwendet man nicht für eine Blinkschaltung.

Doch wenn Ingenieure erst einmal Blut geleckt haben, sind sie nicht mehr aufzuhalten. Zwischen dem Einplatinenrechner von Robotron aus dem Jahre 1983 und dem Starter Kit für die Einchip-MCUs von SGS-Thomson (heute STMicroelectronics) aus den frühen 1990ern liegen nicht einmal zehn Jahre. Die technischen Daten einer Z80-CPU und einer ST6-MCU sind nur indirekt vergleichbar, das ist natürlich richtig. Allerdings, hatte ein Z80 in nMOS-Technologie noch einige 100 mA Stromverbrauch, lag dieser bei der CMOS-MCU etwa bei einem Hundertstel davon.

7.2 „Blick zurück nach vorn“ – Tiny BASIC mit U883

Einen nicht unbeträchtlichen Nachteil brachten die ersten MCUs aber mit. Sie wurden durchweg in Assembler programmiert. Nun besitzt die Assembler-Programmierung längst nicht diejenigen Schrecken, die ihr heutzutage zugeschrieben werden, aber ganz einfach ist sie eben doch nicht.

Die Programmiersprache der Anfänger, Schüler und Studenten war BASIC. Die Grunddidee ist bestechend einfach. BASIC steht für „**B**eginners **A**ll-purpose **S**ymbolic **I**nstruction **C**ode" und war praktisch Bestandteil der DNA jedes Heimcomputers [55]. Außerdem war auf jedem Steinzeit-PC QBASIC von Microsoft enthalten.[1]

Mit anderen Worten, praktisch jeder aus der zielrelevanten Anwendergruppe konnte programmieren, nur leider eben nicht in der Sprache der MCUs. Diesem Übelstand versuchte Intel mit der Entwicklung seines MCS BASIC-Dialektes für den Mikrocontroller vom Typ 8052-AH zu beheben. Diese Idee war durchaus erfolgreich, auch heute noch gibt es Projekte, die mit dieser MCU und dem BASIC arbeiten.

Allerdings soll nicht verhohlen werden, dass die Prozessorarchitektur der Intel-8051-Familie völlig veraltet ist, ohne auf die Details dazu einzugehen. Hierzu gibt es genügend Quellen im Internet, bei denen jeder sich selbst informieren kann. Die Alternative zum 8051 war die deutlich leistungsfähigere Z8-CPU der Firma Zilog.[2] In der damaligen DDR wurde diese Baureihe als U88xx nachgebaut (Bild 7.4). Inwiefern das rechtlich zulässig war, ist unbekannt.

Die Besonderheit der Z8-Architektur liegt in der Aufteilung des internen Speichers der MCU in sogenannte Registergruppen. Jeweils 16 Register werden zu einer Gruppe zusammengefasst. Innerhalb einer Gruppe kann jedes Register als Akkumulator fungieren. Dies ist dem Registerfile der ARM-CPU sehr ähnlich. Mit einem Registerpointer erfolgte eine sehr schnelle Umschaltung unter diesen Gruppen.

Eine aufwendige Sicherung der aktuellen Prozessorregister im Falle einer Interruptbearbeitung erübrigt sich somit. Jeder Interrupt erhält seine eigene Registergruppe, Push- oder Pop-Operationen werden minimiert. Entsprechend schnell und effizient konnte programmiert werden. Ich bin auch heute noch der Meinung, dass dieses Prinzip unübertroffen für High-speed-real-time-Anwendungen ist.

Mit dem U883 stand auch ein Baustein mit einem Tiny-BASIC Interpreter zur Verfügung. Dummerweise gab es keine brauchbaren Entwicklungstools für diese Sprache. Deswegen entstand bei einigen Jungingenieuren der TH Ilmenau und der Unterstützung eines ausgebufften Assembler-Programmierers die Idee eines Steuerrechners mit BASIC und Echtzeit-Anwendungen.

---

[1] Ich bin mir absolut sicher, dass QBASIC auf allen Microsoft-PCs, egal mit welchem Betriebssystem, immer noch vorhanden ist. Und das ist keine Verschwörungstheorie, sondern eine blanke Tatsache.

[2] Nach der politischen Wende 1990 gab es in technischer Sicht unheimlich viel aufzuholen. Bei den 8-Bit-Personal-Computern war die Ostblock-Variante SCP des Betriebssystems CPM Standard. Einige IBM-PCs waren vorhanden, aber nicht weit verbreitet. Die Bauelementbasis für analoge und digitale IC war schlicht und ergreifend hoffnungslos. Doch als ich dann gemeinsam mit westdeutschen Kollegen eingebettete Systeme entwarf, war ich fassungslos, mit welchem Schrott dort gearbeitet wurde. 8051 & Genossen, diese CPUs hätte ein U8830 respektive ein Z8-Rechner zum Frühstück verspeist, ohne anschließend aufstoßen zu müssen. „Heidewitzka, Herr Kapitän!" - nicht alles im Westen ist massives Gold.

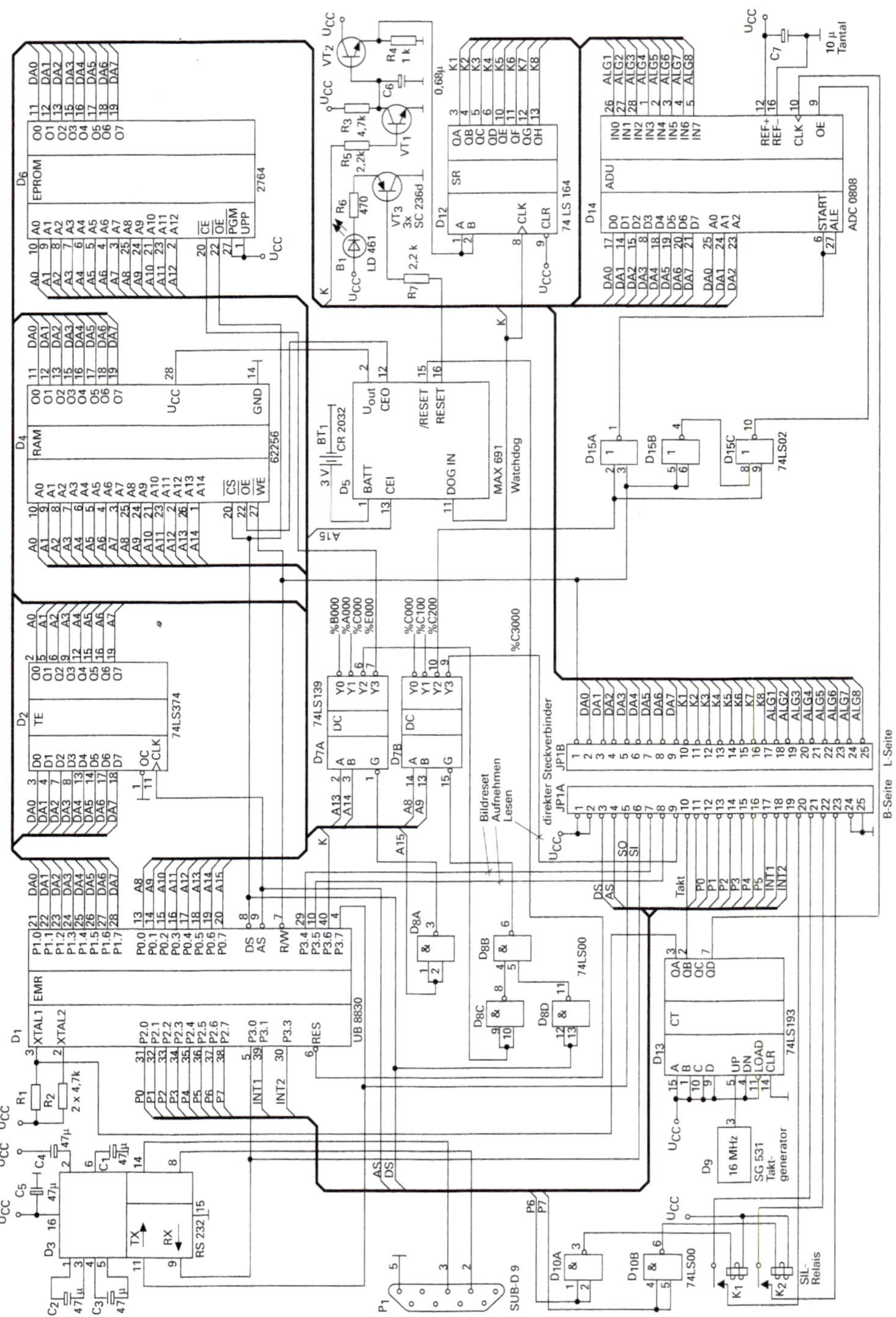

Bild 7.4 Tiny-BASIC Computer mit dem Z8-Derivat U883 vom VEB Funkwerk Erfurt

Das Design-Konzept war seinerzeit durchaus ambitioniert. Es beinhaltete den Download der Software in einen batteriegestützten RAM, analoge Eingänge, zwei unabhängige Schrittmotorausgänge, digitale Schaltkanäle und sieben Rudermaschinen-Signale. Zur Kommunikation dient eine serielle Schnittstelle (Bild 7.5).

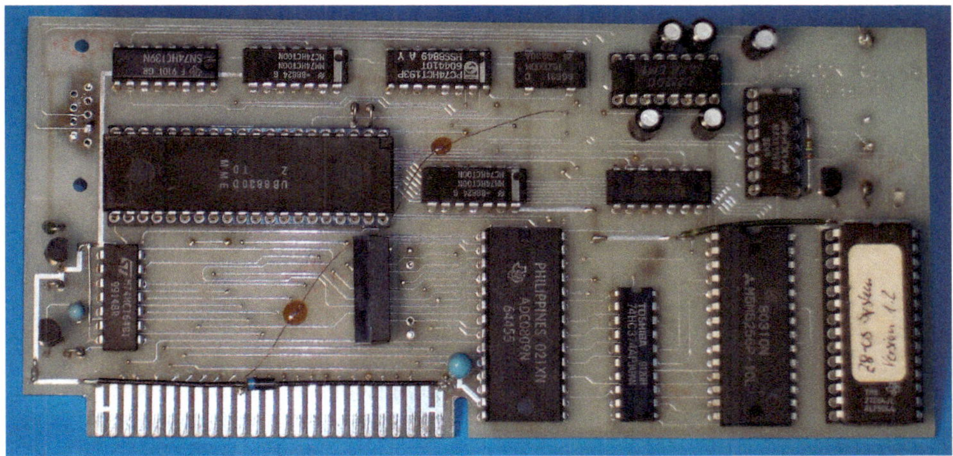

Bild 7.5 Prototyp des Tiny-BASIC Computers mit 32 kB RAM, 8 kB ROM, einem 8-Bit-ADC mit acht Kanälen, Schrittmotorsteuerung und sieben Servoausgängen[3]

Die Steuersoftware wird auf dem PC geschrieben, ein Compreter[4] erzeugt ein kompaktes BASIC-Programm ohne die lästigen Programmzeilennummern. Das sollte der Einstieg in eine erfolgreiche Karriere als Programmiergenie, Computer-Guru und Millionär werden. Das mit dem Millionär hat nicht so richtig geklappt, die Schaltung arbeitete jedoch nach einigen Startproblemen perfekt. Eine komplette Beschreibung des Rechners ist in [56], [57] und [58] zu finden.

In Bild 7.6 ist ein Screenshot der Entwicklungstools zu sehen. Zur Bedienung: Der Compreter wird mit zwei Parametern Quelldatei und Zieldatei gestartet. Aus dem Quellfile wird das komprimierte BASIC-Programm erzeugt. Der Schalter [-r] entfernt die Kommentare des BASIC-Quelltexts, der Download ins Zielsystem wird damit schneller. Das Beispielprogramm ist ein einfaches Spiel, in diesem Falle „Mondlandung“. Die Struktur des BASIC-Programms ist gut zu erkennen, lediglich die seinerzeit unvermeidlichen Zeilennummern sind entfallen. Zur besseren Handhabung des Systems wird auf das im EPROM residente Echtzeit-OS ein System-

[3] Auf der Leiterplatte finden sich einige Drahtbrücken. Jungingenieure sind halt selten 100% fehlerfrei. Die Verpolungsschutzdiode ist auch das Produkt bitterer Erfahrungen. Sollten einige meiner ehemaligen Studenten bzw. Mitarbeiter dieses Buch lesen, bin ich mir absolut sicher, dass sie diese Erfahrungen teilen werden - ohne dass ich mit dem Finger auf jemanden zeigen will! Im Übrigen: Aus dem seinerzeitigen Unglücksraben ist ein exzellenter Fachmann geworden.

[4] Compreter ist ein Kunstwort aus Compiler und Interpreter. Es handelte sich um ein primitives Ding, welches ich damals zusammenbosselte. Ich hatte ja noch keine Ahnung, wie man vernünftig in C programmiert.

monitor, geschrieben in BASIC, aufgesetzt. Durch die Batteriestützung bleibt der Monitor nach dem Ausschalten erhalten, kann aber jederzeit ersetzt und/oder verbessert werden.

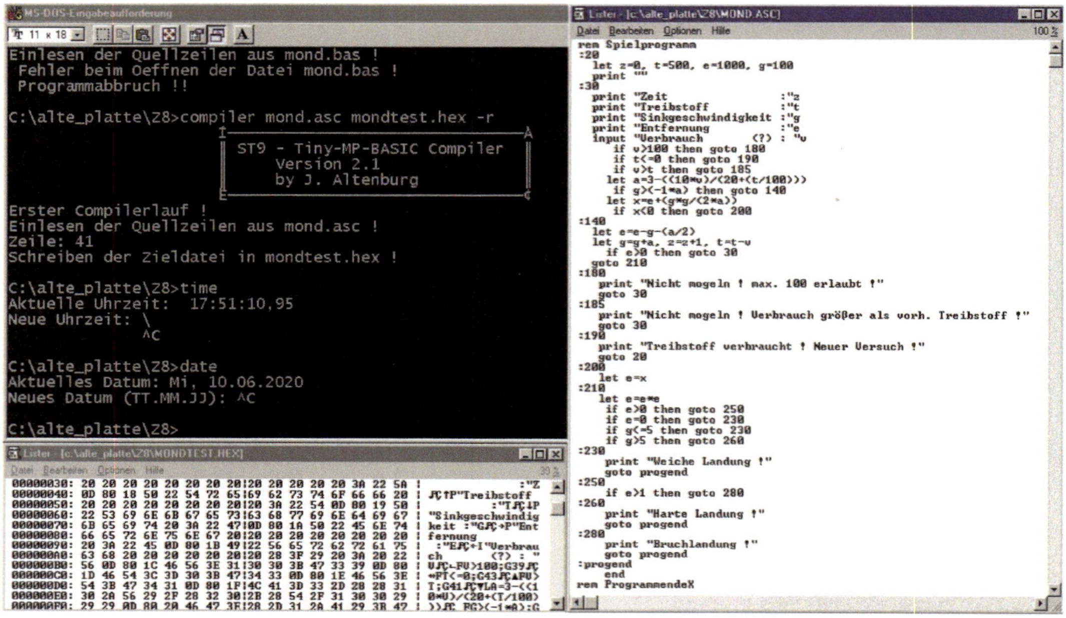

Bild 7.6 Screenshot der Hilfsprogramme zur Handhabung für das Tiny-BASIC-System: Die Zeitangaben links oben im Bild sind aktuell. Der Compiler ist vom Oktober 1993.

In einer Zeit, da eine wichtige Programmierübung darin bestand, den EPROM zum Löschen unter die UV-Lampe zu legen, um diesen dann nach circa fünf Minuten neu programmieren zu können, das Programm zu testen, Fehler zu vermuten, den EPROM wieder unter die Lampe zu legen etc., war dieses Vorgehen geradezu ultramodern. Mehr als 25 Jahre später arbeiten Studenten mit Mbed im Grunde auch nicht anders: Programmieren, kompilieren, ein Download zum Zielsystem, testen und dann wieder zurück zu Schritt 1.

7.3 Kryptografie in BASIC mit einer 8-Bit-MCU

Verschlüsselungen sind nicht erst Bestandteil einer modernen Welt. Solange es die Menschheit gibt, spielen Geheimnisse und sichere Kommunikation eine wichtige Rolle in der Geschichte. Sir Walsingham, Sekretär von Königin Elisabeth I. von England, entdeckte eine Verschwörung, indem er die geheime Korrespondenz zwischen Maria Stuart und König Phillip II. von Spanien entzifferte. Das berühmt-berüchtigte „Zimmermann“-Telegramm im Ersten Weltkrieg erzeugte ein weiteres folgenreiches Resultat aus seiner Entschlüsselung - den Eintritt der USA in den Ersten Weltkrieg.

Beginnend mit den ersten Chiffrieralgorithmen in der frühen Vergangenheit wurden viele verschiedene Möglichkeiten beschrieben, Informationen sicher und geheim zu halten. Viele der historischen Verfahren basieren auf einem Austausch der üblichen alphabetischen Reihenfolge der Buchstaben, d. h., „A“ wird zu „X“, „E“ zu „B“, etc. Diese einfache Chiffre ist das sogenannte Caesar-Chiffrierverfahren und durch statistische Berechnungen leicht zu knacken. Andere Methoden sind komplexer und stellen eine Herausforderung für die Entzifferung dar. In [38] werden viele Beispiele für Chiffriermethoden gegeben, und sie werden populärwissenschaftlich erläutert.

Eine der wichtigsten Entzifferungserfolge[5] der Weltgeschichte ist der Einbruch in die Funktion der ENIGMA-Chiffriermaschine im Zweiten Weltkrieg. Die Maschine (siehe Bild 7.7) wurde vor dem Zweiten Weltkrieg in Deutschland erfunden und bot zweifellos eine große Sicherheit gegen unbefugtes Mitlesen insbesondere bei der drahtlosen Kommunikation.

Bild 7.7
ENIGMA in Bereitschaftsposition (Foto mit freundlicher Genehmigung von Simon Singh, Autor des Buches *The Code Book,* auf Deutsch *Geheime Botschaften* [38])

[5] Zumindest laut den bekannten Enthüllungen - der Geheimdienst heißt ja nicht umsonst „Geheim“dienst. Wenn die alles ausplaudern würden, was sie höchstwahrscheinlich wissen, müsste man sie in „Nachrichtenagentur“ umbenennen.

Während eines Krieges ist es von grundlegender Bedeutung, einen sicheren und geheimen Informationsaustausch zu unterhalten. Der Durchbruch zur Entschlüsselung der ENIGMA war eine spannende Geschichte von polnischen, französischen und britischen Wissenschaftlern und Technikern. Als Ergebnis ihrer Arbeit wurde einer der ersten Computer, der Colossus, gebaut. Eine Menge Leute und viele Ressourcen waren nötig, um den Code zu knacken, aber im Ergebnis entschlüsselte das „ULTRA-Projekt“ die ENIGMA-Geheimnisse. Der Code wurde geknackt, der geheime Informationsaustausch wurde zur Illusion.

Kann man nun diese, damals höchst komplexe, Verschlüsselung mit einem Mikrocontroller nachbauen? Dazu muss man sich zuerst ein Bild über die zugrunde liegende Funktion der mechanischen Schlüsselmaschine ENIGMA machen. Die Eingaben erfolgen über eine Tastatur, ähnlich einer Schreibmaschine. Zur Anzeige der verschlüsselten Zeichen dient ein Lampenfeld. Für die 1930er-Jahre war es ein Quantensprung gegenüber den bisherigen meist manuellen Schlüsselverfahren.

Die Verschlüsselung des Klarzeichens erfolgt über ein System rotierender Walzen. Ein stark vereinfachtes Beispiel zeigt Bild 7.8.

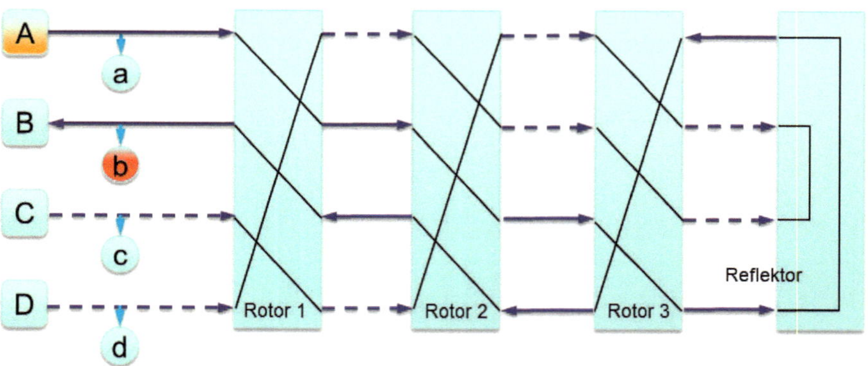

Bild 7.8 Vereinfachte Darstellung der inneren Verdrahtung einer ENIGMA

Es wird angenommen, dass die Taste A gedrückt wird. Über die drei Rotoren erfolgt die Verschlüsselung von A in folgenden Schritten: A→B, B→C, C→D, D→A, A→D, D→C und C→B, mit anderen Worten, aus A wird B. Nach jedem Tastendruck werden die Rotoren wie in einem mechanischen Zählwerk einen Schritt weitergedreht. Das Prinzip ist ebenso genial wie effizient. Mit jedem Tastendruck steht ein neues Schlüsselalphabet zur Umkodierung von Klartext in Geheimtext bereit. Die monoalphabetische Caesar-Chiffre wird zum polyalphabetischen Buchstabenwurm.

Trotz der starken Vereinfachung wird sofort offensichtlich, dass kein Buchstabe auf sich selbst verschlüsselt werden kann. Dies wird in der Literatur oft als „die“

Schwachstelle zum Einbruch in die Chiffrierung bezeichnet. Dies mag wohl sein, aber der Grund für dieses Verhalten liegt im Reflektor, auch als Umkehrwalze bezeichnet, und genau der wird benötigt, um mit ein und derselben Maschineneinstellung Texte zu verschlüsseln und auch wieder entschlüsseln zu können.[6]

Für die Programmierung werden anstelle der Walzen bzw. Rotoren Tabellen angelegt. Da auch hier wieder mit BASIC gearbeitet wird, sieht dies so aus:

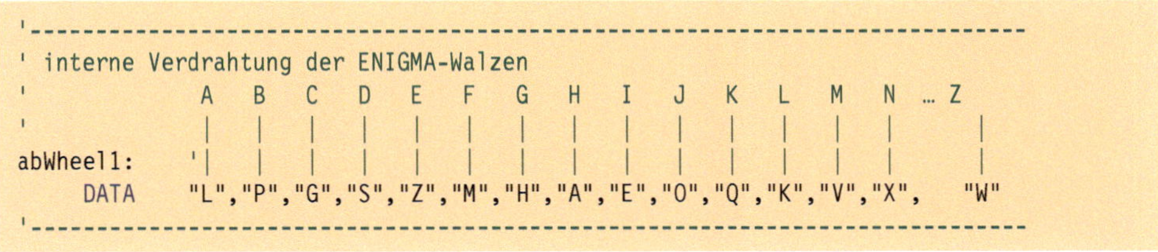

```
'-----------------------------------------------------------------------------
' interne Verdrahtung der ENIGMA-Walzen
'                A   B   C   D   E   F   G   H   I   J   K   L   M   N … Z
'                |   |   |   |   |   |   |   |   |   |   |   |   |   |      |
abWheel1:       '|   |   |   |   |   |   |   |   |   |   |   |   |   |      |
     DATA       "L","P","G","S","Z","M","H","A","E","O","Q","K","V","X",   "W"
'-----------------------------------------------------------------------------
```

Für den ersten Rotor wird A→L, B→P, C→G etc. Entsprechend der internationalen ASCII-Tabelle können die Zeichen immer als Offset zum Beginn der Buchstaben interpretiert werden. Die anderen Rotoren werden in analoger Art und Weise angelegt. Die Hardware der elektronischen ENIGMA zeigt Bild 7.9. Ein recht exotischer 8-Bit-Controller bildet das Herz der Schaltung.

Zur einfachen Zeicheneingabe wird eine PS2-Tastatur an JP2 angeschlossen. Zwei LED-Displays sorgen für die Ein- bzw. Ausgabe der Klar- und Geheimzeichen. Beide Anzeigen sind als 16-Segment-Displays ausgebildet. Die zweistellige Anzeige U6 wird seriell mit Daten gefüttert und bildet die Ein-/Ausgabeschnittstelle. Die vierstellige Anzeige U3 hängt an einem Parallelport des Mikrocontrollers. Der Linearregler U2 erzeugt die Versorgungsspannung Vcc. Als Gimmicks sind ein Piepser LS1 und eine Leuchtdiode LED1 Bestandteil der Schaltung. Diese „Ausgabegeräte" erzeugen die Morsezeichen der verschlüsselten Buchstaben.

---

[6] Ob die Entwickler von dieser potenziellen Einbruchmöglichkeit wussten, ist mir unbekannt. In jedem Fall ist diese Eigenschaft der ENIGMA immanent, und die Maschine wäre ohne diese Fähigkeit im praktischen Einsatz wohl unbrauchbar gewesen. Der viel stärkere Nachteil, als dass ein Buchstabe nicht auf sich selbst verschlüsselt werden konnte, lag in Fehlern im Gebrauch des Verfahrens und ist meiner Meinung nach ursächlich für den Erfolg der Entzifferung in Bletchley Park. Hinzu kommt die Verwendung des „Colossus" zum Codebrechen, d.h., nur mit dieser Maschine macht es Sinn, eine charakteristische Mustersuche in den Geheimtexten zu starten, um den Schlüssel zu finden.

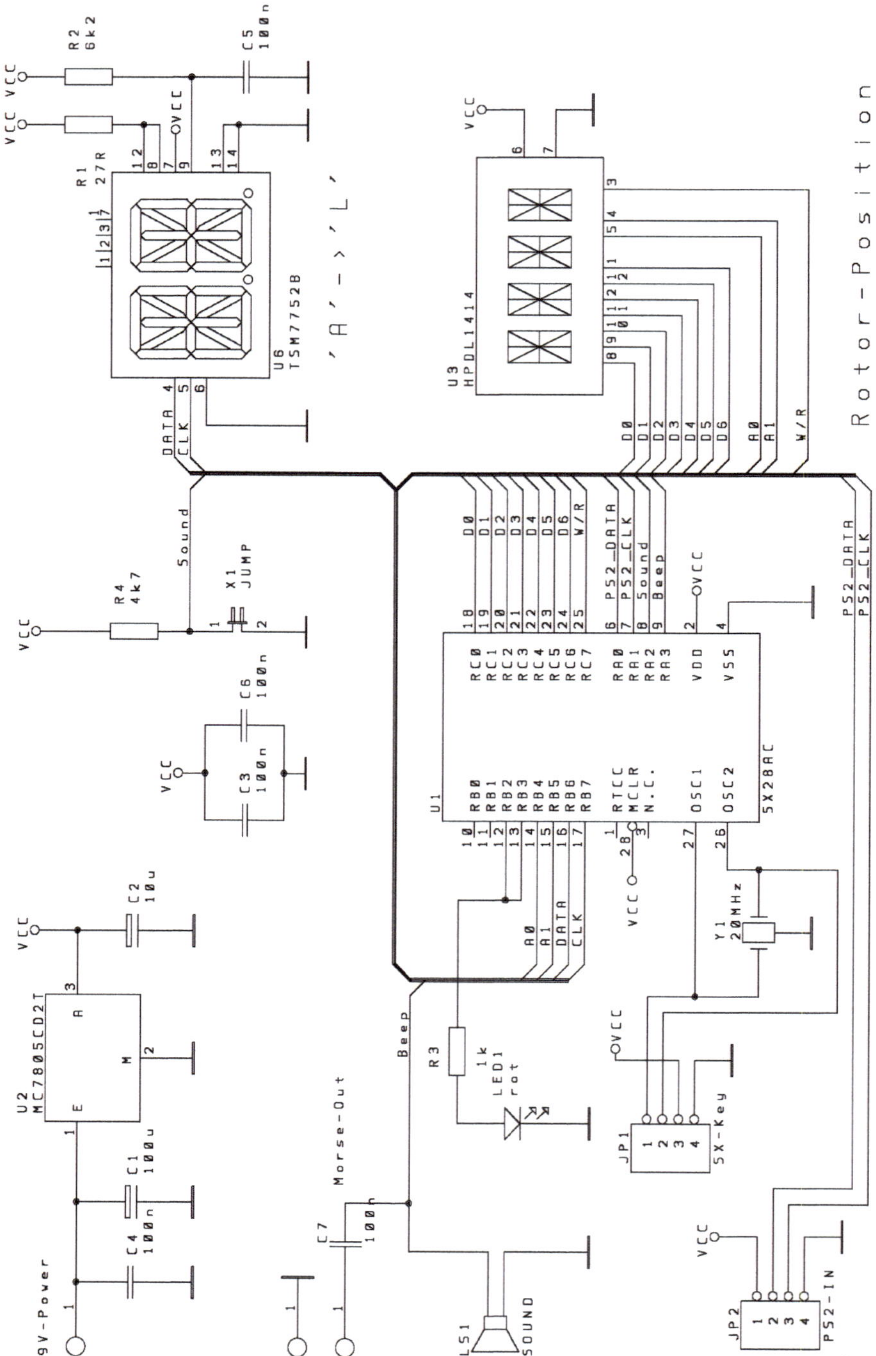

Bild 7.9 Stromlaufplan der Pocket-ENIGMA mit dem 8-Bitter SX28AC der Firma Parallax

Zum Schaltungsaufbau wird eine Lochrasterplatte verwendet. Bild 7.10 zeigt die Anordnung der Bauteile. Oben links wird die Walzenlage, im Beispiel „AAA“, angezeigt und eingestellt. Daneben liegt die größere zweistellige 16-Segment-Anzeige mit dem Klartext-Zeichen (links) und dem Geheimtext (rechts).

Die Rückverdrahtung der Schaltung ist rechts unten in Bild 7.10 zu sehen. Bei einer solchen einfachen Schaltung lohnt der Entwurf einer Leiterplatte für ein Einzelstück nicht. Die Handverdrahtung ist zwar fehlerträchtig, aber mit einiger Sorgfalt in ein paar Stunden aufgebaut.

Bild 7.10 Aufbau der Pocket-ENIGMA auf einer Lochrasterplatte mit rückseitiger Verkabelung

Zum Test wird die Zeichenfolge „HELLO“ verschlüsselt. Dazu wird die Pocket-ENIGMA mit der [ENTER]-Taste in den Konfigurationsmode gebracht. Ganz links im Walzendisplay wird die Position der einstellbaren Walze, zuerst die Nummer 1, angezeigt. Die Tastenfolge [A][ENTER], [A][ENTER] und [A][ENTER] legt die Ausgangslage fest. Die Wahl einer solchen Folge wäre übrigens bereits ein Verstoß gegen die Verschlüsselungsdisziplin. Anschließend kann die gewünschte Zeichenkette eingetippt werden. Zur Entschlüsselung werden die „Walzen“ wieder in die Ausgangslage „AAA“ versetzt und der Geheimtext zeichenweise eingetippt, um die ursprüngliche Nachricht wieder zu erhalten.

Der Softwareaufbau ist recht einfach. Die Quelle ist auf *plus.hanser-fachbuch.de* zu finden. Etwas ungewöhnlich ist die Umsetzung der Echtzeit-Anforderungen in BASIC. Die verwendete MCU besitzt lediglich einen Interrupt. In diesen wird die komplette „Echtzeit“ verlagert.

Die ISR ist als Zustandsautomat angelegt, der jede Millisekunde aufgerufen wird. In diesem Automat existieren die Zustände `enNothing`, `enPrep`, `enMorse`, `enPause` und `enStop`. Über die geschickte Auswahl und Umschaltung dieser Zustände werden alle Real-time-Operationen abgewickelt. Letztendlich soll die ISR nur unterschiedliche Bitmuster zu unterschiedlichen Zeiten an die IOs der MCU anlegen. Die Erzeugung der Morsezeichen erläutert dieses Prinzip:

```
' ---------------------------------------------------------------------------
' Subroutine Code
' ---------------------------------------------------------------------------
' table for generating morse code
'              ++++-------  four bit specifies the code lenght
'              ||||++++---  max four bit content
'              ||||||||     0 := dot, 1:= dash
abMorseCode:
        data %00100001        ' A  .-
        data %10001000        ' B  -...
        data %10001010        ' C  -.-.
        data %01000100        ' D  -..
        data %00010000        ' E  .
        data %10000010        ' F  ..-.
        data %01000110        ' G  --.
        data %10000000        ' H  ....
        data %00100000        ' I  ..
        data %10000111        ' J  .---
        data %01000101        ' K  -.-
        data %10000100        ' L  .-..
        data %00100011        ' M  --
        data %00100010        ' N  -.
        data %01000111        ' O  ---
        data %10000110        ' P  .--.
        data %10001101        ' Q  --.-
        data %01000010        ' R  .-.
        data %01000000        ' S  ...
        data %00010001        ' T  -
        data %01000001        ' U  ..-
        data %10000001        ' V  ...-
        data %01000011        ' W  .--
        data %10001001        ' X  -..-
        data %10001011        ' Y  -.--
        data %10001100        ' Z  --..
```

Morsezeichen bestehen aus Punkten und Strichen, also kurzen und langen Signalen. In einer Tabelle werden die Informationen zu den Zeichen des Alphabets hinterlegt. Jedes Zeichen beinhaltet maximal vier Punkte bzw. Striche. Der Buchstabe A hat das Morsesignal kurz-lang. Das sind zwei Zeichen. Die höheren vier Bit in der Zeichentabelle werden deswegen als 0b0010 angelegt, in den unteren vier Bit steckt die Information zu den Punkten oder Strichen.

Soll nun ein Morsezeichen gesendet werden, wird der Variablen `bCode` das Bitmuster Punkt/Strich übergeben und in die Variable `bCodeSize` die Anzahl der zu sendenden Punkte/Striche geschrieben. Der Zustandsautomat in der ISR wird auf den Wert „1“ (`enPrep`) gesetzt. Sobald die ISR aufgerufen wird, prüft diese, ob eine Punkt- oder Strichzeit erzeugt werden soll. In der Variablen `bBeep` wird dazu die notwendige Anzahl von ISR-Aufrufen hinterlegt. Im Zustand „2“ (`enMorse`) wird der Ablauf der ISR-Ticks gezählt. Ist `bBeep = 0`, wird gehandelt. Am Ende der Ausgabe wird eine Pausenzeit an die Morsezeichen angehängt.

Die eigentliche Verschlüsselung erfolgt im `main`-Programm (Bild 7.11). Diese Routine „hängt" an der Tasteneingabe (`bScanCode`). Erst wenn ein Zeichen von der Tastatur ankommt, wird die `main` durchlaufen.

In Abhängigkeit des empfangenen Zeichens wird dann entschieden, ob das Zeichen verschlüsselt werden soll oder ob der Anwender in den Edit-Mode zur Verstellung der Walzenlage möchte. Da es keine Unterscheidung zwischen Verschlüsseln bzw. Entschlüsseln gibt, arbeitet die Maschine wie beschrieben spiegelbildlich. Es muss in der `main`-Routine keine weitere Selektierung des Vorgehens erfolgen.

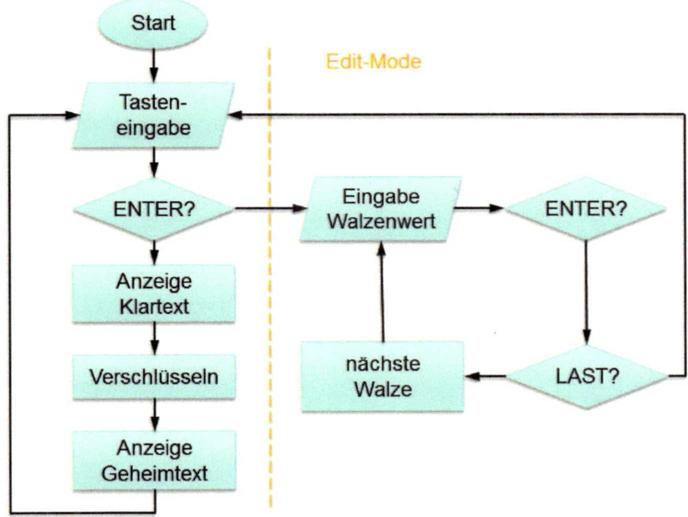

Bild 7.11 Programmablaufplan der `main`-Routine der Pocket-ENIGMA

Die gesamte Software ist in BASIC geschrieben und dennoch hochgradig echtzeitfähig. Aus diesem Grunde wurde dieses Beispiel in die Anwendung eingebetteter Systeme aufgenommen.

Gelegentlich wird über Sprachen, die etwas aus der Mode gekommen sind, die Nase gerümpft. Hier ist nach meiner Ansicht höchste Vorsicht angeraten. Alle derzeitigen Computersysteme[7] können auf Maschinenebene ausschließlich Op-Codes interpretieren. Insofern war es eine Art Fingerübung, mittels eines BASIC-Dialekts die Machbarkeit auch sehr fummeliger Echtzeit zu demonstrieren. Letztlich be-

[7] In der Presse wird hin und wieder über Quantencomputer spekuliert. Diese werden uns bei breiter Einführung die ewige Glückseligkeit verschaffen, so das Versprechen. Aus meiner Erfahrung heraus, bin ich diesbezüglich sehr skeptisch. Weniger, weil ich nicht an die Glückseligkeit glaube, sondern eher deswegen, da noch nicht einmal die Intel i86-Steinzeit-Architektur auf dem Schrotthaufen der Computergeschichte entsorgt werden konnte, geschweige denn eine komplett neue Systemarchitektur das Vorhandene ablösen wird. Eher wird das „Tesla Modell 3" zum Einkaufsauto der breiten Massen.

nötigt man immer nur eine Turing-Maschine zur Lösung jedweder berechenbaren Aufgabe.

7.4 ROBOTECH als Urahn der Roboter

Die Entwicklung eines BASIC-Dialekts zur einfachen Programmierung und Nutzung eingebetteter Systeme lag lange im Fokus meiner Bemühungen. Problematisch war jedoch die Darstellung der Fähigkeiten eines solchen Systems. Immer wieder lauteten die Entgegenhaltungen möglicher Interessenten - wozu braucht man das?[8]

Zur Präsentation auf einer der ersten Messen zu dieser Themenstellung, der Embedded Systems in Sindelfingen,[9] musste deswegen eine überzeugende Anwendung für den brandneuen BASIC-Computer auf der Basis des ST9 der Firma STMicroelectronics her.

Die Idee schlug ein wie eine Bombe, dummerweise auf dem falschen Ziel. Praktisch niemand interessierte sich für den leitungsfähigsten BASIC-EMUF der damaligen Zeit, aber jeder fand den Roboter toll. Der Minirover drehte seine Kurven und Bahnen, und alle waren fasziniert.[10] Jeder wollte so ein Ding haben, bis er den Preis vernahm. Da ließ das Interesse etwas nach. Dennoch wurden einige Prototypen gebaut und bis nach Indonesien verschifft.[11] Eine detaillierte Beschreibung des Aufbaus und der Funktion des ROBOTECH 1 (siehe Bild 7.12) und seiner Genossen ist in [4] zu finden.

Mobile Roboter, das waren Trendobjekte der Nullerjahre. Entweder hatte man einen, oder man kaufte sich so ein Teil. Was man damit anstellen konnte, war nicht so ganz klar, aber der Weg ist bekanntlich das Ziel. Aus dem damaligen Kollegenkreis wurde man auf interessante Ideen verwiesen. Ein Resultat jener Forschungen ist mir noch erinnerlich - zur besseren Kommunikation sollte der Nutzer mit einem solchen System sprechen. Diese Idee stieß auf Desinteresse, ja sogar auf massiven Widerstand. „Ich rede nicht mit einer Maschine, ich bin doch nicht

---

[8] Aus heutiger Sicht eine geradezu naiv wirkende Fragestellung. Die Antwort hätte lauten müssen - na, für alles!

[9] Ich denke, es war die erste Embedded Systems im Jahre 1996. Heute präsentiert sich diese internationale Leitmesse für Mikrocontroller als Embedded World in Nürnberg.

[10] „Heureka" - endlich ein Produkt, das die Kunden kaufen wollten. Microsoft & Apple: Fürchtet meine Robo-Kräfte!

[11] Mit etwas Abstand erinnern mich unsere, gemeinsam mit meinem Bruder unternommenen, damaligen Versuche, mit BASIC-Rechnern ein Geschäft zu machen, an die Olsenbande [93], eine in der DDR beliebte Filmserie aus Dänemark. Egon Olsen, der Spiritus Rector des Ganzen, hatte immer einen perfekten Plan, der aber jedes Mal an irgendwelchen Lappalien scheiterte. Nichtsdestotrotz, die Jungens neben Egon, also Benny und Kjeld, waren einfach nicht totzukriegen. Auf unseren Fall bezogen, BASIC-EMUFs sind noch lieferbar, die Software dazu läuft auf 32-Bit-PCs einwandfrei, nur die damaligen Preise mussten etwas angepasst werden, selbstverständlich nach oben.

verrückt!",[12] war noch eine der druckreifen Aussagen von Versuchsteilnehmern. Tja, Alexa, so ändern sich die Zeiten.

Bild 7.12 ROBOTECH 1 – Urahn aller mobilen autonomen Systeme dieses Buchs

Nichtsdestotrotz, die Fotos sind gemacht, sie sollen deswegen auch gebracht werden. Bild 7.13 zeigt die Familie der Miniaturroboter. Willi wird von einer 8-Bit-ST6-MCU gesteuert und besitzt sagenhafte 64 Byte (!) wiederbeschreibbaren Speicher. Damit man damit überhaupt etwas anfangen kann, werden diese paar Byte von einer eigens entwickelten Hochsprache interpretiert. Seppel mit einer 8-Bit ST7-MCU ist als Fußballroboter konzipiert worden und nie über das Versuchsstadium hinausgekommen. Ganz rechts ist der leistungsfähigste Roboter mit einer 16-Bit-MCU, eigenem Kamerasensor und drahtloser Telemetrie zu sehen. Die Ausrüstung des Roboters mit einem CMOS-Videosensor mit einer Bildauflösung von 320 × 240 Pixeln kam 2002 einer Sensation gleich. Natürlich gab es Miniaturroboter mit Kameras, aber keines der Systeme arbeitete mit einer lokalen Bildverarbeitung auf der CPU des Roboters. Dies auch nur zu denken war geradezu undenkbar. Bildverarbeitung brauchte Rechenleistung und Speicher, Speicher und Speicher.

[12] Diese Aussage gilt für mich immer noch. **Ich** rede nicht mit Maschinen, aber das muss ich auch gar nicht. Das machen jetzt die anderen. „Alexa, hol mir ein Glas Wein!" – erst wenn das hinhaut, überdenke ich mein Vorurteil.

Bild 7.13 Roboterfamilie: Willi, Seppel und MauSI

7.5 Mit Robo Eye auf Pirsch

7.5.1 Hardwarebasis des Robotersystems

Grenzen sind das Salz in der Suppe der „eingebetteten Ingenieure“. Aufwendig kann schließlich jeder. Einer Veröffentlichung der Carnegie Mellon University zufolge sollte es möglich sein, ohne großen Speicher nur mit einer 8-Bit-MCU, übrigens derselben wie in der Pocket-ENIGMA, einfache Bildverarbeitung zu betreiben. Auf der Webseite *www.cmucam.org* findet man zu der mittlerweile abgekündigten CMUcam1 weitere Hinweise. Was mit einem 8-Bitter funktioniert, sollte doch mit einer 16-Bit-MCU allemal funktionieren.

Dies war der Ansporn zur Entwicklung eines Kamerasystems mit einfacher Objekterkennung und einer spezialisierten Funkübertragung. Als Trägersystem fungiert, wie kann es auch anders sein, ein Roboter. Die Steuerung des Roboters ist von der Kamera getrennt. Jedes System verfügt über einen eigenen Prozessor (Bild 7.14).

Bild 7.14 Videoroboter, ausgestattet mit dem Kamerasystem Robo Eye[13]

Bevor das Kamerasystem beschrieben wird, sollen die Innereien des Roboters beleuchtet werden. Dieser Roboter ist der erste in der Familie, der auf irgendwelche BASIC-Programmierung verzichtet. Die Programmiersprache C ist praktisch der Monopolist bei den eingebetteten Systemen geworden - und das, trotz aller wehmütigen Reminiszenzen, mit vollem Recht.

Bild 7.15 zeigt den ersten Teil des Stromlaufplans. Das Herz der Steuerung bildet die 16-Bit-MCU MSP430F148 der Firma Texas Instruments. Dieser Baustein ist ein guter Kompromiss aus Rechenleistung und Stromverbrauch. Wie heute bei allen ARM Cortex CPUs werden die eingebauten Peripheriemodule nach Bedarf ein- bzw. ausgeschaltet. Damit ist die Leistungsaufnahme sehr gut an die tatsächlichen Aufgaben anpassbar. Die CPU ist als RISC-Maschine implementiert.

[13] Die Kameraentwicklung ist wiecer ein Spin-off der Robotertechnik. Der Miniaturroboter MauSI entstand aus einem Forschungsprojekt der Nullerjahre heraus. Endlich ein nützliches System, so dachte ich. Die Reaktion potenzieller Kunden: Miniaturrooter, na ja, das ist ein alter Hut, aber die Kamera, die könnten wir brauchen. Oh Mode, wie vergänglich sind deine Zeitenläufe!

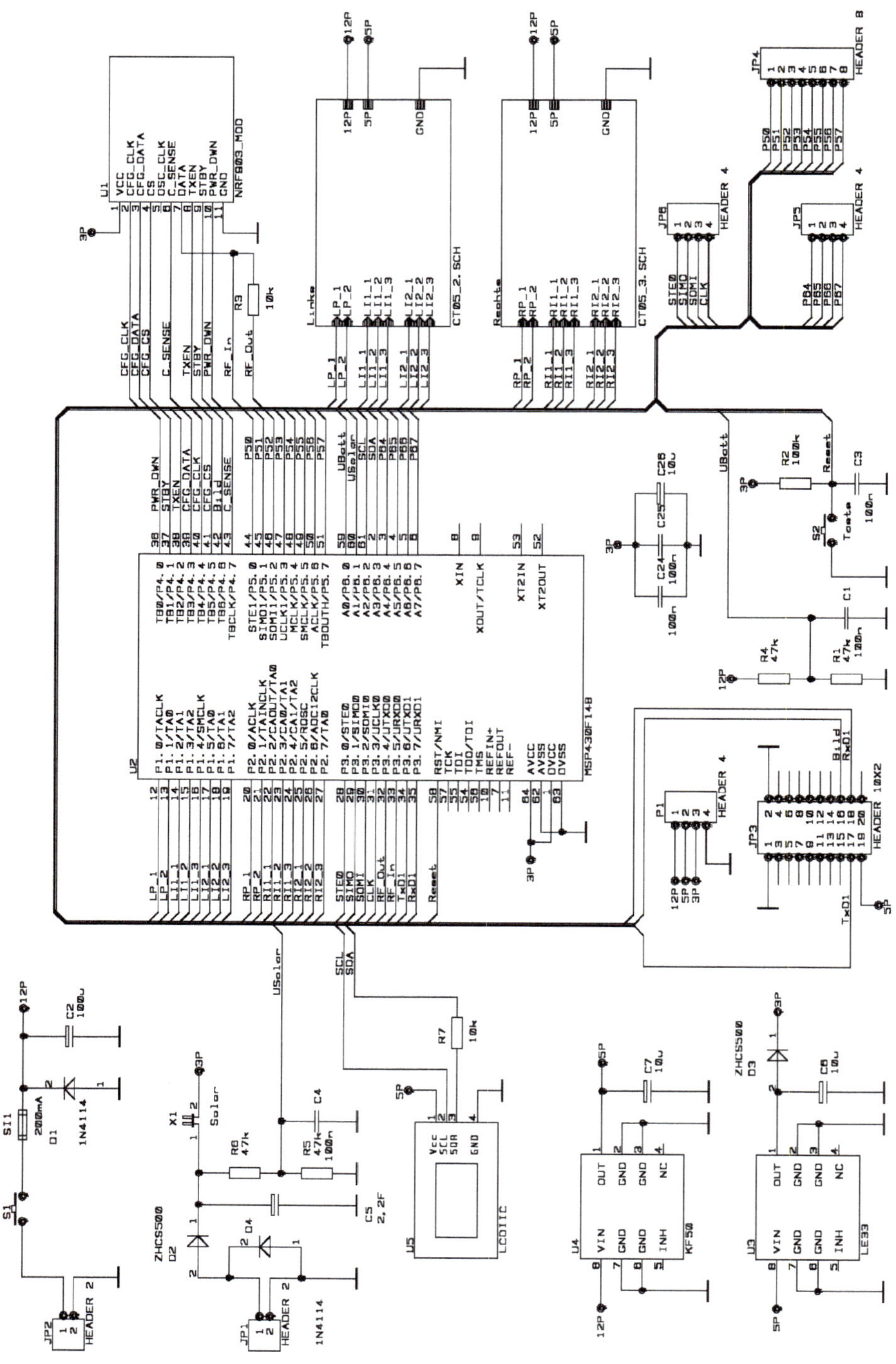

Bild 7.15 Stromlaufplan des Videoroboters mit der 16-Bit-MCU MSP430F148

Zur besseren Übersicht ist der gesamte Schaltplan in „Sheets“ unterteilt. Die Signalleitungen erhalten die Bezeichner „Label“. Alle Labels innerhalb eines Stromlaufplans sind als eine gemeinsame Verbindungsleitung zu interpretieren. Der Stromlaufplan der CPU beinhaltet zwei Sheets, CT05_2.SCH und CT05_3.SCH. Darin ist die Ansteuerung der Schrittmotoren enthalten.

Schrittmotoren sind nahezu perfekt für den Einsatz in eingebetteten Systemen. Die Kontrolle von Drehrichtung, Drehmoment und Drehzahl erfolgt über digitale Signale. Bevor dies etwas genauer erläutert wird, komme ich kurz zum Zusammenhang der Schaltungsteile untereinander. Eine hybride Schrittmotorsteuerung (siehe Bild 7.16) benötigt sogenannte Phasensignale, am Ansteuer-IC mit PH1 (Pin 2) und PH2 (Pin 17) bezeichnet.

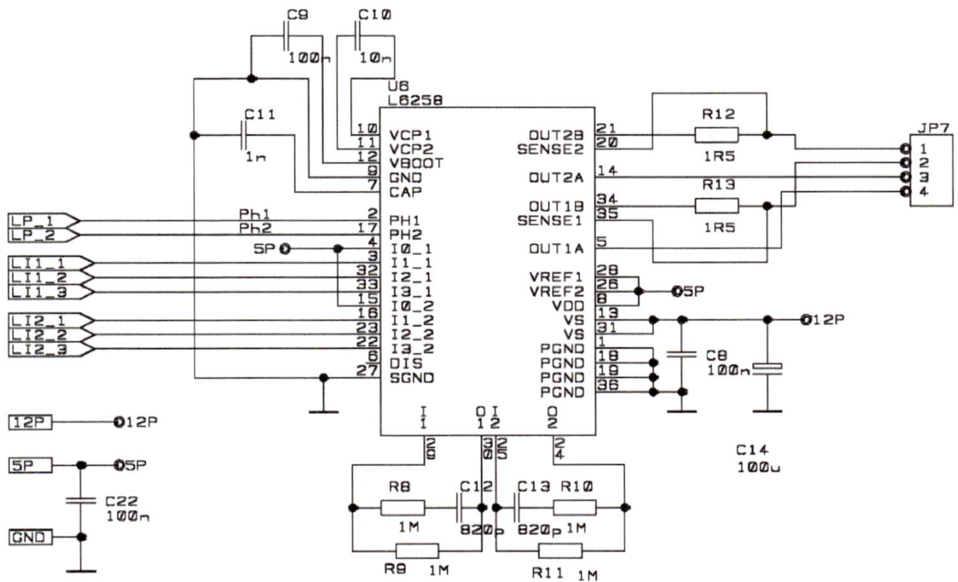

Bild 7.16 Ansteuerung eines hybriden Schrittmotors

Diese Signale sind mit den Bezeichnern (Label) LP_1 und LP_2 verbunden. Im Stromlaufplan der CPU (Bild 7.15) findet man ebenfalls diese Bezeichner. Dort werden LP_1 und LP_2 mit den Portleitungen P1.0 (Pin 12) und P1.1 (Pin 13) verbunden. Elektrisch gesehen ist also der GPIO P1.0 verantwortlich für die Phasenleitung PH1, und der Anschluss P1.1 kontrolliert die Phasenleitung PH2.

Über die Leitungen I0_1, I1_1 bis I3_2 am IC L6258 wird der Phasenstrom im Schrittmotor eingestellt. Die restliche Beschaltung des L6258 entspricht den Applikationshinweisen im Datenblatt. Diese Hinweise sind unbedingt ernst zu nehmen, besonders, wenn der Hersteller auf spezielle Eigenschaften der einzusetzenden Bauteile verweist. So sind für die Widerstände R12 und R13 induktionsarme Bauelemente einzusetzen. In diesem Fall wird der Strangstrom durch die Wicklungen des Schrittmotors gemessen und in die Elektronik des Ansteuer-ICs zurückgeführt. Auf diesen Rückführungen dürfen keine Störimpulse durch parasitäre Induktivitäten der Messwiderstände zu finden sein, da dies zu nachteiligen Folgen für die Funktion der Motoren führen kann.

Wie bereits erwähnt, benötigt der Schrittantrieb neben einer Stromquelle auch eine Reihe von Steuersignalen, d. h., ohne Elektronik bewegt sich ein solcher Motor nicht. Nun gibt es nicht „den" Schrittmotor, sondern eine riesige Typenvielfalt. Beispielhaft soll hier deswegen die Funktion des sogenannten bipolaren Hybrid-Schrittmotors genauer beschrieben werden.

Bipolare Schrittmotoren besitzen ungeteilte Spulen, d. h., zur Stromrichtungssteuerung muss demzufolge immer die gesamte Wicklung „umgepolt" werden. Dies erfolgt durch Transistoren in Anordnung einer H-Brücke. Der Querstrich des „H" ist die Motorspule. Die Umschaltung der „H-Zweige" bestimmt die Stromrichtung in der Spule. Die Bezeichnung „Hybrid" bezieht sich auf den Rotor. Dieser ist mit einem starken Dauermagneten versehen. Motoren ohne Dauermagneten werden als Reluktanz-Motoren bezeichnet.

Bild 7.17 veranschaulicht das Prinzip. Zur besseren Erklärung wird angenommen, dass der Rotor im Inneren des Motors aus einem Stabmagneten besteht. Die Rotationsachse dieses Magneten wäre dann senkrecht zur bildlichen Darstellung. In der ersten Position erzeugen die Spulen im Motor die eingezeichneten Polaritäten. Der Nordpol des Stabmagneten richtet sich mittig zwischen die Südpole der Spulen aus. Für das andere Ende des Magneten gilt dies analog. Die Stromrichtungsänderung von I_2 verschiebt die Lage der Polaritäten der Spulen im Motor. Der Stabmagnet folgt der Polverlagerung. Nacheinander werden nun die Stromrichtung von I_1 und I_2 weiter zyklisch geändert. Es entsteht ein Drehfeld. Der bipolare Schrittmotor benötigt zwei um 90 Grad phasenversetzte Impulse, um genau dieses Drehfeld zu erzeugen. Die Impulsfrequenzen bestimmen die Rotationsgeschwindigkeit des Stabmagneten und damit die Umdrehungszahl der Abtriebswelle.

Die für eine Ansteuerung eines Schrittmotors erforderlichen Bitmuster und eine Ausgaberoutine zeigt Bild 7.18. Zu den Phasensignalen kommen noch die Stromwerte pro „Mikroschritt". Im Array `abStepPattern[]` sind die entsprechenden Bits eingetragen. Zusätzlich werden auch eine Hochlauf- bzw. Bremskurve hinterlegt. Die Werte dafür sind als beispielhaft anzusehen. Die Ausgabe der Daten erfolgt in der Funktion `bStepDrive()`. Sinnvollerweise wird diese Funktion als ISR eingehängt.

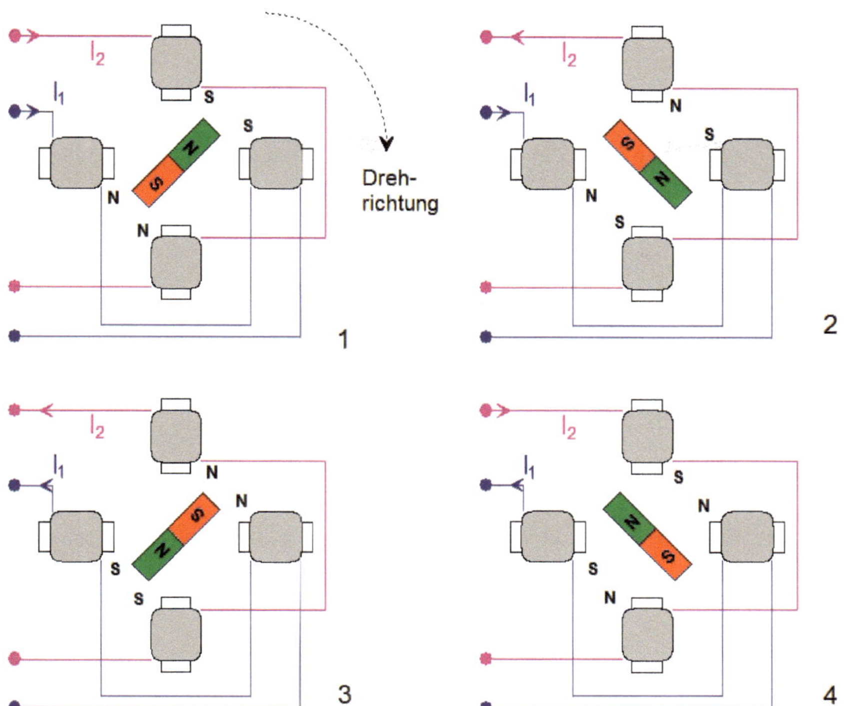

Bild 7.17 Durch wechselnde Stromrichtungen in den Statorspulen wird ein „Drehfeld“ erzeugt. Der Rotor folgt diesem Feld und löst damit seine Drehung aus (Vollschritt-Betrieb).

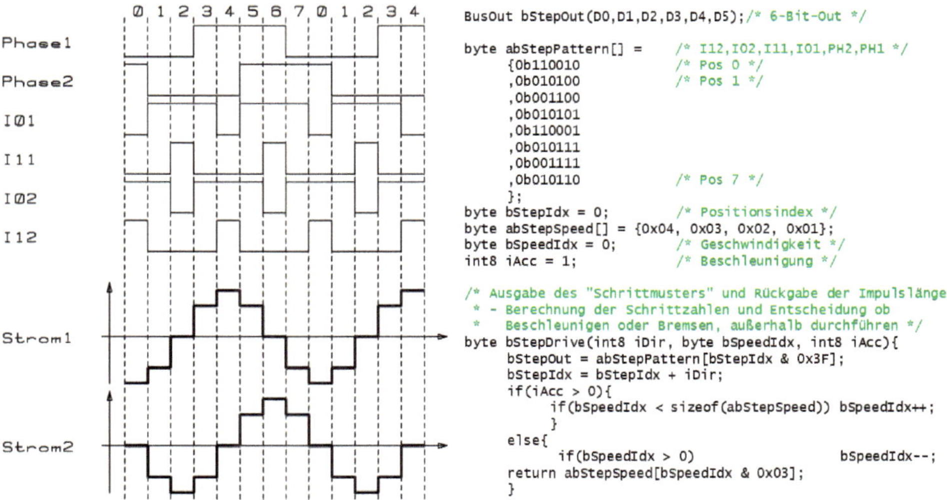


```
BusOut bStepOut(D0,D1,D2,D3,D4,D5);/* 6-Bit-Out */

byte abStepPattern[] =      /* I12,I02,I11,I01,PH2,PH1 */
     {0b110010              /* Pos 0 */
     ,0b010100              /* Pos 1 */
     ,0b001100
     ,0b010101
     ,0b110001
     ,0b010111
     ,0b001111
     ,0b010110              /* Pos 7 */
     };
byte bStepIdx = 0;          /* Positionsindex */
byte abStepSpeed[] = {0x04, 0x03, 0x02, 0x01};
byte bSpeedIdx = 0;         /* Geschwindigkeit */
int8 iAcc = 1;              /* Beschleunigung */

/* Ausgabe des "Schrittmusters" und Rückgabe der Impulslänge
 * - Berechnung der Schrittzahlen und Entscheidung ob
 *   Beschleunigen oder Bremsen, außerhalb durchführen */
byte bStepDrive(int8 iDir, byte bSpeedIdx, int8 iAcc){
     bStepOut = abStepPattern[bStepIdx & 0x3F];
     bStepIdx = bStepIdx + iDir;
     if(iAcc > 0){
          if(bSpeedIdx < sizeof(abStepSpeed)) bSpeedIdx++;
          }
     else{
           if(bSpeedIdx > 0)                bSpeedIdx--;
     return abStepSpeed[bSpeedIdx & 0x03];
     }
```

Bild 7.18 Definition der Bitmuster zur Ansteuerung eines Schrittmotors im Mikroschritt-Mode

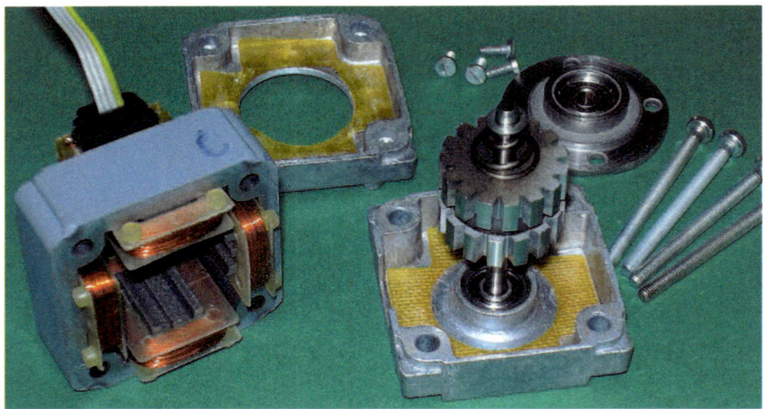

Bild 7.19 Zerlegter Schrittmotor mit zwei Halbwicklungen, Lagerschilden und Rotor

Die exakte Abstimmung der Laufeigenschaften und der maximalen Drehzahl eines Schrittmotors ist mit viel Erfahrung verbunden. Der Motor arbeitet in Synchronbetrieb und muss dem Drehfeld ohne „Schlupf" folgen können. Das bedeutet für die Anwendung, der Motor muss immer genügend Drehmoment zu Überwindung der erforderlichen Kräfte aufweisen. Kommt es zu Schrittfehlern, d. h., überholt das Drehfeld den Rotor, bleibt dies der Elektronik verborgen. Schlimmer noch: Unter Umständen läuft der Rotor kurzzeitig entgegen des programmierten Drehsinns. Für Präzisionsanwendungen ist das der Super-GAU.

Der zweite wichtige Punkt ist die Hochlaufkurve. Ohne einen Hochlauf befindet sich der Motor im Start-Stopp-Betrieb. In diesem Betriebsmodus können die Phasenimpulse ohne weitere Umstände sofort angehalten oder neu gestartet werden. Damit erreicht man aber nicht die maximal mögliche Drehzahl im konkreten Anwendungsfall.

Die Hochlaufkurve ändert nach einem vorgegebenen Schema die Schrittzeiten pro Impulsmuster-Ausgabe. Im Beispielprogramm wird dies ganz einfach in der Wertetabelle für die Schrittzeiten im Array `abStepSpeed[]` hinterlegt. Für eine korrekte Hochlaufkurve kann man schon einmal einige Wochen experimentieren.

7.5.2 Das geheime Auge – „Spy on your nerd friends!"

Der eigentliche Clou des Videoroboters ist jedoch seine Kamera (Bild 7.20). Wie bereits erwähnt, war die Entwicklung dieses Kamerasystems ein Spin-off der Roboterforschung. Die Anforderungen waren nahezu unerfüllbar anspruchsvoll. Die Kamera sollte auf Kommando Einzelbilder schießen, diese Daten per Funk an einen PC übertragen und außerdem charakteristische Bildelemente in Echtzeit aus der Szenerie extrahieren und als Objekt mit einer Positionsangabe zum PC und zum lokalen System, natürlich einem Roboter, übermitteln. Und, nicht zuletzt – nicht zu teuer, das Ganze!

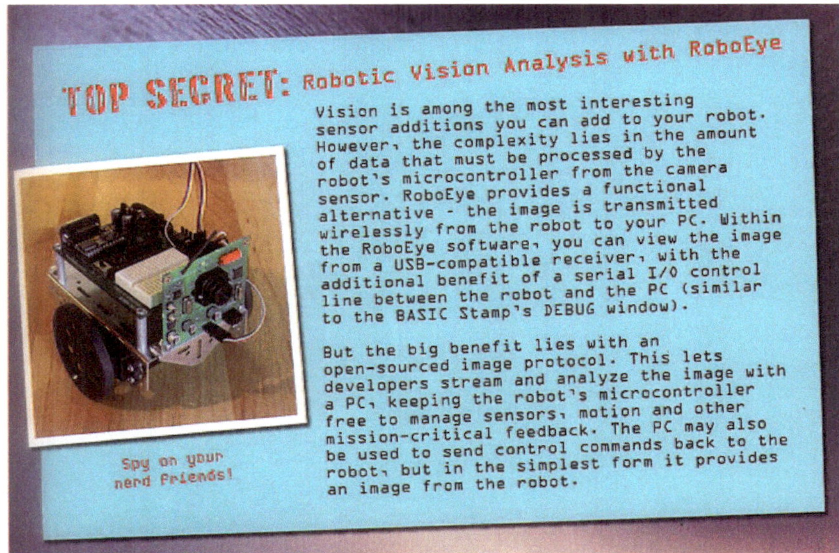

Bild 7.20 Robo Eye-Kamera-Modul mit Funkstrecke aus dem Katalog der Firma Parallax

Drei Aufgaben waren demzufolge kostengünstig zu lösen. Als Erstes wurde ein Bildsensor benötigt, zum Zweiten eine Telemetrie, und zum Dritten musste eine MCU die Aufgaben managen. Die erste Problematik war relativ einfach, die CMOS-Bildsensoren wurden im Verlaufe der Integration dieser Bausteine in Mobiltelefone geradezu spottbillig.[14]

Der Bildsensor basiert auf einem CMOS-Chip mit ca. 320 × 240 Bildpunkten. Das ist zunächst nicht allzu viel, aber für den Anwendungsfall ausreichend. Auf dem Chip befindet sich neben der optisch empfindlichen Fläche mit Fotoelementen die komplette Signalvorverarbeitung. Kontrolliert wird das Ganze über eine große Anzahl von Konfigurationsregistern.

[14] Ja, die Dinger gab es praktisch für 'nen Appel ohne Ei. Doch an die Datenblätter heranzukommen, das war eine Aufgabe für Dirk Pitt [88]. Ich habe noch niemals einen Hersteller, in diesem Fall Omnivision, derartig hartleibig bezüglich des Zugangs zu seinen Bauelementen erlebt. Nur weil ich auf eine Publikation im Circuit Cellar verweisen konnte und mit den betreffs des Anwendungsfalls benötigten Stückzahlen gelogen habe, sodass sich selbst Eichenholzbalken gebogen hätten, erhielt ich die Infos. Zum Glück ist meine Labordecke aus Stahlbeton.

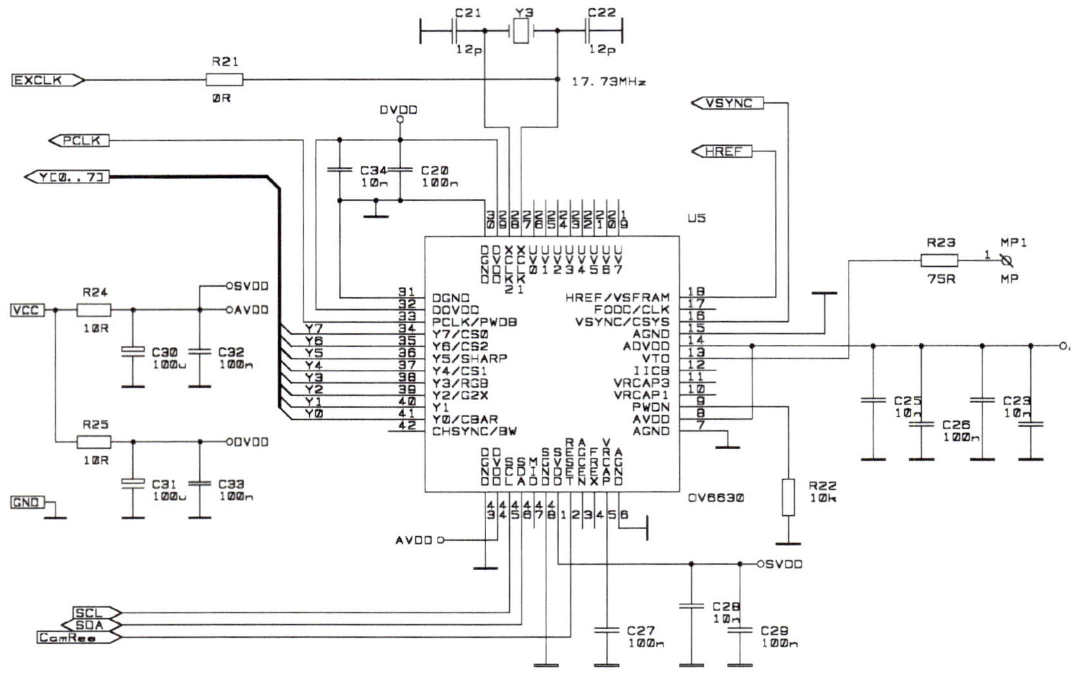

Bild 7.21 Außenbeschaltung des CMOS-Kamera-Sensors OV6630 der Firma Omnivision

Der wesentlichste Vorteil von CMOS-Sensoren ist die rein digitale Schnittstelle zur Auswerteelektronik. Da der Sensor über einen eingebauten Farbfilter, eine Bayer-Matrix, vor den Fotoelementen verfügt, ist die Gewinnung von Farbfotos möglich. Dazu lassen sich die Bilddaten in unterschiedlichen Formaten, z. B. RGB oder YUV, und unterschiedlichen Busbreiten, 8 bzw. 16 Bit, ausgeben.

Der Bildsensor ist mit den Signalen Y0 bis Y7 an die MCU angekoppelt. Da der Sensor über keinen internen Bildspeicher verfügt, werden die Bilddaten mit dem Pixel-Takt (PCLK) auf den 8-Bit-Bus gelegt. In der verwendeten MCU werkelt eine CISC-CPU vom Typ M16C26 der Firma Renesas. Der eingesetzte Baustein verfügt über DMA-Kanäle, d. h., die mit dem Pixel-Takt vom Bildsensor ausgegebenen Daten können ohne CPU-Belastung in den Speicher des ICs transportiert werden.

Die Gesamtschaltung der Steuerung zeigt Bild 7.22. Neben der Stromversorgung sind nur noch Signal-LEDs und einige Konfigurationsleitungen nötig. Etwas ungewöhnlich ist die Taktfrequenz von 18.432 MHz. Aus dieser Frequenz lassen sich durch ganzzahlige Teiler hohe zulässige Baudraten für die serielle Datenübertragung gewinnen. Dies ist in diesem Fall für die Telemetrie unumgänglich.

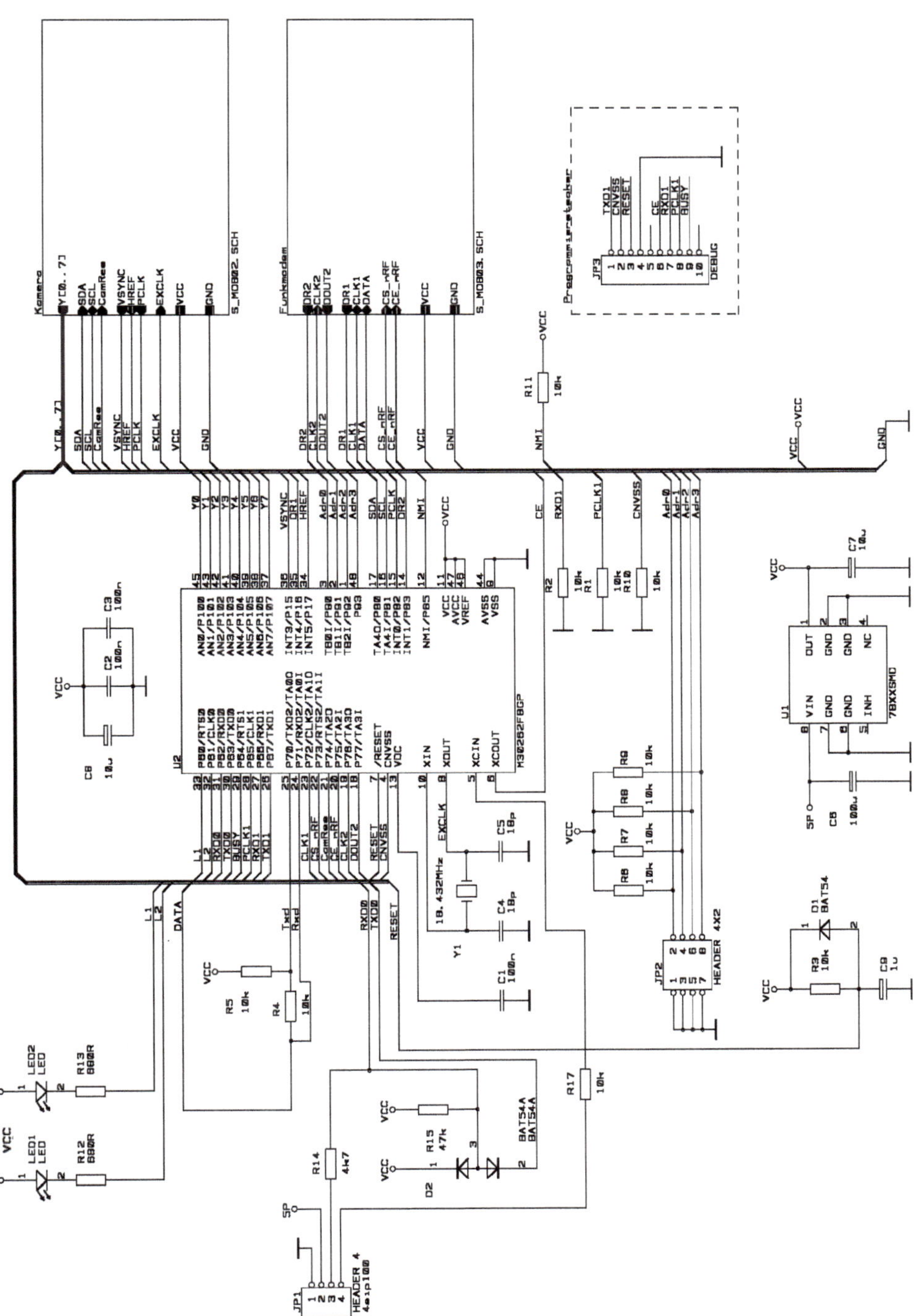

Bild 7.22 Steuer-MCU des Robo Eye mit externer Beschaltung

Auch für Funkübertragungen wurden immer preiswertere Bausteine verfügbar. Die Telemetrie basiert auf dem 2.4-GHz-Transceiver NRF2401 (Bild 7.23).

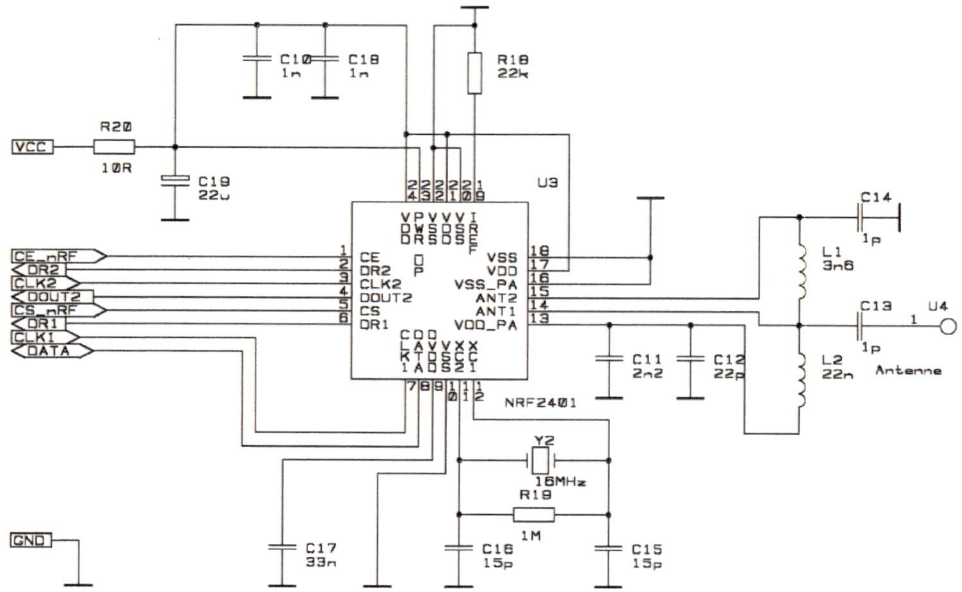

Bild 7.23 Telemetrieeinheit mit NRF2401 der Firma Nordic Semiconductor

Leiterplattendesign im Bereich einiger GHz ist normalerweise etwas für Experten. Ohne besonderen fachlichen Hintergrund sollte man sich nicht in diese Bereiche vorwagen. Im konkreten Fall vereinfacht sich das PCB-Layout durch die Nutzung eines Referenzdesigns der Firma Nordic Semiconductor und die Tatsache, dass sämtliche relevanten HF-Schaltungseinheiten im Chip integriert sind. Damit wird vom Referenzdesign nur die Antennenankopplung übernommen. Das macht man natürlich storchschnabelgenau.

7.5.3 Bildübertragung mit dem Robo Eye

Damit sind die erforderlichen Hardwarekomponenten für eine Low-cost-Bildübertragung auf der Sensorseite geklärt. Auf der Empfangsseite kommt ein USB-Interface zum Zuge. Mit einem USB-Seriell-Wandler werden die Funkdaten vom NRF2401 direkt an den FT232BM weitergeleitet. Die Besonderheit dieses Vorgehens erlaubt den Einsatz einer sehr preiswerten MCU zur Kontrolle des Datenstroms zwischen Funkmodem und dem COM-Port des PC. Mit den Gattern U3D, U4A und U4B wird der Datenstrom zwischen Bildsensor und PC durch die 8-Bit-MCU PIC16F627 koordiniert. Bei einer Datenrate von 921 600 Baud zwischen Kamerasensor und PC-COM-Port wäre sonst der Steuercontroller PIC16F627 völlig überfordert (Bild 7.24).

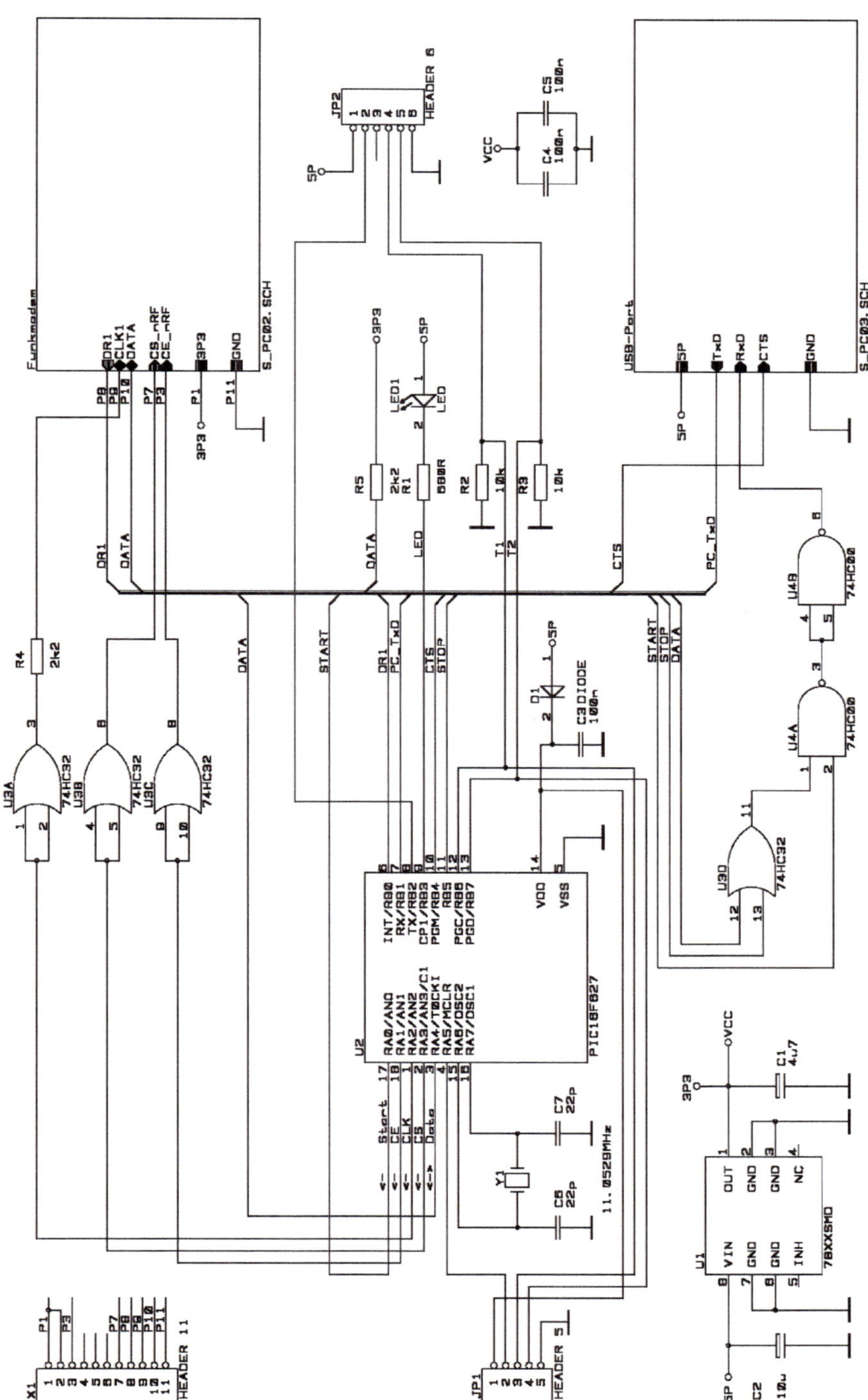

Bild 7.24 PC-Ankopplung des Kamerasensors zum Einlesen der Telemetrie mit 921 000 Bd

Das Sensorsystem Robo Eye erlaubt die Bildübertragung zwischen dem Kamerasensor und der PC-Einheit. Infolge der Limitierung der Kanalkapazität ist eine Videoübertragung, selbst mit kleiner Bildwiederholrate, nicht möglich. Hauptsächlich ist dies dem zu kleinen Speicherausbau der MCU auf dem Bildsensor zuzuschreiben.

Der verfügbare Speicher hätte nur die Speicherung winziger Bildchen in Form eines Schnappschusses erlaubt. Als Kompromiss werden Standbilder durch bildweises Fortschreiben der jeweils übertragenen Bildzeilen übermittelt. Zur besseren Vorstellung kann man sich überlegen, dass im ersten Frame ein kleiner Bildausschnitt per Funk zum PC gesendet wird, beim nächsten Frame wird der Bildausschnitt verschoben und eine neue Funkübertragung initiiert. In Bild 7.25 zeigt der Screenshot rechts unten die Folgen, wenn die Szenerie geändert wird.

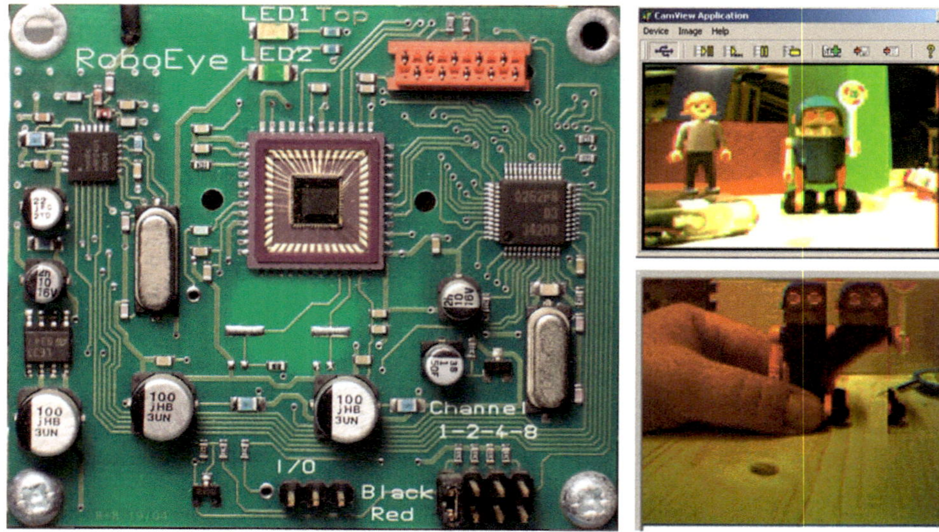

Bild 7.25 Leiterplatte des Bildsensors mit CMOS-Kamera-Chip, MCU M16C26 (oben rechts) und der Telemetrieeinheit mit dem NRF2401

Trotz der vergleichbar hohen Komplexität des Gesamtsystems wirkt die Leiterplatte des Bildsensors aufgeräumt (Bild 7.25). Im Zentrum befindet sich der CMOS-Bildgeber. Die aktive Sensorfläche liegt seitlich verschoben, bezogen auf die geometrische Mitte des Gehäuses. Das Objektiv ist zur besseren Sichtbarkeit der Elektronik entfernt worden.

Bei der Auswahl geeigneter Linsenanordnungen spielt neben den optischen Anforderungen und dem Preis auch die Frage des Infrarotfilters eine wesentliche Rolle. Anfangs wurde dieser Eigenschaft keine Bedeutung zugemessen. Während der Sensorerprobung blieb deswegen die Bildqualität zunächst weit hinter den Erwartungen zurück. Der Bildeindruck war unscharf und „matschig". Erst beim Test von Farbfiltern zur besseren Objektdetektion wurde das Bild schlagartig besser.

Die sich daraus ergebende Erklärung war dementsprechend simpel, infrarotes Licht erzeugt Bildunschärfen, die durch das menschliche Auge nicht erkannt werden, vom Sensor aber als Intensitäten registriert und damit zur Ursache der unerklärlichen Bildfehler wurden.[15]

7.5.4 Objektdetektion in Echtzeit auf einer 16-Bit-MCU

Die Verfügbarkeit von CMOS-Bildsensoren und die Rechenleistung schneller Mikrocontroller lassen auch Experimente zur Bildverarbeitung mit Mikrocontrollern in erreichbare Nähe rücken. An der Fakultät für Informatik und Automatisierung der TU Ilmenau ist unter Leitung von Prof. Wernstedt am Institut für Automatisierungs- und Systemtechnik für diesen Einsatz das Robotersystem MauSI entstanden. Dem allgemeinen Abkürzungswahn folgend, steht MauSI für „Mobiles autonomes System variabler Intelligenz" [59]. Ziel dieser Entwicklung war unter anderem auch der Entwurf geeigneter Objekterkennungsverfahren. Geeignet heißt auf den Roboter bezogen, die Algorithmen müssen mit extrem limitierten Ressourcen auskommen. Bekanntermaßen sind jedoch Bildverarbeitung bzw. Mustererkennung rechenintensive Prozesse. Hier einen Mikrocontroller einzusetzen, erscheint durchaus kühn. Unter bestimmten Vereinfachungen lässt sich jedoch zeigen, dass auch ein Mikrocontroller einfache Muster detektieren und daraus Werte bezüglich Abstand und Bewegungsrichtung gewinnen kann. Das Kamerasystem vom MauSI bildet die Grundlage des Robo Eye-Sensors. Anhand eines Beispiels wird die Funktionsweise erläutert. Ziel ist es, die Position eines Tischtennisballs in einem realen Szenario zu ermitteln (Bild 7.26). Damit „reduziert" sich der notwendige Rechenaufwand auf die Suche nach dem größten zusammenhängenden Objekt in einer zweidimensionalen Punktematrix. Um mit einfachen binären Operationen bei dieser Suche auszukommen, ist das Kamerabild in eine Schwarz-Weiß-Aufnahme zu überführen. Anschließend müssen die Grauwerte dieses Bildes in ein Binärbild umgerechnet werden.

Für die vereinfachte Objektsuche werden einige Randbedingungen festgeschrieben. Das potenzielle Ziel ist als eine einheitliche „Zielfläche" innerhalb des Grauwertbilds anzusehen. Zur Zielerkennung wird eine Minimalgröße des Zielobjekts festgelegt.

[15] Mit einem Filter aus einem Stück schwarzem Diafilm kann man einen IR-Sensor aus dem Robo Eye machen.

Bild 7.26 Typisches Szenario zur Objektsuche – der Tischtennisball ist das Ziel.

Trotz aller Vereinfachung im Suchverfahren sollen starke Helligkeitsunterschiede nicht zur Trennung von Objekt und Hintergrund verwendet werden, damit wird die Separierung der Objekte im realen Bild problematischer.

Die Objektsuche wird deswegen zu einer Klassifikation von Objekt und Nichtobjekt auf Pixelebene ausgeweitet. Dazu wird das Bild in Form von Perzepten unterteilt [60]. Infolge der Zusammenfassung bedeutungsvoller Einheiten, d. h., Pixelbereiche, deren Zusammenhang Objekten entspricht, werden diese durch Segmentierung voneinander separiert.

Aus der Sicht der Maschine ist dies die Klassifikation von „Objektpixel" und „Nichtobjektpixel". Zur Lösung dieser Aufgabenstellung muss ein geeignetes Segmentierungsverfahren gefunden werden. Das einfachste Verfahren hierzu wäre die Definition eines Schwellwerts zur Trennung unterschiedlicher Grauwerte von Zielobjekt und Hintergrund.

Zuverlässig funktioniert dieses Verfahren jedoch nur bei vorhandenen und genau bekannten Helligkeitsunterschieden zwischen Ziel und Hintergrund.

In realen Bildszenarien sind diese Randbedingungen, d. h. bekannte Helligkeitsunterschiede und fester Schwellwert, in aller Regel die Ausnahme. In Bild 7.27 wird das reale Grauwertbild der Kamera durch einen festen Schwellwert (Pfeil ↑) in das Binärbild (links unten) umgerechnet. Das eigentliche Zielobjekt, der Tischtennisball, ist nach dieser Umrechnung nicht mehr so ohne Weiteres als größtes zusammenhängendes Objekt detektierbar.

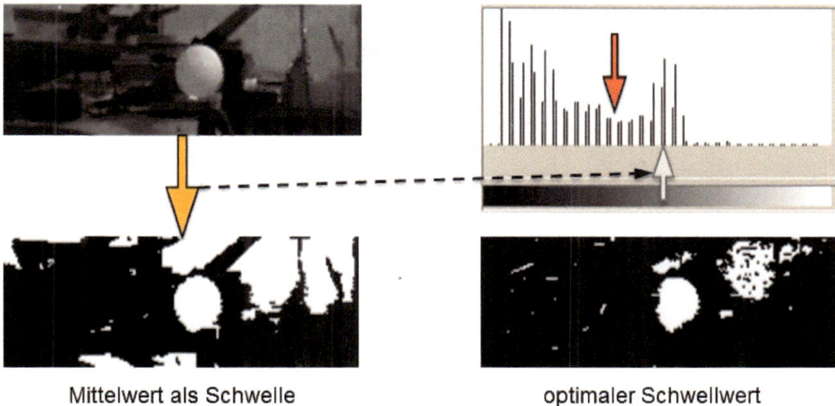

Bild 7.27 Unterschiedliche Bildsegmentierung mittels „Mittelwert“ und „optimaler Schwellwerte“ als Operator zur Überführung von Grau- in Binärbild

Die Histogrammanalyse des Ausgangsbilds zeigt jedoch ein charakteristisches Minimum (Pfeil ↓). Dieser Wert ist abweichend von der festen Schwelle der ersten Bildumrechnung. Ersetzt man den Festwert durch dieses lokale Minimum im Histogramm bei der Binärbildberechnung, so bleibt das Objekt „Tischtennisball“ als größter zusammenhängender Bildbereich für das Ziel übrig. Damit stellt sich die Frage, wie dieser Wert mittels eines Algorithmus gefunden werden kann.[16]

Zu diesem Zweck wird das Bild als eine Matrix mit der Ausdehnung **M × N** Bildpunkte angesehen. Das gesuchte Zielobjekt **O** sei durch Intensitätsunterschiede vom Hintergrund **H** hervorgehoben. Die Auftrittswahrscheinlichkeiten der Intensitäten der Bildpunkte von **H** und **O** seien normalverteilt. Für die Verteilungsfunktion **P** der Intensitätswerte ***i*** gilt:

$$P_\vartheta(i) = \frac{1}{\sqrt{2\pi\sigma\vartheta}} e^{-\frac{(i-\mu_\vartheta)^2}{2\sigma\vartheta^2}} \tag{7.1}$$

Dabei sind $\vartheta \in \{O,H\}$, μ_ϑ - Mittelwert und σ_ϑ - Streuung. Die Intensitätsverteilung lässt sich mit der Bedingung aus Formel 7.2 zu Formel 7.3 zusammenfassen.

$$\frac{p_O + p_H}{M \cdot N} = 1 \text{ mit } p_O - \text{Anzahl der Pixel in } P(O), p_H - \text{Pixel in } P(H) \tag{7.2}$$

$$p(i) = \frac{p_O \cdot P_O(i) + p_H \cdot P_H(i)}{M \cdot N} \tag{7.3}$$

[16] Jetzt geht es los mit der leidigen Mathematik. Bislang vermied ich exzessive theoretisch-mathematische Orgien, hauptsächlich deswegen, da umfangreiche bzw. komplexe Algorithmen sich recht schwer auf MCUs abbilden lassen. Doch hin und wieder muss man über seinen eigenen Schatten springen, deswegen: Let’s go!

Nun stellt sich allerdings die Frage, was man mit dieser Formelsammlung anfängt. Dazu wird Formel 7.3 zur Beschreibung der Intensitätsverteilung grafisch dargestellt. Bild 7.28 zeigt das Ergebnis.

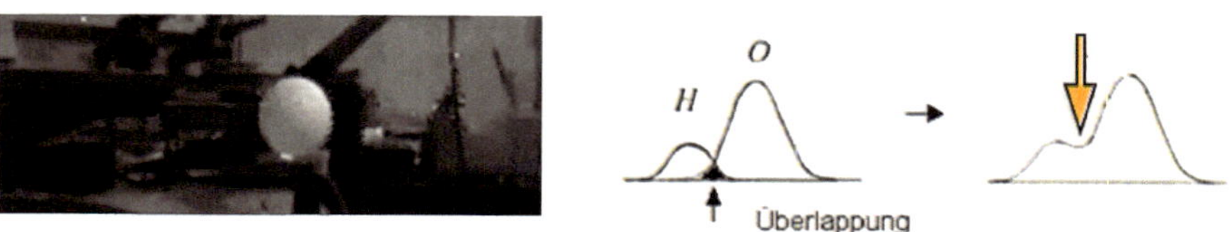

Bild 7.28 Grafische Darstellung der Intensitätsverteilung der Pixelwerte im Graubild

Entsprechend der Annahme einer Normalverteilung der Pixelwerte für Objekt und Hintergrund ist es offensichtlich, dass Pixelwerte (Intensitätswerte) des Objektsegments auch im Hintergrundsegment auftreten werden, d. h., die Verteilungsfunktionen überlappen sich.

Dieser Überlappungsbereich wird als Segmentierungsfehler bezeichnet. Gäbe es keine Überlappung, wäre die Trennung von **O** und **H** trivial. Die beste Trennung zwischen den Segmenten erfolgt im Minimum des Überlappungsbereichs. Dieses Minimum bildet damit den optimalen Schwellwert. Zur Berechnung des Segmentierungsfehlers **E** werden in Formel 7.3 die Verteilungen nach Formel 7.1 eingesetzt.

$$E(S) = \frac{p_O \cdot E_O(S) + p_H \cdot E_H(S)}{M \cdot N} \tag{7.4}$$

Im letzten Schritt wird der benötigte Schwellwert ***S*** aus Formel 7.4 durch Umstellen und Ableiten nach ***S*** ermittelt.

$$S = \frac{\mu_O + \mu_H}{2} - \frac{\sigma_O \cdot \sigma_H}{\mu_O - \mu_H} \cdot ln\left(\frac{P_O}{P_H}\right) \rightarrow \text{Optimierung } S = \frac{\mu_O + \mu_H}{2} \tag{7.5}$$

Mit der allseits bekannten Methode des scharfen Hinsehens wird das Ergebnis dieser Rechenakrobatik analysiert. Der erste Term ist relativ leicht zu erklären. Der optimale Schwellwert wird natürlich durch die Mittelwerte der Intensitäten von Objekt und Hintergrund beeinflusst. Anhand der Varianz der Werte der jeweiligen Entität **O** bzw. **H** wird dieser Schwellwert verschoben. Entweder wird er kleiner, $\mathbf{ln}(P_O/P_H) > 0$, größer, $\mathbf{ln}(P_O/P_H) < 0$, oder bleibt unbeeinflusst, $\mathbf{ln}(P_O/P_H) = 0$. Die Berechnung der Varianz σ ist in jedem Fall aufwendig und streng genommen von der Kenntnis des Schwellwerts abhängig. Ohne die Kenntnis von ***S*** ist keine Berechnung der Mittelwerte und Varianzen möglich.

Rein rechentechnisch wäre hier das Ende der Objektsegmentierung erreicht. Wenn man aber eine Schätzung zum Schwellwert hätte, dann könnte man Mittelwerte und Varianzen berechnen und den Schätzwert für ***S*** iterativ verbessern.

In den Varianzen wie $\sigma_0$steckt die Abweichung der Pixelwerte innerhalb des Objekts. Gäbe es ein Objekt mit geringer Abweichung, wird die Varianz sehr klein.

Beim gesuchten Objekt handelt es sich um einen Ball. In der Projektion auf dem Sensorchip wird aus dem 3D-Objekt ein 2D-Array – eine Kreisfläche. Die Intensitätsabweichungen innerhalb dieser Kreisfläche werden nahezu null, wenn der Tischtennisball als Lambert'scher Strahler ausgeführt wird. Ein solcher Strahler zeichnet sich durch gleichmäßige Leuchtdichte aus allen Betrachtungsperspektiven aus. Der Tischtennisball reflektiert durch seine matte Oberfläche das auftreffende Licht nahezu gleichmäßig nach allen Richtungen. Um diese Eigenschaft zu verstärken, wird der Ball eingefärbt und das passende Farbfilter vor die Kameralinse gesetzt. Die Varianz σ_0 geht gegen Null, und der zweite Term von Formel 7.5 entfällt. Jetzt muss nur noch eine Variable aus zwei Unbekannten mit einer Gleichung berechnet werden.[17]

Dazu benötigt man Schätzwerte für die mittlere Bildhelligkeit von Objekt und Hintergrund. Entsprechend der Randbedingung muss das Objekt wenigstens stellenweise heller als der Hintergrund sein. Deswegen wird zuerst der Mittelwert

$$\mu_{all} = \sum_{i=0}^{N \cdot M} P_i \,/\, (N \cdot M)$$

über ein gesamtes Kamerabild berechnet. Dies erfolgt on the fly, d. h. ohne vorherige Zwischenspeicherung der Bilddaten. Gleichzeitig wird der Maximalwert der Bildhelligkeit gespeichert. Aus diesen beiden Zahlen wird der optimale Schwellwert als Schätzung berechnet. Dieser Ansatz scheint auf den ersten Blick recht unpräzise zu sein. Indes, zur Erinnerung, der Hintergrund ist dunkler als das Objekt. Selbst wenn der Maximalwert nicht von einem Objektpixel stammt, der Schwellwert liegt in jedem Falle zwischen μ_{all} und μ_{max}.

Danach wird zeilenweise weitergerechnet (siehe Bild 7.29). Die laufend von der Kamera gelieferten Bilddaten weisen eine sehr hohe Korrelation bezüglich der Bildinhalte auf.

[17] Sind Sie bis hierher mitgekommen? Ja, war doch gar nicht so schwer, nicht wahr? Was ich mit diesen wenigen Gleichungen und Formeln zusammengefasst habe, hat mich mehrere Monate intensiver Überlegungen gekostet. Deswegen ist es mir immer ein besonderes Vergnügen, die Herleitung und die Konsequenzen in der Vorlesung meinen Studenten zu erläutern.

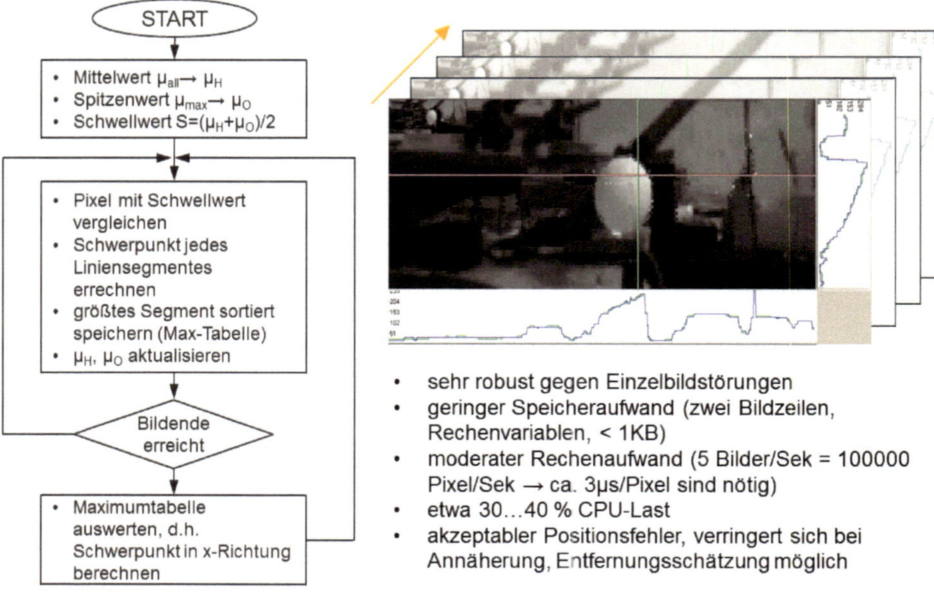

Bild 7.29 Objektsegmentierung mittels optimaler Schwellwertberechnung

Zur Objekterkennung werden zusammenhängende Pixel innerhalb einer Zeile gesucht. Zusammenhängend bedeutet, aufeinanderfolgende Pixelwerte oberhalb des Schwellwerts werden als objektzugehörig definiert. Vom jeweils größten Zeilenabschnitt wird der Schwerpunkt berechnet und zusammen mit der Anzahl der vermeintlichen Objektpixel in einer Liste gespeichert. Das Vorgehen illustriert Bild 7.30.

```
wPixPos = bPixNumber = 0;
for(i = 0; i < 18; i++){           /* Zeile durchsuchen*/
    if(bPixel){                    /* Objektpixel erkannt */
        wPixPos += i;              /* Pixelpositionen aufsummieren */
        bPixNumber++;              /* Anzahl der summierten Pixel */
        }
    else{
        if(wPixPos > 0){           /* Schwerpunkt errechnen (110/11 = 10) */
            bPoint = wPixPos/bPixNumber;
            wPixPos = bPixNumber = 0;
            }
        }
    }
```

0	1	2	3	4	5	6	7	8	9	10	11	12	13	14	15	15	17
					#	#	#	#	#	#	#	#	#	#	#		

Bild 7.30 Zeilenweise Schwerpunktbestimmung detektierter Objektsegmente

Die detektierten Objektelemente werden der Größe nach in eine Liste einsortiert. Nach dem Durchlauf des gesamten Bilds werden die größten Elemente, d.h. diejenigen mit den meisten gesetzten Pixeln pro Zeile, weiter untersucht. Im einfachsten Fall wird der Mittelwert der gefundenen Schwerpunkte gebildet.

Das Resultat der Berechnungen zeigt Bild 7.31. Trotz des einfachen Verfahrens wird die X-Position des Tischtennisballs recht genau lokalisiert. Die senkrechte Linie ist von der Objekterkennung vor der Bildübertragung eingezeichnet worden. Das Verfahren ist äußerst robust gegen Störungen, neigt aber dazu, kleine Objekte mit großen Helligkeitswerten fälschlich zu lokalisieren. In der Praxis wird ein relativ weit entferntes Objekt, d. h. wenig zusammenhängende Pixel pro Zeile, gern mit einer hellen Bildstörung verwechselt.

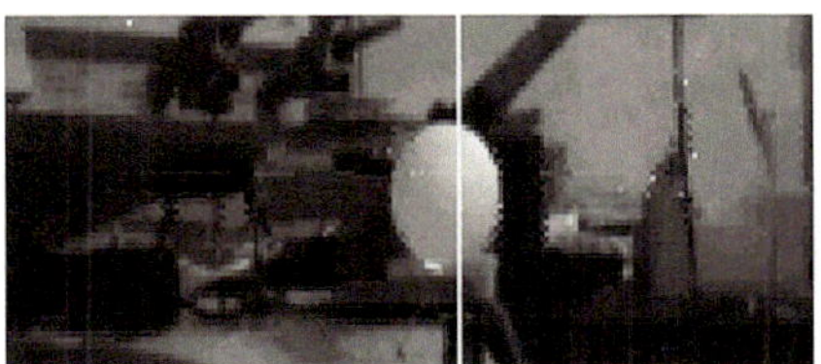
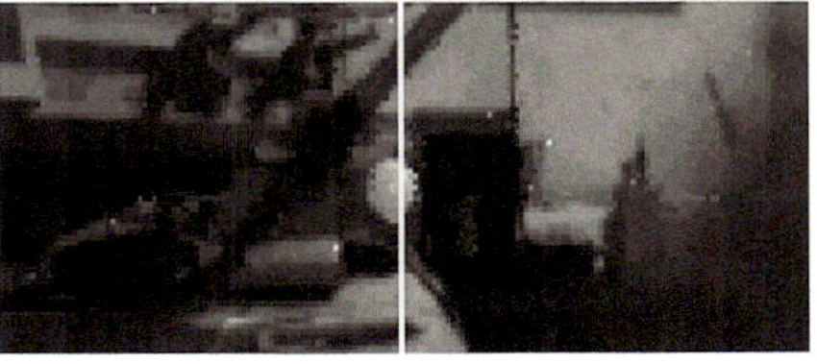

Bild 7.31 Bestimmung der X-Koordinate bei der Objektsuche mittels eines optimalen Schwellwerts

7.5.5 Bilddatenkompression mittels BTC

In Bild 7.24 wird der wesentlichste Schwachpunkt, die ausschließliche Übertragung von „unbeweglichen" Standbildern, sichtbar. Genau wenn sich die Szenerie ändert, aber der Bildscan noch nicht komplett abgeschlossen ist, entstehen unerwünschte Bildartefakte. Mit einem Zwischenspeicher, in dem das Gesamtbild vor der Übertragung „geparkt" wird, ließe sich dieser Übelstand sofort beheben. Für ein Grauwertbild mit einer Auflösung von 320 × 240 Pixel werden dafür 76 800 Byte erforderlich. Dieses Speichervolumen ist auch für moderne MCUs nicht immer gegeben. Eine Datenkompression würde das Problem des Speichermangels erheblich entschärfen.

Indes, das Standardverfahren, die JPEG-Kompression, ist jedoch keinesfalls einfach. Ohne an dieser Stelle in die Tiefe zu gehen, erfordert eine qualitativ hochwertige JPEG-Komprimierung einen erheblichen Rechenaufwand. Da innerhalb einer JPEG-Datei neben den eigentlichen Bilddaten weitere Informationen gespeichert werden, wie z. B. die Huffman-Koeffizienten, ist das Kompressionsergebnis bei kleinen Bildabmessungen nicht in jedem Fall optimal. Hinzu kommt die Tatsache, dass der Kompressionsfaktor vom Bildinhalt abhängt.

Bild 7.32 zeigt links das Ausgangsbild in einer Auflösung von 160 × 120 Bildpunkten. Unkomprimiert würde das Bild 19 200 Byte Speicherplatz benötigen. In der Mitte von Bild 7.32 ist die ursprüngliche Darstellung in einer 50-prozentigen Qualitätsstufe zu sehen, die Dateigröße verringert sich auf 2879 Byte. Ganz rechts ist ein einfacher Graukeil dargestellt, diese Darstellung erfordert in der 50 %-Stufe lediglich 954 Byte Speicherplatz.

Bild 7.32 JPEG-Bilder mit unterschiedlichen Kompressionsfaktoren und Bildinhalten

Die Variation der Kompressionsrate hängt mit dem Prinzip des JPEG-Verfahrens zusammen. Für die meisten Anwendungen ist dieses Verhalten völlig unrelevant. Anders stellt sich dies in bestimmten Anwendungen dar, bei denen z. B. das komprimierte Bild über einen Übertragungskanal weitergeleitet werden muss. Spielen Echtzeit-Kriterien keine Rolle, dauert die Übertragung der Bilddaten einfach unterschiedlich lang. Für einige Einsatzfälle sind unterschiedliche Kanalauslastungen jedoch untragbar.

Die Frage nach einer Bildkompression, die sowohl relativ geringe Ansprüche an die Rechenleistung und den Speicherbedarf des Systems stellt als auch eine konstante Kompressionsrate aufweist, wird akut. Eine verlustlose Datenkompression ist nicht zwingend nötig, völlig ohne Verluste arbeitet auch der JPEG-Algorithmus nicht. Im Falle von Grauwertbildern ist das Block Truncation Coding-(BTC-)Verfahren das Mittel der Wahl. Vorgestellt wurde diese Methode bereits 1979 in [61].

Der prominenteste mir bekannte Nutzer des BTC-Verfahrens sollte der Marsroboter Sojourner sein, der im Jahre 1997 als erstes autonomes mobiles System die Oberfläche des Planeten Mars erkundete (Bild 7.33).[18]

Bild 7.33 Mars-Rover Sojourner: Einige Kameras des Rovers nutzen zur Bildkompression das BTC-Verfahren (Foto mit freundlicher Genehmigung von Bert Ulrich, NASA).

[18] Etwa 2002 war ich während meiner Promotion auf der Suche nach einem einfachen Verfahren zur Bilddatenkomprimierung und stieß bei meinen Recherchen auf die Originalquelle [61]. Hätte ich seinerzeit den „prominenten" Mitnutzer gekannt, wäre sicherlich manche interne Diskussion zu Pro und Contra meiner Wahl einfacher gewesen.

Das Verfahren als solches ist einfach und effizient. Die Bildmatrix des Grauwertbilds wird in Blöcke der Größe N × M Pixel zerlegt. Sinnvollerweise sollte die Blockgröße ein ganzzahliger nichtüberlappender Bruchteil des Gesamtbilds sein.

Das Verfahren nutzt die oft gegebene hohe Korrelation der Intensitäten benachbarter Bildpunkte aus. Unter dieser Voraussetzung wird innerhalb eines Bildblocks zunächst der Mittelwert der Helligkeit im Block berechnet.

$$\mu_{\text{Block}} = \frac{1}{N \cdot M} \sum_{i=0}^{N-1} \sum_{j=0}^{M-1} I_{i,j} \left(I_{i,j} - \text{Graustufen der Pixel} \right) \tag{7.6}$$

Im nächsten Schritt wird die Standardabweichung der Pixelwerte des Blocks ermittelt.

$$\sigma_{\text{Block}} = \sqrt{\frac{1}{N \cdot M} \sum_{i=0}^{N-1} \sum_{j=0}^{M-1} \left(I_{i,j} - \mu \right)^2} \tag{7.7}$$

Mit dem Mittelwert μ_{Block} erfolgt die binäre Klassifizierung der Grauwerte. Alle Intensitäten größer μ_{Block} werden als gesetzter Bildpunkt, andernfalls als nichtgesetzter Bildpunkt interpretiert. Das Speichervolumen ist drastisch von 8 Bit auf 1 Bit pro Pixel reduziert worden.

$$B_{i,j} = \left\{ \frac{1f\ r\, I_{i,j} > \propto_{\text{Block}}}{0} \right. \tag{7.8}$$

Eine ausschließlich binäre Umformung hätte allerdings erhebliche Informationsverluste zur Folge. In einem weiteren Schritt werden deswegen zwei gewichtete Graustufen (a, b) für jeden Bildblock ermittelt. Die Wichtung ist abhängig von der Varianz innerhalb des Blocks und der flächenmäßigen Verteilung der Pixelwerte 0 und 1.

$$a = \mu_{\text{Block}} - \sigma \sqrt{\frac{p}{m-p}}; \; b = \mu_{\text{Block}} + \sigma \sqrt{\frac{m-p}{p}} \tag{7.9}$$

Der Wert p bezeichnet die Anzahl der Pixel heller als der Mittelwert, der Wert m steht für die gesamte Anzahl der Pixel. Für jeden Block werden deswegen neben der Binärmatrix auch die beiden Koeffizienten a und b gespeichert.

Aus einem 8 × 8 Pixel großen Bildblock mit 64 Byte Speicherumfang werden 8 × 1 Byte Binärmatrix plus zwei Byte Koeffizienten. Die Kompressionsrate beträgt dabei konstant 6,4 : 1, und zwar unabhängig vom tatsächlichen Bildinhalt.

Zur Dekomprimierung wird dann anhand der Binärmatrix den gesetzten bzw. gelöschten Bildpunkten der Koeffizient a bzw. b zugewiesen. Die originale Bildinformation wird damit zwar nicht vollständig, aber durchaus näherungsweise rekonstruiert.

Wie bereits erwähnt, ist der rechentechnische Aufwand zur Datenkompression bedeutend geringer als beim JPEG-Algorithmus. Kalkulationen in der Komplexität einer DCT (discrete cosinus transformation) oder des Huffman-Algorithmus werden nicht gebraucht. Der mathematisch anspruchsvollste Teil des BTC-Verfahrens liegt in der Berechnung der Standardabweichung. Dabei ist weniger die zugrunde liegende Mathematik das Problem, sondern die damit verbundene Rechenzeit. Wurzeln aus der Summe diverser Quadratfunktionen erfordern relativ viel Rechenpower. Eine Möglichkeit, von der man in eingebetteten Systemen immer Gebrauch machen sollte, ist die Verwendung von Ganzzahlen (Integerwerte) anstelle der Berechnung von Gleitkomma-Operationen. Integerwerte können fast immer ohne mathematische Bibliothek vom Operationswerk der CPU durch Assemblerbefehle behandelt werden. Je nach Anzahl der das Bild unterteilenden Bildblöcke wird aber auch in diesem Fall die Summe der notwendigen Rechenschritte sehr groß, die Suche nach einer weiteren Vereinfachung ist anzustreben. Mathematische Vereinfachungen sind immer wieder Kern der Algorithmen eingebetteter Systeme, ja man kann mit Fug und Recht behaupten, dass die Performance dieser Anwendungen auf der Formulierung geeigneter Näherungsverfahren beruht.[19]

$$\sigma_{\text{Block}} = \frac{\frac{1}{6}\sum Max_6 - \frac{1}{6}\sum Min_6}{2} \tag{7.10}$$

Die vorangehend aufgeführte Faustformel zur Abschätzung der Standardabweichung ist ein erster Schritt in diese Richtung. Von einer Stichprobe werden die gemittelten Summen der sechs größten und der sechs kleinsten Werte voneinander subtrahiert und durch zwei geteilt. Quadrate und Wurzelberechnungen entfallen. Die Stichprobe muss nur noch der Größe nach sortiert werden.

Das scheint soweit ganz o.k., dennoch sollte man vielleicht noch einen weiteren Schritt überdenken. In einem Experiment wird ein 4 × 4-Block mit 16 Werten, jeweils 8 × 40 und 8 × 20, aufgefüllt. In einem zweiten und dritten Block stehen ebenfalls ausgewählte Datensätze. Dafür werden nun jeweils Mittelwert und Standardabweichung errechnet und darauf basierend die Koeffizienten a und b für die Dekomprimierung ermittelt.

Bild 7.34 zeigt die Ergebnisse dieser Berechnungen. Nun kann man, ausgehend vom Parametersatz aus dem Block ganz links in Bild 7.34, folgende Überlegung anstellen: Die Standardabweichung innerhalb eines Blocks ist laut Formel 7.7 eng an den Mittelwert der Intensitäten innerhalb des Blocks gebunden. Stellt sich die Frage, ob man diesen Mittelwert als Schätzung für die Koeffizienten A und B nutzen kann.

[19] In der Kurzfassung: „Mach es einfach, aber nicht primitiv!"

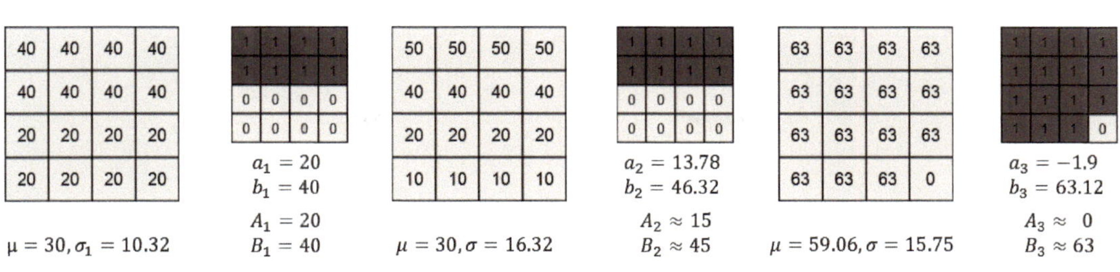

Bild 7.34 Genaue Berechnung der Koeffizienten *a* und *b*, Bestimmung charakteristischer Testfälle und Gegenüberstellung mit Schätzwerten A und B

In den Testfällen ist die Abweichung zwischen dem exakten Wert und der Schätzung innerhalb eines Digits der Integer-Berechnungen. Für eine sowieso verlustbehaftete Komprimierung wäre dies akzeptabel. Nun sind aber Beispielrechnungen kein mathematischer Beweis. Hier muss man noch einmal genauer hinschauen.

Die Intensitäten werden mit einer Auflösung von 8 Bit gespeichert. Tatsächlich kann das menschliche Auge maximal 64 Graustufen unterscheiden. Damit limitiert sich die Auflösung auf 6 Bit. Infolge der starken Beschränkung der Intensitätswerte kann auch die Varianz der Pixelwerte innerhalb eines Blocks bestimmte Grenzen nicht überschreiten. Im Resultat dieser Limitierungen ist der Mittelwert der beiden Pixelgruppen als Koeffizient zur Dekomprimierung sehr gut geeignet. Die Berechnung der Werte für A und B erfolgt nun nach Formel 7.11.

$$A=\frac{\sum I_a}{N_a};B=\frac{\sum I_b}{N_b} \text{ mit } I_{a,b} - \text{Pixelwerte und } N_{a,b} - \text{Pixelanzahl} \qquad (7.11)$$

Aus den aufwendigen mathematischen Berechnungen sind nun einfache Additionen und vergleichsweise einfache Divisionen geworden. Um auch an dieser Stelle weiter zu optimieren, empfiehlt sich, die Einteilung der Blöcke im Ausgangsbild als Vielfache von 2^N anzusetzen. Einige der Divisionen werden dann zu Schiebeoperationen. Schiebebefehle sind als Assembler-Kommandos verfügbar. Eine Division durch 2 wird dann zu Bit-Shift um eine Position nach rechts.[20]

Nach diesen umfangreichen Vorüberlegungen soll nun die Praxis entscheiden, ob die Schätzwerte zur Berechnung der Koeffizienten A und B ein akzeptables Ergebnis liefern.

Die umfangreiche Darstellung der Verfahren zur Objekterkennung und Bildkompression wurde hauptsächlich wegen ihrer vergleichbar einfachen Strukturen erläutert. Sehr gern wird in der Anwendung eingebetteter Systeme auf Standardanwendungen aus der Informatik im Bereich der PCs zurückgegriffen.

[20] Die absolut nicht auf 2^N zurückführbaren Divisionen werden geschickt normiert. Gleitkomma-Operationen sind auf das absolut unumgängliche Minimum zu beschränken. In einem Laborversuch lasse ich meine Studenten gern die Operation fTest = fTest+63.0* 256.0/8192.0-fTest; mit fTest = 1; eine Millionen Mal ausführen. Das Ergebnis verblüfft.

Bild 7.35 Datenkompression mit dem optimierten BTC-Verfahren (ganz links das Originalbild, in der Mitte in komprimierter Darstellung): Die Bildartefakte in fotorealistischen Szenarien sind noch tolerierbar, bei Grafiken zum Teil stark bildverfälschend.

War dies vor einigen Jahren wegen der schwachen Rechenleistung oft mit vielen Kompromissen verbunden, ist dies bei modernen 32-Bit-CPUs vielfach nicht mehr der Fall. Das grundsätzliche Dilemma der Nichtvergleichbarkeit von MCUs und PC-Technologie wird dabei ignoriert. Für den Einsatz von MCUs spricht im Normalfall ja gerade ihre besondere Flexibilität und Anpassbarkeit, sowohl in der Hard- als auch in der Software. Versucht man nun, besonders bei Softwarepaketen, diese Flexibilität durch Einsatz vorhandener Komponenten zu beschneiden, leistet man sich oft selbst einen Bärendienst. Gelegentlich hilft dann ein Blick zurück, um für die Zukunft gewappnet zu sein.

7.6 „Wir lassen Intelligenz fliegen" – unbemannte Luftfahrzeuge stellen sich vor

7.6.1 „Trial und Error" – des Ingenieurs schwarze Kunst

Die bisherigen Anwendungen für eingebettete Systeme waren alle sehr bodenständig, wie Steuerungen, Chiffrierungen und Miniaturroboter. Man müsste einen Roboter doch auch einmal fliegen lassen.[21] Gesagt, getan. Mit dem Aufkommen

[21] Zu meiner Schulzeit war die Eroberung des Weltalls eines der zentralen Themen der Populärwissenschaft. Astronauten (USA) und Kosmonauten (UdSSR) waren Helden. Nun, ein Held wollte ich auch sein, aber in einem Raumschiff mit der Außenhaut von der Stärke von drei Lagen Alufolie wollte ich niemals fliegen, nicht einmal auf den Mond. Das ist doch höllisch gefährlich! Ein Raumschiff zu konstruieren, das ist schon eine ganz andere Nummer. Irgendwelche Helden zur Erprobung finden sich immer. Zum Raumschiffkonstrukteur hat es nicht gereicht, deswegen entwickle ich halt unbemannte Flugzeuge.

entsprechend leistungsfähiger und preiswerter Lagesensoren rückt die Stabilisierung des Flugs unbemannter Luftfahrzeuge (unmanned aerial vehicle, UAV) in greifbare Nähe.

Das Mittel der Wahl zur Lagebestimmung waren Beschleunigungs- und Drehratensensoren. Im englischen Sprachraum werden diese als Accelerometer bzw. Gyro bezeichnet. Aus heutiger Sicht waren diese Bauteile zu Anfang der Nullerjahre geradezu grottenschlecht. Die empfindlichsten Accelerometer konnten günstigstenfalls +/−2 g messen, während die Ausgangswerte der Gyros stark drifteten. Trotz aller Schwächen waren es wenigstens Halbleiter und keine Mechaniken oder obskure Fotosensoren[22] (siehe dazu auch „Historischen Anmerkung 8“ im Kasten).

Die ersten mehr oder weniger hemdsärmeligen Versuche zur Lagemessung und Stabilisierung waren nicht sonderlich erfolgreich (siehe Bild 7.36). Die verbaute Sensorik sollte nicht ständig den Flieger stabilisieren, sondern nur im Notfall eingreifen. Zur Bestimmung der Fehlerursache konnte eine kurze Videosequenz des Absturzes analysiert werden.

Bild 7.36 Bruchlandung nach Softwarefehler

Die Bildqualität ist leider sehr dürftig. Drei Standbilder sind in Bild 7.37 zu sehen. Ganz links in Bild 7.37 wird das Flugzeug im Tiefflug von links nach rechts gezeigt. Das Flugzeug steht kurz vor dem völligen Kontrollverlust. Soweit erinnerlich, wurde deswegen der Steuerknüppel in die Neutralposition zurückgeschoben.

[22] Der Ersatz der anfälligen Systeme durch die neuartigen „Supersensoren“ sollte Schwung in das Geschäft mit der Flugstabilisierung bringen. Das erinnert ein wenig an die Zeiten, zu denen jedes neue Diskettenformat eine weitere, bessere und viel umfangreichere „Encyclopedia Britannica“ auf 8", 5¼" sowie 3.5" zu speichern versprach.

Dies ist für den Stabilisator das Zeichen, den Flieger in den Horizontalflug zu bringen. In der Mitte von Bild 7.37 ist jedoch zu erkennen, dass das Flugzeug weiter nach links um die Rollachse kippt. In der dazugehörigen Videosequenz kann man eine leichte Beschleunigung der Rollbewegung ausmachen. Dies entspricht praktisch dem Gegenteil der erforderlichen Korrektur. Nach der Analyse der Steuersoftware und der Untersuchung des nahezu unbeschädigten Bordrechners, wurde der Schluss gezogen, dass ein Vorzeichenfehler in der Berechnung der Horizonterkennung den Absturz maßgeblich beschleunigt hat.

Bild 7.37 Aufschlag nach Fehler in Hard- und Software der Flugstabilisierung

Historische Anmerkung 8

Automatische Flugstabilisierung ist für den Modellfernsteuerpiloten ein lang gehegter Traum. Für die Traumerfüllung sorgt die Industrie - und das kostet Geld. Ob es funktioniert, findet man erst dann heraus, wenn man das Geld bezahlt hat. Lange Zeit fast unbezahlbar, spielten mechanische Kreisel (links in Bild 7.38) die Rolle der Primadonna. Schwierig zu verbauen, empfindlich gegen mechanische Erschütterungen und kritisch in der Einstellung. Doch so ein Ding brauchte der ambitionierte Modellpilot und die Stars der Szene waren unbestritten die Modellhubschrauberpiloten.

Rechts in Bild 7.38 ist ein optischer Horizontalflug-Stabilisator zu sehen. Das rundliche Teil in der unteren rechten Ecke enthält vier Fotowiderstände (LDR). Zwei LDRs blickten nach vorn und hinten, zwei nach rechts und links. Solange die Helligkeiten der gegenüberliegenden LDRs ähnlich waren, flog das Flugzeug horizontal - so die Theorie.

In der Praxis war das Ding völlig unbrauchbar. Die LDRs waren extrem blendempfindlich. Eine unbeabsichtigte kurze Ausrichtung der LDRs zur Sonne und der Absturz infolge Übersteuerung waren die unmittelbare fatale Folge.

Bild 7.38 Sammelsurium mechanischer und elektronischer Lagekreisel aus der Frühzeit der Fluglagestabilisierung

7.6.2 Lagestabilisierung für Dummies

Aus den ersten „schnellen“ Tests ergaben sich deutliche Schwächen der empirischen Lösungsvariante. Infolge Datenmangels konnten nur Vermutungen zur Ursache des Systemversagens getroffen werden. Eine brauchbare Messbasis musste her.

Dazu wurden zwei Varianten optischer Sensoren vermessen. Die Lagewinkelerkennung beruht auf zwei gegenüberliegenden Fotoempfängern. Neigt sich das Flugzeug, z. B. Drehung in der Rollachse, hat einer der Sensoren mehr „Erde“ und der andere Sensor mehr „Himmel“ im Blickfeld. Dies ist in Bild 7.34 oben rechts angedeutet, d. h., das Flugzeug mit dem Sensor sei nach links gekippt.

Die billigste Variante dieser Lageerkennung nutzt dazu zwei Fotowiderstände (LDR) in Brückenschaltung zur Erkennung der Helligkeitsdifferenzen. Mit einem Testaufbau werden dann einfache Experimente gemacht. Es lässt sich jedoch leicht zeigen, dass einfache Intensitätsmessungen nicht zu reproduzierbaren Ergebnissen führen. Im Endeffekt wird damit nur die Unbrauchbarkeit des in den „historischen Anmerkungen“ erwähnten Sensors bestätigt.

Eine Alternative zu LDRs sind Thermopiles. Diese Bauteile detektieren das sogenannte thermische Infrarot. Dabei handelt es sich um Licht mit Frequenzen zwischen ca. 8 bis 13 µm Wellenlänge. Diese Bauteile messen demnach die Oberflächentemperatur von Objekten. Es lässt sich zeigen, dass „Himmel“ und „Erde“ signifikant unterschiedliche Temperaturwerte aufweisen.

Thermopiles sind relativ teure Bauteile, aber ein Flugzeugabsturz ist noch kostspieliger. In Bild 7.39 sind die Messungen des Versuchsaufbaus zu sehen. Die Thermospannungen der Sensoren liegen im Bereich weniger Mikrovolt. Diese Spannungen müssen auf auswertbare Größen angehoben werden.

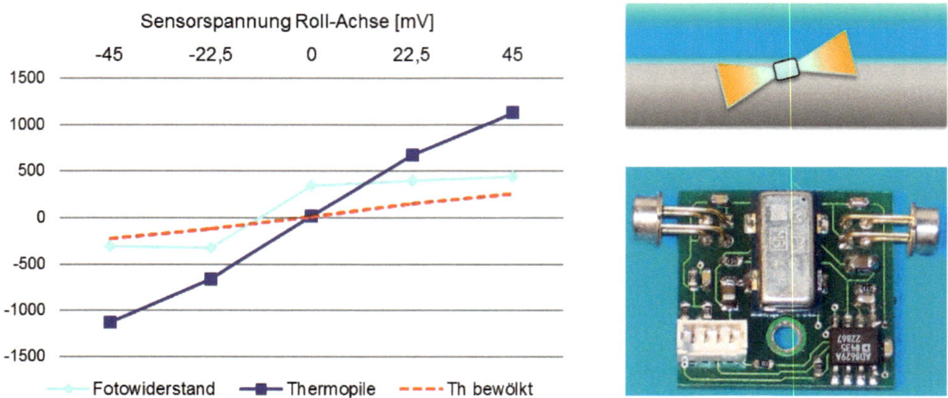

Bild 7.39 Spannungsverlauf am Ausgang des Lagewinkelsensors in der Rollachse mit LDR oder Thermopile als Signalquelle, jeweils von -45 bis 45 Grad Anstellwinkel

Dafür werden Operationsverstärker mit einer extrem geringen Eingangsoffsetspannung benötigt. Bekanntermaßen wird der Wert der Eingangsoffsetspannung im gleichspannungsgekoppelten Operationsverstärker um den Verstärkungsfaktor vergrößert zum Ausgang „durchgereicht". Die Schaltung mit dem AD8629 hat eine Verstärkung von 1000. Bereits 3 mV Offsetspannung würden rund 3 V Fehler am Ausgang erzeugen.

Theoretisch könnte man preiswerte Standard-OVs verwenden und die Offsetspannung mit einem Einstellregler kompensieren, doch das ist Pofel[23] und kreuzgefährlich dazu.

Die ersten Messungen stimmten euphorisch. In Bild 7.39 ist die Ausgangskennlinie beinahe linear zum Rollwinkel (Kurve „Thermopile"). Doch die Ernüchterung kommt prompt. Beim Nachmessen an einem bewölkten Tag ist die Kennlinie zwar immer noch fast linear, aber der Anstieg ist anders (siehe die gestrichelte Kurve mit der Bezeichnung „Th bewölkt"[24]).

[23] Wer nicht weiß, was „Pofel" ist, der möge das Buch *Der Kupferwurm* von Carl Hertweck [90] lesen. In unserem Falle ist „Pofel" der Einstellregler (Trimmer). Der Trimmer ist das Langloch der Elektronik. Ein Trimmer ist grundsätzlich zu vermeiden. Die Dinger rauschen, sind klapperig und deswegen in jedem Falle „Pofel".

[24] Diese Eigenschaft ist maßgeblich für den Misserfolg aller einfachen thermo-optischen Lagesensoren verantwortlich.

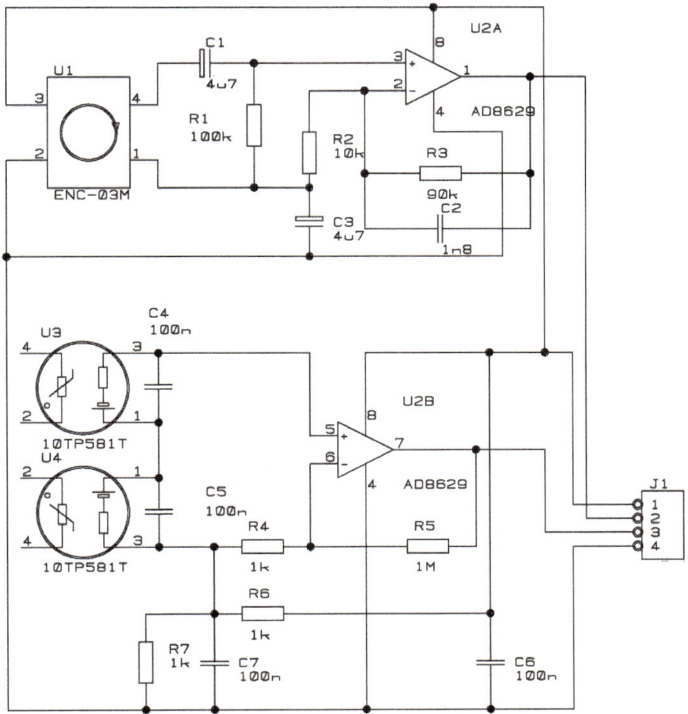

Bild 7.40 Schaltungsaufbau des Lagesensors mit zwei Thermopile-Sensoren und einem Gyro

Mit etwas Mut wäre eine Horizontalerkennung mittels Thermopile wahrscheinlich machbar. Aus dem Ausgangssignal ist aber nur äußert schlecht der absolute Lagewinkel ableitbar. In der Literatur wird dazu die Horizontalmessung durch eine Thermospannungsmessung von „Himmel“ und „Erde“ ergänzt. In der Maximalausstattung wären dann sechs Thermopiles zur Temperaturmessung nötig.

Mangels verfügbarer bzw. bezahlbarer anderer Sensoren wurden diesbezüglich passende Experimente mit Thermopiles angestellt.[25]Bild 7.41 zeigt den Versuchsaufbau. Eingedenk des Bruchs bei den ersten Flugversuchen geriet die Konstruktion recht robust. Neben Stabilitätsfragen ist das Aluminiumgehäuse aber vorrangig aus einem anderen Grund so massiv. Der Messsensor des Thermopiles erfasst die Differenztemperatur zwischen Objekt und Trägersubstrat. Aus diesem Grund befindet sich neben dem Wellenlängensensor auch ein NTC im Thermopile. Damit kann man die Umgebungstemperatur erfassen und geeignete Korrekturen vornehmen.

[25] Dem Interessierten sei an dieser Stelle die Entwicklung des Kreiskolbenmotors (KKM), besser bekannt als Wankel-Motor, ans Herz gelegt. Der neuartige Antrieb ist mit großem Enthusiasmus in den Markt gedrückt worden. Kleinere Mängel kriegen wir schon noch raus, so die einhellige Meinung von Ingenieuren und Managern. Das Resultat kann ein jeder überprüfen. Wie viele Fahrzeuge mit KKM sind Ihnen bekannt?

Bild 7.41 Testgerät zur Lageerkennung mit Kompensation der Himmels- bzw. Erdoberflächentemperatur: Optional ist ein Sensor zur Messung des Luftdrucks vorgesehen.

Der Lagesensor ist mit insgesamt fünf Thermosensoren/Thermopiles ausgerüstet. Zur Horizonterkennung befinden sich zwei gegenüberliegende Sensoren rechts und links im Gehäuse. Nach oben bzw. unten positionierte Sensoren erfassen die Referenzwerte, ein Sensor sieht nach vorn. Der Staudruck respektive die Fluggeschwindigkeit kann mit einem Luftdrucksensor erfasst werden. Für den thermischen Ausgleich sorgt das massive Alugehäuse.

Zum Auslesen der empfindlichen Sensoren wurde ein Baustein aus der PSoC-Familie der Firma Cypress verwendet. Diese Mikrocontroller zeichnen sich durch die Möglichkeit der Konfiguration und Programmierung der Peripheriemodule aus. Anstelle fest vorgegebener Peripherieeinheiten, wie Timer, UART, ADC etc., werden die tatsächlich benötigten Einheiten aus programmierbaren Zellen zusammengesetzt. Das muss der Anwender nicht direkt tun, eine leistungsfähige Software unterstützt ihn dabei.

Zur Projektdefinition werden dementsprechend vor der Erstellung der Software die benötigten Peripheriemodule spezifiziert und dem Konfigurator übermittelt. Das Tool ist stark grafisch orientiert, dennoch ist der Umgang damit nicht einfach. Man muss sich nicht nur mit der hardwarenahen Software für MCUs auseinandersetzen, sondern auch Grundkenntnisse in der Programmierung von FPGA sind von großem Nutzen.

Über eine Laborerprobung ist dieser Testsensor nie hinausgelangt.[26] Das Baugewicht war zunächst zu groß für das vorhandene Flugzeug. Als dann später ein passendes Trägersystem zur Verfügung stand, waren bessere alternative Sensoren verfügbar.

Doch noch war es nicht so weit. Die Grundidee Thermopile + Gyro lockte mit der Lösung dieser Probleme. Ein Zweifach-Sensor musste her. Die in den Nullerjahren verfügbaren Drehratensensoren waren zu ungenau und drifteten. Die Mitrechnung von Drehraten durch die Integration der Ausgangswerte würde demzufolge sehr

[26] Das ist höchstwahrscheinlich auch besser so. Wer weiß, was passiert wäre, wenn irgendwo der „gepanzerte“ Sensor mit Schmackes eingeschlagen wäre.

schnell unbrauchbare Werte ergeben. Da der Flieger meistens horizontal unterwegs ist, könnte eventuell der thermo-optische Sensor den Gyro kompensieren?

Der ENC-03M liefert Spannungen proportional zur Drehgeschwindigkeit um eine Achse. Nun können zwei Sensoren, Thermopile und Gyro kombiniert werden. Die Gleichspannungsdrift wird durch C1 entkoppelt, der zweite OV im Doppel-OPV AD8629 verstärkt und filtert die Gyrodaten (Bild 7.40).

Neben dem neuen Sensorkonzept wurde ein anderes Leiden immer drängender. Der Softwaretest wurde zunehmend aufwendiger, Messtechnik und Debugger standen nur im Labor zur Verfügung. Zum Test musste ein Hardware-Simulator geschaffen werden, der eine Erprobung der Schaltung und den Test der Software am Labortisch ermöglichen würde.

In der Flugzeugindustrie sind Flugsimulatoren schon längst übliche Praxis. Die ersten Tests erfolgten mit einer am Ruderhorn einer Rudermaschine befestigten Leiterplatte. Die Sensorik wurde auf der Leiterplatte platziert, und die Winkelstellungen waren nun über programmierbare Impulslängen reproduzierbar.

Die Erweiterung dieser Idee ist in Bild 7.42 dargestellt. Zwei Rudermaschinen bewegen die zentrale Messplattform. Beide Servos können voneinander unabhängig bewegt werden. Über zwei Potentiometer ist die tatsächliche Lage und die Winkelgeschwindigkeit der Drehung über die Roll- bzw. Nick-Achse jederzeit feststellbar.

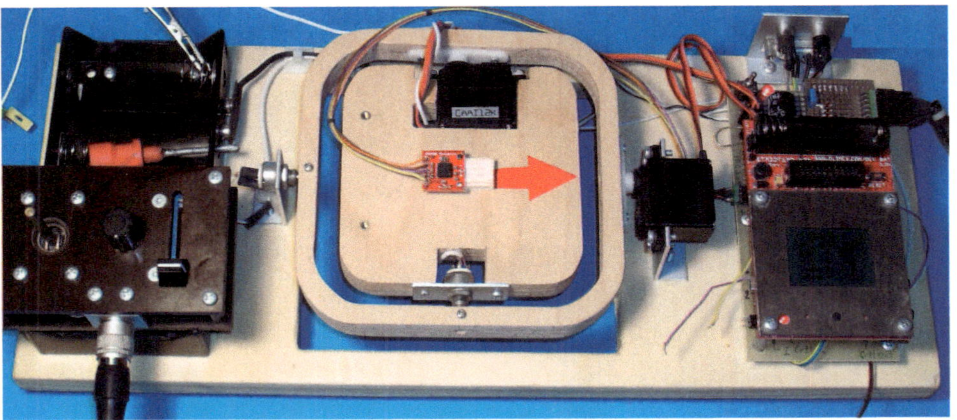

Bild 7.42 Zweiachsig schwenkbare Testplattform zur Simulation von Roll- und Nickachse

Eine der ersten Untersuchungen betraf die Sensorplatine aus Bild 7.40. Das Verhalten des Gyros ENC-03M der Firma Murata wurde in der Praxis untersucht. Diese Drehratensensoren funktionieren auf der Basis piezoelektrischer Effekte.

Laut Hersteller waren die typischen Anwendungen Vibrationserkennung und die Detektion von Handbewegungen für Camcorder oder Fotokameras.

Entsprechend der Applikationsschaltung des Herstellers (siehe Stromlaufplan in Bild 7.40 - oberer Teil) benötigte der Sensor eine Anpassschaltung zur korrekten Signalauswertung. Der Hersteller gab auch eine Liste von Einsatzrestriktionen für den Sensor an.[27]

Die Stichworte in Ingenieurübersetzung lauteten: Temperaturempfindlichkeit und Vibrationsanfälligkeit. Nun, gerade dafür wird ja der Testaufbau benötigt.

Die Messungen waren ernüchternd. Insbesondere die Vibrationsanfälligkeit war unübersehbar. Die mittlere Kurve in Bild 7.43 zeigt den Signalverlauf nach der einfachen Filterschaltung der Herstellerempfehlung. Dieses Signal ist für die Weiterverarbeitung, d.h. AD-Wandlung durch eine MCU, völlig ungeeignet. Eine Signalfilterung wird zwingend nötig.

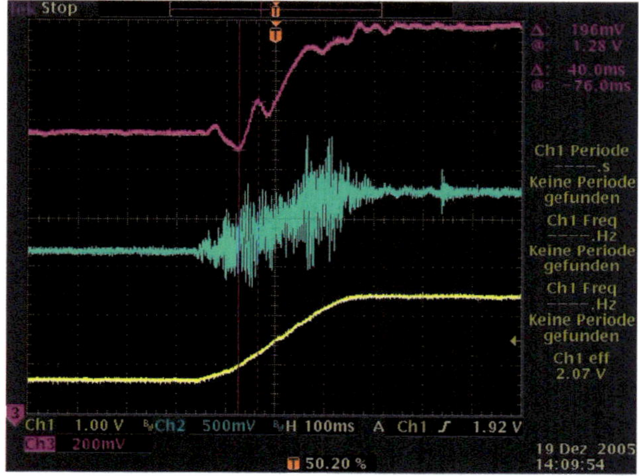

Bild 7.43 Signalverlauf am Ausgang des ENC-03M (mittlere Kurve) bei Rotation um die Drehachse: Die untere Kurve zeigt den Spannungsverlauf am Referenz-Potentiometer. Oben ist das digital gefilterte Sensorsignal zu sehen.

Die typische Impulswiederholrate von Rudermaschinen im Modellbaubereich liegt bei 20 Millisekunden. Die Eigenfrequenz von Flugmodellen sollte demzufolge unter 10 Hz liegen. Diese Frequenz kann also mit einiger Näherung als Grenzfrequenz für den Filter angenommen werden.

Als Grundstufe analoger Filter setzt man auf OPVs in nichtinvertierender Anordnung. Zum Filterentwurf werden passende Tools, im Beispiel die Software Aktiv-Filter von Stefan Bayer *(www.aktivfilter.de)*, verwendet. Für eine ausreichende Dämpfung müssen genügend Stufen in Reihe geschaltet werden.

[27] Solche Angaben sollte man immer genauestens durchlesen. Bei Herstellerangaben ist dann ein „Werbe-Bias" abzuziehen. Auch positive Formulierungen können kritische Eigenschaften benennen und dennoch verschleiern.

Bei der doppelten Grenzfrequenz liefert ein Tiefpass 6. Ordnung eine Dämpfung von knapp 60 db, das entspricht einem Faktor von 1000 : 1. Der Aufwand ist entsprechend groß. Drei der OPVs in der Schaltungsanordnung, wie in Bild 7.44 zu sehen, werden hintereinandergeschaltet.

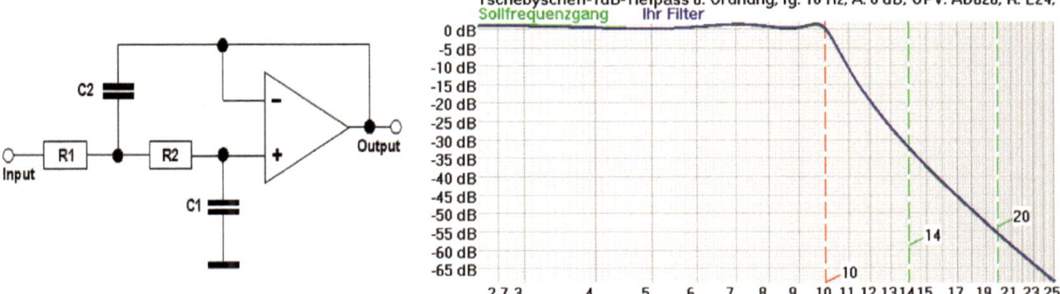

Bild 7.44 Analogfilter auf der Basis zweipoliger Tiefpässe: Für den Frequenzverlauf im Bild sind drei dieser Stufen notwendig.

Bei der Dämpfung der drei Achsen einer Lageregelung wäre dies ein Aufwand von neun OPVs und 108 Widerständen und Kondensatoren aus der E24-Reihe mit 2 % Toleranz. Das lässt sich einfacher mit einem Digitalfilter erreichen. Zur Theorie sei auf die einschlägige Fachliteratur, z. B. [62], verwiesen. Für die schnelle Anwendung wird ein FIR-Filter konzipiert.

```
/* FIR - Filter */
const word wCoeffslp[9] = {         /* TAPs zur FIR-Berechnung */
    -1496, -970, 4444, 12908, 17150, 12908, 4444, -970, -1496
    };

word wBuflp[32];     /* circular buffer */
word wOffsetlp = 0;

/* digitaler Filter, ca. 56 µs auf LPC2138, 60MHz */
word wFilterLp(word sample){
    dword z;
    word i;
    wBuflp[offsetlp] = sample;
    z  = (dword)(wCoeffslp[8] * wBuflp[(wOffsetlp - 8) & 0x1F]);
    for (i = 0;  i < 8;  i++){
        z += (dword)(wCoeffslp[i] * (wBuflp[(wOffsetlp - i) & 0x1F]\
             + wBuflp[(wOffsetlp - 16 + i) & 0x1F]));
        }
    wOffsetlp = (wOffsetlp + 1) & 0x1F;
    return (word)(z >> 18);     /* return filter output */
    }
```

Die eigentliche Berechnung ist eher simpel, wie das vorangehende Beispiel zeigt. Die digitalisierten AD-Werte laufen in einen zirkularen Buffer und werden mit sogenannten TAPs bei jeder neuen AD-Wandlung aktualisiert.

Das Resultat der digitalen Filterung mit dem FIR-Filter nach Bild 7.45 ist in der oberen Kurve von Bild 7.43 zu sehen. Für die Kalkulation der Filter-TAPs ist ein wenig Spielerei mit dem Design-Tool nötig. Insbesondere die Zusammenhänge zwischen Abtastrate, Start- und Stoppbandfrequenz sind heikel, doch das Ergebnis überzeugt.

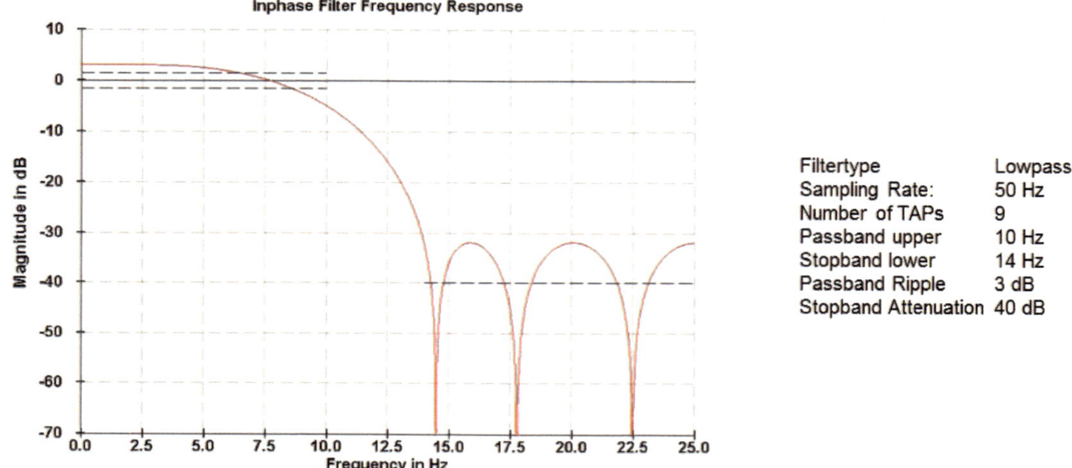

Bild 7.45 Entwurf eines FIR-Filters mit dem Tool ScopeFIR *(https://iowegian.com)*

7.6.3 Flugsimulation im Labor

Für den ambitionierten Modellflug-Piloten gibt es geeignete Trainingssysteme am PC. Der Fernsteuersender wird über einen Adapter mit der Software verbunden, und dann kann man nach Herzenslust Flugzeuge „schrotten". Es existieren verschiedene Anbieter, zum Teil ist die Software sogar kostenlos. Die realitätsgetreue Abbildung der Umgebung und die Umsetzung des Flugverhaltens sind zum Teil verblüffend. Offenbar steckt in diesen Simulatoren ein „Haufen" Flugphysik. Damit tritt die Frage, ob man eine solche Simulation nicht mit einem Stück Hardware zu einem brauchbaren Testgerät vereinen könnte, offen zutage.

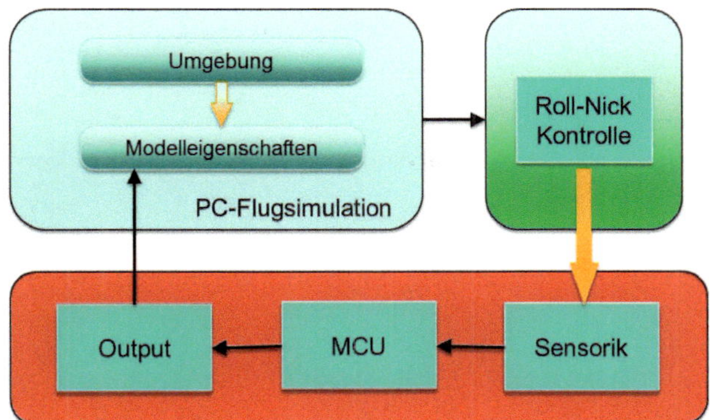

Bild 7.46 Funktionseinheiten eines Flugsimulators

Die PC-Simulation bildet das Flugverhalten des zu untersuchenden Flugzeugs ab. Dazu werden die Steuereingaben am Fernsteuersender in den PC übertragen. Woher diese Eingaben stammen, ist der Simulation gleichgültig. Es wäre also problemlos möglich, diese Daten auch vom Autopiloten eines Modellflugzeugs abzuleiten.

Der Autopilot benötigt aber Informationen aus der Simulation, um seine Berechnungen durchzuführen. Wenn es eine Möglichkeit gäbe, die Simulationsdaten nach außen zu legen, könnte der Regelkreis geschlossen werden.

Genau dies offeriert der Modellflugsimulator ReflexXTR *(https://www.reflex-sim.net)* in einer Spezialversion. Die Lagedaten des Flugzeugs werden über ein zusätzliches Programm zur seriellen Schnittstelle des PC geschickt und ausgegeben. Eine externe MCU empfängt die Daten und setzt die Werte in Echtzeit als Roll- bzw. Nickwinkel für die Testplattform um. Die beiden Ruderservos verschwenken die kardanisch aufgehängte Plattform nun exakt nach den Lagewinkeln der Simulation. Jetzt muss nur noch das im Labor zu testende Flugzeug als Modell in die Flugsimulation hinein.[28].

Während der vorausgehenden Erprobung unterschiedlicher Sensorsysteme wurde die Forderung nach einem brauchbaren Erprobungsträger immer drängender. Einige unterschiedliche Modellflugzeuge wurden in Erwägung gezogen und einigen Tests unterzogen. Zum Schluss fiel die Wahl auf das Flugzeug MAJA der Firma Bormatec (Bild 7.47).

[28] Das Ganze klingt wie ein Wunder, doch es ist Realität. Der Programmierer des Reflex-Flugsimulators hat meine Bitten und Wünsche ernst genommen und in die Version 5 seiner Software implementiert. Mein Bruder hat den passenden Treiber für den COM-Port geschrieben und dann konnte die Laborflugsimulation auch schon losgehen.

Bild 7.47 Erprobungsträger MAJA zum Test unterschiedlicher Autopiloten

Das Flugzeug ist ein klassischer Schulterdecker mit relativ unkritischen Flugeigenschaften. Der Antrieb sitzt im Heck, und der Motor wirkt auf eine Druckschraube. Die weite Heckauslage des Motors ist bezüglich des Schwerpunkts nicht optimal, aber der Vorzug, im Bugsegment freien Bauraum für Sensoren, Nutzlast etc. zu haben, überwiegt.

Für den Entwurf eigener Flugzeuge im Simulator gibt es ein Zeichenprogramm (Bild 7.48). Das eigene Modell muss nur hinsichtlich der Optik gestaltet werden. Die flugphysikalischen Daten werden separat hinterlegt. Man muss also keineswegs ein Maschinenbaustudium absolviert haben, um ein Flugzeug zeichnen zu können. Der Simulator unterstützt sowohl beim Flugzeug als auch beim Flugplatz fotorealistische Szenarien. Ein Blick auf die Webseite des Anbieters beweist dies eindrucksvoll.

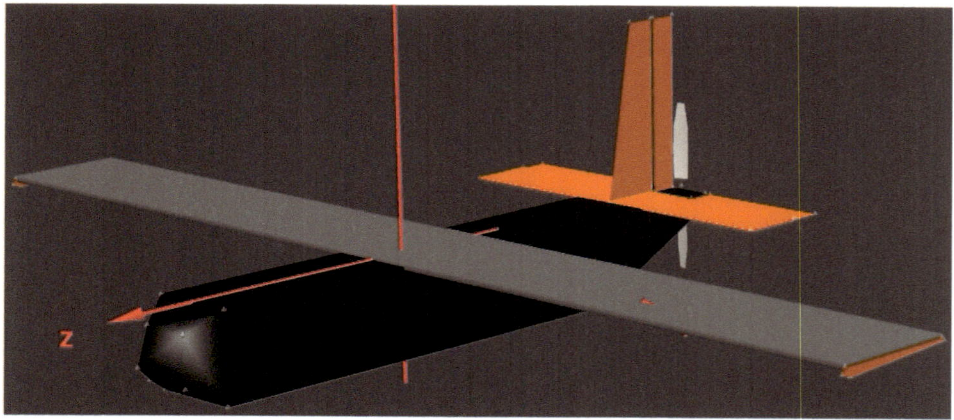

Bild 7.48 Zeichenmodell zur Integration in den Flugsimulator

Für die Flugsimulation im Labor ist das unrelevant. Der Steuercomputer für die Testplattform interessiert sich nicht für das Design des Flugzeugs, er benötigt lediglich die Fluglagedaten, um in Echtzeit die Plattform nachzuführen.

In der Simulation existiert ein Datensatz zur Fluglageberechnung. Dieser Datensatz besteht aus folgenden Parametern (WC - world coordinate, MC - model coord.):

```
typedef struct __attribute__ ((__packed__)) {
    int32 iX;     // #define FC_POS_X      *100 0// [m] Position WC
    int32 iY;     // #define FC_POS_Y      *100 1
    int32 iZ;     // #define FC_POS_Z      *100 2
    int16 iAx;    // #define FC_V_AIR_X    *100 3// [m/s] Airspeed in MC
    int16 iAy;    // #define FC_V_AIR_Y    *100 4
    int16 iAz;    // #define FC_V_AIR_Z    *100 5
    int16 iVx;    // #define FC_V_X        *100 6// [m/s] Velocity in WC
    int16 iVy;    // #define FC_V_Y        *100 7
    int16 iVz;    // #define FC_V_Z        *100 8
    int8  iNx;    // #define FC_XE_X       *100 9//[1]X-axis (nick) of MC
    int8  iNy;    // #define FC_XE_Y       *100 10
    int8  iNz;    // #define FC_XE_Z       *100 11
    int8  iYx;    // #define FC_YE_X       *100 12//[1]Y-axis (yaw) of MC
    int8  iYy;    // #define FC_YE_Y       *100 13
    int8  iYz;    // #define FC_YE_Z       *100 14
    int8  iRx;    // #define FC_ZE_X       *100 15//[1]Z-axis (roll) of MC
    int8  iRy;    // #define FC_ZE_Y       *100 16
    int8  iRz;    // #define FC_ZE_Z       *100 17
    int16 iAlt;   // #define FC_ALTITUDE    *10 18// [m] Altitude
    int16 iDir;   // #define FC_HEADING_DEG *10 19// [deg] Heading
    } SIM_stSimData;
```

Dieser Datensatz wird alle 50 ms über den COM-Port des PC gesendet. Für die Verschwenkung der Testplattform ist nur die X- und die Z-Achse (Roll- bzw. Nick-Koordinaten) relevant. Die jeweiligen Achsen werden durch ihre Standardvektoren $\vec{A} = \left[A_x, A_y, A_z\right]$ repräsentiert. Im Horizontalflug ergeben sich dann die folgenden Werte für

$$\vec{X} = \left[1_{(x)}, 0_{(y)}, 0_{(z)}\right]$$

$$\vec{Y} = \left[0_{(x)}, 1_{(y)}, 0_{(z)}\right]$$

$$\vec{Z} = \left[0_{(x)}, 0_{(y)}, 1_{(z)}\right]$$

Der Datenstrom wird über die serielle Schnittstelle (UART) der Steuer-MCU empfangen. Sinnvollerweise ist dafür gleich ein passender Struct angelegt worden. Der serielle Datenstrom wird mit einem Sync-Zeichen eingeleitet, sodass die Empfangsroutine den Struct `SIM_stSimData` byteweise auffüllt. Die Daten im Struct besitzen unterschiedliche Größen, 8, 16 und 32 Bit. Der Struct erhält deshalb das Attribut `((__packet__))`. Diese Eigenschaft veranlasst den Compiler, die Daten des Structs unmittelbar ohne Berücksichtigung des Alignments,[29] also lückenlos, im Speicher zu platzieren.

Hier ist wieder ein kurzer Abstecher in die hardwarenahe Programmierung angezeigt. Die CPU eines Rechners greift mit der Busbreite des Systems auf den angeschlossenen Speicher zu. Bei einer 8-Bit-CPU erfolgt der Zugriff also byteweise. Werden Daten, z. B. über die UART, in diesem Format ausgetauscht, ist das Lesen bzw. Schreiben auf den Speicher völlig problemlos.

Die ARM Cortex M3 greift jedoch mit einer Busbreite von 32 Bit auf den Speicher zu. Eine byteweise Adressierung ist nicht mehr so ohne Weiteres möglich. Gesetzt den Fall, man möchte zwei einzelne Bytes, `bOne` und `bTwo`, im Speicher ablegen. Das erste Byte `bOne` soll auf Adresse 0x1000 liegen, das zweite Byte `bTwo` liegt direkt dahinter.

Die CPU liest bei einem Zugriff auf Adresse 0x1000 demnach immer beide Daten. Das gilt auch, wenn die CPU nur das Byte `bTwo` lesen will. Auch in diesem Fall werden ab Adresse 0x1000 vier Byte gelesen. Klingt praktisch, da braucht man nicht so viele Speicherzugriffe, nicht wahr?

Das ist soweit korrekt, doch oft werden Einzelbits in einem Byte manipuliert. Die Operation `bTwo = bTwo | 0x01;` soll Bit0 in `bTwo` setzen. Für den Programmierer ist die Busbreite der CPU unwichtig, möglicherweise kennt er sie nicht einmal. Zur Bearbeitung von `bTwo` landen vier Byte ab Adresse 0x1000 im Registerfile der CPU. Das passende Byte wird jetzt im Arbeitsregister verschoben, und die Bitmanipulation kann ausgeführt werden.[30] Anschließend wird wieder geschoben und zurück zur Adresse geschrieben. Dabei darf `bOne` nicht verändert werden.

Diese „Schubserei" erfordert also Programmlaufzeit. Wenn nun der Compiler zulasten des Speichers eine hohe Rechengeschwindigkeit erreichen will, kann er die Variable `bOne` auf die Adresse 0x1000 und `bTwo` auf 0x1004 legen. Zusätzliche verdeckte Operationen bei der Bitmanipulation entfallen, das Programm läuft schneller. Die Speicherplätze auf den Adressen 0x1001, 0x1002 und 0x1003 bleiben frei.

Für die Datenübertragung der UART kann dies unter Umständen fatal werden. Die Daten von der Flugsimulation kommen ja byteweise. Mittels Zeigeroperation werden sie im Interrupt in den Speicherbereich des Structs `SIM_stSimData` trans-

---

[29] Das sind die Fußangeln, die die Programmierung eingebetteter Systeme so wunderhübsch machen. Als PC-Programmierer muss man sich in den seltensten Fällen mit diesem Schnickschnack herumärgern. Oft ist nicht einmal die Frage little-endian oder big-endian von Relevanz. Noch nie davon gehört? Da fehlt es eindeutig an klassischer Bildung – ab zu Gullivers Reisen!

[30] Superclevere Compiler stellen natürlich fest, dass im Beispiel nicht das Bit0 einer 32-Bit-Zahl gesetzt werden soll, sondern dass Bit8 gemeint ist. Die geschilderte Schieberei entfällt, und die Frage lautet: „Warum muss ich so etwas wissen?" Nun, anstelle der Beispieloperation könnte auch `bTwo = bTwo | bValue;` stehen. Zur „Compile-Zeit" weiß auch der cleverste Compiler nicht, was zur „Laufzeit" in `bValue` steht. Also gilt die Devise: doch schieben.

feriert. Dieser Datenbereich darf deshalb keine Lücken aufweisen. Die zusätzlichen Byte-Manipulationen muss man in Kauf nehmen.

Bild 7.49 Screenshot der Flugsimulation mit eingeblendeten Werten des FlightData-Processors

Mit den nun vorliegenden Fluglagedaten ist eine Simulation des zukünftigen Autopiloten ohne Flugzeug in der Abgeschiedenheit des Labors möglich.

7.6.4 Der ARM Cortex-M3 bekommt Flügel

Die heutige Dominanz der 32-Bit-ARM-CPUS war vor zehn Jahren längst nicht ausgemacht. Ob sich die 32-Bit-Architekturen überhaupt in der Breite durchsetzen würden, wurde in der Literatur kontrovers diskutiert. Das Ergebnis ist heute bekannt. Aus diesem historischen Aspekt heraus war der Einsatz der ersten ARM Cortex-M3-MCUs seinerzeit als durchaus weitsichtig und vorausschauend anzusehen.

Die Steuerelektronik zur Ansteuerung der Schwenk-Neige-Plattform ist der erste Einsatz einer ARM Cortex-M3-MCU vom Typ STM32F103 des Herstellers STMicroelectronics (Bild 7.50). Die von der PC-Simulation gesendeten Daten werden in die UART3 der MCU (PB10, PB11) eingelesen. Die V24-Potenziale des COM-Ports (-12 V/+12 V) werden dazu über U3 an die Spannungen der CPU angepasst.

Aus den Fluglagedaten der Simulation erzeugt der Steuercontroller pulsweitenmodulierte Signale zur Bewegung der Ruderservos in Roll- bzw. Nick-Achse. An JP6 und JP7 stehen diese Signale bereit. Es werden möglichst leistungsstarke Servos eingesetzt. Diese haben zum Teil hohe Anlaufströme. Als Stromversorgung kommen deswegen Nickel-Metallhydrid-Akkus zum Einsatz. Damit ist gleichzeitig die Versorgungsspannung der CPU von möglichen Störeinflüssen (Spannungsschwankungen) entkoppelt.

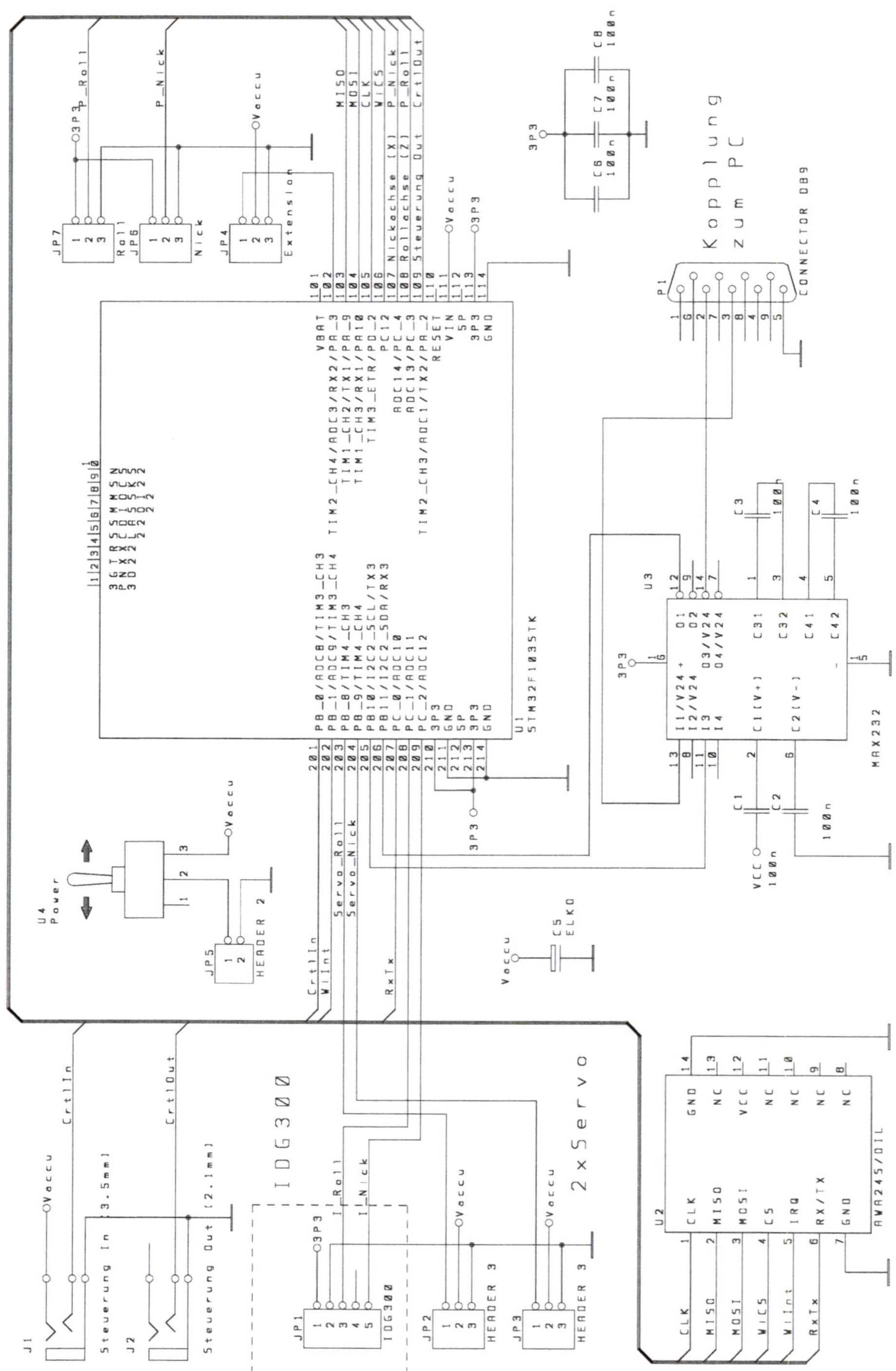

Bild 7.50 Stromlaufplan des Steuercontrollers für die Roll-Nick-Plattform

Die Steuerbefehle für das am PC simulierte Fluggerät kommen zunächst von einer gewöhnlichen Modellfernsteuerung. Mit diesem Testaufbau werden nun Experimente an realen Sensoren zur Zwei-Achs-Lageerkennung durchgeführt.

Der gesamte Testaufbau mit angeschlossener Fernsteuerung und Flugsimulation ist in Bild 7.51 zu sehen. Zusätzlich ist ein weiteres Eingabegerät, bestehend aus vier Potentiometern, in der Nähe des unteren Bildrandes abgebildet.

Bild 7.51 Messungen mit der Roll-Nick-Plattform unter „realen“ Simulationsbedingungen

Auf der Plattform selbst ist der 2-Achs-Gyro IDG 300 der Firma Invensense aufgeklebt.[31] Für die Simulation wird ein Flugmodell mit möglichst unkritischem Flugverhalten ausgewählt und über die Reflex-XTR Steuerung geflogen.

Die Plattform folgt nun den Neigungen des Flugzeugs in zwei Achsen. In Bild 7.52 sind die Spannungsverläufe am Referenzpotentiometer, dem Sensor und das Ergebnis der Filterung durch die Software zu sehen.

[31] Dieser Baustein ist längst durch leistungsfähigere ICs ersetzt worden. Viele Bauteile zur Lageerkennung sind für den Einsatz im Mobiltelefon entwickelt. Dies ist Fluch und Segen gleichermaßen. Die großen Stückzahlen lassen sehr günstige Preise für die „Second source“-Anwender zu. Läuft das Mobiltelefon aus, wird aber der Baustein abgekündigt.

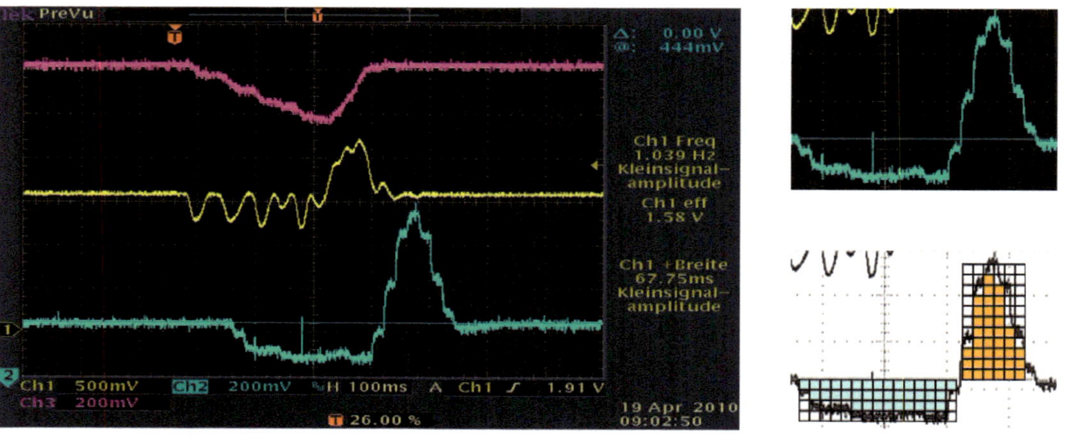

Bild 7.52 Reale Messwerte einer Achse bei simulierten Flügen am Flugsimulator

Die gewonnenen Daten sind interpretationsbedürftig. Scheinbar klar ist der Spannungsverlauf am Potentiometer (obere Kurve). Die Plattform wird zunächst nach einer Seite ausgelenkt und nach dem Erreichen der Maximalstellung wieder in die Ausgangslage zurückgeschwenkt. Man achte jedoch auf die kleinen Spannungsamplituden in der oberen Auslenkung.

Der Theorie zufolge müsste der Gyro eine Winkelgeschwindigkeit als Spannungssignal in der einen Richtung, gefolgt von einem Signal mit umgekehrten Vorzeichen in der anderen Richtung, ausgeben. Die Spannungswerte der mittleren Kurve (Gyro-Daten) zeigen jedoch eine ruckartige Bewegung, bei der der Sensor offensichtlich zeitweise in Ruhe ist.

Das erscheint zunächst unsinnig. Jedoch, bei näherer Überlegung, hat der Sensor doch recht. Die Datenpakete von der Simulation kommen mit einer Samplingrate von 50 ms aus dem PC. Der Steuercontroller erzeugt daraus einen Schwenkwinkel für die Servos. Moderne Hochleistungsservos verfügen über eine schnelle Impulsantwort. Innerhalb weniger Millisekunden ist die anbefohlene Winkelstellung erreicht. Mit anderen Worten, der Servo „ruckelt“, und genau dieses Verhalten wird vom Gyro detektiert. Die Samplingrate erzeugt Impulsspitzen circa alle 50 ms.

Diese müssen natürlich von der weiteren Signalverarbeitung ferngehalten werden. Der FIR-Filter aus den ersten Versuchen zu piezoelektrischen Gyros wird folglich modifiziert. Es ist eine schmale Gratwanderung zwischen Dämpfung und Phasenverzögerung. Die Filterkoeffizienten sind jedoch nur Zahlenwerte, hier kann man sehr schnell experimentieren und verbessern.

Nur, stimmen denn die Ergebnisse der Filterung? Im speziellen Fall ist der Filter auch ein Integrator, d. h., die Auslenkungen um die Schwenkachse werden als Fläche unter einer Kurve interpretiert. Da die Endlage der Schwenkachse der Ausgangslage entspricht, müssen die Flächen unter den Kurven gleich groß sein. Dies wird in Bild 7.52 durch Auszählen von Flächenelementen abgeschätzt. Das linke „Integral“ umfasst 37 Quadrate, die rechte Fläche besteht aus 38 Elementen. Damit ist die Übereinstimmung beider „Kurvenintegrale“ für praktische Zwecke hinreichend genau. Offenbar wird bei hardwarenaher Software mehr geschätzt als gerechnet.

Der Einsatz des STM32F103 als Steuerung erfolgte nicht als Einzelbauteil, sondern in Form einer Steckeinheit. Diese Einheit wird nach wie vor von der Firma Olimex (*https://olimex.com*) hergestellt und verkauft. Die Preise sind durchaus konkurrenzfähig, und man kann bei den ersten Versuchen sicher sein, dass die Prozessorhardware und der Debug-Anschluss funktionieren.

Die heute bessere Variante ist der Einsatz von Nucleo-Boards der Firma STMicroelectronics (Stand: August 2020). Zum einen sind viele dieser Boards Mbed-zertifiziert, und zum anderen haben alle den ST-LINK/V2-Debugger auf der Platine. Dies ist ein vollwertiger In-Circuit-Debugger zum Test der Software direkt im System.

Bild 7.53 zeigt eine Reihe von praktisch realisierten Testaufbauten für Autopiloten. Ganz links **(1)** ist ein Ein-Achs-Stabilisator auf der Basis zweier Thermopiles zu sehen. Die Elektronik wird von einer 8-Bit-MCU angetrieben. Zusätzlich verfügt die Steuerung über eine Telemetrie im 870 MHz ISM-Band und einen Drucksensor zur barometrischen Höhenmessung. Die Leiterplatte ist für einen Drucksensor des Typs MS5534 der Firma Intersema vorbereitet. Der Sensor ist unbestückt (große Bohrung links unten im PCB).

Bild 7.53 Praktisch realisierte Autopiloten mit unterschiedlichen CPUs und Sensorsystemen

Der zweite Aufbau wird von einer 16-Bit-MCU MSP430 kontrolliert. Auch hier ist das Telemetriemodul zur Datenübertragung eingebaut. Dieser AP basiert auf einer Zwei-Achs-Stabilisierung mit den piezoelektrischen Sensoren ENC-03M. Zwei optionale Drucksensoren des Typs MS5534 erlauben die Messung der barometrischen Flughöhe und der „wahren" Geschwindigkeit durch die Luft. Anstelle der Helix-Antenne des Telemetriesystems des ersten Versuchsaufbaus ist eine keramische Patchantenne, das quadratische Bauteil am oberen Ende der Leiterplatte, eingebaut.

Infolge der nachteiligen Eigenschaften der Piezosensoren und der guten Erfahrungen mit dem 32-Bittern der Firma STMicroelectronics entstand der dritte Versuchsaufbau. Neu sind die Implementierung eines elektronischen Kompasses und der Einbau des 2D-Gyros IDG 300. Die leistungsstarke MCU STM32F103 erlaubt die Messung weiterer Daten in der Elektronik des AP, z.B. Akkuspannung und Entladestrom. Dazu ist ein Strommesssensor bis maximal 20 A vorgesehen.

Während der Erprobung wurde ein eklatanter Designfehler offensichtlich. Die Strommessung erfolgte in der Nähe des Kompasssensors. Damit fanden die unerklärlichen Richtungsfehler ihre Ursache. Die Elektronik des Autopiloten wurde deswegen auf zwei Leiterplatten verteilt. Der Kameraanschluss entfiel zugunsten eines GPS-Moduls. Die im AP 3 verbaute CMOS-Kamera mit einer Auflösung von 640 × 480 Pixel lieferte selbst aus geringer Flughöhe keine brauchbaren Bilder.

Gleichzeitig wurde die Sensorausstattung verbessert. Der dreiachsige Kompass- und Beschleunigungssensor LSM303 auf der Basis der MEMS-Technologie der Firma STM dient zur Bewegungs- und Richtungserfassung. Der bewährte IDG 300 misst die Drehwinkel um zwei Achsen, und die Telemetrie wird auf die X-Bee-Pro-Module umgestellt. Die Druckmessdose BMP085 ist zur Höhenmessung verbaut. Der GPS-Empfänger ist für Richtung und Koordinatenerfassung zuständig. Der Strommessbereich wurde auf 100 Ampere erweitert. Mit einer SD-Karte können Konfigurationsdaten in den AP geladen werden. Ein Flugdatenrekorder ist ebenfalls möglich.

Mit der verbesserten Sensorausstattung wurden erfolgreiche Tests unternommen. Die Aufteilung der Schaltung in Stromversorgung und Rechnereinheit hat sich bewährt. Der Umstieg auf Standard-Baugruppen für die Telemetrie führt zu einer erheblichen Vereinfachung des Datenaustauschs. Anstelle der komplexen Bedatung und Ansteuerung der vorher im Einsatz befindlichen Bausteine war aus Sicht der MCU lediglich eine Kommunikation per UART notwendig.[32]

[32] Nach der einen oder anderen gelegentlich respektlosen Fußnote könnte doch mancher der bis hierhergekommenen Leser spitz anmerken: „Fünf Testaufbauten, aber jetzt muss das Ding doch endlich fliegen!" Das ist nicht ganz falsch. Neben diversen Sensortests und Verbesserungen der Schaltungstechnik waren nicht alle Umkonstruktionen unbedingt notwendig. Einige der Verbesserungen waren wirklich eher meinem Spieltrieb geschuldet. Ein neuer Prozessor, ein besserer Sensor – toll, das (!) bauen wir ein. Am Ende ist es wie beim Profiboxen. Es gewinnt nicht der schönste Boxer, sondern der, der am Schluss der Runde noch stehen kann. Dennoch, die vielen Versuche zeigten Lücken im Designansatz auf, und insbesondere die Implementierung sicherheitsrelevanter Software auf unterschiedlichen Plattformen enthüllt rücksichtslos jedes noch so kleine Fehlerchen.

Der Umstieg auf technisch bessere Bauteile offenbart aber auch die Kehrseite der Medaille. Besser und preiswerter sind bestimmte Sensoren hauptsächlich infolge des massenhaften Einsatzes dieser Teile in Mobiltelefonen geworden. Mobilgeräte werden aber, im Gegensatz z.B. zu Kraftfahrzeugen, nicht über Jahre mehr oder weniger unverändert gebaut. Im Gegenteil, die jeweils neueste Serie wird entwickelt, produziert und anschließend verkauft. Der Rest wird verschrottet. Im nächsten Designzyklus wird alles kleiner, schneller und besser, behauptet die Werbung.

Als dieses Problem nicht mehr zu ignorieren war, wurde ein letztes Redesign durchgeführt.[33] Alles, was nicht „automotive“ zertifiziert werden konnte, wurde eliminiert. Die Lageerfassung wurde auf den modernsten und leistungsfähigsten Sensor, der 2011 am Markt befindlich war, umgestellt. Alle gewonnenen Erfahrungen sollten in diesen AP einfließen. Das Resultat dieses Neuentwurfes soll deswegen jetzt genauer betrachtet werden. Die Aufteilung auf zwei Platinen hatte sich bewährt, der ARM Cortex M3 ebenfalls, und auch die Telemetrie wurde beibehalten. Bild 7.54 zeigt das Layout des Autopiloten.

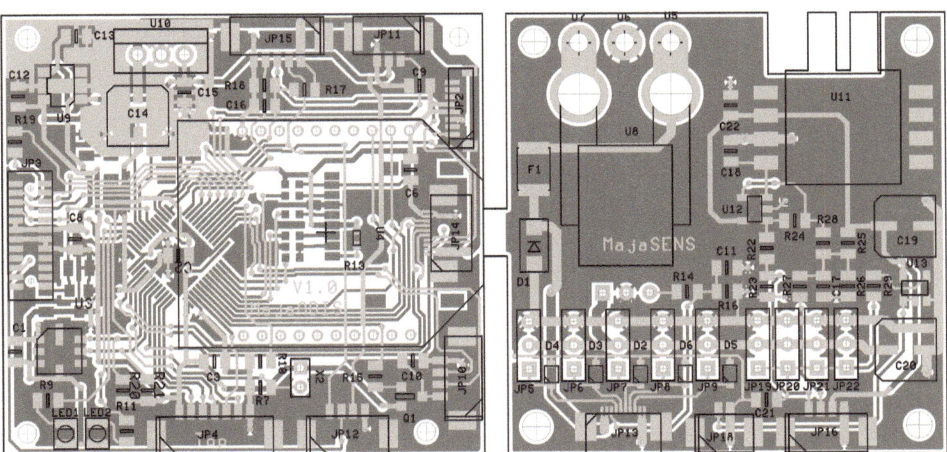

Bild 7.54 Layout des AP5 in zwei Teilen (links: CPU, Telemetrie und ADIS-Sensor, rechts: Stromfühler, Differenzdrucksensor und Servoanschlüsse)

Neu ist der Differenzdrucksensor (Bild 7.55). Zwar gab es auch in den früheren Versionen mit zwei Druckmessdosen die Möglichkeit, die wahre Luftgeschwindigkeit zu ermitteln. Die Bestimmung der Werte mit zwei absolut messenden Sensoren ist jedoch recht ungenau und die mechanische Messanordnung unpräzise. Mit dem neuen Sensor wird deswegen der Differenzdruck einer Pitot-Sonde gemessen.

[33] Streng genommen war es nicht einmal der vorletzte Neuentwurf, aber dazu mehr in Kapitel 8.

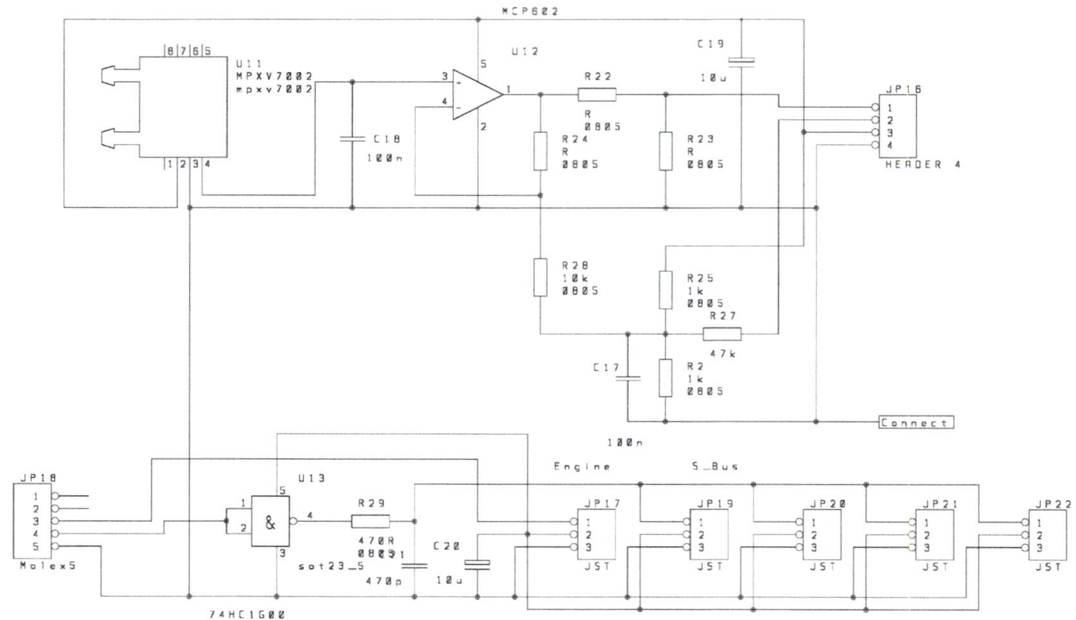

Bild 7.55 Stromlaufplan zur Ankopplung der Servos über S-BUS und OPV zur Verstärkung des Signals des Differenzdrucksensors

Ganz neu ist auch der Umstieg der Servoansteuerung auf ein Bussystem. Die Firma Futaba propagiert seit einigen Jahren für ihre hochqualitativen Fernsteuerungen einen seriellen Bus, den Futaba-SBUS™. Anstelle der Einzelverdrahtung eines jeden Servos mit Akku, Masse und Signal vom Empfänger zur Rudermaschine, werden alle Servos an einem Drei-Draht-Bus angeklemmt.

Der Futaba-SBUS ist deutlich anspruchsvoller als die bekannte PPM-Modulation der Servoimpulse. Um beim Test der Hardware die Erprobungsrisiken so klein wie möglich zu halten, sind neben dem SBUS auch konventionelle Impulskanäle vorgesehen. Dies hat auch den zusätzlichen Vorzug, im Zweifel preiswertere Servos einsetzen zu können. In der Gesamtsicht ist der schaltungstechnische Aufbau durchaus limitiert, mit anderen Worten, neben der CPU und einigen wenigen Adaptionen der Sensoren werden verhältnismäßig wenige Bauteile erforderlich (Bild 7.56).[34]

[34] Die Angabe der vielen Schaltungsteile, die entweder komplett oder in wichtigen Teilen im Buch gezeigt werden, hat natürlich einen Grund. Viele mir bekannte Fachbücher sind in diesen Teilen oft sehr sparsam mit ihren Hinweisen. Damit meine ich nicht nur diejenige Literatur, die sich mit miesen Blockschaltungen oder billigen Copy & Paste-Quellen schmückt. Fachliteratur darf durchaus etwas kosten, doch für mein gutes Geld verlange ich gute Literatur.

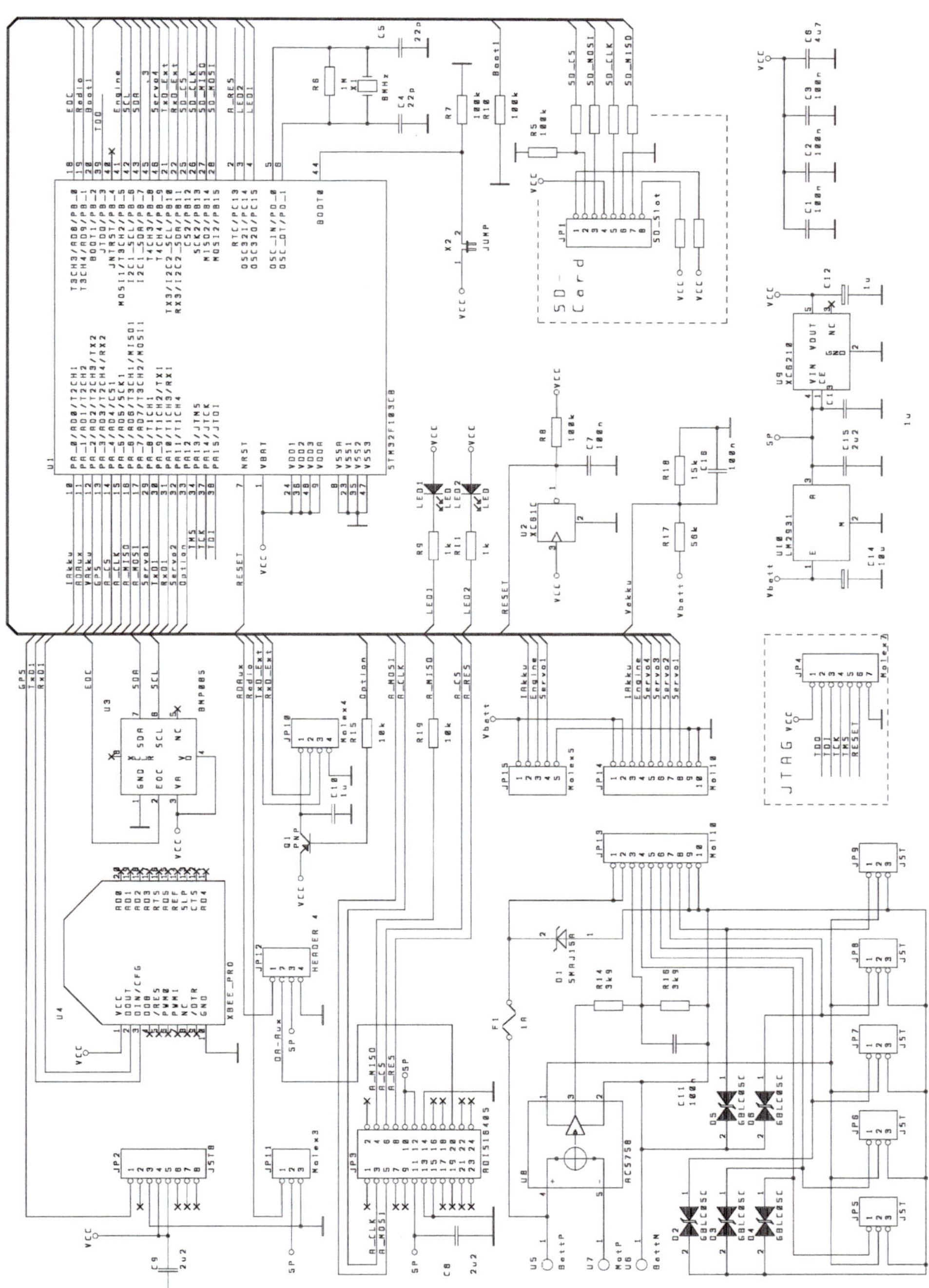

Bild 7.56 Hauptteil der Schaltung von AP5 mit der CPU und der zugehörigen Sensorik

8 PIRX^{AT} – vom Prototyp zum UAV-Testvehikel

8.1 Designkonzept eines UAV

Der Entwurf des Autopiloten AP5 bildete die Grundlage der Entwicklungen und Forschungen an der Technischen Hochschule Bingen. Ab diesem Stand wurden bei der Weiterentwicklung stärker theoretisch abgesicherte wissenschaftliche Methoden angewandt.

Aus dem AP5 wurde ein System von Einzelrechnern abgeleitet, die die unterschiedlich priorisierten Aufgaben erledigen. In der MCU des Autopiloten sind die unmittelbar notwendigen Steuer- und Regelalgorithmen konzentriert. Dieser Teil der Software ist sowohl hochgradig echtzeitfähig als auch extrem zuverlässig angelegt. Störungen in diesem Rechner haben mit hoher Wahrscheinlichkeit den Absturz des Fluggeräts zur Folge und müssen deswegen unter allen Umständen vermieden werden.

Der Aufbau des Fluggerätes erfolgt auf der Basis eines modularen Konzepts nach Bild 8.1. Aus Kostengründen ist es praktisch unmöglich, ein unbemanntes Luftfahrzeug (UAV) komplett für einen spezifischen Einsatz oder einen einzelnen Kunden zu entwickeln. Am einfachsten wird es, wenn man dabei auf eine Art Baukasten zugreifen kann. Auch dem Entwickler sind die Kundenanforderungen eingangs oft unbekannt, bzw. manche Kunden möchten sich auch nicht in ihre Anwendung hineinschauen lassen.

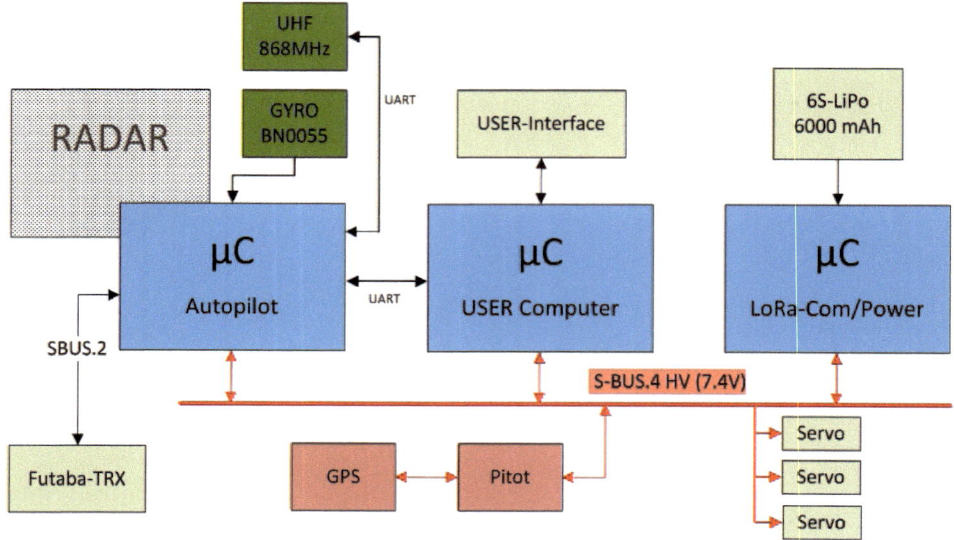

Bild 8.1 Blockstruktur des Autopiloten PIRX der TH Bingen

Eine Anzahl von Standardanforderungen existiert aber praktisch immer. Die Nutzlast muss mit elektrischer Energie versorgt werden. Sie benötigt in aller Regel einen Kommunikationskanal und vielfach auch Zugriff auf die Daten des Bordrechners. Im letzten Fall ist dies besonders heikel, da auch der Entwickler der Steuersoftware sich ungern in die Karten schauen lässt (von Fragen bezüglich der Softwaresicherheit ganz zu schweigen).

Deswegen wird dem Anwender ein eigener Nutzlast-Rechner zur Verfügung gestellt. Eine bereitgestellte Softwarebibliothek auf dieser MCU sorgt für die Kommunikation mit dem Steuerrechner, der Rest der Anwendersoftware geht den UAV-Produzenten nichts an. Für Anwender aus dem Bildungsbereich, Hochschulen und Universitäten, ist der Nutzlast-Rechner Mbed-kompatibel. Selbstverständlich stehen auch kommerziellen Nutzern die Mbed-Fähigkeiten der Nutzlast-MCU zur Verfügung.

Der erste Designentwurf eines solchen Systems bestand in der Untergliederung der Flugzeugkomponenten in mechanische Subsysteme (siehe Bild 8.2). Eine wichtige Grundbedingung besteht in der „freien Sicht“ in Flugrichtung nach vorn. Dieser Bereich bleibt der Sensorik vorbehalten. Aus den Erfahrungen früherer Versuche war die größtmögliche räumliche Trennung von Antriebsmotor und Magnetkompass ein weiteres „Muss“.

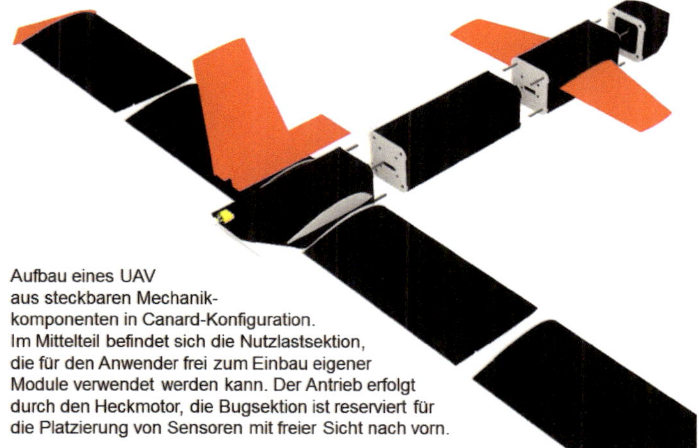

Bild 8.2 Modulares Konzept einer flexibel konfigurierbaren Flugdrohne

Für die ersten Flugerprobungen wurde in Kooperation mit der Firma Bormatec *(https://www.bormatec.com)* ein Entenflügler, auch als Canard bezeichnet, entwickelt. Ein solches Fluggerät sieht auf den ersten Blick aus, als flöge es rückwärts. Der Hauptauftrieb wird durch den großen Heckflügel erzeugt, aber auch der Vorflügel trägt zur Auftriebserzeugung bei.

Wie fast immer in der Entwicklung neuer Produkte wurde der Zeitaufwand bis zur Bereitstellung eines brauchbaren Prototyps sträflich unterschätzt. Bei Fluggeräten und ihren Systemen ist eine sehr enge Verzahnung betreffs des mechanischen Aufbaus und der Funktionen stets gegenwärtig. Man kann nicht einfach so ein oder gar mehrere Komponenten unabhängig voneinander entwickeln oder ändern. Mechanische Modifikationen oder auch nur geringfügige räumliche Verschiebungen bereits getesteter Baueinheiten haben praktisch immer Auswirkungen auf den Schwerpunkt des Flugzeugs.[1]

Über mehrere Zwischenschritte kristallisierte sich schließlich der zu beschreitende Entwicklungsweg heraus. Letztlich brachte aber nur die Kombination aus kreativem unkonventionellen Denken, hartnäckigen Versuchen und solider Unterstützung durch Franz Borman, Geschäftsführer der Firma Bormatec, sowie der Ideen von Gerd Rudolph und Burkhard Müller der Flieger-Modellbau-Gruppe Waldalgesheim *(www.fmg-waldalgesheim.de)* den Durchbruch (Bild 8.3).[2]

---

[1] Wenn Sie Ihr Auto falsch beladen, z. B. vier Sack Zement in den Kofferraum packen, wird das Fahrgefühl etwas seltsam, aber solange die Polizei Sie nicht erwischt und die Karosse mitmacht, wird es gehen. Befindet sich hingegen ein falscher Schwerpunkt am Flugzeug, kommt das Ding in einer Wurfparabel zurück zum Boden.

[2] Ich will hier abkürzen, aber die immer neuen Probleme und Änderungsversuche waren teilweise extrem frustrierend; und hinzu kam immer wieder die Geldfrage. Forschung an Hochschulen wird gern gesehen, aber so richtig aus dem Vollen schöpfen konnte ich nie. Das ständige Bitten und Betteln nach kostenlosen Mustern für die Elektronik, den Aufbau von Fluggeräten zum Selbstkostenpreis des Produzenten etc. – es gibt wahrhaft schönere Dinge im Leben.

Bild 8.3 Evolution in der Entwicklung des Trägersystems PIRX[3]: Der Prototyp rechts oben im Bild ist komplett mit dem 3D-Drucker hergestellt. Die Konzeption erfolgte durch Christopher Hilgert, und das Muster war ein Star auf der AERO 2016.

Während die Flugzellenentwicklung zunächst unterschätzt wurde, war dies beim Elektronikentwurf ganz anders. Hier wurden die viel größeren Entwicklungsrisiken vermutet. Infolge der Weiterentwicklung der Sensortechnik musste der ADIS 16405 der Firma Analog Devices ersetzt werden. Zum einen war dieses Bauteil richtig teuer, und zum anderen wurde die Fertigung vom Hersteller eingestellt. Die Nachfolgemuster sind zwar viel besser, aber auch noch sehr viel teurer.

Um hier für die Zukunft solide aufgestellt zu sein, wurden alle Bauelemente auf Typen aus dem Automobilbau umgestellt. Am Ende blieb nur das Konzept des Autopiloten AP5 erhalten, die Elektronik glich einem Neuentwurf [63]. Der Erfolg war durchschlagend.

Wie in Bild 8.1 zu sehen, stellt der Futaba-SBUS die zentrale Datenautobahn zur Kommunikation der Rechnereinheiten untereinander dar. Zur Einsicht in die Details des Datenaustauschs ist der Abschluss eines gemeinsamen NDA mit Futaba erforderlich. Aus der Anwendersicht stellt sich die Datenstruktur der Busübertragung, wie in Bild 8.4 zu sehen, dar.

---

3 PIRX steht für „Pilotless intelligent Radar Experiment“. Niemals würde dieser Name eine Hommage an den weltberühmten Autor Stanisław Lem und seinen nicht minder bekannten Piloten Pirx sein, oder doch? Sie kennen den Piloten Pirx nicht? Stanisław Lem auch nicht? Kunstbanause!

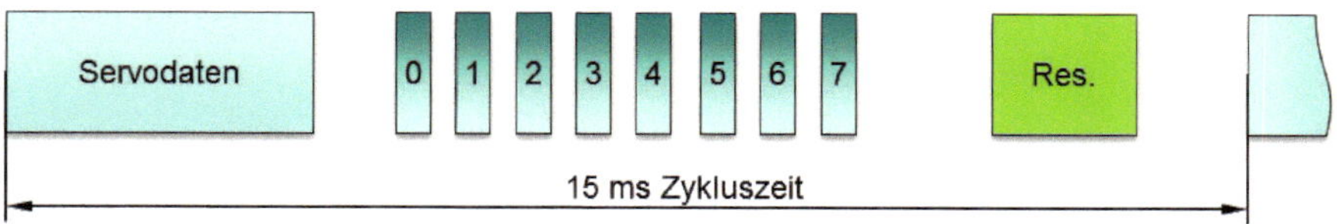

Bild 8.4 Prinzip der Datenübertragung für die Positionierung der Servos und der Übermittlung von Sensordaten über nummerierte Datenslots

Die Winkelpositionen der Servos werden zusammen mit einigen Zusatzinformationen in einen Datenblock - Servodaten - zusammengefasst und alle 15 ms auf den Bus gelegt. Das Busprotokoll entspricht weitgehend einer UART-Message mit einer Datenrate von 100 000 Baud mit einem invertierten Datensignal. In jedem Servopaket sind 16 Servokanäle mit 11 Bit Auflösung enthalten. Zwischen den Servoblöcken stehen zusätzliche Datenslots bereit. Es existieren 32 Slots, d. h., nach jeweils vier Servopaketen beginnt die Zählung der Datenpakete wieder von vorn. Ursprünglich dienten diese Impulspakete lediglich zur Übermittlung von Sensorsignalen auf dem Bus zum Downlink an den Fernsteuersender. Mithin ist dieses System aus Botschaften allgemeiner strukturiert und erlaubt den bidirektionalen Datenverkehr im UAV. Ein sekundäres Impulspaket ist reserviert für zukünftige Anwendungen.

Bild 8.5 gibt eine Übersicht zum inneren Aufbau der Bordelektronik des UAV. Die gewünschte Modularität des Systems wird durch die Unterteilung in trennbare Segmente und die flexible Verknüpfung über den Bus gewährleistet.

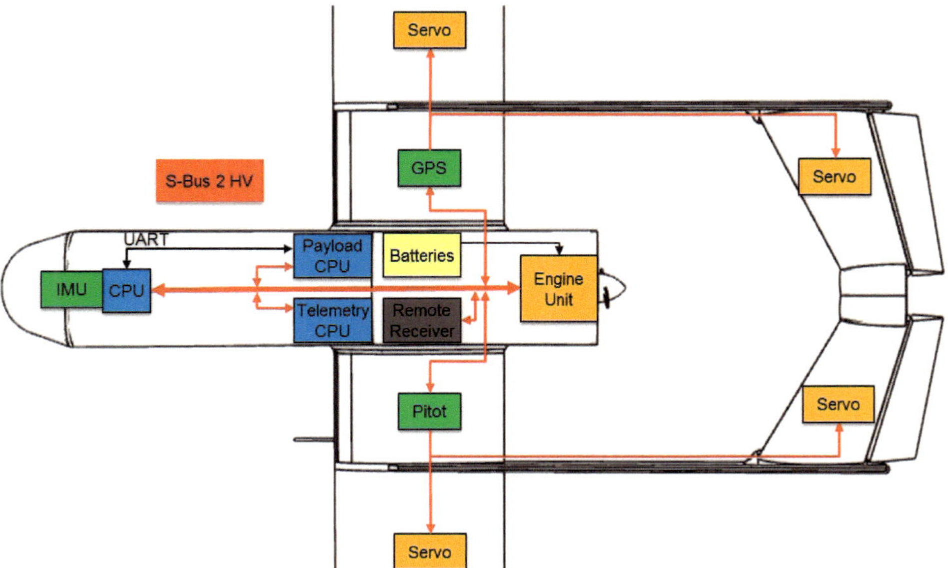

Bild 8.5 Verteilung der Subsysteme im UAV und die Verbindung über Futaba-SBUS.2

Das Futaba-Bussystem ist nicht das einzige am Markt. Einige Wettbewerber konkurrieren um die Gunst der Kunden. Es ist hier kein Platz, um die jeweiligen Vor- bzw. Nachteile zu diskutieren. Es sei nur eines gesagt: Die Firma Futaba bietet hochwertige Rudermaschinen für ihren Bus an. Das war eines der wesentlichsten Argumente für die Implementierung des Protokolls im Autopiloten.

8.2 Echtzeit-Multitaskingsystem nicht nur für Autopiloten

Zu den Eigenschaften von präemptiver bzw. kooperativer Multitasking-Verarbeitung sind in Abschnitt 6.5 die Grundprinzipien erläutert worden.[4] Für den Einsatz in sicherheitskritischen Softwaresystemen, die zusätzlich mit harten Echtzeitanforderungen konfrontiert sind, ist der Einsatz eines kooperativen Multitaskingsystems das Mittel der Wahl.

Zur Erinnerung: Im kooperativen Multitasking erhält der aktive Task den vollen Zugriff auf die CPU. Nach Ablauf der Taskfunktionalität wird die Kontrolle der CPU „freiwillig" zurückgegeben. Während der Programmlaufzeit des Tasks erhalten ausschließlich höher priorisierte Interrupts kurzzeitig CPU-Zeit. Das ist zwar ein recht riskantes Geschäft, aber die Alternative bestünde darin, einen Scheduler zu programmieren, der die optimale Zuteilung der Rechenzeit an die Tasks übernimmt. Und das ist noch viel gefährlicher!

Der wesentlichste Vorzug dieses Vorgehens liegt in der exakten Berechenbarkeit der Programmlaufzeit der aktiven Tasks. Eng damit verbunden ist der offensichtlichste Nachteil dieses Tuns: Alle Taskfunktionalitäten müssen in Zeitscheiben unterteilt und programmiert werden. Das ist unter Umständen keinesfalls trivial (dazu später mehr).

Die Liste der aufzurufenden Tasks ist in einer Struktur mit folgendem Aufbau hinterlegt:

```
/* Prototyp für TCB */
typedef struct TASK_stTCB{
    struct          TASK_stTCB *pNext;      /* Zeiger auf nächsten TCB */
    cbyte           bId;                    /* ID */
    cbyte           bTimeCycle;             /* Zyklus der Timerticks */
```

4 Die Grundlagen stehen immer irgendwo. Der Teufel steckt aber bekanntlich im Detail. Einige zum Teil durchaus renommierte Fachbücher verstecken sich gern hinter den Grundlagen. Für den Techniker oder Ingenieur, der sich zum ersten Mal damit befasst, bleibt dann meist ein großes Fragezeichen. „How go", in der deutschen Übersetzung „Wie geht", ist dann ein Problem (höre dazu Dragan & Alder, Duo Mundstuhl). Deswegen finden Sie in diesem Buch zum besseren Verständnis immer wieder „Codeschnipsel". Den kompletten Code publiziere ich natürlich nicht. Sie sollen ja mein UAV kaufen.

```
cbyte           bTimeCount;          /* laufender Zähler */
TASK_fCyclFunc  fFunc;               /* Taskfunktion */
} TASK_stTCB;
```

Hinter dem Prototyp TASK_fCyclFun verbirgt sich ein Funktionspointer, der die Startadresse der Taskfunktion beinhaltet. Zwei Zählwerte sind zur Kontrolle des Aufrufs der Taskfunktion nötig, bTimeCycle und bTimeCount. Mit diesen Variablen werden die Aufrufzyklen und ein Vielfaches des Taskstarts gezählt. Zur Verdeutlichung, der Futaba-SBUS weist eine Zykluszeit von 15 ms auf. Der Basis-Timer-Tick des kooperativen Multitaskingsystems wird deswegen auf diesen Wert eingestellt. Im Allgemeinen sind dafür Werte im Bereich von 10 bis 40 ms typisch. Mit einer ID-Nummer wird der jeweilige Task eineindeutig gekennzeichnet. Es würde nun genügen, alle Taskfunktion in einer Liste anzuordnen und dann nacheinander auszuführen (siehe dazu auch Bild 8.6).

Wenn man diese Liste im RAM der MCU platziert und genügend Speicherreserven vorsieht, kann die Zahl der aktiven Tasks zur Laufzeit variabel sein. Werden Tasks hinzugefügt, wird das „Array of Tasks“ vergrößert, entfernt man Tasks, wird das Array kürzer. Beim sequenziellen Aufruf im Scheduler dürfen aber keine Lücken auftreten. Man müsste demzufolge das Array der Tasks zur Laufzeit umsortieren. Das ist jedoch noch gefährlicher als gefährlich. Erfolgt dies, z. B. innerhalb eines aktiven Taskaufrufs in einer ISR, findet der Scheduler nicht mehr zurück.

Das Array der aktiven Tasks wird deswegen als verkettete Liste organisiert. Beginnend mit dem ersten Eintrag, zeigt TASK_stTCB *pNext; auf den nächsten auszuführenden Task. Diesen Zeiger kann man nun getrost zur Laufzeit manipulieren.

```
/*************************************************************************
 * Scheduler des kooperativen Multitaskings
 *************************************************************************/
void TASK_vRun( void ) {
    TASK_fCyclFunc fFunc;               /* lokale Kopie des Containers */
    pTaskTcb = &stTaskList[0];          /* Zeiger auf Anfang der Liste */
    ENTER_CRITICAL();                   /* Interrupts verbieten */
    for (;;) {                          /* Conmtainer-Schleife */
        if (pTaskTcb->bTimeCycle == pTaskTcb->bTimeCount) {
            pTaskTcb->bTimeCount = 0;   /* Zeitzähler löschen */
            fFunc = pTaskTcb->fFunc;    /* Containerfunktion laden */
            bId = pTaskTcb->bId;
            EXIT_CRITICAL();            /* Interrupts freigeben */
            fFunc(bId);                 /* Container ausführen */
            ENTER_CRITICAL();           /* Interrupt wieder sperren */
            }
        else{
            pTaskTcb->bTimeCount++;     /* Timer-Clicks inkrementieren */
            if (pTaskTcb == pTaskTcb->pNext){ /* Test Selbstreferenzierung */
                break;                  /* wenn ja - Ende */
                }
            pTaskTcb = pTaskTcb->pNext; /* nächster Task */
            }
        }
    EXIT_CRITICAL();                    /* Interrupts wieder freigeben */
    }
```

Ein Blick in den Codeschnipsel des Schedulers verdeutlicht nun das grundlegende Vorgehen. Der Scheduler `TASK_vRun();` wird in einem festen Zeitraster aufgerufen. Zweckmäßigerweise kann dies ein Timer-Interrupt sein. Die Priorität dieses Interrupts ist die niedrigste im System. Alle anderen ISRs müssen diesen Aufruf unterbrechen können (höhere Priorität).

Innerhalb des Schedulers werden zunächst alle Interrupts global gesperrt. Danach wird eine Endlosschleife `for(;;)` aufgesetzt. Der Zeiger `pTaskTcb` organisiert den Zugriff auf die Taskliste. Wenn Zykluszähler und Zeitstempel identisch sind, wird die adressierte Funktion aus der Liste geladen und gestartet. Dieser Ladevorgang ist wegen der jetzt notwendigen Freigabe des globalen Interrupts nötig. Sollte man diesen Aufruf über den Zeiger direkt starten, ist dieser Aufruf eine nichtatomare Operation. Die Problematik atomarer bzw. nichtatomarer Operationen scheint auf den ersten Blick unbedeutend, ist aber keinesfalls zu unterschätzen.

Im geschilderten Fall geschieht Folgendes, atomar hat in der Informatik nichts mit Atomkraft zu tun, atomar bedeutet hier ununterbrechbar. Sieht man sich den Assembler-Code des direkten Aufrufs über Zeiger an, so wird offensichtlich, dass zwischen dem Laden der Startadresse des aktuellen Tasks, der Freigabe der Interrupts und dem tatsächlichen Startzeitpunkts des aktivierten Tasks eine zeitliche Lücke aus wenigen Op-Codes entsteht. Wenn in dieser zugegebenermaßen sehr kurzen Zeit eine Taskneuordnung erfolgen würde, ist die Taskliste korrumpiert. Das System crasht beim nächsten Taskwechsel. Gesetzt den Fall, die Lücke sei lediglich 1 µs (in Worten eine Mikrosekunde) groß, ist die Wahrscheinlichkeit, dass genau in dieser Lücke ein ISR die Liste umsortiert, klein, aber nicht Null.

Sind Zykluszähler und Zeitstempel ungleich, wird der else-Zweig der ersten if-Anweisung durchlaufen. Mit diesem Mechanismus werden Vielfache des Basis-Timer-Ticks erzeugt, es muss ja nicht jeder Task in jedem Zyklus aufgerufen werden.

In der zweiten if-Anweisung wird geprüft, ob der Zeiger auf den nächsten Task gleich dem des Zeigers auf den aktuellen Task wäre. Ist dem so, ist das Ende der verketteten Liste erreicht, und mit `break;` wird die endlose `for(;;)`-Schleife beendet. Bevor der Scheduler verlassen werden kann, müssen die Interrupts wieder freigegeben werden. Hinter `ENTER_CRITICAL()` und `EXIT_CRITICAL()` verbergen sich Makros, die das globale Interrupt-Enable-Bit setzen bzw. löschen. Ist noch nicht das Ende der verketteten Liste erreicht, wird der Zeiger auf den nächsten Task gesetzt, und ein neuer Aufruf startet.[5]

```
/*************************************************************************
 * Liste der auszuführenden Funktionen (Run), min. eine Funktion eintragen
 *************************************************************************/
const TASK_stCyclFunc TaskListRun[] = {
          , SYS_vMain                       /* LED-Lebenslicht */
```

[5] Immer wenn ich diese Funktionalität in der Vorlesung erläutere, das dauert etwa 30 Minuten, erkenne ich bei den Experten unter den Studenten erstaunte Mienen. So einfach kann das sein? Ja, so einfach ist das!

```
        , 19                              /* alle 300 ms */
        , SBUS_vComputeTimeDummy          /* max 1.8us Laufzeit */
        , SBUS_nCycleTime
        , SBUS_vMain                      /* max. 110us */
        , SBUS_nCycleTime
        , BNO_vMain                       /* max. 20us */
        , BNO_nCycleTime
        , GPS_vMain                       /* max. 95us */
        , GPS_nCycleTime
        };
```

Wie eine solche Liste von Taskfunktionen aussehen kann, zeigt das obige Beispiel. Jeder Task hat eine Funktion und einen Zeitstempel. Der erste Task lässt lediglich eine LED blinken. Die Periodendauer soll 600 ms betragen. Die Blinkzeit muss deswegen auf 300 ms eingestellt werden, jeweils 300 ms ein bzw. aus. Bei einer Zykluszeit von 15 ms pro Timer-Tick, entspricht dies einem Aufruf alle 20 Ticks. Da die 0 einen gültigen Wert darstellt, bemisst sich der Parameter zu (20 - 1) = 19.

Die weiteren Tasks sind Funktionalitäten (natürlich nicht alle) des Autopiloten. Die Zeitangabe hinter der Taskfunktion ist die Laufzeit im Worst Case. Die Summe aller Laufzeiten der Tasks zuzüglich der addierten Programmlaufzeit aller ISRs darf die Zeitspanne des Basic-Timer-Ticks nicht überschreiten. Die Bestimmung der „längsten" Programmlaufzeit erfordert etwas Erfahrung und ein Digital-Oszilloskop.[6]

Grafisch lässt sich die Anordnung von Funktionsaufrufen und Prioritäten entsprechend Bild 8.6 darstellen.

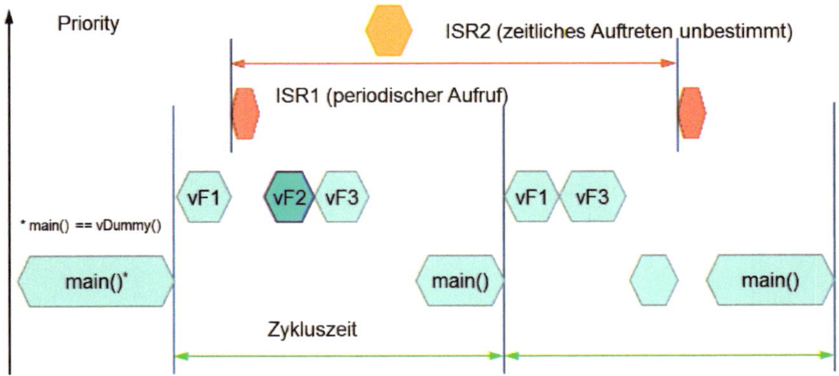

Bild 8.6 Zeitlicher Zusammenhang des Aufrufs von Taskfunktionen und ISRs mit unterschiedlichen Prioritäten

[6] Dieses Gerät übt eine mir unbekannte Bedrohung auf Studenten aus. Lieber suchen selbige stundenlang im Netz nach irgendwelchen sinnbefreiten Zeitangaben zu Programmlaufzeiten oder obskuren Messmethoden, z. B. Op-Code zählen zur Bestimmung derselben, wo man sich doch einfach nur die Kiste (DSO) schnappen müsste und am umprogrammierten „Lebenslicht" die Schaltzeit der LED als Laufzeit des Tasks ausmisst.

Zum sicheren Betreiben des kooperativen Multitaskingsystems muss die Ungleichung

$$T_{vF1} + T_{vF2} + T_{vF3} + T_{ISR1} + T_{ISR2} < T_{Zyklus} \tag{8.1}$$

zur Berechnung des Wort Case erfüllt werden.

Damit steht nun die Frage der Implementierung von Tasks in Form von Zeitscheiben im Raum. Unter dem Stichwort „Zustandsautomat" erfolgt die Umsetzung der geforderten Funktionalität in ein Programm. Am besten lässt sich dies anhand eines simplen Beispiels verdeutlichen.

Der Blinkhebel in den meisten Automobilen verfügt über zwei Funktionen: Beim kurzen Antippen wird eine definierte Anzahl von Blinksignalen erzeugt und danach automatisch gestoppt. Wird der Blinkhebel hingegen in eine Rastposition gebracht, blinken die Richtungssignale so lange, wie diese Rastposition beibehalten wird.

In Bild 8.7 werden diese Zusammenhänge abstrakt formuliert. Der Blinker des Autos verfügt über drei Zustände: **AUS**, **KURZ** und **DAUER**. Der Zustand **AUS** ist klar. Im Falle **KURZ** wurde der Blinkhebel angetippt, dies ist das erste Event „Start". Der angesprungene Zustand wird nach den Blinkvorgängen über das Event „Stop" ohne Bediener-Interaktion verlassen. Das dritte Event „Dauer" aktiviert den dritten Zustand **DAUER**. Dieser muss durch den Bediener mit dem Event „Aus" beendet werden. Die Implementierung dieser Funktionalität ist ein beliebter Laborversuch[7] im Modul „Hardwarenahe Programmierung".

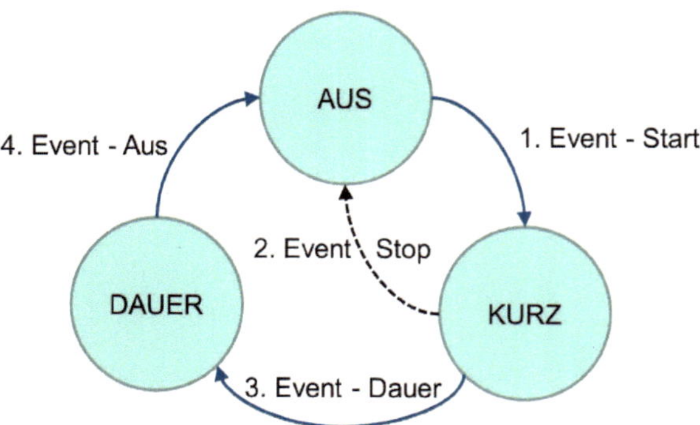

Bild 8.7 Zustandsautomat zum Blinkverhalten im Kraftfahrzeug

Zunächst trennt man die Events von den Zuständen, es verbleiben `enOff`, `enShort` und `enLong` als Bezeichner in der bekannten Syntax. In C gibt es einen für die

[7] „Beliebter Laborversuch" – diesbezüglich gibt es sicher unterschiedliche Standpunkte zwischen Prof und Studi. Für mich ist es immer wieder interessant zu sehen, welche Verrenkungen die Studenten in ihrer Software anstellen, um das gewünschte Verhalten abzubilden. Es gilt wie immer: Erst denken, dann programmieren.

Implementierung von Zustandsautomaten hervorragend geeigneten Befehl, die `switch-case`-Anweisung.

```
void vBlink( void ){
    switch(bBlinkState){
        case enOff:                         /* Zustand aus */
            pinLedLi = 0;                   /* Blinker in jedem Fall aus */
            break;
        case enShort:                       /* "kurz" Blinken */
            pinLedLi = !pinLedLi;
            bBlink--;                       /* Blinkzyklen decrementieren */
            if(bBlink == 0){                /* Blinken beendet */
                bBlinkState = enOff;        /* automatisch deaktivieren */
            }
            break;
        case enLong:                        /* ununterbrochen Blinken */
            pinLedLi = !pinLedLi;
            break;
    }
}
```

Bild 8.8 Implementierung des Zustandsautomaten nach Bild 8.7 mittels des *switch-case*-Befehls

Die Zustände innerhalb der `switch-case`-Anweisung werden in der Variablen `bBlinkState` gespeichert. Im Ruhezustand (Blinker aus) wird der Fall (*case*) *enOff* durchlaufen. Die Blinkdiode wird ausgeschaltet. Gelegentlich hört man hier die Anmerkung, wieso die LED bei jedem Durchlauf erneut ausgeschaltet wird. Sie war doch bereits aus, und obendrein wird dabei jedes Mal Programmlaufzeit für den Ausschaltbefehl benötigt.

Das sind natürlich Argumente, doch die eingesetzte MCU muss in jedem Fall die Programmlaufzeit fürs Ausschalten erübrigen können, ob einmal oder öfter geschaltet wird, ist letztlich egal. Weiterhin würde die Unterscheidung in die Fälle „ausschalten" und „ist bereits aus" die Software unnötigerweise verkomplizieren.[8]

Das Event „1" verändert den Inhalt der Variablen `bBlinkState` von `enOff` zu `enShort`. Gleichzeitig sorgt dieses Event für die Initialisierung der Zählvariablen `bBlink = 8`. Bei den nun folgenden Aufrufen von `vBlink()` wird der Blinkzustand der LED gewechselt (man sagt die LED togglet) und gleichzeitig wird die Zählvariable `bBlink` dekrementiert. Erreicht die Variable den Wert `bBlink = 0`, wird das interne Event „2" ausgelöst, und der Blinkautomat geht in Ruhestellung. Mit den Events „3" und „4" wird der Dauerblink-Mode gestartet und wieder gestoppt (Beispiel in Bild 8.8). Durch „Einhängen" der Funktion `vBlink()` in das kooperative Multitasking werden die erforderlichen Blinkzeiten sichergestellt. Die Blinkfunktion kann somit als Task des Gesamtsystems angesehen werden.

Auf ähnliche Art und Weise werden dann die Events generiert. In diesem Fall erfolgt dies durch die Abfrage eines Eingangssignals (Taster). Wird der Taster kurz

---

[8] Jede nicht geschriebene Programmierzeile erhöht die Ausfallsicherheit. Ein Programm aus null Programmzeilen ist absolut absturzsicher, da es niemals gestartet werden kann.

gedrückt, das entspricht dem Antippen des Blinkerhebels im Auto, erfolgt über Event „1“ der Zustandswechsel des Blinkautomaten.

Rastet man den Blinkhebel ein, so ist dies einer dauerhaften Betätigung des Tasters gleichzusetzen, und das Event „3“ wird erzeugt. Mit dem Ausrücken des Blinkers, respektive Loslassen des Tasters, generiert die Software das Event „4“. Auch diese Funktionalität kann durch einen Task realisiert werden. Sinnvollerweise wird bei dieser Tastenabfrage das Eingangssignal gleichzeitig entprellt.

Bei genauem Hinsehen auf den realisierten Programmcode wird offenbar, dass die eigentlichen Programmlaufzeiten sehr kurz werden. Nur wenn es potenzielle Änderungen der Leuchtzustände gibt, wird die Software aktiv. Damit ist die Implementierung von Tasks sehr einfach möglich.

Zum Abschluss der Implementierungshinweise kommt hier noch ein Beispiel mit einiger Tücke, so man unvorsichtig programmiert. In einer Anwendung sei die Berechnung der Quadratwurzel einer Ganzzahl (Integer) nötig. Die Möglichkeit der Nutzung der mathematischen Bibliothek sei aus bestimmten Gründen ausgeschlossen. Als einfacher Algorithmus bietet sich deswegen eine Intervallschachtelung zur Berechnung der Quadratwurzel an:

```
/*****************************************************************************
 * Quadratwurzel einer Integer-Zahl
 *****************************************************************************/
dword dwCalcSquareRoot( dword dwSquareRoot ){
    dword dwRoot = 1;
    int32 i32Input;
    i32Input = dwSquareRoot;
    while(i32Input > 0){
        i32Input -= dwRoot;
        dwRoot += 2;
        }
    dwRoot--;
    return (dwRoot >> 1);
    }
```

Die Berechnung der Quadratwurzel nach dem vorangegangenen Beispiel ist eigentlich völlig problemlos. Der einzige knifflige Punkt ist die `while()`-Schleife in der Funktion. Es ist offensichtlich, dass die Programmlaufzeit von der Größe des Zahlenwerts des Übergabeparameters `dwSquareRoot` abhängt.

Zur Abschätzung der Programmlaufzeit schaut man sich den Assembler-Code in der `while()`-Schleife an. Der Rowley-Crossworks Compiler erzeugt dafür 15 Op-Codes. Infolge eines Sprungs muss die Pipeline einmal aufgefüllt werden. Insgesamt sollte die Programmlaufzeit für einen Durchlauf auf einem STM32F446 mit 180 MHz Taktfrequenz in der Größenordnung von 100 ns liegen. Bei dem größten möglichen Eingangswert 0x7FFFFFFF werden 46341 Durchläufe nötig ($\sqrt{2147483647} = 46341$).

Das ergibt eine Programmlaufzeit für die Wurzelberechnung zwischen etwa 100 ns und 4,63 ms. Beim Einsatz der Wurzelberechnung im kooperativen Multitasking geht stets die Maximalzeit dieser Operation in die Berechnung des Worst Case ein. Das ist nicht akzeptabel.[9] Die Berechnung der Quadratwurzel ist deswegen in das Korsett der Zeitscheiben einzupassen.

Eine Variante dafür zeigt das folgende Beispiel. Die Berechnung der Iterationen wird von der `while()`-Schleife in den Container-Aufruf verschoben. Da der Container immer zyklisch gestartet wird, benötigt man einen Zustandsautomaten, `enDonothing` und `enSquareRoot`. Gleichzeitig soll die Wurzelberechnung von unterschiedlichen Tasks verwendet werden dürfen.

Zum Start der Berechnung übergibt man dem Modul deswegen auch eine Callback-Funktion. Diese wird „zurückgerufen", wenn das Ergebnis vorliegt. Sollte der Algorithmus[10] gerade aktiv rechnen, liefert die Callback-Funktion den Wert -1 zurück. Dies ist kein gültiger Wurzelwert und signalisiert die Aktivität.

```
/* square root */
typedef void (* vTaskCallback)( int ); /* prototyp for callback function */
byte bState;                           /* global variables */
int  iInput;
int  iRoot;
vTaskCallback fCallback;               /* function pointer */
void vSquareRoot        ( void );      /* function prototypes */
void vInitSquareRoot    ( void );
void vStartSquareRoot   ( int, vTaskCallback);
void vResult            ( int );       /* user function for SQRT */

void vSquareRootMain( void ){          /* called every timer tick */
    switch(bState){
        default:
            bState = enDonothing;
        case enDonothing:              /* no computation */
            break;
        case enSquareRoot:             /* in progress */
            if(iInput > 0){
```

---

[9] Ich hoffe, das ist ohne weitere umfangreiche Erklärung einsichtig. Bei 15 ms Zykluszeit würde diese simple Operation im unglücklichsten Fall fast 30 % der verfügbaren Rechenleistung eines Slots der CPU verballern.

[10] Dies gilt für den Fall, dass das Prinzip eines Algorithmus einer Erklärung bedarf. Ein Algorithmus ist für schlichte Gemüter so etwas wie ein Kochrezept. Es gibt Zutaten und eine Vorschrift zur Behandlung derselben. Der Algorithmus zum Wurzelziehen steht oben, ein gutes Rezept für Spaghetti Bolognese geht in etwa so. Man braucht circa 300 g gutes Rinderhack, eine Zwiebel, Olivenöl, Kümmel, Oregano, Pfeffer, Salz, eine Prise Zucker und natürlich Tomatenmark von „Mutti". Italienische Spaghetti und eine Flasche Malbec sind ebenso nötig. Die Zwiebeln werden im Öl angebraten, bis sie Farbe bekommen. Dann kommt das Hack hinzu. Krümeln Sie es fein und geben Sie einen Schluck Malbec zum Ablöschen hinzu. Jetzt wird das Feuer klein gedreht und die Mischung langsam eingeköchelt. Fügen Sie gelegentlich etwas Wasser oder Rinderbrühe hinzu, damit nichts anbrennt. Vergessen Sie das Umrühren nicht. Prüfen Sie zwischendurch, ob der Malbec noch gut ist. Geben Sie ihn nicht in die Soße, sondern trinken ihn selber. Nach zwei bis drei Stunden bzw. wenn der Malbec leer ist, hat die Soße die richtige Konsistenz. Fügen Sie zuvor die anderen Gewürze nach Geschmack hinzu. Kochen Sie die Spaghetti, geben Sie die Soße hinzu und hobeln Sie frischen Parmesan darüber. Dazu passt eine zweite Flasche Malbec hervorragend.

```
                iInput -= iRoot;
                iRoot += 2;
                }
            else{
                iRoot--;
                fCallback(iRoot >> 1);
                bState = enDonothing;
                }
            break;
            }
        }

void vStartSquareRoot(iValue, fResult){
    if(bState == enDonothing){
        iInput = iValue;
        fCallback = fResult;
        iRoot = 1;
        bState = enSquareRoot;
        }
    else{
        fResult(-1);
        }
    }
```

Zum Start des Algorithmus wird die Funktion `vStartSquareRoot()` mit der zu berechnenden Wurzel und der Benachrichtigungsfunktion für das Ergebnis aufgerufen. Diese Form der Benachrichtigung unter Benutzung von Callback-Funktionen ist eine beliebte Methode, um innerhalb von Multitaskingsystemen Daten auszutauschen.

Für die Berechnung des Ergebnisses werden in dieser Konfiguration dann N-Timer-Zyklen notwendig. Sinnvollerweise wird für diese Berechnungen ein zweiter, schnellerer Container programmiert, indem man alle High-speed-Operationen einhängt.

8.3 Das theoretische Modell als Grundlage der „Fliegekunst"

Nach wie vor besitzt der klassische PID-Regler eine enorme Bedeutung innerhalb der Steuerung und Regelung von Prozessen.[11] Diese Struktur lässt sich als Regelkreis abbilden (siehe Bild 8.9). Bezüglich des Aufbaus und der Dimensionierung

[11] Auch die Technik ist modischen Tendenzen unterworfen. Zum Ende meines Studiums Anfang der 1990er-Jahre war der Fuzzy-Regler der neu aufgehende Stern der Regeltechnik. Alles musste „fuzzyfiziert" werden. Mit unscharfen Regelgrößen und mittels zusätzlichen Regelwerkes glaubte man, den ultimativen Algorithmus gefunden zu haben. Meines Wissens nach sind sogar Haushaltswaschmaschinen „gefuzzied" worden. Den nächsten Trend bildeten Kalman-Filter sowie adaptive Beobachter, und am Ende stand die Agententechnologie. Mag sein, dass ich hier das eine oder andere durcheinanderwerfe, aber so ist meine (trügerische) Erinnerung. Seit jener Zeit mäßige ich mich bei der Weltenrettung. „Vorwärts, Kameraden, wir müssen zurück!" [92]

existieren viele Literaturquellen, z. B. [64]. Die nachfolgenden Darstellungen stützen sich unter anderem auf [65] und [66].

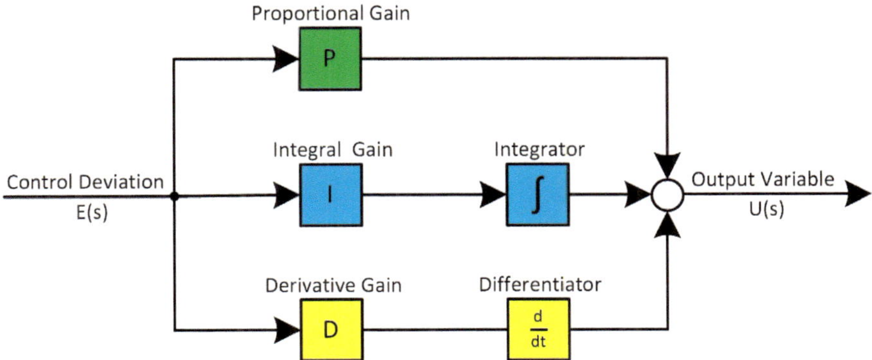

Bild 8.9 Allgemeiner Aufbau eines PID-Reglers

Eine Kontrollgröße wird auf den Eingang des Reglers gelegt. Die Ausgangsgröße wird dann über die gewichteten Kanäle P (proportional), I (integral) und D (differenziell) bestimmt:

$$U(s) = K_P \left[E(s) + \frac{1}{T_I} \int_0^s E(s)\,ds + T_D E(s) \frac{d}{ds} \right] \tag{8.2}$$

In Formel 8.2 ist der Wert E die sogenannte Regelabweichung, zum Teil auch als Fehlergröße bezeichnet. Dabei stellt sich die Frage: Woher kommt diese Fehlergröße?

Zur Bestimmung dieser Größe muss der Regelkreis geschlossen werden. Für den praktischen Einsatzfall wird deswegen zwischen Ausgang und Kontrollgröße eine Rückkopplung (engl. Feedback) eingefügt. Für die Anwendung im UAV wird zusätzlich ein zweiter Schritt notwendig. Das kooperative Multitasking innerhalb des Bordcomputers arbeitet mit Zeitscheiben für die einzelnen Tasks. Für die Implementierung eines Regler-Tasks ist deswegen eine zeitdiskrete Berechnung der Regelabweichungen unumgänglich.

Bild 8.10 zeigt das Resultat. Der Ausgang des Reglers geht in den Eingang der Flugsimulation. Im Reflex-Flugsimulator werden diese Signale als Vorgabegrößen für die Ruder- bzw. Klappenstellung des UAV interpretiert. Die Fluglagedaten werden dann via COM-Port in den Regler zurückgeführt. Der Kreis ist geschlossen.

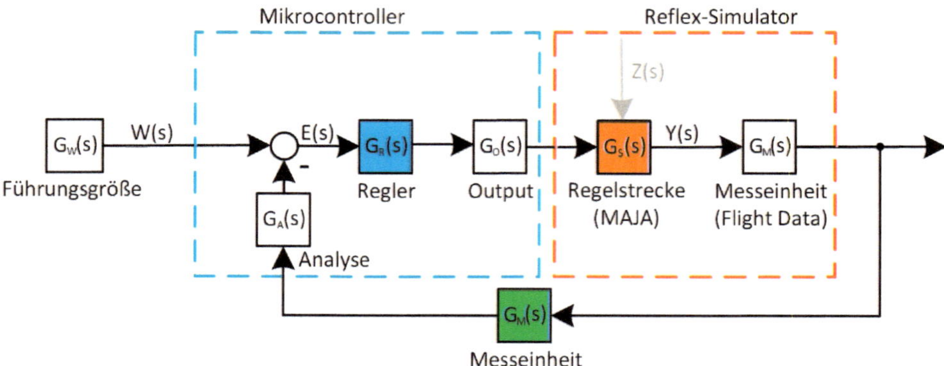

Bild 8.10 Erweiterter Regleraufbau mit Rückführung und Integration des Flugsimulators

Die für die zeitdiskrete Regelung notwendige Mathematik lautet:

$$u_k = u_{k-1} + e_k \cdot \left(K_P + K_I \cdot T_s + \frac{K_D}{T_s} \right) + e_{k-1} \cdot \left(-K_P - 2 \cdot \frac{K_D}{T_s} \right) + e_{k-2} \cdot \frac{K_D}{T_s} \tag{8.3}$$

- u_k: aktuelles Kommandosignal
- $u_{(k-1)}$: vorangegangenes Kommandosignal
- e_k: aktuelle Regelabweichung (Fehlersignal)
- $e_{(k-1)}$: vorhergehende Regelabweichung
- T_s: Abtastzeit

Damit kann nun die Umsetzung in Programmcode erfolgen. Die Regelung um die Rollachse ist wie folgt in C implementiert worden:

```
/* PID-Regler, Anti-Wind up & Begrenzung für die Rollachse */
void REGELUNG_vPID_Regler_Roll( cbyte cID ){
    fq0_Roll =  fKP_Roll + fKI_Roll * ft_sample + fKD_Roll/ft_sample;
    fq1_Roll = -fKP_Roll - 2*fKD_Roll/ft_sample;
    fq2_Roll =  fKD_Roll/ft_sample;

    /* Berechnung der Regeldifferenz */
    fAngle_e_Roll_new = fAngle_Roll_Soll - stSensorik_Ist.fAngle_Roll_Ist;

    /* anti wind up (bei Übersteuerung Integration stoppen */
    if((fAngle_u_Roll < 64) && (fgAngle_u_Roll > -64){
        fAngle_e_Roll_sum = fAngle_e_Roll_sum + fAngle_e_Roll_new;
        }

    /* Regelalgorithmus */
    fAngle_u_Roll = fAngle_u_Roll_old + \
                    fq0_Roll * fAngle_e_Roll_sum + \
                    fq1_Roll * fAngle_e_Roll_old + \
                    fq2_Roll * fAngle_e_Roll_old_2;
```

```
    /* Begrenzung der Stellgrößen */
    if(fAngle_u_Roll > i16Angle_Max) fAngle_u_Roll = i16Angle_Max;
    if(fAngle_u_Roll < i16Angle_Min) fAngle_u_Roll = i16Angle_Min;

    /* Vergangenheit „aktualisieren" */
    fAngle_e_Roll_old_2 = fAngle_e_Roll_old;
    fAngle_e_Roll_old   = fAngle_e_Roll_new;
    fAngle_u_Roll_old   = fAngle_u_Roll;

    /* Umrechnung der Winkel in die Impulsbreite */
    i16_PulseWidth_u_Roll = SERVO_i16AngleToPulse(fAngle_u_Roll);
    }
```

Mit dieser Softwareroutine und den empirisch gefundenen Regelparametern $KP_{Roll} = 0.7$, $KI_{Roll} = 0.5$ und $KD_{Roll}=0.1$ ergeben sich die Auslenkungswinkel laut Bild 8.11.

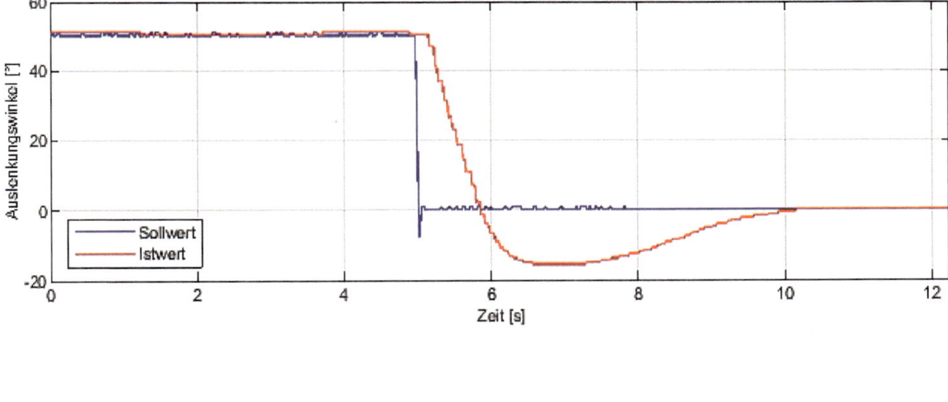

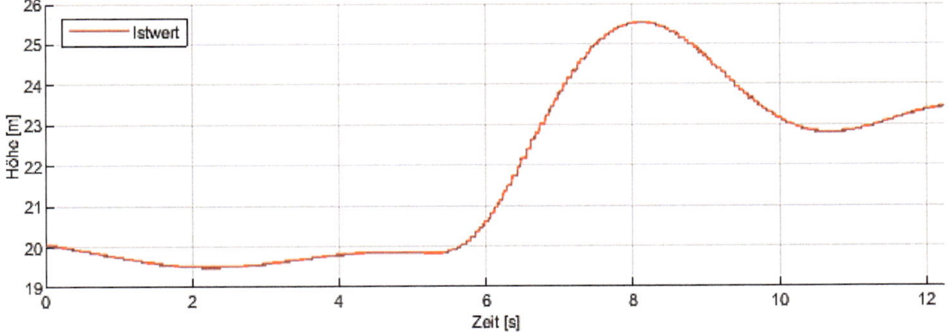

Bild 8.11 Sprungantwort des implementierten Regelalgorithmus bei Auslenkung um die Rollachse des UAV in der Simulation auf dem PC

Zur Erklärung: Das UAV fliegt in einer Auslenkung von circa 50 Grad um die Rollachse. Das Flugzeug beschreibt damit eine Kurve, da ein Rollwinkel ≠ 0 Grad immer eine Änderung der Flugrichtung zur Folge hat. Der sprunghaften Änderung der Vorgabe auf Horizontalflug folgt das UAV mit Überschwingen, aber ohne Oszillation, d.h., der „Overshot" klingt von selbst ab.

In der unteren Kurve ist beim Einschwenken in den Horizontalflug eine Vergrößerung der Flughöhe zu erkennen. Dies ist sinnvoll und korrekt. Ohne die Kopplung der Regler in den einzelnen Achsen und die Verbindung mit dem Antrieb ist dieses Verhalten nur folgerichtig. Im Horizontalflug verringert sich der Luftwiderstand, und da nun beide Tragflächen symmetrisch im Luftstrom liegen, steigt die Flughöhe.

Mit dieser Simulation und der Datenauswertung ist der Beweis erbracht, dass die Umsetzung der allgemeinen Berechnung des PID-Reglers in ein zeitdiskretes mathematisches Modell erfolgreich implementiert wurde (siehe auch [67]).

In den nächsten Schritten werden nun die einzelnen Regler für die Nick- und die Hoch-Achse nach demselben Schema in Betrieb genommen.

Die wichtige Frage der Bestimmung der Regelparameter $KP_{Nick, Hoch}$, $KI_{Nick, Hoch}$ und $KD_{Nick, Hoch}$ steht noch aus. Eine empirische Ermittlung ist hier natürlich möglich, aber nicht besonders sinnvoll. Besser ist es, ein Prozessmodell des Verhaltens des Flugzeugs aufzustellen und anhand der Werte dieses Modells die Regelparameter numerisch zu optimieren. Zuvor wird das System der Regler zu einem einheitlichen Reglermodell für den gesamten Autopiloten zusammengefasst.

In Bild 8.12 ist die Blockstruktur des kompletten Autopiloten dargestellt. Neben der Regelung des UAV um die einzelnen Achsen ist auch eine Anbindung an einen Navigationsrechner vorhanden [68].

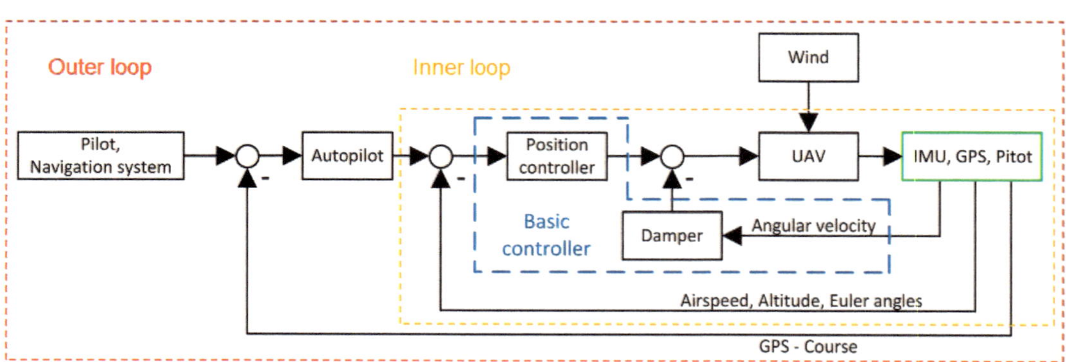

Bild 8.12 Autopilot des UAV PIRX mit PID-Regler (basis controller), Fluglagekontrolle (inner loop) und Schnittstelle zum Navigationssystem (outer loop)

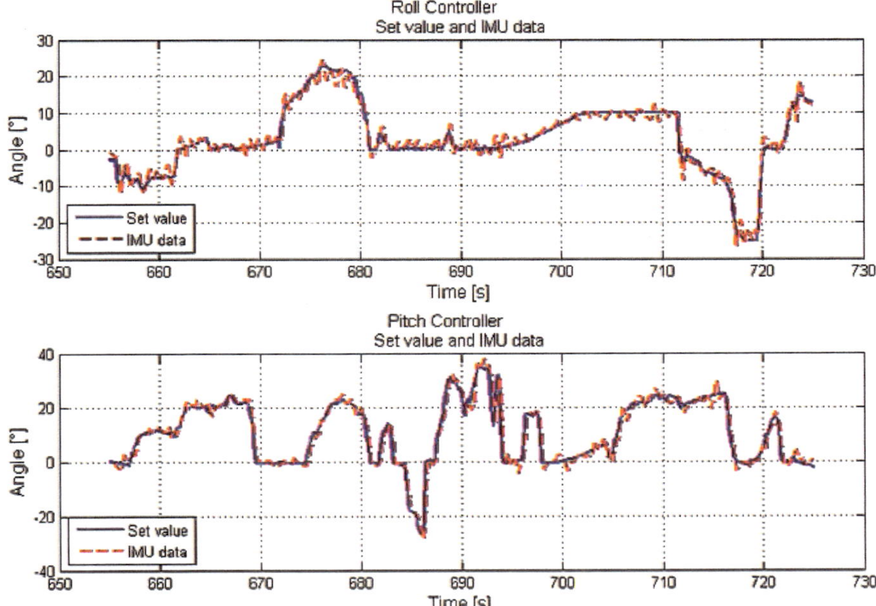

Bild 8.13 Reale Flugdaten des Autopiloten – jeweils die Steuervorgaben (set value) und die Messwerte aus der IMU (inertial measurement unit) des Bordrechners

8.4 Testhardware für den Autopiloten PIRX^{AT+}

Nachdem das theoretische Grundkonzept über einen einfachen Testaufbau softwaretechnisch validiert wurde, ist die Hardware des Autopiloten den neuen Anforderungen angepasst worden. Das in [63] entwickelte Schaltungskonzept wurde auf die in Bild 8.1 angegebene Blockstruktur umgestellt. Praktisch erfolgte dies durch ein Redesign der Schaltung unter Nutzung mehrerer MCUs anstelle der bislang verwendeten einzigen Zentraleinheit.

Den Stand vor der Weiterentwicklung zeigt Bild 8.14. Zwei wesentliche Entwicklungsaspekte waren dafür einzuhalten. Zum einen sollten die vorhandenen Funktionsmuster des Bordrechners zur Flugerprobung verwendet werden. Damit ergab sich die zweite wichtige Anforderung für die „sanfte“ Modernisierung: Der Neuentwurf musste softwarekompatibel bleiben.

Bild 8.14 Bordcomputer mit Zentral-CPU und erweiterbaren Funktionseinheiten

Auf ein Detail in der Schaltungstechnik soll an dieser Stelle kurz verwiesen werden. Die Stromversorgung aller Autopiloten bis zum Entwurf AP5 (Bild 7.53) erfolgte grundsätzlich durch Linearregler, d. h., je nach Quelle (Akku/SBUS) der internen Versorgung 5 V bzw. 3,3 V entstanden zum Teil erhebliche thermische Verluste.

Diese Verluste, in der Größenordnung von ca. 2 bis 7 Watt, sind bezüglich der erforderlichen Akkukapazität hinsichtlich des Antriebs prinzipiell zu vernachlässigen. Bei einer Leistungsaufnahme von maximal 500 W im Antriebsmotor sind diese Zahlen wirklich unrelevant. Für den Aufbau des Bordrechners ist aber die damit verbundene Wärmeabfuhr ein nicht zu vernachlässigendes Konstruktionsmerkmal.[12]

Die Alternative zur unvermeidlichen „Verheizung" des Spannungsabfalls bilden getaktete Stromversorgungen. Dem Vorteil des besseren Wirkungsgrads stehen die Nachteile der schlechteren Lastsprungausreglung und der möglichen Störstrahlung (EMV) entgegen.

Anstelle der volldiskreten, d. h. aus Einzelbauelementen konzipierten, Schaltregler gibt es seit einigen Jahren teilintegrierte Lösungen. Teilintegriert bedeutet, dass die Steuerelektronik als IC vorliegt, lediglich Speicherdrossel, Freilaufdiode und Ladekondensator müssen diskret hinzugefügt werden. Die Auswahl dieser Bauteile und das Layout auf dem PCB werden unter Umständen durchaus zur Heraus-

[12] Auf der Hannover Messe 2015 präsentierten wir einen Demonstrator mit S-BUS-Testsystem. An einem sonnigen und warmen Tag fiel der Bordrechner in immer kürzeren Abständen kurzzeitig aus. Nach einigem Orakeln wurde der Linearregler als Ursache erkannt, dessen Kühlflächendimensionierung war so knapp, dass die thermische Schutzschaltungen den IC bei Überhitzung und damit die komplette Stromversorgung abschaltete.

forderung. Die Industrie stellt deswegen auch vollintegrierte Lösungen zur Verfügung.[13]

In Bild 8.15 ist das dazugehörige Schaltungsdetail zu sehen. Die Integration der Bausteine ist kaum noch komplizierter als der Einsatz klassischer Linearregler. In der Vergangenheit gab es diese ICs vorrangig in LGA bzw. BQFN Packages. Für den Prototypenbau stellt dies ein schweres Hindernis dar, denn wer verfügt schon über einen Reflow-Ofen und die passende Erfahrung in der Handhabung damit? Das neue TO263-7EP-Gehäuse löst dieses Problem. Der Einsatz von Würth-Komponenten wird durch die Bereitstellung von Bauelemente-Bibliotheken zum PCB-Layout vereinfacht.[14]

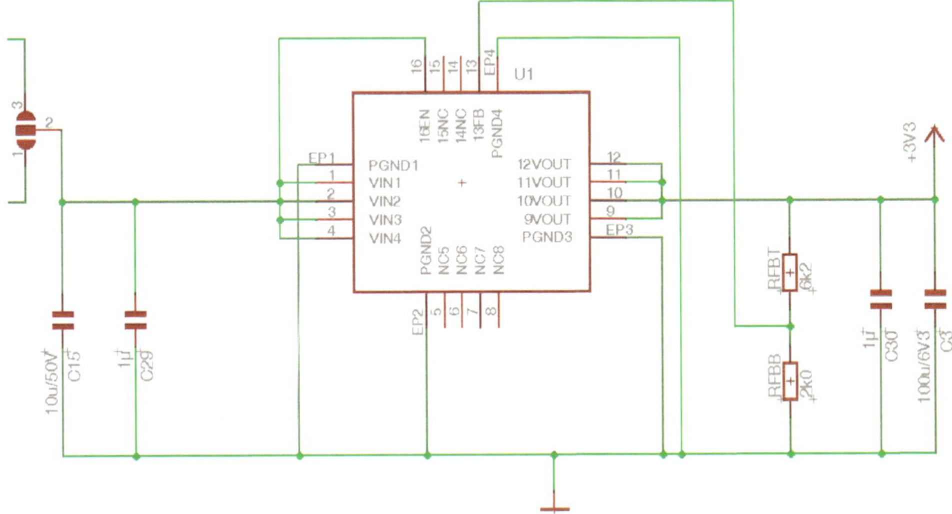

Bild 8.15 Stromversorgung des Bordcomputers mittels Schaltregler aus der MagI^{3}C-VDRM-Serie der Firma Würth Elektronik

Der Bordcomputer nach Bild 8.14 unterstützt zusätzlich einen proprietären internen Bus. Über diese Schnittstelle können zusätzliche Steckeinheiten an die Zentral-MCU angeschlossen werden. Dieser Bus hat sich nur teilweise bewährt. Die Frage nach optionalen Erweiterungen sollte man sich immer wieder selbstkritisch stellen. Was wird wirklich an Erweiterung benötigt? Passt dies in das verwendete

[13] Ich will hier ganz ehrlich sein. Gegen den Einsatz dieser Bausteine habe ich mich lange gesträubt. „Was der Bauer nicht kennt, das isst er nicht." Doch meine Mitarbeiter haben mich überzeugt. Ich gestehe jetzt: Ich bin vom Saulus zum Paulus geworden. Wo immer möglich, teile ich nun die Stromversorgung in separate Abschnitte ein und versorge diese über getrennte Schaltregler.

[14] Für diejenigen unter Ihnen, welche Ihre alten 78xx-Linearregler ersetzen wollen, stellt Würth-Elektronik ebenfalls ein „Replacement" bereit. Aber jetzt ist es genug der Werbung! So viele kostenlose Muster kann ich ja in der Zukunft kaum verbauen.

Gehäusekonzept? Sind die Überlegungen zusätzlicher zukünftiger Komponenten wirklich zielführend? Die Antworten auf diese Fragen sind keinesfalls trivial.

Alles in allem macht die Leiterplatte in Bild 8.16 einen aufgeräumten Eindruck. Es wird nur das, was wirklich für den Autopiloten erforderlich ist, in die Elektronik aufgenommen. Optionen für zukünftige Features werden weitestgehend vermieden. Dazu existieren der interne Steckplatz sowie die Erweiterungsmöglichkeiten durch den Futaba-SBUS.

Bild 8.16 Prototyp des Bordrechners in überarbeiteter Form: Oben links sind die Bohrungen für die unbestückte Telemetrieeinheit und rechts in der Mitte sind die Anschlüsse für den internen Bus zu sehen.

Die IMU wird über den Steckverbinder am linken Platinenrand angesteckt. Ursprünglich war der Lagesensor BNO055 direkt auf der Platine angeordnet. Dies hat jedoch den entscheidenden Nachteil, dass die Lage des Bordcomputers im UAV nachträglich nicht mehr geändert werden kann. Eine Änderung der Flugzeugzelle macht somit eine Modifikation der Leiterplatte des Bordrechners unumgänglich.

Trotz der PC-Flugsimulation und des theoretischen Softwaremodells für den Autopiloten ist eine Laborerprobung der Hardware unverzichtbar. Oft wird dazu einer der mehr oder weniger vollständigen Leiterplattensätze der Elektronik des Autopiloten auf dem Labortisch ausgebreitet, und man legt los. Zeit ist Geld, und beides ist eh nicht im Überfluss vorhanden. Aus bitteren Erfahrungen der Vergangenheit wurde für die Erprobung des Bordrechners ein entsprechendes Testsystem aufgebaut.

Die Schaltungstechnik dieser „Engineering Testbench" entspricht weitestgehend der Verdrahtung im UAV (Bild 8.17). Auf einer Grundplatte sind die Funktionseinheiten des Bordcomputers montiert. Ganz vorn, links in Bild 8.17, ist die Leiterplatte des Autopiloten mit aufgesteckter Telemetrie und angeschlossener IMU zu sehen. Die IMU ist zur Sicherheit mit Schrumpfschlauch gegen unbeabsichtigte Kontaktberührungen geschützt.

Direkt mit dem Bordrechner ist der Nutzlastcomputer verbunden. Auf der nicht sichtbaren Rückseite der Leiterplatte ist ein Mbed-Modul vom Typ Nucelo STM32 verbaut. Die Nutzung des kompletten Moduls wäre zwar nicht zwingend nötig geworden, aber aus markenrechtlichen Gründen ist der STM32L432 verwendet worden. Dieses Modul ist Mbed-zertifiziert, damit ist es der Nutzlastrechner ebenfalls. Die dritte, hintere Leiterplatte bildet das Interface zum Futaba-SBUS des UAV. Auch hier ist ein Mbed-Modul als Computersystem im Einsatz.

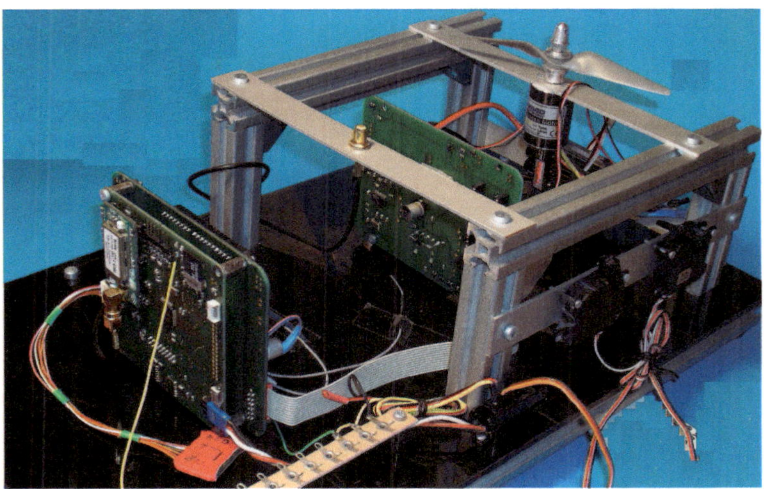

Bild 8.17 „Engineering Testbench“ zur effektiven Inbetriebnahme von Hard- und Softwarekomponenten im Labor

Wichtige Signale, wie z. B. der interne Futaba-SBUS des UAV sowie der SBUS zur Fernsteuerung, werden auf die Lötösenleiste gelegt. Damit sind ohne große Schwierigkeiten diese Leitungen durch ein DSO zu überwachen. Zum prinzipiellen Test der Bussignale dienen die Rudermaschinen. Damit auch der Antrieb getestet werden kann, ist ein kleiner Brushless-Motor am Testaufbau angeschraubt. Der aufgesteckte Propeller sollte unbedingt vor jedem Motortest entfernt werden. Vergisst man dies, so darf man anschließend einzelne lose Blätter und jedes andere leichte Teil aus den entferntesten Ecken des Laborraums zusammensuchen.

Anhand eines derartigen Testaufbaus wird die Erprobung beinahe zum Kinderspiel. Schaut man jedoch ganz genau auf die hintere Leiterplatte, so findet man etwas unterhalb des SMD-Kondensators eine nachträglich bestückte Diode auf der Spannungszuleitung. Die rückseitig bestückte Stiftleiste ist zwar verpolungssicher, aber die an die zugehörige Buchse angeschlossenen Bananenstecker sind es nicht.

8.5 Flugerprobung

Wie Bild 8.14 zeigt, existieren einige Bordrechner der vorhergegangenen Version als Prototypen. Vorhandene Hardware, die eigentlich schon abgeschrieben ist, stimmt immer risikofreudig. Nach den langen und theoretischen Mühen im Vorfeld der Flugerprobung lag es nun nahe, die „überzählige" Hardware zum Test des Fluggeräts einzusetzen.[15.]

Aus der Bildmontage in Bild 8.18 lässt sich das Ergebnis erahnen. Aus dem „Erstflug" wurde ein „Erststurz". Heute kann man darüber schmunzeln, seinerzeit war die Stimmung auf dem Tiefpunkt angelangt. Die Analyse des Versagens war nicht ganz einfach, aber in verkürzter Form waren sicher die mangelnde Antriebsleistung und die relativ kritischen Flugeigenschaften ursächlich für den Absturz.

Bild 8.18 Bildmontage der „Erstfluges" mit eingebautem, aber noch inaktivem Autopiloten

Der Regler des Autopiloten war definitiv nicht der „Schuldige", da die Lagekontrolle zum Startzeitpunkt noch inaktiv war. Das für die Erprobung des Reglers bestimmte Fluggerät hat sich als ungeeignet erwiesen. Zum grenzenlosen Erstaunen aller Beteiligten blieb die Bordelektronik völlig unversehrt. Da es noch keinen Datenrekorder gab, konnten keine weiteren Daten zur Absturzursache gewonnen werden.

Die neue Devise lautete deswegen: „Keine Experimente ohne Datenlogger". Anstelle des exotischen Fluggeräts wurde ein „anspruchsloses" Modellflugzeug umgerüstet, und die Variante „All Up!"[16] wurde auf ein schrittweises Vorgehen redu-

[15] Ich gestehe, die Ungeduld ging hauptsächlich von meiner Seite aus. Ich wollte endlich Ergebnisse sehen. Die ewigen Laborversuche und Simulationen hingen mir buchstäblich zum Halse heraus.

[16] Alles hinauf - dieses Vorgehen wurde bei der Erprobung des Apollo-Raumschiffs entgegen der ausdrücklichen Ansicht der beteiligten ehemals deutschen Ingenieure um Wernher von Braun in den 1960er-Jahren von der NASA erfolgreich praktiziert. Wer nicht von der NASA ist, geht besser vorsichtiger voran.

ziert. Es ist hier nicht die richtige Stelle, um das gewählte Vorgehen in allen Einzelheiten zu beschreiben. Letztlich lässt sich konstatieren, dass das vorsichtigere Verfahren am Ende die erfolgreichere Variante war.

Bild 8.19 Hochdecker „You can fly" mit Fernsteuerung und Bodenstation

Interessant war während der Erprobung die Feststellung, dass GPS-Signale nur mit größter Vorsicht zur direkten Fluglagestabilisierung hinzugezogen werden dürfen. Insbesondere in Bodennähe geht die Messpräzision erheblich zurück. Offenbar ist die Kurzzeitstabilität der IMU besser als die der interpolierten GPS-Koordinaten, denn die mitgerechneten Werte der IMU wiesen unerklärliche Differenzen zu den vermeintlich exakten GPS-Daten auf.

Während der Flugerprobungen wurden wesentliche Flugzeugdaten auf SD-Karte protokolliert und im Nachgang mit Aufnahmen einer unter dem Flugzeug angebrachten GoPro-Kamera synchronisiert. Bild 8.20 zeichnet den Flugverlauf anhand der gespeicherten Daten nach. Der rechts in Bild 8.20 eingezeichnete Flugverlauf wurde aus den Daten der SD-Karte gewonnen. Die Flugzeit betrug etwa eine Minute und 20 Sekunden. Lediglich Start und Landung erfolgten manuell durch den „Bodenpiloten". Nach dem Erreichen der Sicherheitshöhe wurde der Autopilot aktiviert.

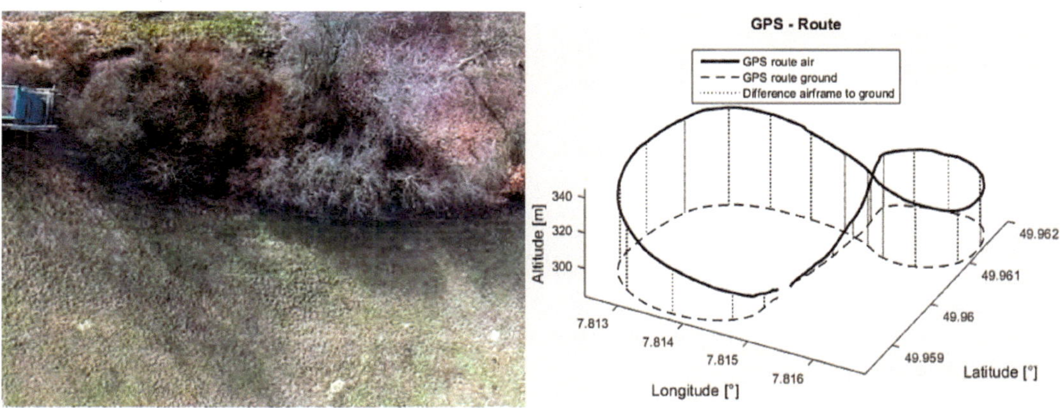

Bild 8.20 Schnappschuss der GoPro-Bordkamera und rekonstruierter Flugpfad entsprechend der während des Flugs aufgezeichneten Lagedaten

Die Vorgaben zu Flugrichtung und -höhe kamen bei diesem Testflug zwar noch vom „Bodenpiloten", die Erzeugung der korrekten Klappenstellungen und der Motorleistung oblag dem Bordrechner. In einem nächsten Schritt kommen die Vorgaben dann aus einer Liste von Orientierungspunkten, die auf der SD-Karte gespeichert sind.

Infolge der Protokollierung vieler Sensorwerte, der GPS-Koordinaten und einiger interner Daten konnte der Mitschnitt des Videostreams der GoPro mit dem Flugpfad synchronisiert werden und ergibt ein eindrucksvolles Video zur Leistungsfähigkeit der Bordelektronik.

Dem Modellflugzeug fiel der Transport zusätzlicher weiterer Nutzlasten zunehmend schwerer. Der Aufbau eines Trägersystems speziell für die möglichen Anwendungen des Autopiloten wurde deswegen immer dringlicher. Die gewonnenen Erfahrungen führten zu zwei neuen Trägersystemen. Im ersten Schritt wurde das Flugsystem MAJA, welches während der Flugsimulationen am PC ausgiebig „getestet" wurde, neu aufgebaut und mit dem Autopiloten ausgerüstet (Bild 8.21).

Bild 8.21 Trägersystem MAJA mit dem Autopiloten der TH Bingen

Bereits vor dem Erstflug war jedoch klar, dass die MAJA mit nur einem Motor die geforderten Leistungen nicht erbringen würde. Der Absturz des ersten Prototyps saß immer noch als Stachel in der Psyche der Forschungsgruppe. Die Devise lautete: Keine vorschnellen Experimente mehr, alles doppelt oder besser dreifach absichern.

Mit der Zwischenlösung sollten weitere wertvolle Daten gewonnen werden. Der Flieger als solcher war erprobt, und das Neue war die Anpassung des Autopiloten an das bewährte Trägersystem.[17]

Gemäß der gesetzlichen Randbedingungen sind die Erprobungsflüge immer auf dem Modellflugplatz des Modellflugvereins FMG-Waldalgesheim erfolgt. Mit dem neuen UAV ist eine theoretische Flugausdauer von fast einer Stunde möglich. Da machen Testflüge im Sichtbereich kaum noch Sinn.

Nach einiger Überlegung wurde Kontakt zur Bundeswehr, namentlich mit dem Truppenübungsplatz Baumholder, aufgenommen. Man kann ganz klar feststellen, dass die Bundeswehr sich überaus aufgeschlossen für die Anliegen der Forscher der TH Bingen zeigte. Die Testflüge standen als Nächstes auf der Agenda.[18]

Im nächsten Schritt zur Leistungssteigerung des Trägersystems wurde wieder am Flugzeug geändert. Die zweimotorige Version ist die folgerichtige Weiterentwicklung der MAJA. Interessant ist die Gegenüberstellung der allerersten Überlegungen und Ideen mit der derzeitigen Lösung. „Erstens kommt es anders, und zweitens als man denkt!"; diese Aussage hat nichts von ihrer zeitlosen Gültigkeit verloren.

Bild 8.22 zeigt das Resultat unseres nächsten Evolutionsschritts. Die zwei Antriebsmotoren wirken nun auf Druckpropeller. Dies hat zwei Gründe, zum einen sollen die rotierenden Propellerflügel so weit wie möglich von etwaigen Sensoren in der Bugspitze entfernt sein. Zum anderen können Druckschrauben in dieser Anordnung als Klapppropeller ausgeführt werden. Für stark schwingungsempfindliche Messungen ist es also möglich, die Antriebe, zumindest kurzzeitig, abzuschalten.

Bild 8.22 Trägersystem PIRX^{AT+} kurz vor dem „Jungfernflug"

[17] Schlussendlich musste ich mich der Vorsicht meiner Mitarbeiter geschlagen geben. Als altgedienter Ingenieur, den nicht jeder Rückschlag gleich umhaut, wäre ich wahrscheinlich schneller vorgegangen. Aber, so muss man konstatieren, der langsamere Weg war offenbar der bessere. Ganz wichtig war, dass das angeknackste Selbstvertrauen nachhaltig wiederhergestellt wurde. Als Tatsache am Rande, das erste Erprobungsmuster hatte während der gesamten Testphase keinen (!) harten Absturz zu verzeichnen.

[18] Der Papierkrieg bis zur Genehmigung der Testflüge war erheblich. Was da alles an Dokumenten, Versicherungen und Kenntnisnachweisen zu erbringen war, ist unglaublich. Wir wollten doch nicht zum Mond fliegen! Anfang 2020 war alles in trockenen Tüchern, doch dann hat uns COVID-19 einen dicken Strich durch die Rechnung gemacht.

9 Zusammenfassung und Ausblick

Unser Ausflug von den Grundlagen der Digitaltechnik über den Aufbau und die Funktion von Mikrocontrollern und deren Einsatz in eingebetteten Systemen neigt sich dem Ende zu. Wie eingangs versprochen, ist das Niveau der angebotenen Themen ständig umfangreicher und anspruchsvoller geworden.

Gegen Ende des Buchs wurden die Beispiele immer stärker auf autonome und fliegende Systeme ausgerichtet. Dies liegt unter anderem darin begründet, dass auf diesem Gebiet eine Forschungsgruppe an der TH Bingen tätig ist. Generell wird dieses Themengebiet aber auch international vielfältig untersucht [69], denn unbemannte Fluggeräte sind eine exzellente Spielwiese für eingebettete Systeme. Sensordatengewinnung, Signalverarbeitung bzw. Filterung sowie digitale Datenbearbeitung und Echtzeitbedingungen – was gibt es Interessanteres für den Einsatz einer MCU?

Beim UAV kommt eine Vielzahl unterschiedlicher Sensoren zum Einsatz. Das zentrale Element bildet die inertiale Messeinheit (inertial measurement unit, IMU). Mikromechanische Strukturen im Silizium des Bauelements erlauben Messgenauigkeiten, die noch vor wenigen Jahren schier unvorstellbar waren. Da es sich bei der Thematik unbemannter Flüge um eine kleine Nische handelt, sind die Chancen, dass spezielle Bauelemente maßgeschneidert auf dieses Anwendungsfeld entwickelt und hergestellt werden, eher klein. Die Branche lebt deswegen hauptsächlich von der „Kannibalisierung“ von Komponenten aus der Massenproduktion. Die Lagesensorik wird maßgeblich von den Forderungen aus dem Automotive-Bereich getrieben. Die Miniaturisierung und Optimierung hinsichtlich des Energieverbrauchs bestimmen den Einsatz und werden stark durch Mobilgeräte bzw. Spielkonsolen getrieben. Die nächsten Entwicklungen werden sich mit Sicherheit auf den Einsatz von Radar fokussieren. Es ist davon auszugehen, dass Sense and Avoid, also Detektion und Ausweichen von Hindernissen, in der Zukunft unabdingbar werden.

Auch die Lösung der Frage nach einer exakten Höhenmessung wird immer dringlicher. Bislang werden UAVs nahezu ausschließlich manuell gestartet und auch wieder gelandet. Während des Starts genügt es, mit ausreichendem Leistungsüberschuss die vorgewählte Abflugrichtung einzuhalten, um dann möglichst schnell auf Sicherheitshöhe zu gelangen.

Bei der Landung ist dies wesentlich kritischer. Da sich kein Pilot an Bord befindet, der im Zweifelsfall ein Durchstarten beim Auftauchen von Problemen auslösen könnte, muss der Bordcomputer zusätzliche Sensordaten erhalten. Zum einen erfordert dies exakte Daten bezüglich der Flughöhe über Grund. Zum anderen wird eine genaue Lageinformation bis zum Aufsetzpunkt auf der Landebahn benötigt. Überlegungen, dieses mittels Leitstrahlen, also analog zum ILS der bemannten Luftfahrt, zu tun, existieren, jedoch sind in einem solchen Fall passende Infrastrukturen am Boden vorzuhalten.

Die ersten Versuche, mit RADAR solche Daten zu erhalten, zeigt Bild 9.1. Ein FMCW-RADAR wird zur Entfernungsmessung eingesetzt. FMCW steht für frequency modulated continuous wave. Das Radarsignal wird in der Frequenz moduliert und mit einem konstanten Träger ausgestrahlt. Dies ist komplett abweichend von der allgemein bekannten Radarmessung. Bei selbiger wird ein Impuls abgestrahlt und die Laufzeit bis zum Empfang des Echos gemessen.

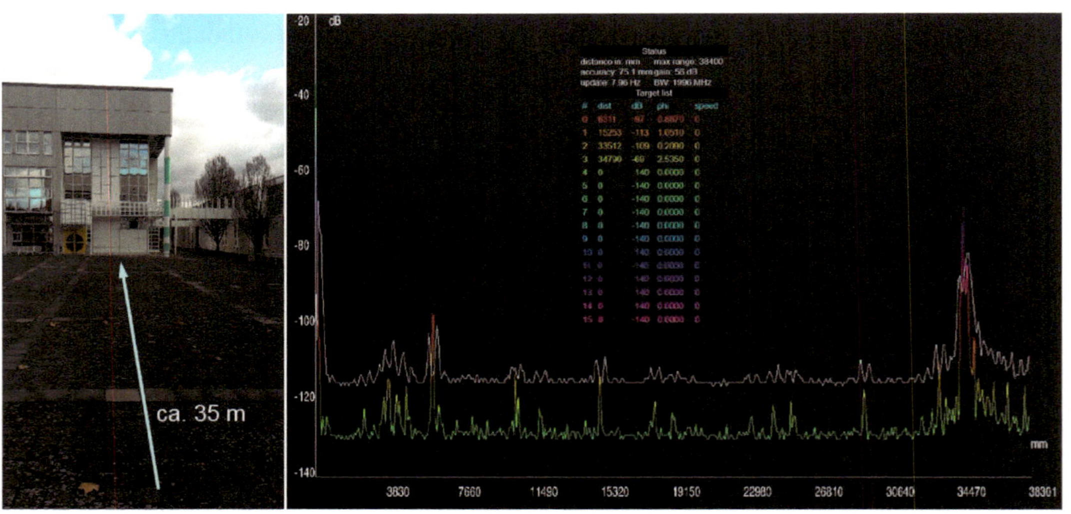

Bild 9.1 RADAR-Messungen im Innenhof der TH Bingen [70]

Für Messentfernungen im Bereich einiger Hundert Meter und weniger ist dieses Verfahren unvorteilhaft. Für 100 Meter Signallaufzeit liegt z. B. die Zeiterfassung im Pikosekundenbereich.

Das FMCW-Prinzip vermeidet derart kurze Zeitmessungen. Bei diesem Verfahren wird die Sendefrequenz mit einer linearen Frequenzvariation moduliert. Das abgestrahlte Signal kommt einem Frequenzsweep gleich. Das Sendesignal und das vom angeleuchteten Objekt reflektierte Signal werden anschließend in einem Mischer multipliziert.

Da infolge der Laufzeit zwischen Radarsensor und Objekt eine Differenz in der Frequenz des aktuellen Sendesignals und der Frequenz des reflektierten, mithin des „vergangenen" Signals auftritt, kann diese Differenzfrequenz als Messgröße für den Abstand von Radarantenne und Zielobjekt dienen. Das Besondere daran ist, das Verfahren erlaubt die Distanzbestimmung mehrerer Ziele gleichzeitig.

Das hinter dem Mischer zur Verfügung stehende Signal liegt im NF-Bereich. Dies vereinfacht die Auswertung etwas. Trivial ist die Signalanalyse aber keinesfalls, da in den Mischprodukten deutlich mehr als nur der einfache Abstand steckt. Im Minimum ist eine FFT des Mischprodukts nötig. Weitere Untersuchungen können zur Detektion von statischen Objekten bzw. sich bewegenden Zielpunkten führen.

Die Testmessung mit einem FMCW-Radar erfolgte im Innenhof der TH Bingen. Die Entfernung zum gegenüberliegenden Gebäude beträgt etwa 35 Meter. Die Kurve rechts in Bild 9.1 zeigt die Ergebnisse der FFT der FMCW-Radar-Signatur. Aus dem Anstieg der Modulationsrampe und der Amplitude der Mischprodukte ergeben sich erste Hinweise auf Objekte innerhalb des Sendebereichs des Radar-Beams.

Ein charakteristischer Spike bei etwa 34 000 mm scheint durch die Reflexion am Gebäude zustande gekommen zu sein. Damit ist die prinzipielle Eignung solcher Sensoren belegt. Die derzeit erreichbaren Entfernungen (bis circa 50 m) sind für den praktischen Einsatzfall noch unzureichend, aber die Tendenz stimmt.

Eines der immer wieder zitierten Entwurfskriterien für die UAVs an der TH Bingen war das ungestörte Sichtfeld in der Rumpfspitze. Radarantennen besitzen zwar eine sehr hohe Richtwirkung und ein großes Vorwärts-/Rückwärts-Verhältnis in der Empfindlichkeit. Sollte aber eine (unerwünschte) Nebenkeule des Radarsensors von einem rotierenden Propellerblatt durchschnitten werden, sorgt dies für eine starke „mechanische" Modulation in der Differenzfrequenz eines FMCW-Sensors [71].

Auch gut wären passive optische Verfahren, z. B. durch Bilderkennung. Interessant erscheinen dafür bildgebende Verfahren, die durch künstliche Intelligenz (KI) gestützt werden. Diesbezüglich werden auch an der TH Bingen Untersuchungen angestellt. Die Grundlage dieser Verfahren besteht im Anlernen neuronaler Netze durch sehr leistungsfähige Computer.

Diese Rechner sind (noch) zu groß und zu schwer, um sie auf UAVs zu transportieren. Doch dies ist auch gar nicht nötig. Nach der Anlernphase erfolgt die Bildauswertung durch statistische Methoden der vorberechneten Matrizen. Erste Versuche mit Singleboard-PCs der Raspberry Pi-Klasse lassen aufmerken. Die Verfahren sind zwar noch nicht echtzeitfähig, es sind aber keine Größenordnungen an Rechenzeit mehr, die eingespart werden müssen.

In der Bildverarbeitung möchte man meist mit möglichst hochauflösenden Sensoren arbeiten. Hier wäre eine genaue Untersuchung zu den tatsächlich erforderlichen Bildqualitäten hilfreich. Sollte sich diesbezüglich ein Ansatz für Bildgrößen in den Bereichen von 80 × 60 Pixel finden, so sollten auch bildgebende Systeme im thermischen Infrarot einbezogen werden. In dem Wellenlängenbereichen von 8 bis 14 µm kann man mit diesen Sensoren bei absoluter Dunkelheit und auch bei Nebel noch Konturen detektieren.

Zuletzt sei auch noch auf Abstandssensoren auf der Basis von Lidar verwiesen. Im Messbereich bis circa 100 Meter gibt es preiswerte Abstandssensoren bzw. für deutlich mehr Geld auch Laser-Range-Detektoren, die 3D-Daten liefern. Alles in allem bleibt es für den Einsatz von MCUs in autonomen Systemen auch in Zukunft spannend.

10 Übungsaufgaben mit Lösungsweg

Übung 1

Erzeugen Sie eine NOR-Verknüpfung unter ausschließlicher Nutzung von NAND-Gattern. Verdrahten Sie das Ergebnis auf dem Steckbrett.

Festlegen der Lösungsschritte:

(1) Aufstellen der Wahrheitstafeln für NOR und NAND

(2) Bestimmung der theoretischen Grundlagen

(3) Nachschlagen von Innenschaltung und Pinbelegung laut Datenblatt

(4) Verdrahtungsplan und Testaufbau

(1) Aufstellen der Wahrheitstafeln für NOR und NAND

In Bild 10.1 sind links die Wahrheitstafeln der interessierenden Logikfunktionen angegeben. In Kapitel 4 werden die Grundlagen hierzu erläutert.

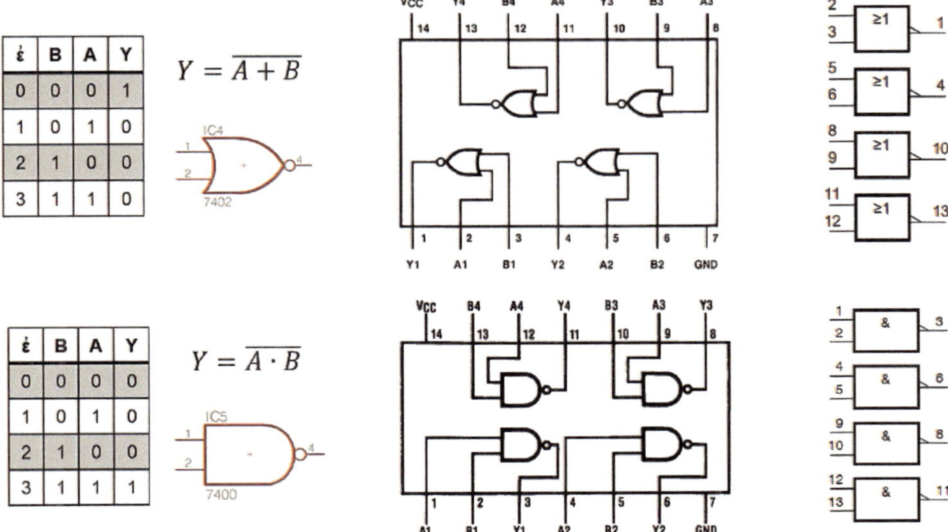

ε	B	A	Y
0	0	0	1
1	0	1	0
2	1	0	0
3	1	1	0

ε	B	A	Y
0	0	0	0
1	0	1	0
2	1	0	0
3	1	1	1

Bild 10.1 Zusammenhang zwischen Wahrheitstafel, Logiksymbol und Innenschaltung des Bausteins: Ganz wichtig ist der Zusammenhang zwischen Pinanschluss und Logiksignal. Dazu wird das Datenblatt konsultiert.

Entsprechend der Aufgabenstellung ist die gesuchte Logikfunktion oben links in Bild 10.1 in der Tafel als Logikfunktion und als Logiksymbol angegeben. Die NOR-Funktion gibt es als integrierte Schaltung als 7402 in der TTL-Reihe. Ein einzelnes Gatter dieses Bausteins soll durch mehrere Gatter einer NAND-Funktion realisiert werden.

(2) Bestimmung der theoretischen Grundlagen

Aus der booleschen Algebra (Abschnitt 4.4) sind die Zusammenhänge der De Morganschen Gesetze bekannt:

$$\left(\overline{A \cdot B}\right) = \overline{A} + \overline{B} \text{ bzw. } \left(\overline{A + B}\right) = \overline{A} \cdot \overline{B}$$

Für die geforderte Lösung wird die gesuchte Funktion $Y = \overline{A + B}$ in mehreren Schritten umgeformt. Im ersten Schritt wird die NOR-Funktion mittels der Regel von De Morgan in eine AND-Verknüpfung überführt.

$$Y = \left(\overline{A + B}\right) = \overline{A} \cdot \overline{B}$$

Für die Realisierung stehen jedoch nur NAND-Gatter zur Verfügung. Zur Auflösung der negierten Eingänge /A und /B[1] wird je ein Negator/Inverter benötigt. Aus den Grundlagen der digitalen Schaltungstechnik ist bekannt, dass in der NAND-Funktion eine Negation enthalten ist. Zum Auflösen der invertierten Eingänge wird deswegen vor jeden Eingang ein NAND-Gatter mit parallel geschalteten Eingängen angeordnet.

$$Y = \left(\overline{A + B}\right) = (\neg)A \cdot (\neg)B$$

Im letzten Schritt muss die AND-Verknüpfung der Eingänge A und B mit NAND-Gattern realisiert werden. Auch wird nach der gleichen Methode wie eben vorgegangen. Die AND-Verknüpfung wird als NAND konzipiert, deren Negation durch einen nachgeschalteten Inverter aufgehoben wird.

$$Y = \left(\overline{A + B}\right) = \left(\overline{(\neg)A \cdot (\neg)B}\right)$$

Das gefundene Resultat wird mit einer Simulation auf Richtigkeit geprüft. Bild 10.2 zeigt den Stromlaufplan der Logikfunktion.

[1] Zur unterschiedlichen Schreibweise von negierten bzw. nichtnegierten Signalen habe ich mich gefühlt Hunderte Male in diesem Buch geäußert. Wer mit den Übungsaufgaben beginnt und diese Schreibweise noch nie gesehen hat, hört auf zu üben und beginnt mit dem Lesen dieses Buches.

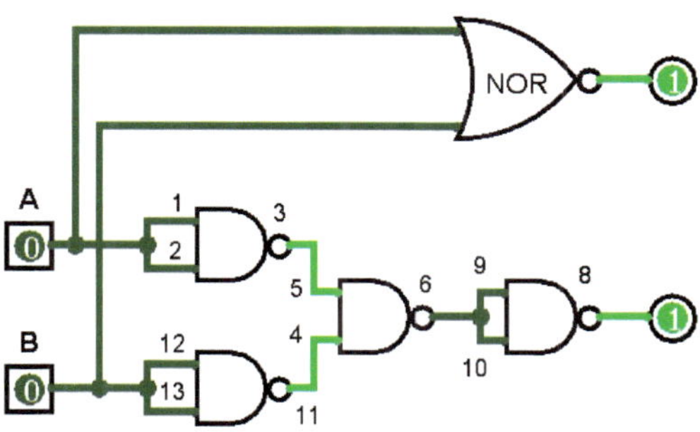

Bild 10.2
Umformung der Schaltfunktion eines Zweifach-NOR-Gatters zu einer Anordnung von vier Zweifach-NAND-Gattern

(3) Nachschlagen der Innenschaltung und Pinbelegung laut Datenblatt

Zum Schaltungsaufbau sind die notwendigen Informationen betreffs der Zuordnung von Pinnummer und Logikeingang dem Datenblatt des Herstellers zu entnehmen.

Dem Datenblatt ist auch die Gehäuseform zu entnehmen. In der nachfolgenden Testschaltung wurde ein 74HCT00 im DIL-Gehäuse verwendet. DIL steht für dual-in-line package. Diese Bauform kennzeichnet ein „bedrahtetes" Bauteil, d. h., der Schaltkreis ist für „Durchsteckmontage" vorgesehen. Die Zählweise der Anschlüsse ist mit Sicht auf das Bauelement und entgegen dem Uhrzeigersinn vorzunehmen.

Der Anschluss mit der Pinnummer 1 wird durch eine Markierung am Gehäuse hervorgehoben.

(4) Verdrahtungsplan und Testaufbau

Zur praktischen Funktionsprüfung wird der IC auf einem Steckfeld (engl. breadboard) platziert. Die in Fünfergruppen angeordneten Kontaktbuchsen ober- und unterhalb des IC sind in senkrechter Richtung intern verbunden.

In Bild 10.3 ist der Testaufbau zu sehen. Die Signalleitungen A und B sind links in Bild 10.3, der Ausgang Y ist rechts in Bild 10.3. Die Verdrahtung entspricht der Nummerierung der Anschlüsse aus Bild 10.2 (bitte auch die blanken Verbindungen beachten). Die Stromversorgung ist an Pin 8 (GND) und Pin 14 (Vcc) angeschlossen. Im Logikschaltplan werden die Stromzuführungen der besseren Übersicht halber in der Regel weggelassen.

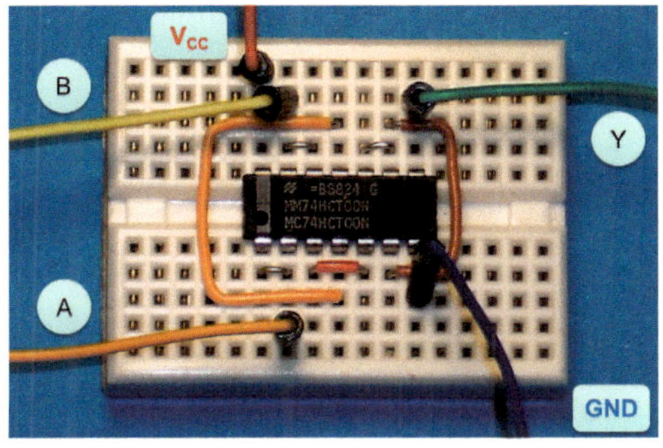

Bild 10.3
Testaufbau der NOR-Funktion in NAND-Realisierung (siehe auch die blanken Drahtbrücken zur Parallelschaltung von Signaleingängen)

Fazit:

In diesem ersten Beispiel wird nahezu jeder Schritt detailliert angegeben und genau beschrieben. Für die Praktiker unter Ihnen ist es mit Sicherheit eine Zumutung. Dies betrifft auch die penible Zuordnung von Gehäuseanschlüssen und Logiksignalen.

In den weiteren Beispielen wird auf Selbstverständlichkeiten wie Datenblatt und/oder Innenschaltung nur noch im begründeten Fall hingewiesen.

Für das Selbststudium ist es sehr hilfreich, die Beispiele mit Papier, Bleistift und Simulationsprogramm Schritt für Schritt nachzuvollziehen.

Sobald das Prinzip sitzt, wird die Aufgabenstellung modifiziert und die Aufgabe erneut durchgerechnet. In diesem Fall versucht man, eine NAND-Funktion ausschließlich durch NOR-Gatter zu realisieren.

Übung 2

Ermitteln Sie aus der gegebenen Funktionstabelle die Schaltfunktion in der kanonisch disjunktiven Normalform. Minimieren Sie die KDNF mit dem Karnaugh-Veitch-Diagramm, und zeichnen Sie die minimierte Schaltfunktion in der NAND-Realisierung.

Festlegen der Lösungsschritte:

(1) Aufstellen der Vollkonjunktionen aus der Wahrheitstafel

(2) KNDF aufstellen

(3) Eintragen der „1“ in das KV-Diagramm, Blöcke bilden

(4) minimierte Schaltfunktion

(5) Überführung in NAND durch doppelte Negation

(6) Testschaltung simulieren

In Bild 10.4 werden die Lösungsschritte nacheinander ausgeführt. Im ersten Schritt (1) werden die Vollkonjunktionen neben die Wahrheitstafel geschrieben. Daraus ergibt sich die KDNF durch einfaches Zusammenfassen. Im dritten Schritt wird das KV-Diagramm ausgefüllt. Es interessieren nur die Felder mit der logischen „1“. Die Aufstellung der Blöcke und deren Zusammenfassung resultiert in vier Terme. Die minimierte Schaltfunktion beinhaltet AND- und OR-Funktionalitäten.

Die doppelte Negation lässt die Ursprungsfunktion unverändert. Das „Auftrennen“ einer der Negationen ändert die darunter liegende logische Verknüpfung von OR zu AND. Achtung: Der negierte Eingang /A wird zu //A = A umgeformt.[2]

[2] Für eine sinnvolle Prüfungsvorbereitung schematisiert man diejenigen Lösungsabschnitte, die sich besonders gut dafür eignen. Unter „Prüfungsstress“ arbeitet man dann die vorher eingeübten Schritte streng nach Vorschrift ab. Selbst unter Druck kann dann nur wenig schiefgehen. In den Vorlesungen und Übungen exerziere ich dies immer wieder vor. Das klingt nicht besonders wissenschaftlich, aber es funktioniert hervorragend.

Im letzten Schritt wird das Ergebnis mittels Logisim validiert (Bild 10.5). Selbstverständlich kann man zur Sicherheit auch die KDNF mit Logisim überprüfen.

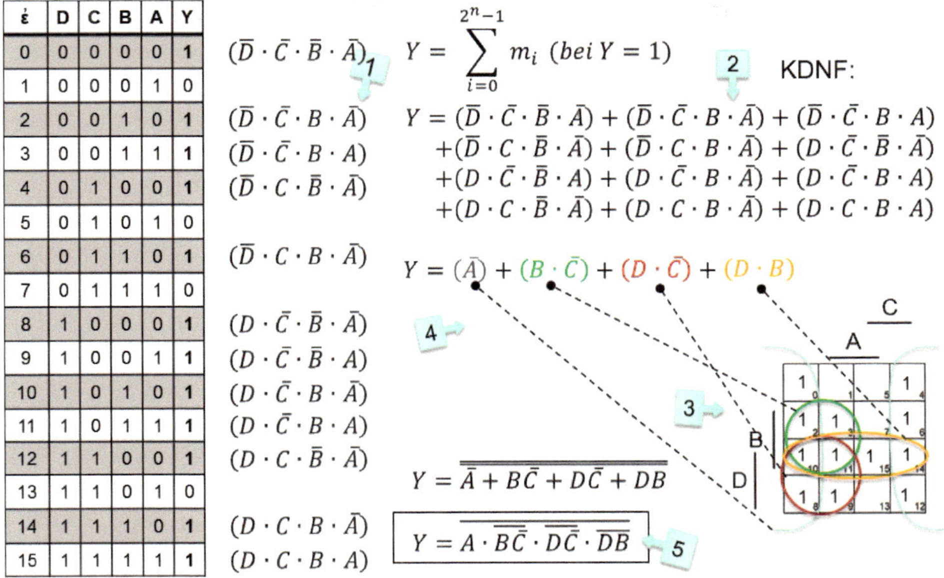

ε	D	C	B	A	Y
0	0	0	0	0	1
1	0	0	0	1	0
2	0	0	1	0	1
3	0	0	1	1	1
4	0	1	0	0	1
5	0	1	0	1	0
6	0	1	1	0	1
7	0	1	1	1	0
8	1	0	0	0	1
9	1	0	0	1	1
10	1	0	1	0	1
11	1	0	1	1	1
12	1	1	0	0	1
13	1	1	0	1	0
14	1	1	1	0	1
15	1	1	1	1	1

Bild 10.4 Vorgehen zur Aufstellung der minimierten Schaltfunktion in NAND-Realisierung

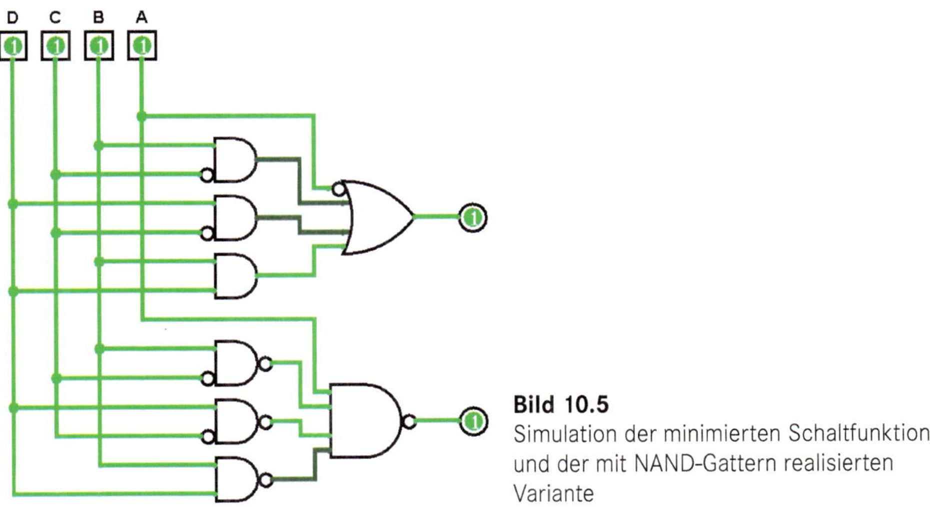

Bild 10.5 Simulation der minimierten Schaltfunktion und der mit NAND-Gattern realisierten Variante

Bei der genauen Untersuchung der Wahrheitstafel aus Bild 10.4 wird die Diskrepanz zwischen der Anzahl der logischen „0"- bzw. „1"-Zustände für den Ausgang Y sichtbar. Wenn man die Wahl zwischen NAND- bzw. NOR-Realisierung hat, wäre dies ein Fall für die Umsetzung mit NOR-Bausteinen.

Übung 3

Ermitteln Sie aus der gegebenen Funktionstabelle die Schaltfunktion in der kanonisch konjunktiven Normalform. Minimieren Sie die KKNF mit dem Karnaugh-Veitch-Diagramm, und zeichnen Sie die minimierte Schaltfunktion in der NOR-Realisierung.

Festlegen der Lösungsschritte:

(1) Aufstellen der Volldisjunktionen aus der Wahrheitstafel

(2) KKNF aufstellen

(3) Eintragen der „0“ in das KV-Diagramm, Blöcke bilden

(4) minimierte Schaltfunktion

(5) Überführung in NOR durch doppelte Negation

(6) Testschaltung simulieren

Die Herangehensweise zur Lösung entspricht dem Vorgehen wie bei Beispiel 2. Zuerst werden die Volldisjunktionen markiert. Wir erinnern uns, dies sind diejenigen, welche eine logische „0“ in der Wahrheitstafel erzeugen. Anschließend wird die KKNF bestimmt.

$$Y = \prod_{i=0}^{2^n-1} M_i \left(\text{bei } Y = 0\right)$$

Das Ergebnis lautet wie folgt:

$$Y = \left(D + C + B + \bar{A}\right) \cdot \left(D + \bar{C} + B + \bar{A}\right) \cdot \left(D + \bar{C} + \bar{B} + \bar{A}\right) \cdot \left(\bar{D} + \bar{C} + B + \bar{A}\right)$$

Zur Erläuterung sei der erste Term der obigen Funktion näher betrachtet. Bei ε = 1 ist die erste logische „0“ am Ausgang (Y = 0). Das dazugehörige Bitmuster lautet 0001_B. Dieses Muster erzeugt nur dann eine logische „0“ am Ausgang, wenn der Wert für A invertiert wird. Im zweiten Term gilt dies für C und A.

Entsprechend Bild 10.6 wird im KV-Diagramm die KKNF vereinfacht. Während bei der Minimierung der KDNF die betroffenen Felder für A, B, C und D als logisch „1“ angenommen werden, ist dies bei der Bestimmung über KKNF genau entgegengesetzt. Damit wird der erste Term (D+B+/A) als Block aus **B** ODER **D** ODER **/A** beschrieben.

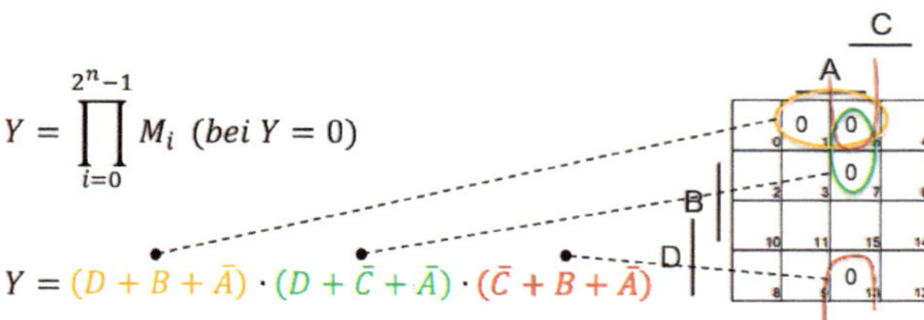

Bild 10.6 Minimierung der KKNF im KV-Diagramm

In Bild 10.7 sind die Resultate der Umsetzung der Wahrheitstafel aus Bild 10.4 zu sehen. Zur Sicherheit wird zuerst die KKNF ohne Minimierung aufgebaut. Für die Schaltung mit NOR-Gattern wird das minimierte Ergebnis aus Bild 10.6 doppelt negiert. In einem zweiten Schritt wird die innere Negation über den Einzeltermen aufgetrennt. Damit verschwindet die UND-Verknüpfung.

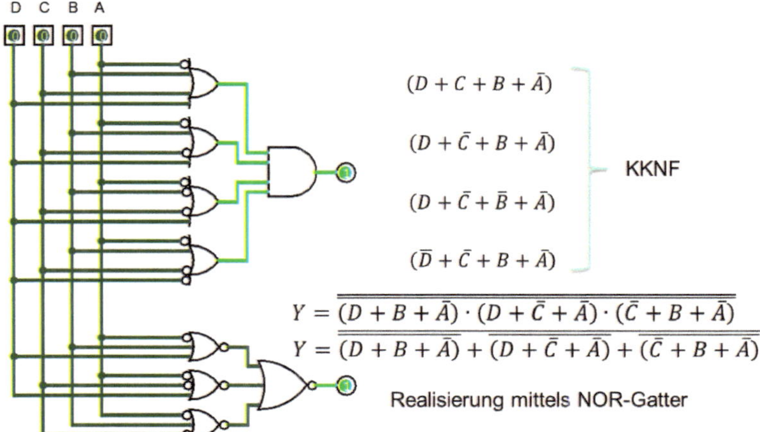

Bild 10.7 Aufbau und Simulation der KKNF sowie der minimierten Schaltfunktion aus NOR-Gattern

Fazit:

Falls man die Wahl hat, wird bei der Umsetzung der Wahrheitstafel dasjenige Verfahren gewählt, welches die geringste Anzahl von Min- bzw. Maxtermen aufweist. Mithilfe von Simulationstools wird das gefundene Ergebnis validiert.

Übung 4: Umsetzung von Wahrheitstabellen unter Einsatz von Multiplexern

Festlegen der Lösungsschritte:

(1) Verdeutlichen der Arbeitsweise des Multiplexers

(2) KDNF aufstellen

(3) Eingänge den Zählstufen zuordnen

(4) „mehrfache“ Terme identifizieren

(5) Multiplexer verdrahten

(6) Schaltungsaufbau simulieren

In Abschnitt 4.8.2 werden Aufbau und Grundfunktion von Multiplexern erläutert. Für die konkrete Aufgabe kann man den 8-auf-1-Multiplexer als Schalter annehmen, dessen Schaltpositionen als Adressen interpretiert werden. Der genannte Multiplexer hat demnach acht Adressen (0 bis 7), die mit den Eingangsleitungen C,

B und A verbunden sind. Der Blick in die Wahrheitstafel offenbart den binären Zyklus dieser drei Eingangsvariablen.

Die Tafel in Bild 10.8 hat jedoch vier Eingänge. Unter der Bedingung, dass maximal sieben Ausgänge logisch „1" annehmen, können wir mit der KDNF einen Lösungsversuch für die Realisierung der Schaltfunktion durch den Multiplexer unternehmen.[3]

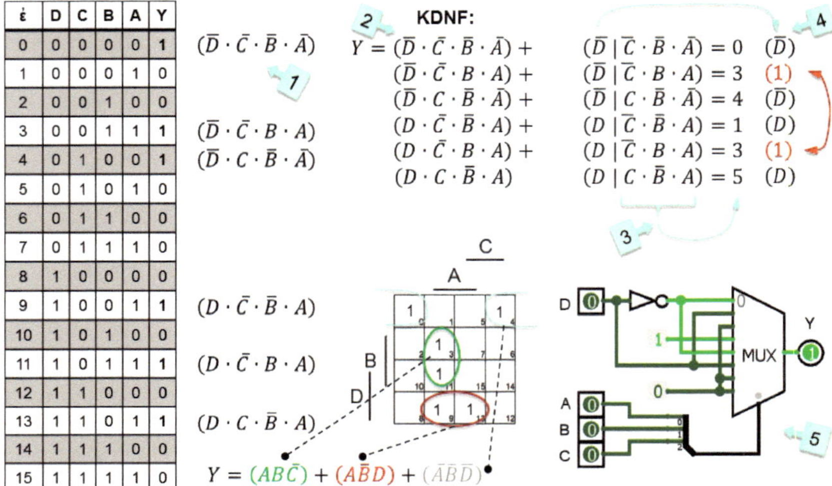

ε	D	C	B	A	Y
0	0	0	0	0	1
1	0	0	0	1	0
2	0	0	1	0	0
3	0	0	1	1	1
4	0	1	0	0	1
5	0	1	0	1	0
6	0	1	1	0	0
7	0	1	1	1	0
8	1	0	0	0	0
9	1	0	0	1	1
10	1	0	1	0	0
11	1	0	1	1	1
12	1	1	0	0	0
13	1	1	0	1	1
14	1	1	1	0	0
15	1	1	1	1	0

Bild 10.8 Realisierung der Schaltfunktion aus einer Wahrheitstafel mit einem Multiplexer

In dem mittlerweile bekannten Vorgehen werden die Terme für die Aufstellung der KDNF markiert **(Pfeil 1).** Die KDNF ergibt sich damit praktisch von allein. Sie sollten bei der Lösung dieser Aufgabe auf ein formales Vorgehen nicht verzichten **(Pfeil 2).**

Die KDNF wird nun in einer etwas anderen Art neu aufgeschrieben. Der höchstwertige Eingang D wird separat dargestellt. Anschließend werden die niederwertigeren Eingangsvariablen C, B und A genauer untersucht **(Pfeil 3).**

Der oberste Term lautet: $\bar{C} + \bar{B} + \bar{A}$, das entspricht dem Zählwert 0. Legt man diesen Zählwert an die Adressleitungen des Multiplexers an, so muss am Eingang E_0 der Wert $\bar{D}$ anliegen. Dieses Vorgehen wird für die anderen Terme genauso angewandt.

[3] Sind mehr als sieben Ausgänge logisch „1", setzen wir die KKNF zur Lösung der Aufgabe ein. Unter dieser Bedingung kann jede Wahrheitstafel mit vier Eingangsvariablen mit einem 8-auf-1-Multiplexer gelöst werden. Die Industrie stellt 16-auf-1-Multiplexer zur Verfügung, d. h., falls Sie irgendwann einmal 32 Eingangszustände umsetzen müssen, brauchen Sie kein Logikgrab oder eine spezielle programmierbare Hardware. Ein MUX und ein Inverter genügen.

Eine Sonderstellung nehmen die Terme $\overline{C}+B+A$ und $\overline{C}+B+A$ für $\overline{D}$ und D ein. In diesen beiden Fällen ist es gleich, welchen Inhalt D annimmt **(Pfeil 4).** Der Ausgang Y muss in beiden Fällen logisch „1“ werden, deswegen belegen wir die Zählposition 3 mit einer konstanten logischen „1“.

Nachdem alle „1“-Terme verdrahtet sind, verbleiben noch offene Eingänge, die jetzt mit einer konstanten logischen „0“ verbunden werden **(Pfeil 5).**

Zum Schluss folgt der unvermeidliche Test mittels Logisim (Bild 10.9). Zur Übung ist neben der Realisierung der Schaltfunktion mit einem Multiplexer auch ein Aufbau mit klassischen Logikgattern gegenübergestellt.

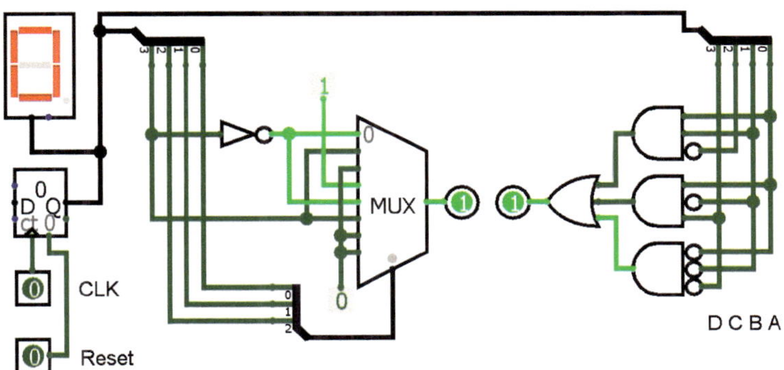

Bild 10.9 Simulation der Resultate mittels Logisim

Neu ist die Erzeugung der Eingangsvariablen durch einen Binärzähler. Der Zählzustand wird mit einer 7-Segment-Anzeige dargestellt. Zwei Eingänge, CLK und Reset, sind für die Bedienung erforderlich. Mit einer „1“ an der Reset-Leitung wird der Zähler in den Grundzustand gebracht.

Durch Impulse an der CLK-Leitung werden die einzelnen Zustände der Wahrheitstafel durchgespielt. Der Zähler gibt ein 4 Bit breites Signal aus. Dieses wird einmal mit einem Verteiler in die vier Eingangsvariablen D, C, B und A bzw. in die drei Adresssignale C, B und A aufgeteilt.

Nun kann man in aller Ruhe die beiden Realisierungen, MUX und Gatter, durchspielen. Bei der schrittweisen Simulation sind auf dem PC auch die jeweiligen Logikzustände der Leitungen durch unterschiedliche Farben sichtbar.[4]

---

[4] Dies ist wirklich das allerletzte Mal, bei dem ich auf das Zusammenspiel der manuellen Aufstellung der Schaltfunktionen, der Minimierung der Terme und der Prüfung des Ergebnisses durch ein geeignetes Werkzeug hinweise. Dieses Vorgehen, also selber denken und den Sachverhalt begreifen, Resultate mit Papier und Stift niederlegen und nachfolgende Validierung, möchte ich mir als „Hand-Auge-Hirn-Verfahren“ gern patentieren lassen. Wer so in seinem Studium vorgeht, kann eigentlich nicht scheitern. Der Studienerfolg ist dann kein Zufall oder Folge überragender Intelligenz, sondern einfach das Ergebnis harter Arbeit. Von Thomas Alva Edison ist der Spruch überliefert: „Genie ist zu 99 % Transpiration und zu 1 % Inspiration“. Wenn Sie an der 1 %-Hürde scheitern, wechseln Sie das Studienfach!

Übung 5: Fehlertolerante Übertragung mittels Hamming-Codierung

Festlegen der Lösungsschritte:

(1) Funktionsprinzip der Fehlersicherung mittels Hamming-Codierung

(2) Schieberegister als Signaleingang

(3) Fehlerprüfung durch Parität

(4) Simulation in Logisim

(5) Realisierung der Hardwareschaltung durch Software

Für die ersten drei Schritte wird in Abschnitt 4.6 die Funktion der Fehlersicherung mittels Hamming-Codierung nachgelesen. Anstelle einer mehr oder weniger theoretischen Abhandlung wird diesmal die Lösung gleich in Hardware entwickelt.

Die Gesamtschaltung ist in Bild 10.10 dargestellt. Der Datenaustausch erfolgt vom 7-Bit-Sendespeicher (7-Bit-TxD) zum Empfangsspeicher (7-Bit-RxD). Beide Einheiten sind als Schieberegister anzusehen, d. h., das Sendedatum wird mit dem Schiebetakt CLK aus- und wieder eingeschoben. Die Anordnung der Daten- und Prüfbits ist wie folgt: [k_1, k_2, m_1, k_3, m_2, m_3, m_4]. Zur Berechnung der Prüfbits (k_1, k_2 und k_3) nutzt man drei Paritätsdecoder (links oben im Stromlaufplan).

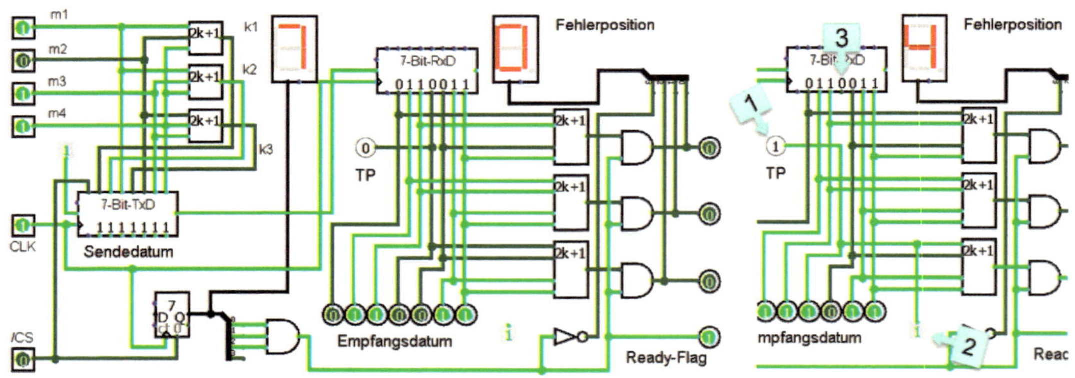

Bild 10.10 Hardware zur seriellen Datenübertragung, Fehlererkennung durch Hamming-Codierung

Bei /CS = 1 wird mit einem „Dummy“-Takt das Sendedatum in das TxD-Register geladen. Gleichzeitig wird auch ein Datenbit in das Empfangsregister geschoben. Dies ist an und für sich nicht notwendig, mit einem getrennten Takt- bzw. Ladeimpuls könnte dies vermieden werden.

Mit /CS = 0 wird der Bitzähler scharf geschaltet. Die linke 7-Segment-Anzeige steht auf „0“ und ist jetzt bereit, die Schiebetakte zu zählen. Nach exakt sieben Taktimpulsen ist der Inhalt des Senderegisters in das Empfangsregister gewechselt. Das Ready-Flag wechselt auf „1“ und gibt die Fehlerberechnung frei. Bei einem

Wert von „0“ in der mittleren 7-Segment-Anzeige ist die Datenübertragung korrekt.

Rechts in Bild 10.10 ist am Testpunkt „TP“ (Pfeil 1) eine Konstante = 1 **(Pfeil 2)** manuell angeschlossen. Dieser Wert weicht von der an dieser Stelle befindlichen „0“ ab. Mit diesem harten Vorgehen soll ein Bitfehler während der Übertragung simuliert werden. Tatsächlich erkennen die Paritätsdecoder auf der Empfangsseite diesen Fehler und markieren in der rechten Anzeige die Position **(Pfeil 3).**

Die realisierte Schaltung ist mit Sicherheit verbesserungsbedürftig, indes sie beinhaltet die typischen Bestandteile von fehlertoleranten Übertragungseinheiten. Infolge der schrittweisen „Durchtaktung“ kann man in Logisim das Verhalten aller beteiligten Baugruppen gut erkennen und verstehen.

Die Alternative zur Hardware ist die Programmierung der Hamming-Codierung in Software. Aus der Hardware wissen wir um die Frage der Paritätsprüfung.

```
#define nM4Group  0b11100000                  /*4er  Gruppe */
#define nM2Group  0b00001000                  /*2er  Gruppe */
#define nNoHam    0b00000001                  /* nicht geschützt */
#define nK1Ham    0b00000010                  /* Bitposition der Prüfzeichen */
#define nK2Ham    0b00000100
#define nK3Ham    0b00010000

const word awM4Bits[] = {                      /* XOR - 4er Gruppe */
        0b10000000, 0b01000000, 0b00100000 };

const word awM2Bits[] = {                      /* XOR - 2er Gruppe */
        0b10000000, 0b01000000, 0b00001000 };

const word awM1Bits[] = {                      /* XOR - 1er Gruppe */
        0b10000000, 0b00100000, 0b00001000 };

byte bSetHamming( byte bData ){                /*7-Bit Hamming-Code */
    byte bHamming = 0;
    byte i, k1, k2, k3;
    bHamming  = (bData << 5) & nM4Group;       /* Daten einsortieren */
    bHamming |= (bData << 3) & nM2Group;
    bHamming &= ~nNoHam;
    k1 = k2 = k3 = 0;                          /* Prüfziffern löschen */
    for(i = 0; i < 3; i++){
        k3 = (bHamming & awM4Bits[i]) ? (k3 ^ 1):(k3 ^ 0);
        k2 = (bHamming & awM2Bits[i]) ? (k2 ^ 1):(k2 ^ 0);
        k1 = (bHamming & awM1Bits[i]) ? (k1 ^ 1):(k1 ^ 0);
        }
    if(k3) bHamming |= nK3Ham;                 /* k3 setzen */
    if(k2) bHamming |= nK2Ham;                 /* k2 setzen */
    if(k1) bHamming |= nK1Ham;                 /* k1 setzen */
    return bHamming;
    }

byte bChkHamming( byte bHamming, byte *pData ){/* Hamming-Test */
    byte i, k1, k2, k3, k4, bErrPos = 0;
```

```
byte bErrBit = 0x01;                        /* Fehlerposition */
k1 = k2 = k3 = 0;                           /* Prüfziffern löschen */
for(i = 0; i < 3; i++){
    k3 = (bHamming & awM4Bits[i]) ? (k3 ^ 1):(k3 ^ 0);
    k2 = (bHamming & awM2Bits[i]) ? (k2 ^ 1):(k2 ^ 0);
    k1 = (bHamming & awM1Bits[i]) ? (k1 ^ 1):(k1 ^ 0);
    }
k3 = (bHamming & nK3Ham) ? (k3 ^ 1):(k3 ^ 0);
k2 = (bHamming & nK2Ham) ? (k2 ^ 1):(k2 ^ 0);
k1 = (bHamming & nK1Ham) ? (k1 ^ 1):(k1 ^ 0);
bErrPos = (k3 << 2) | (k2 << 1) | k1;       /* Fehlerpos berechnen */
if(bErrPos){
    bHamming ^= (bErrBit << bErrPos);
    }
*pData &= ~nNoHam;                          /* Prüfziffern entfernen */
*pData |= (bHamming & nM2Group) >> 3;       /* Gruppierung aufheben */
*pData |= (bHamming & nM4Group) >> 4;
return bErrPos;                             /* Fehlerpos zurückliefern */
}
```

Die Softwarelösung ist eine mehr oder weniger übersichtliche Bitschubserei. Nichtsdestotrotz erfolgt die Berechnung auf Maschinenebene durch einfache Assembleranweisungen und ist demzufolge sehr schnell. In Software lassen sich auf 32-Bit-CPUs Hamming-Codierungen bis zu einer Länge von 31 Bit $\left(N = 2^k - 1\right)$ sinnvoll durch hardwarenahe Programmierung berechnen.

Übung 6: Erzeugung beliebiger Impulsmuster durch Synchronzähler

Festlegen der Lösungsschritte:

(1) Verdeutlichen der Arbeitsweise des Synchronzählers

(2) Zustandswechsel aus der Wahrheitstafel entnehmen

(3) KDNF aufstellen und minimieren

(4) Schaltung aufbauen und simulieren

(5) Verbotene Zustände lokalisieren und die Zustandsübergänge vervollständigen

In Abschnitt 4.9.4 werden der Entwurf und der Aufbau von Synchronzählern unter Verwendung von D-FFs erläutert. Das Verfahren lässt sich mit einiger Überlegung relativ leicht formalisieren. Im Beispiel in Bild 10.11 wird ein Binärzähler mit einem Zählumfang von 0 bis 15 synthetisiert. Als Speicher dienen D-FFs. Für den Folgezustand jedes Synchronzählers werden die „nächsten" Ausgangszustände als Eingangswerte für die D-Eingänge der Speicher benötigt.

ε	p	p+1	D	C	B	A
0	S0	S1	0	0	0	0
1	S1	S2	0	0	0	1
2	S2	S3	0	0	1	0
3	S3	S4	0	0	1	1
4	S4	S5	0	1	0	0
5	S5	S6	0	1	0	1
6	S6	S7	0	1	1	0
7	S7	S8	0	1	1	1
8	S8	S9	1	0	0	0
9	S9	S10	1	0	0	1
10	S10	S11	1	0	1	0
11	S11	S12	1	0	1	1
12	S12	S13	1	1	0	0
13	S13	S14	1	1	0	1
14	S14	S15	1	1	1	0
15	S15	S0	1	1	1	1

Zustandswechsel der Tabelle entnehmen

$$D_C = (S3 \rightarrow S4) + (S4 \rightarrow S5) + (S5 \rightarrow S6) + (S6 \rightarrow S7) + (S11 \rightarrow S12) + (S12 \rightarrow S13) + (S13 \rightarrow S14) + (S14 \rightarrow S15)$$

KDNF aus den Zustandsübergängen

$$D_C = \bar{D}\bar{C}BA + \bar{D}C\bar{B}\bar{A} + \bar{D}C\bar{B}A + \bar{D}CB\bar{A} + D\bar{C}BA + DC\bar{B}\bar{A} + DC\bar{B}A + DCB\bar{A}$$

$$D_C = \bar{A}C + \bar{B}C + AB\bar{C}$$

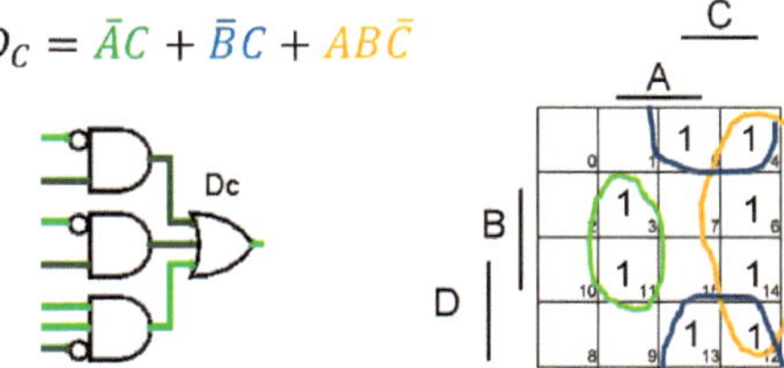

Bild 10.11 Bestimmung der Zustandswechsel, der KDNF und der minimierten Schaltfunktion für den Eingang D_C des Synchronzählers

In der Wahrheitstafel sind dazu die Zustandswechsel zu identifizieren. Im Beispiel erfolgt dies für den D-FF-Eingang D_C (für den Eingang D_C ist der Ausgang C relevant).

Für die Zustandswechsel sind die Übergänge wichtig, bei denen eine „1" in der Wahrheitstafel erscheint. In Bild 10.11 sind die Werte rot markiert. Der Zustandswechsel S3→S4 erzeugt die erste „1". Anders formuliert, der Ausgangszustand S3 beträgt 0011_B (ε = 3). Der dazugehörige Term lautet demzufolge $Y = \bar{D} \cdot \bar{C} \cdot B \cdot A$. Die weiteren Terme ergeben dann die gesamte KDNF. Der Eintrag der logischen „1" in das KV-Diagramm und sind Minimierung ist nun nur noch Routine. Insgesamt ergeben sich folgende Schaltfunktionen:

$$D_A = \bar{A}$$

$$D_B = A\bar{B} + \bar{A}B$$

$$D_C = \bar{A}C + \bar{B}C + AB\bar{C}$$

$$D_D = D\bar{B} + D\bar{C} + D\bar{A} + ABC\bar{D}$$

Der 4-Bit-Binärzähler enthält keine verbotenen Zustände, er ist vollständig definiert. Für die Simulation wird auf das bewährte Logisim zurückgegriffen.[5] In Bild 10.12 ist der Stromlaufplan des Zählers zu sehen.

[5] Spätestens jetzt sollte auch dem letzten невежественный (russisch für Ignorant, Unwissender) klar geworden sein, dass ohne eine vernünftige Prüfung der Ergebnisse kein Wissenszuwachs erfolgen kann. Als Student der Informationstechnik in Ilmenau von 1985 bis 1990 hätte ich, und ich bin sicher, jeder meiner Kommilitonen oder Kommilitoninnen ebenfalls, möglicherweise schwere Verbrechen auf mich genommen, um in den Besitz eines derartigen Simulationswerkzeugs zu gelangen.

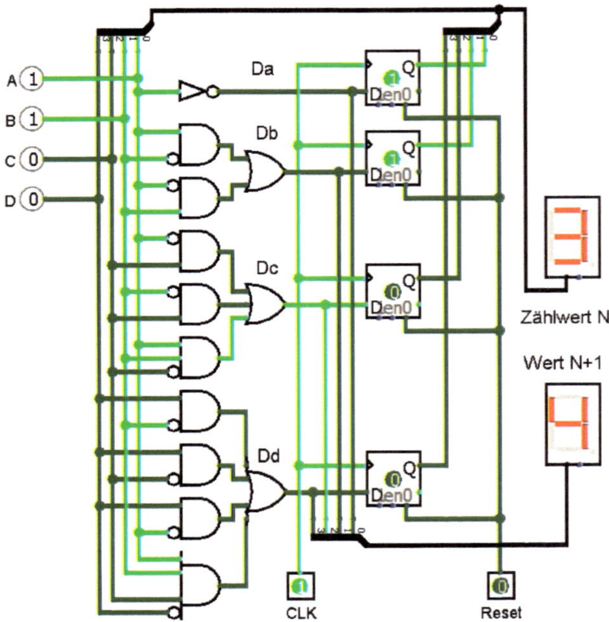

Bild 10.12 Realisierung eines 4-Bit-Binärzählers mit D-Flip-Flops

Zum besseren Verständnis der Funktion verfügt der Zähler über zwei 7-Segment-Anzeigen. Die obere Anzeige decodiert den Zahlenwert am Ausgang des Synchronzählers. In der unteren Anzeige wird der für den nächsten Zählzustand vorbereitete Zahlenwert ausgegeben. Anhand der beiden Anzeigen wird der Zusammenhang vom aktuellen Ausgangswert mit dem nächsten Schritt des Zählers deutlich sichtbar. Beim „Durchsteppen" der Simulation wird nun offensichtlich, wie die Zustandswechsel im Detail ablaufen.

Übung 7: Zahlendarstellung und Codierung im Binär- bzw. Gleitkomma-Format

Festlegen der Lösungsschritte:

(1) Einfache Binärzahlen und deren Komplemente

(2) Festkommawerte

(3) Gleitkommaformat in einfacher Genauigkeit

(4) Verwendung der Zahlenformate im praktischen Einsatz

Einfache Binärzahlen und deren Komplemente

Entsprechend der polyadischen Zahlendarstellung nutzen wir in der Programmierung im einfachsten Fall die Binärcodierung zur Abbildung von Zahlenwerten (siehe Abschnitt 4.6). In der Programmiersprache C gibt es drei grundlegende Datentypen, das sind Character, Integer und Float-Werte. Character und Integer sind ganze Zahlen, Gleitkommazahlen werden mit Float-Daten abgebildet.

Das Vorzeichen von ganzen Zahlenwerten ist im MSB des Datentyps enthalten. Ist das MSB (most significant bit) gesetzt, ist der Zahlenwert negativ. Dementsprechend aufmerksam muss die Zuweisung von *signed*- und *unsigned*-Werten innerhalb des Programms erfolgen.

```
/* Deklaration von Variablen und deren Zuweisung untereinander
 * zur verwendeten Syntax siehe Kapitel 6                                  */
byte bByteValue = 0x7f;
int8 i8SignType = 0;
int16 i16Special;

/* Berechnungsbeispiele */
/*1*/i8SignType = i8SignType - 1;        /* i8SignType :=   -1 (0xff)   */
/*2*/i8SignType = bByteValue;            /* i8SignType :=  127 (0x7f)   */
/*3*/i8SignType++;                       /* i8SignType := -128 (0x80)   */
/*4*/bByteValue++;                       /* bByteValue :=  128 (0x80)   */
/*5*/i16Special = i8SignType;            /* i16Special := -128 (0xFF80) */
/*6*/i8SignType = i8SignType * (-1);     /* i8SignType := -128 (0x80)   */
/*7*/i16Special = i16Special * (-1);     /* i16Special :=  128 (0x0080) */
```

Im vorangegangenen Beispiel werden mit vorzeichenbehafteten bzw. vorzeichenlosen Zahlen einige Rechenoperationen ausgeführt. Interessant sind die Resultate der Berechnungen in Zeile 6 und 7. Eine Multiplikation mit (-1) einer 8-Bit-Zahl, deren Inhalt -128 beträgt, führt zu keiner Änderung. Das Ergebnis ist -128 * (-1) = -128. Wird der Zahlenwert von -128 einer 16-Bit Zahl zugewiesen und mit (-1) multipliziert, ist die Welt wieder in Ordnung.

Bild 10.13 zeigt einige Beispiele zur Umrechnung in unterschiedlichen Zahlenbasen bzw. zur Erzeugung von Einer- und Zweierkomplementen (Selbststudium).

BIN								HEX	DEC
1	0	0	0	0	0	0	0		
								0x75	
									-127

Darstellung von Zahlen in unterschiedlichen Formaten.

DEC	BIN	1-er	2-er
120_D	01111000_B	10000111_B	10001000_B
42_D			
-1_D			

Umrechnung von Zahlen in das Einer- bzw. Zweierkomplement

Bild 10.13 Zahlendarstellung bzw. Umrechnung in binär, hexadezimal, dezimal sowie als 1er und 2er-Komplement: Alle Zahlenwerte sind 8 Bit breit mit Vorzeichen.

In der Technik werden häufig rationale Zahlen benötigt. Eine Variante davon ist die Zahlendarstellung mit festen Kommastellen. Zu diesem Zweck wird die darzustellende Zahl in drei Anteile unterteilt. Die Festkommazahl besteht demzufolge aus dem Vorzeichen (Sign), der Ganzzahl (Integer) und den Bruchteilen (Fraction) der Nachkommastellen.

Das Prinzip der Festkommadarstellung nutzt die Aufteilung der Fraction-Bits als Summe von negativen Potenzen der Bitposition. In Bild 10.14 ergeben sich die Integerzahl zu $I = n_3 \cdot 2^3 + n_2 \cdot 2^2 + n_1 \cdot 2^1 + n_0 \cdot 2^0$ und der Bruchteil (Fraction) zu $F = n_{-1} \cdot 2^{-1} + n_{-2} \cdot 2^{-2} + n_{-3} \cdot 2^{-3}$.

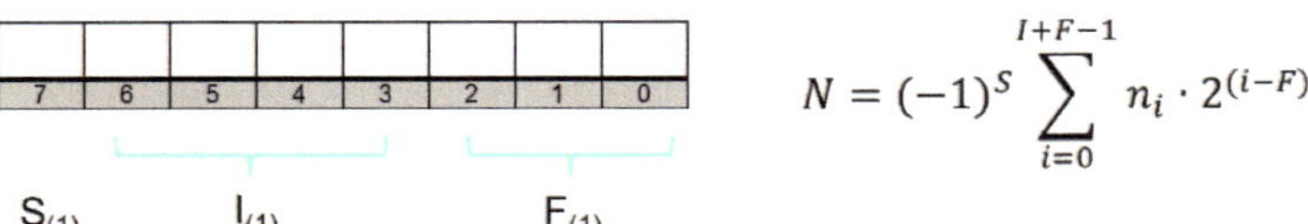

$$N = (-1)^S \sum_{i=0}^{I+F-1} n_i \cdot 2^{(i-F)}$$

Bild 10.14 Festkommazahl mit 8-Bit-Breite, davon 4-Bit-Integer und 3-Bit-Fraction

Soll die Zahl 3.8 als Festkommawert gespeichert werden, ergibt sich die Binärzahl 00011110_B, d.h. 2 + 1 + 0.5 + 0.25 = 3.75 ≈ 3.8. Es wird offenbar, dass in Abhängigkeit von den möglichen Nachkommastellen nur eine Annäherung an den tatsächlichen Zahlenwert möglich ist. Im Beispiel ergeben sich zusammen mit der dritten Nachkommastelle die Werte 3.75 bzw. 3.875 als diskrete Festkommazahl.

```
/* Beispiele für Festkommazahlen */
     3.75  = 0x1E
   - 1.00  = 0xF8
   - 2.50  =
    15.125 =
      0x1F =
      0x80 =
```

Die Verwendung von 8 Bit für Festkommazahlen ist für die beispielhafte Erläuterung ausgewählt worden. In der Praxis sind deutlich größere Bitbreiten im Einsatz.

Einer der wesentlichsten Vorzüge dieser Darstellungsform ist die weitere Verwendung der arithmetischen Funktionen genauso wie bei der Integerarithmetik.

```
/* Rechnen mit Festkommazahlen */
     3.75 *3.75 = 14.0625    | 0x1E *0x1E = 0x0384 = 0b0000.0011.1000.0100
    15.125 / 2  =  7.5625    | 0x79 >> 1  = 0x3C   = 0b00111100 ≈ 7.5
     2.00 + 2.00 =  4.00     | 0x10 + 0x10 = 0x20  = 0b00100000
    -2.00 + 2.00 =  0.00     | 0xF0 + 0x10 = 0x00  = 0b00000000
```

Besondere Mathematikbibliotheken sind aber nicht notwendig. Lediglich einige Besonderheiten hinsichtlich der Position des Kommas sind zu berücksichtigen. Bei Addition und Subtraktion muss das Komma aller Werte an derselben Stelle im Zahlenwert stehen. Bei Multiplikationen erfolgt eine Positionskorrektur durch Schiebeoperationen.

Wegen dieser Besonderheiten sind schnelle Rechenoperationen auch auf MCUs zu erwarten. Es sollte aber von Fall zu Fall entschieden werden, ob nicht eine geschickte Normierung der Eingangsdaten auf genügend große Integerwerte unter Umständen nicht die einfachere Lösung für Rechenprobleme darstellt.

Einen gänzlich anderen Ansatz verfolgt die Abbildung mittels Gleitkommazahlen. Zu den Vor- bzw. Nachteilen dieser Darstellungsform sind sicherlich bereits schon Bände geschrieben worden. Der wichtigste Vorzug ist die Vereinfachung der Skalierung der Zwischenergebnisse bei Berechnungen mit Integer- oder Festkommawerten. Zahlenüberläufe lassen sich zum Teil ebenfalls einfacher handhaben. Der größte Nachteil besteht in den erforderlichen Rechenoperationen, meist in Form der Einbeziehung von mathematischen Bibliotheken. Mikrocontroller verfügen in der Regel nicht über eine Hardware zur Gleitkommarechnung.

Bild 10.15 zeigt das Beispiel einer 32-Bit-Gleitkommazahl. Das Format folgt der Darstellung laut der Gleichung rechts in Bild 10.15.

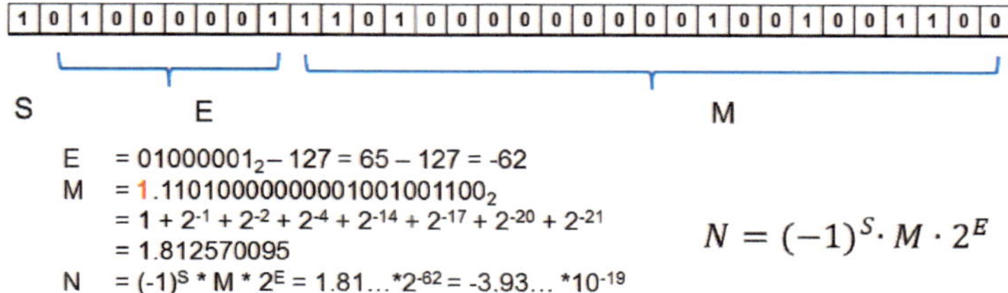

Bild 10.15 Zahlendarstellung im einfach genauen 32-Bit-IEEE 754-Gleitkommaformat

Eine Gleitkommazahl besteht aus dem Vorzeichen ***S***, dem Exponent ***E*** und der Mantisse ***M***. Zur Umformung einer rationalen Zahl ***R*** wird zunächst das Vorzeichen bestimmt und in das MSB Position eingetragen. Im nächsten Schritt wird der Exponent nach der Vorschrift $E=log_2|R|$ gebildet. Für die nach IEEE 754 standardisierte Zahl muss der Wert zwischen –127 und 127 liegen. Da der Exponent nicht als negative Zahl gespeichert werden soll, wird ein Bias gebildet. Wenn z. B. E = 5 ist, wird der Wert für den Exponenten als E = 127 + 5 = 132 gespeichert. Die Zahlenwerte 0 und 255 sind reserviert.

Für die Berechnung der Mantisse wird der Zahlenwert ***N*** über den Exponent in den Bereich zwischen 1 und 2 normiert. Damit steht vor dem Komma immer eine „1". Dieser Wert ist somit redundant und wird nicht im 32-Bit-Zahlenwert gespeichert.

Für das Bitmuster der Mantisse wird der normierte Zahlenwert mit der Anzahl der möglichen Speicherplätze multipliziert, z. B. $M = (1.8125 - 1)\ 2^{23} = 6815744_D$. Dieses Ergebnis wird nun in binärer Schreibweise zu $1101000.00000000.00000000_B$ (die Punkte innerhalb der Binärzahl dienen nur der besseren Übersicht). Beim genauen Hinsehen auf die vergleichsweise einfache Binärzahl lautet die Rückrechnung 0.5 + 0.25 + 0.0625 = 0.8125. Mit anderen Worten: Die aus der Festkommadarstellung bekannte Fraktion der Nachkommawerte wird wieder deutlich.

Die Rückrechnung erfolgt wie im Beispiel in Bild 10.15 dargestellt. Es gibt ein Vorzeichen-Bit, die Zahl ist also in jedem Fall negativ. Der Exponent $E = 65 - 127 = -62$ ist ebenfalls negativ, die Zahl N also kleiner 0. Die Summe der fraktionalen Bruchstücke plus die redundante „1" ergibt die Mantisse.

Es bleiben noch drei Sonderwerte: $M = 0$ und $E = 0$ stehen für den Zahlenwert „0". Als unendlich wird $M = 0$ und $E =$ 0xFF gekennzeichnet. Für unerlaubte Resultate steht $M \neq 0$ und $E =$ 0xFF. Gleitkommazahlen weisen immer einen Rundungsfehler auf. In C-Programmen sollten Sie deshalb niemals einen exakten Vergleich einsetzen.

Übung 8: Tastaturabfrage als Beispiel für Echtzeitprogrammierung

Festlegen der Lösungsschritte:

(1) Schaltverhalten eines Tasters

(2) „Entprellen" eines Schaltkontakts

(3) Kommunikation zwischen Tasten und Softwarefunktionen

Schaltverhalten eines Tasters

Mithilfe von Tasten bzw. Schaltern sind einfache digitale Eingabevorgänge realisierbar. Der Kontakt innerhalb eines Tasters bleibt geschlossen, solange der Taster manuell betätigt wird. Beim Schalter wird der Schaltzustand durch den Operator festgelegt und bleibt bis zur Neubestimmung erhalten.

Ein Schaltkontakt kann auf unterschiedlichste Art und Weise aufgebaut werden, in jedem Fall ist dabei eine der Kontaktzungen beweglich angeordnet. Dem Tastendruck folgend, schließt die Kontaktzunge den Stromkreis. Je nach dem inneren Aufbau wird der Stromfluss aber durch mechanische Schwingungen kurzzeitig wieder unterbrochen.

In Bild 10.16 ist dieses Schaltverhalten im Oszillogramm sichtbar gemacht. Erst nach circa 5 ms ist das Signal am Taster stabil. Die zwischenzeitlichen Spannungsspitzen nach der ersten Flanke bezeichnet man als „Kontaktprellen". Der im Beispiel untersuchte Taster weist diesbezüglich besonders schlechte Eigenschaften auf. Dieses Prellen muss entweder per Hard- bzw. durch Software verhindert werden.

Eine aufwendige Hardwareentprellung setzt ein Speicher-FF ein. Pro Taste ist ein Flip-Flop nötig. Diesen Aufwand möchte man ungern treiben. Als Alternative wird dem Taster deswegen gern ein Abblockkondensator in der Größe einiger 100 nF parallel geschaltet. Bei einem low-aktiven Schalter ist ein Pull-up-Widerstand von typisch 10 k gegen V_{cc} angeordnet. Die Zeitkonstante beträgt dann etwa: $\tau = RC = 1\,\text{ms}$. Eine solche Entprellung würde die gröbsten Störungen filtern.

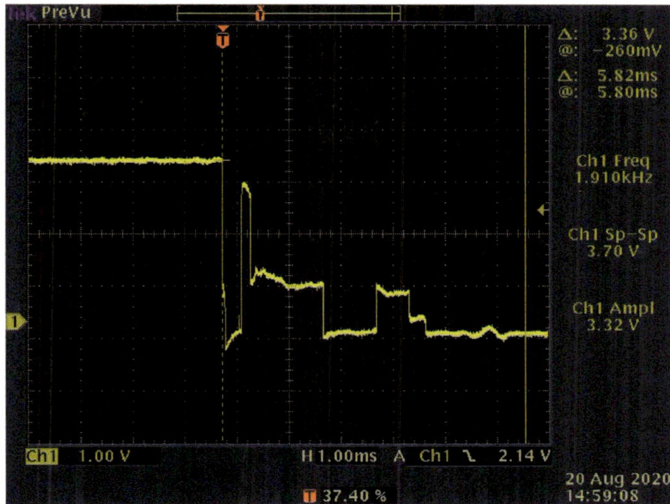

Bild 10.16 Spannungsverlauf am Ausgang eines „low-aktiven“ Tasters bei Betätigung: Es wird deutlich, dass die Kontaktzunge stark „prellt“ .

Was in einem solchen Fall aber meist unbedacht bleibt, ist der Entladestrom des Abblock-C, der beim Tastendruck durch die Schaltkontakte fließt. Der Energiegehalt eines 100-nF-Kondensators reicht nicht aus, um die Kontakte sofort zu zerstören, aber je nach Schalthäufigkeit kann der Taster zu vorzeitigem Ausfall neigen. Außerdem verursacht der Kondensator Kosten.[6]

Die Lösung liegt also in der Tastenentprellung durch Software. Nach der ersten Schaltflanke wird einfach ein wenig gewartet, und wenn das Geprassel auf der Leitung zur Ruhe gekommen ist, wird das Schaltsignal weitergeleitet. Genau dies wird nun in ein Echtzeitsystem eingehängt.

```
void vTasteS1( void ){              /* Tastenabfrage im kooperativen Multitasking
*/
    if(pinS1 == 0){                           /* Taste S1 gedrückt */
        if(bS1Timer <= nTastLong){    /* Überlauf des Tastentimers abfangen */
            if(bS1Timer == nTastShort){/* Taste "kurz gedrückt" erkannt */
                //(… 1)
            }
            if(bS1Timer == nTastLong){ /* Taste "lange gedrückt" erkannt */
                //(… 2)
            }
```

[6] Bei der Diskussion im Hause eines Zulieferers eines bekannten deutschen Sportwagenherstellers habe ich in meiner damaligen Naivität zur Unterdrückung von Störungen an einem Messfühler den Einsatz eines Abblock-C vorgeschlagen. „Sie wissen, was ein Kondensator kostet?“, war der Beginn einer wenig diplomatischen Reaktion darauf. „Ein C kostet etwa 5 Cent. Wir bauen circa eine Million Einheiten. Das ist ein Aufwand von mehr als 50 000 €. Es sollte doch für Sie möglich sein, eine Softwarelösung für dieses Problem zu finden“, wurde ich angeblafft. Tief in meiner Ehre gekränkt und etwas sauer wegen meines voreiligen Vorpreschens in dieser Sache, habe ich natürlich eine Lösung gefunden. Selbige ist dem brüsken Auftraggeber für etwas weniger als 50 000 € offeriert worden. Ein ganz klein wenig nachtragend bin ich manchmal auch.

```
                bS1Timer++;
                }
        }
    else{                                   /* Taste nicht gedrückt */
        if(bS1Timer > nTastLong){           /* Taste wurde bereits erkannt */
                //(… 3)                    /* Event "Losgelassen" */
                }
            }
        bS1Timer = 0;
        }
    }
```

Die Funktion vTasteS1() wird im Beispiel alle 5 ms aufgerufen. Wenn der Taster nicht betätigt ist, durchläuft die Funktion den else-Zweig der Abfrage. Der Tastentimer bS1Timer wird gelöscht.

Wird die Taste gedrückt, so durchläuft die Funktion den if-Zweig. Der Tastentimer bS1Timer ist noch 0, deswegen wird die zweite if-Abfrage angesprungen. Hinter den Bezeichnern nTastShort und nTastLong verbergen sich zwei Konstanten. Der Wert für nTastShort beträgt 3, und für nTastLong gilt 100.

Beim allerersten Aufruf des if-Zweigs wird deswegen nur der Timer bS1Timer erhöht. Prellt die Taste innerhalb von 5 * 3 ms, wird der Timer bS1Timer jeweils gelöscht. Erst wenn für mindestens 15 ms das Signal stabil bleibt, wird die mit //(…1) gekennzeichnete Programmzeile aufgerufen.

Erinnern Sie sich an Bild 8.8? Dort wird über die Umschaltung eines Zustandsautomaten das Verhalten des Blinkers in einem Kfz nachgebildet. Hier ist die Lösung der Tastenabfrage zu diesem Beispiel. In der bezeichneten Programmzeile wird jetzt einfach der Wert von bBlinkState und bBlink geändert, und der Kurzzeitblinker wird aktiviert.

Bleibt der Taster weiterhin gedrückt, erhöht sich der Wert von bS1Timer kontinuierlich. Der if-Zweig nTastShort wird jedoch nicht mehr durchlaufen. Erst wenn (bS1Timer = 100) ist, kommt die nächste if-Anweisung zum Zuge. Der Blinker geht in den Dauerzustand.

Keine Kurve dauert ewig, deswegen muss irgendwann das Blinken wieder aufhören. Der Taster wird losgelassen. Wenn er vorher den Zustand nTastLong erreicht hatte, wird die if-Anweisung im else-Zweig durchlaufen. Dabei wird das Event *Taste losgelassen* aktiviert.

Das Besondere dieser Art und Weise der Erzeugung der Tastenentprellzeiten liegt darin, dass keinerlei „harte“ Warteschleifen in der Software vorhanden sind. Die Tastenabfrage wird einfach als zyklischer Funktionsaufruf implementiert. Die erforderliche Programmlaufzeit ist minimal, da nur einfache Entscheidungen anstehen.

Für komplexe Softwareprojekte werden natürlich die Variablen zur Eventerzeugung nicht einzeln in der Tastenabfrage manipuliert.

```
void vTasteS1( void ){        /* Tastenabfrage im kooperativen Multitasking */
    ...
    vButtonShort();                                               //(... 1)
    ...
    vButtonLong();                                                //(... 2)
    ...
    vButtonOff();                                                 //(... 3)
    }
```

Jedes Event wird mit einem Funktionsaufruf verbunden. Die Kommunikationsfunktion wird in diesem Fall vom Blinkmodul bereitgestellt. Der Programmierer der Tastenfunktion benötigt also keinerlei Wissen über den Blinker bzw. dessen interne Funktion.

Die Steigerung der Abstraktion besteht nun darin, anstelle der festen Funktionen im Programmcode Zeiger auf Funktionspointerlisten zu verwenden.

```
typedef void (* fVoidFunc)( void );      /*Definition des Funktionspointers */

typedef struct stTast{                   /* neuer Datentyp Funktionspointerliste */
    fVoidFunc  fShort;                                       /* Taste kurz */
    fVoidFunc  fLong;                                        /* Taste lang */
    fVoidFunc  fOff;                                          /* Taste aus */
    }stTast;

/* Tastenzuweisungen */
stTast stTastLe = {vButtonLeShort, vButtonLeLong, vButtonLeFree};
stTast stTastRi = {vButtonRiShort, vButtonRiLong, vButtonRiFree};
stTast *pstTast;                          /* Zeiger auf den ganzen Schlamassel */

void vTasteS1( void ){            /* Tastenabfrage im kooperativen Multitasking */
    ...
    pstTast->fShort;                          //(... 1)
    ...
    pstTast->fLong;                           //(... 2)
    ...
    pstTast->fOff;                            //(... 3)
    }

void vChangeTasten( void ){      /* Änderung der Tastenfunktionen zur Laufzeit */
    if(pstTaste == &stTastLe) pstTaste = &stTasteRi;
                              pstTaste = &stTasteLe;
    }
```

Damit sind wir bei der fortschrittlichen eingebetteten Programmierung angelangt und haben das Ende der Grundlagenbeschreibung und damit dieses Buches erreicht.

Literaturverzeichnis

[1] K. Wüst, Mikroprozessortechnik, Wiesbaden: Vieweg+Teubner Verlag, 2011.

[2] G. Wöstenkühler, Grundlagen der Digitaltechnik, München: Carl Hanser Verlag, 2012.

[3] T. Hagenbruch und O. Beierlein, Taschenbuch Mikroprozessortechnik, München: Carl Hanser Verlag, 2004.

[4] J. Altenburg und U. Altenburg, Mobile Roboter, München: Hanser Verlag, 1999.

[5] J. Altbers, Grundlagen integrierter Schaltungen, München: Carl Hanser Verlag, 2010.

[6] L. Papula, Mathematik für Ingenieure und Naturwissenschaftler, 12. Auflage, Wiesbaden: Vieweg +Teubner, 2009.

[7] L. Papula, Mathematik für Ingenieure und Naturwissenschaftler: Klausur- und Übungsaufgaben, Wiesbaden: Vieweg + Teubner, 2008.

[8] E. Hoefer und H. Nielinger, SPICE: Analyseprogramm für elektronische Schaltungen, Berlin Heidelberg New York Tokyo: Springer Verlag, 1985.

[9] C. Kühnel, Schaltungssimulation mit PSpice, München: Franzis Verlag GmbH, 1993.

[10] R. Heinemann, PSPICE. Einführung in die Elektroniksimulation, 7. Auflage, München: Carl Hanser Verlag, 2011.

[11] G. Brocard, Simulation in LTSPICE IV, Paris: Würth Elektronik eSos GmbH & Co KG, 2011.

[12] „LTspice", Analog Devices, 2020. [Online]. *https://www.analog.com/en/design-center/design-tools-and-calculators/ltspice-simulator.html#* [Zugriff am 4 April 2020].

[13] L. König, Rundfunk und Fernsehen selbst erlebt, Leipzig/Jena/Berlin: Urania-Verlag, 1970.

[14] H. Jakubaschk, Radiobasteln – leicht gemacht, Berlin: Der Kinderbuchverlag, 1964.

[15] E. Philipow, Taschenbuch Elektrotechnik, Band. III, Berlin: VEB Verlag Technik, 1988, S. 158 ff.

[16] C. Holtorf, Der erste Draht zur neuen Welt, Göttingen: Wallstein Verlag, 2013.

[17] D. Lorenzen, „Carrington-Ereignis vor 160 Jahren – der schlimmste Sonnensturm," Deutschlandfunk, 1. September 2019. [Online]. *https://www.deutschlandfunk.de/carrington-ereignis-vor-160-jahren-der-schlimmste.732.de.html?dram:article_id=457720* [Zugriff am 9. April 2020].

[18] H. J. Vollrath, „Zur Geschichte der Rechenmaschinen: Berühmte Rechenmaschinen", Universität Würzburg, [Online]. *http://www.history.didaktik.mathematik.uni-wuerzburg.de/rechner/schott/geschich.html* [Zugriff am 7. April 2020].

[19] D. Kraatz, „ Trabant 601", DEFA-Studio für populärwissenschaftliche Filme [Online]. *https://www.youtube.com/watch?v=iDWqAdS7n_E* [Zugriff am 14. April 2020].

[20] K. Shirriff, „Inside the Apollo Guidance Computer's core memory" [Online]. *http://www.righto.com/2019/01/inside-apollo-guidance-computers-core.html* [Zugriff am 14. April 2020].

[21] „Apollo Guidance Computer" [Online]. *http://apolloguidancecomputer.org/?Der-Apollo-Guidance-Computer/Technik* [Zugriff am 14. April 2020].

[22] E. C. Hall, „Apollo Guidance Computer (AGC) Schematics", NASA [Online]. *http://www.klabs.org/history/ech/agc_schematics/index.htm* [Zugriff am 14. April 2020].

[23] P. Ceruzzi, „Smithsonian National Air and Space Museum", [Online]. *https://airandspace.si.edu/stories/editorial/apollo-guidance-computer-and-first-silicon-chips* [Zugriff am 14. April 2020].

[24] I. Guy, „#389 Apollo Guidance Computer RTL" [Online]. *https://www.youtube.com/watch?v=2SRwjgzGvEA* [Zugriff am 14. April 2020].

[25] F. O'Brien, The Apollo Guidance Computer: Architecture and Operation, Berlin/Heidelberg/New York: Springer Verlag, 2010.

[26] H. Jakubaschk, Das große Schaltkreisbastelbuch, 2. Auflage, Berlin: Militärverlag der DDR, 1983, S. 57.

[27] Texas Instruments, „Products" [Online]. *http://www.ti.com/product/SN7400* [Zugriff am 6. April 2020].

[28] G. Wöstenkühler, Grundlagen der Digitaltechnik, München: Hanser Verlag, 2012.

[29] „Logisim – ein grafisches Werkzeug zum Entwurf und zur Simulation digitaler Schaltungen", 2011 [Online]. *http://www.cburch.com/logisim/de/index.html* [Zugriff am 16. April 2020].

[30] C. Hülm und S. Pietsch, Vom Kerbholz zur Rechenanlage, Berlin: Der Kinderbuchverlag, 1977.

[31] F. L. Bauer, Kurze Geschichte der Informatik, München: Wilhelm Fink Verlag, 2009.

[32] K. Zuse, Der Computer – mein Lebenswerk, Berlin/Heidelberg: Springer Verlag, 2010.

[33] O. Neufang, Digitale Systeme: Teil 1, Heidelberg: Hüthig Verlag, 1979.

[34] W. Gellert, H. Küstner und M. Hellwich, Kleine Enzyklopädie Mathematik, 13. Auflage, Leipzig: Bibliographisches Institut, 1986, S. 347.

[35] W. Zimmer, „Die Arithmetisch-Logische Einheit ALU 74181" [Online]. *http://bastizimmer.org/infogk12_material-Dateien/Modellcomputer.pdf* [Zugriff am 7. April 2020].

[36] Beutelspacher, Leiberich, Hellman et al., Spektrum der Wissenschaft, Dossier Kryptographie, Heidelberg: Spektrum der Wissenschaft Verlagsgesellschaft, 4/2001.

[37] F. B. Wrixon, Geheimsprachen: Codes, Chiffren und Kryptosysteme. Von den Hieroglyphen zum Digitalzeitalter, Tandem Verlag GmbH, 2006.

[38] S. Singh, Geheime Botschaften, dtv Verlagsgesellschaft, 2001.

[39] S. Singh, „Cryptography" [Online]. *https://simonsingh.net/cryptography/crypto-cd-rom* [Zugriff am 15. Mai 2020].

[40] T. Jackson, Inside Intel: Die Geschichte des erfolgreichsten Chip-Produzenten der Welt, München: Wilhelm Heyne Verlag, 2000.

[41] STMicroelectronics, RM0394 Reference manual [Online]. *https://www.st.com/resource/en/reference_manual/dm00151940-stm32l41xxx-42xxx-43xxx-44xxx-45xxx-46xxx-advanced-arm-based-32-bit-mcus-stmicroelectronics.pdf* [Zugriff am 24. April 2020].

[42] STMicroelectronics, RM0390 Reference manual, January 2016 [Online]. *https://www.st.com/resource/en/reference_manual/dm00135183-stm32f446xx-advanced-arm-based-32-bit-mcus-stmicro electronics.pdf.* [Zugriff am 1. January 2016].

[43] J. Altenburg, Leiterplattenentwurf für Hochgeschwindigkeitselektronik, TH Ilmenau: Eigenverlag, 1990.

[44] J. Altenburg, „Berechnung von Mikrostripleitungen", rfe – radio fernsehen elektronik, Dezember 1990, S. 797–799.

[45] J. Yiu, The definitive Guide to ARM Cortex M3 and Cortex M4 Processors, Newnes, 2013.

[46] STMicroelectronics, STM32F446xC/E [Online]. *https://www.st.com/content/ccc/resource/technical/document/datasheet/65/cb/75/50/53/d6/48/24/DM00141306.pdf/files/DM00141306.pdf/jcr:content/translations/en.DM00141306.pdf* [Zugriff am 19. Mai 2020].

[47] STMicroelectronics, PM0214 – STM32 Cortex®-M4 MCUs and MPUs.

[48] Arm Limited, Mbed [Online]. *www.mbed.com* [Zugriff am 18. Mai 2020].

[49] STMicroelectronics, Application note – AN2834 [Online]. *https://www.st.com/content/ccc/resource/technical/document/application_note/group0/3f/4c/a4/82/bd/63/4e/92/CD00211314/files/CD00211314.pdf/jcr:content/translations/en.CD00211314.pdf* [Zugriff am 22. Mai 2020].

[50] ON Semiconductor, 74HC595 [Online]. *https://www.onsemi.com/pub/Collateral/MC74HC595-D.PDF.* [Zugriff am 27. Mai 2020].

[51] NXP Semiconductors, UM10204 [Online]. *https://www.nxp.com/docs/en/user-guide/UM10204.pdf.*

[52] S. Ford und C. Styles, „ARM Mbed", Mbed Global Headquarter, Cambridge, UK [Online]. *https://os.mbed.com/handbook/Founders-interview* [Zugriff am 8. Juni 2020].

[53] Mbed, *www.mbed.com* [Online]. *https://os.mbed.com/docs/mbed-os/v6.0/apis/index.html.* [Zugriff am 8. Juni 2020].

[54] R. Man und C. Willrich, „A Minimalist Multitasking Executive", Circuit Cellar, Issue 101, December 1998.

[55] H. Wieland, Computergeschichte(n) – nicht nur für Geeks, Bonn: Galileo Press, 2011.

[56] J. Altenburg, A. Murr und H. Amm, „Z8-Microcontroller für Experimentiermobil", Teil 1, radio fernsehen elektronik, S. 17–19, Januar 1993.

[57] J. Altenburg und A. Murr, „Z8-Microcontroller für Experimentiermobil", Teil 2, radio fernsehen elektronik, S. 41–43, Februar 1993.

[58] J. Altenburg und A. Murr, „Z8-Microcontroller für Experimentiermobil", Teil 3, radio fernsehen elektronik, S. 46–49, März 1993.

[59] J. Altenburg, „Mobiles autonomes System variabler Intelligenz", 5. Juli 2004 [Online]. *https://www.db-thueringen.de/servlets/MCRFileNodeServlet/dbt_derivate_00003291/ilm1-2004000083.pdf* [Zugriff am 23. Juni 2020].

[60] D. Ballard und C. Brown, Computer Vision, Prentice Hall, 1982.

[61] E. Delp und R. Mitchell, „Image Compression Using Block Truncation Coding", IEEE Transactions on Communication, S. 1335–1342, October 1979.

[62] D. C. von Grünigen, Digitale Signalverarbeitung, München: Carl Hanser Verlag, 2001.

[63] C. Hilgert, Entwurf und Realisierung eines Bordcomputers für ein UAV, Fachhochschule Bingen, 2014.

[64] J. Buchholz, Reglungstechnik und Flugregler, GRIN Verlag, 2007.

[65] J. von Eichel-Streiber, Entwicklung und Inbetriebnahme einer eingebetteten Mehrachs-Regelung zur Flugstabilisierung eines UAV, TH Bingen, 2016.

[66] J. Altenburg, C. Hilgert und J. von Eichel-Streiber, „PIRX – Pilotless Reconfigurable Experimental UAV“, Computer Aided Systems Theory – EUROCAST 2017, Las Palmas de Gran Canaria, 2017.

[67] J. von Eichel-Streiber, C. Weber, J. Rodrigo-Comino und J. Altenburg, „Controller for a Low-Altitude Fixed-Wing UAV on an Embedded System to Assess Specific Environmental Conditions“, International Journal of Aerospace Engineering, pp. 1360702, June 2020.

[68] J. von Eichel-Streiber, C. Weber und J. Altenburg, „Design an Implementaion of an Autopilot for an UAV“, Computer Aided Systems Theory – EUROCAST 2019, Las Palmas de Gran Canaria, 2019.

[69] H. W. Laumanns, Drohnen: Unbemannte Krieger der Lüfte, Stuttgart: Motorbuch Verlag, 2020.

[70] E. T. Fröhlich, Radarsensor zur Abstandsmessung, TH Bingen, Bingen, 2018.

[71] C. Weber, J. von Eichel-Streiber, J. Rodrigo-Comino, J. Altenburg und T. Udelhoven, „Automotive Radar in a UAV to Assess Earth Surface Processes and Land Responses“, MDPI AG, Basel, Switzerland, September 2020. [Online]. *https://www.mdpi.com/journal/sensors/special_issues/feature_issue.*

[72] U. Berthold, „Elektron BBS,“ 2003. [Online]. *http://www.elektron-bbs.de/elektronik/tabellen/datum.htm* [Zugriff am 15. April 2020].

[73] Anonymus, Wikipedia, 5. September 2007. [Online]. *https://de.wikipedia.org/wiki/Hamming-Code* [Zugriff am 21. April 2020].

[74] R. Lacoste, „Time Domain Reflectometry – Detect and Measure Impedance Mismatches“, Circuit Cellar, pp. 50–57, April 2009.

[75] R. P. Feynman, Kümmert Sie, was andere Leute denken?, Piper Verlag, 2005.

[76] D. Hicks, „The Museum of HP Calculators“ [Online. *https://hpmuseum.org* [Zugriff am 30. April 2020].

[77] E. Cline, Ready Player One, München: Blanvalet, 2014.

[78] K.-H. Loch, khloch.de [Online]. *https://www.khloch.de* [Zugriff am 7. April 2020].

[79] H. Sinn, Lichtsteuerung für Segelflugmodelle, Band 182, Ravensburg: Otto Maier Verlag, 1938.

[80] L. Hildebrand, Elektronische Fernsteuerungen für Flug-, Auto- und Schiffsmodelle, Berlin-Tempelhof: Jakob Schneider Verlag, 1955.

[81] G. Miel, Elektronische Modellfernsteuerung, Berlin: Militärverlag der DDR, 1982.

[82] D. Haller, Regisseur, Buck Rogers [Film]. USA 1978.

[83] R. Scott, Regisseur, Der Marsianer – Rettet Mark Watney [Film]. USA: 20th Century Fox, 2015.

[84] Schräge Vögel [Film]. Deutschland: DEFA, 1988.

[85] U. Hoffmann, Was tun, wenn‘s brennt?, München: Droemer Knaur, 2001.

[86] M. Weiner, Regisseur, Mad Man [Film]. USA: Universal Pictures, 2007–2015.

[87] B. Eisner, Regisseur, Sahara – Abenteuer in der Wüste [Film]. USA: Ufa/DVD, 2005.

[88] P. Alcorn, „Tom‘s Hardware“ [Online]. *https://www.tomshardware.com/news/new-jersey-cobol-coders-mainframes-coronavirus* [Zugriff am 5. April 2020].

[89] C. Hertweck, Der Kupferwurm, Stuttgart: Motorbuch Verlag, 2006.

[90] C. Smith, The ZX Spectrum ULA, Vale of Glamorgan: ZX Design and Media, 2010.

[91] W. W. Parth, Vorwärts Kameraden, wir müssen zurück, Lichtenberg Verlag, 1963.

[92] M. Grunwald, Meine Tage in gelben Socken, Schwarzkopf & Schwarzkopf, 2016.

[93] V. Löschner und B. Kasper, „Leipziger Frühjahrsmesse 1984“, rfe - radio fernsehen elektronik, Nr.7/1984, S. 430 ff., 1984.

[94] J. Jones und A. Flynn, Mobile Roboter: Von der Idee zur Implementierung, Bonn, Paris: Addison-Wesley, 1996.

[95] O. Lilienthal, Der Vogelflug als Grundlage der Fliegekunst, 1889.

[96] S. Cilauro, T. Gleisner und R. Sitch, Molwanien: Land des schadhaften Lächelns, München: Heyne Verlag, 2014.

Index

N

O

P

Q

R

S

T

U

V

W

Z